古代美学

美学史 第一卷

〔波兰〕塔塔尔凯维奇 著
张卜天 译

商务印书馆
创于1897 The Commercial Press

Władysław Tatarkiewicz

HISTORY OF AESTHETICS

Vol. Ⅰ

ANCIENT AESTHETICS

目　录

插图目录

图 1～7、9、12～17 是在比甘斯基(P. Bieganski)教授指导下，由华沙理工学院建筑史系绘制而成。

《美学史》导言

一

美学研究沿着多条线索进行，既包含美的理论，又包含艺术的理论；既研究审美对象的理论，又研究审美经验的理论；既有描写又有规定，既有分析又有解释。

1. 对美的研究和对艺术的研究。美学传统上被定义为对**美**的研究。然而，一些美学家认为美的概念是不确定和模糊的，因此不适合研究，遂转而研究艺术，并把美学定义为对**艺术**的研究。另一些美学家则倾向于美与艺术兼顾，将这两个美学领域分开加以研究。

美和艺术这两个概念无疑有不同的范围。美并不限于艺术，艺术也不只是追求美。在某些历史时期，美与艺术之间几乎没有关联或毫无关联。古人研究美，也研究艺术，但把它们分开对待，看不出有什么理由要把二者联系起来。

然而，关于美的诸多观点是从艺术研究中产生的，关于艺术的诸多观点是从对美的研究中产生的，对于现代思想家来说，这两个领域根本不可能分开。古代把它们分开处理，而后世则把它们结合在一起，主要关注艺术的美和艺术的审美方面。美与艺术这两个领域呈现出汇合的趋势，这事实上是美学史的特征。美学家可能对美或艺术感兴趣，而美学则是一种双重研究，既包括对美的研究又包括对艺术的研究。这是美学的第一种二元性。

2. 客观美学和主观美学。美学是对审美对象的研究，但也包括对主观审美经验的研究。对客观美和艺术作品的考察逐渐引出了主观问题。也许没有任何东西不曾被某个地方的某个人认为是美的，也没有任何东西的美不曾被否定。一切事物的美和不美都
2 取决于人所采取的态度。于是，许多美学家得出了这样的结论：美学的原则不是美，也不是艺术，而是审美经验，是对事物的审美反应，这才是美学应当关注的东西。有些人甚至认为，美学完全是对审美经验的研究，只有从心理学的角度出发，美学才能成为一门科学。然而，这种解决方案过于激进：在美学中，对主观经验问题和客观问题的研究都应有一席之地。因此，美学有两条研究线索，这种二元性如同关于美和艺术的第一种二元性一样不可避免。

美学的这种二元性也可以通过对比由自然决定的美和由人决定的美来表现。人参与美学的方式有好几种：他创造美和艺术，评价美和艺术，以艺术家、接受者和批评家的身份参与其中。

3. 心理学美学和社会学美学。人对艺术的参与既是个人的参与，也是社会群体的参与。因此，美学部分是对美和艺术之心理学的研究，部分是对美和艺术之社会学的研究。这是美学的第三种二元性。

4. 描述性美学和规范性美学。美学领域的许多著作仅仅在确立和概括事实，它们描述了我们认为美的事物的特性，以及那些

美的事物在我们身上唤起的体验。另一些美学著作则不仅仅在确立事实,而是包含着一些忠告建议,涉及如何产生好的艺术和真正的美,以及如何做出恰当的评价。换句话说,除了描述,美学也涉及规范。美学不仅是一门经验的、描述性的、心理的、社会的或历史的科学,它的某些方面还具有规范性。17 世纪的法国美学主要是规范性的,而 18 世纪的英国美学则主要是描述性的。这是美学的第四种二元性。

和在其他学科中一样,美学中的规范可以建立在经验研究的基础上。在这种情况下,它们是从描述中得出的简单结论。但美学中的规范并不总是基于经验研究。它们在一定程度上并非来自既定的事实,而是来自人们在某一时刻偏爱的假设和品味标准。在这种情况下,描述性美学与规范性美学之间的二元性达到了极致。

5. 美学理论和美学政见。美学的这种二元性类似于另一种二元性,即理论和政见(politics)的二元性。确立事实服务于艺术理论,而忠告建议则服务于艺术政见。理论倾向于对艺术和美给出一种普遍看法,而政见则为诸多可能的艺术观念当中的一个进行辩护。当德谟克利特(Democritus)表明,视角改变了事物的形状和颜色,因此我们看到的形状和颜色并不完全是它们本来的样子时,他为艺术理论作出了贡献;而当柏拉图要求艺术家不要理会视角,应当按照其本来的样子,而不是按照我们看到的样子来呈现形状和颜色时,他从事的是艺术政见。换句话说,美学判断部分是知识的表达,部分是品味的表达。

6. 美学事实和美学解释。和其他学科一样,美学首先试图确 3

定其研究对象的属性。它研究美和艺术的属性，但它也试图解释这些属性，阐明**为什么**美以某种方式起作用，**为什么**艺术会采取某些形式而不是其他形式。解释可以有不同类型：美学有时从心理上，有时从生理上解释美的影响，有时从历史上、有时从社会上解释艺术形式。当亚里士多德说事物的美依赖于其尺寸时，他是在确立一个事实；而当他说事物只有一览无余才能得到称赞、太大的事物无法这样观看时，他是在解释这个事实。当亚里士多德说艺术是摹仿时，他是在（或正确或错误地）确立一个事实，而当他说人天生就倾向于摹仿时，他是在解释这个事实。从整体上看，古代美学更注重确立事实，而现代美学更注重解释事实。这便是美学中普遍存在的第六种二元性：确立和解释美与艺术的事实和法则的二元性。

7. 哲学美学和特殊美学。最著名的美学理论都是哲学家的发明，例如柏拉图和亚里士多德，休谟（Hume）和伯克（Burke），康德和黑格尔，克罗齐（Croce）和杜威（Dewey）。但也有一些是艺术家的作品，比如列奥纳多·达·芬奇（Leonardo），或者是科学家的作品，比如维特鲁威（Vitruvius）或威特罗（Vitelo）。意大利文艺复兴时期有两位伟大的美学家：菲奇诺（Ficino）是哲学家，阿尔贝蒂（Alberti）是艺术家和学者。

各种美学既可以是经验的，也可以是先验的。然而，哲学中有一种先验性的倾向；一百年前，费希纳（Fechner）将**自上而下**（von oben）的哲学美学和**自下而上**（von unten）的科学美学相对照。美学史家务必要关心这两者。

8. 艺术美学和文学美学。美学从各种艺术中汲取素材，它是诗歌、绘画、音乐等艺术的美学。这些艺术各不相同，其美学理论也沿着不同的线索进行。直接诉诸感官的**优美艺术**(fine arts)与基于语言符号的**诗歌**迥然相异。美学的理论和观点彼此不同是很自然的，因为有的基于文学，有的基于优美艺术，有的注重感觉形象，还有的注重理智符号。一种完整的美学理论必须同时包含两者：感觉美与理智美、直接的艺术与符号的艺术。它必须既是优美艺术的美学，又是文学的美学。

让我们总结一下。每一位美学家都会根据自己的偏好，沿着
以下几条线索中的一条前进：(1)他可以对美更感兴趣，也可以对
艺术更感兴趣；(2)他可以对审美对象更感兴趣，也可以对主观的
审美经验更感兴趣；(3)他可以提供描述，也可以提供规范；(4)他
可以在美的心理学领域进行研究，也可以在美的社会学领域进行
研究；(5)他可以致力于艺术理论，也可以致力于艺术政见；(6)他
可以确立事实，也可以解释事实；(7)他的观点可以基于文学，也可 4
以基于优美艺术。美学家可以在美学的这两条线索之间做出选
择；但美学史家若想呈现美学的发展，就必须探讨所有这些线索。

美学史家会发现，几个世纪以来，美学的观念和兴趣已经发生了很大变化。艺术观念与美的观念逐渐会合，对客观美的研究逐渐转变为对客观美的主观经验的研究，心理学和社会学研究的引入，弃规范而重描述，这些都是美学史上意义重大的现象。

二

美学史家不仅要研究各种美学的演变，还要亲自运用各种方

法和观点。研究古老的美学观念时,不能只考虑以美学的名义表达的、或属于明确的美学学科的、或使用了"美"和"艺术"这两个术语的那些观念。仅仅依靠明确发表的说法也是不够的。美学史家还必须借鉴他所观察到的某一特定时期的品味,并且求助于这一时期产生的艺术作品。他不仅要依靠理论,还要依靠实践,依靠雕塑、音乐、诗歌和演说。

(1) 如果美学史仅限于以美学之名出现的东西,那么它势必很晚才开始,因为直到 1750 年,亚历山大·鲍姆加登(Alexander Baumgarten)才第一次使用这个词。不过,同样的问题早就以其他名称讨论过了。"美学"(aesthetics)一词并不重要,即使在它被创造出来之后,也并非每个人都坚持它。康德关于美学的伟大著作虽然是在鲍姆加登的著作之后完成的,但并没有被称为"美学",而是被称为"判断力批判"。康德使用的"Aesthetik"一词有着完全不同的目的,即表示知识论的一部分,也就是空间和时间理论。

(2) 如果把美学史当作某一门学科的历史来看待,那么它要到 18 世纪才开始(Batteux,*Système des beaux arts*,1747),距今只有两个世纪。但在其他学科里,对美的研究要早得多。在许多情况下,美的问题与一般的哲学结合在一起,比如在柏拉图那里就是如此。即使亚里士多德也没有把美学当作一门独立的学科来处理,尽管他对美学做出了很大贡献。

(3) 如果美学史只包含专门讨论美的论著中所表达的思想,那么它在选材方法上是非常肤浅的。毕达哥拉斯学派对美学的发展产生了极大影响,但可能没有写过这样的论著;无论如何,我们不知道有这样的论著存在。柏拉图的确写过一部关于美的论著,

但他是在其他著作中阐述了自己关于美的主要观点。亚里士多德 5
没有写过关于这个主题的论著。奥古斯丁写了一部，但后来遗失了。托马斯·阿奎那不仅没有写过关于美的论著，而且在任何作品中都没有为美专辟一章进行论述；不过，他就这一主题所发表的零星评论要比其他人在专门论述这一主题的书中说的更多。

因此，在材料选择上，美学史不能屈从于任何外在的标准，比如特定的名称，或特定的研究领域。它必须包括与美学问题有关并且使用美学概念的**所有**思想，即使它们以不同的名称出现在其他学科中。

如果采用这条线索，我们就会清楚地看到，在一个专门名称和独立研究领域出现前两千多年，欧洲就已经开始了美学研究。早期提出和解决问题的方式已经非常类似于后来以“美学”之名提出和解决问题的方式。

1. 美学观念的历史和术语的历史。美学史家若想描述人类关于美的观念的发展，就不能仅限于“美”这个词，因为这些观念还以其他名称出现过。特别在古代美学中，关于和谐、“比例”（*symmetria*）和“匀称”（eurhythmy）的论述要多于关于美的论述。而“美”的意思也与我们今天的理解有所不同：在古代，它指的是道德品性而不是审美品性。

同样，“艺术”一词在那时指的是各种基于知识和能力的生产，而绝不限于优美艺术。因此，美学史也必须考虑那些在其中美不被称为美、艺术不被称为艺术的理论。这便产生了第八种二元性：美学史不仅是美和艺术的**观念**史，而且是“美”和“艺术”这两个**术语**的历史。美学的发展不仅在于观念的演变，而且在于术语的演变,这两种演变并不平行。

2. 明确的(explicit)和隐含的(implicit)美学史。如果美学史家只从有学问的美学家那里获取资料,那么他将无法完整地记录过去人们对美和艺术的看法。他还必须在艺术家当中寻求资料,必须考虑那些不在学术书籍中,而在流行观点和舆论中得到表达的思想。许多美学观念并未直接见诸文字表述,而是首先见诸艺术作品;它们不是通过文字,而是通过形象、颜色和声音来表达的。我们可以从某些艺术作品中推演出美学论点,这些论点虽然未被明确表述出来,但作为这些作品的出发点和基础,却可以由它们揭示出来。如果从最广泛的意义上来理解,那么美学史不仅是由美学家所作的明确的美学论述构成的,而且是由隐含在流行品味或艺术作品中的东西构成的。它不仅应当包括美学理论,而且应当包括揭示那种美学理论的艺术实践。美学史家很容易从手稿和书
6 籍中读到过去的一些美学思想,但其他思想则必须从艺术作品、风尚和习俗中搜集。这是美学和美学史中的另一种二元性,即书籍中明确表达的美学真理与隐含在品味或艺术作品中的美学真理之间的二元性。

美学的进展在很大程度上是由哲学家实现的,但心理学家和社会学家也功不可没。艺术家和诗人、鉴赏家和评论家也揭示了一些关于美和艺术的真理。他们对诗歌、音乐、绘画、建筑的特殊观察,使关于艺术和美的一般真理得以发现。

迄今为止,美学史几乎只限于哲学家-美学家的思想和得到明确表述的理论。任何关于古代美学的讨论都会考虑柏拉图和亚里士多德的思想。那么,普林尼(Pliny)和菲洛斯特拉托斯(Philostratus)呢?

他们不仅在艺术批评史上占有一席之地,在美学史上也占有一席之地。菲迪亚斯(Phidias)呢?他不仅属于雕塑史,而且属于美学史。雅典人对艺术的态度呢?它也属于品味史和美学史。菲迪亚斯给一尊雕像安上了一个不成比例的大脑袋,并且准备把它置于一根高柱上,雅典人对此表示反对,此时他和雅典人都对一个美学问题表达了看法,这个问题也是柏拉图提出的:艺术是否应当考虑人的感知法则,并且改变自然以适应这些法则。雅典人的看法与柏拉图类似,而菲迪亚斯则持相反的看法。显然,他们的观点理应与柏拉图的观点一同列入美学史。

3. 叙述的(expository)和解释的(explanatory)美学史。在过去产生的美学观念中,有些是非常自然和不言自明的。美学史家可以只是叙述它们出现的时间和地点。而要想弄清楚其他美学观念,则必须知道产生它们的条件,即提出这些观念的艺术家、哲学家和鉴赏家的心理,同时代人对艺术的看法,以及当时的社会结构和品味。由此出现了美学史的第十一种二元性。

(1)有些美学观念是在社会、经济、政治条件的直接影响下产生的。它们依赖于这些观念的倡导者所处的社会制度和所属的社会群体。例如,罗马帝国倾向于产生的美和艺术的观念不同于雅典民主制度或中世纪修道院中产生的美和艺术的观念。(2)另一些观念只是间接地依赖于社会政治条件,它们更多地受到意识形态和哲学理论的影响。理念论者柏拉图的美学与智者的相对主义美学几乎毫无相似之处,尽管他们生活在相同的社会政治条件下。(3)美学观念也受到了当时艺术的影响。艺术家有时会依赖美学家,但美学家有时也会依赖艺术家;理论有时会影响艺术实践,但艺术实践有时也会影响美学理论。

7 美学史家必须考虑这种相互依存关系。在论述美学观念的发展时，他必须反复考察政治制度史、哲学史和艺术史。这项任务既必要又艰难，因为政治、艺术和哲学对美学理论的影响不仅多种多样，而且往往纠缠着模糊不清和出人意料的情形。例如，柏拉图对艺术的评价是以政治制度为模型的。然而，这种制度并不是他生于其中、长于其中的雅典的制度，而是遥远的斯巴达的制度。他关于美的观念依赖于哲学，但（尤其在晚年）与其说依赖于他自己的理念论哲学，不如说依赖于毕达哥拉斯学派的数的哲学。他的艺术理想并非基于当时的希腊艺术，而是基于古风时期的艺术。

4. 美学发现（discoveries）史和流行观念（prevailing ideas）史。 美学史家主要关注美与艺术概念的起源和演变，以及关于美、艺术、艺术创造和艺术经验的理论是如何形成的。他旨在确定这些概念和理论是何时、何地、在何种情况下、经由何人产生的。他试图发现是谁最先定义了美和艺术的概念，是谁最先区分了美学上的美和道德上的美，是谁最先区分了艺术和工艺，又是谁最先引入了关于艺术、创造性想象和美感的精确概念。

还有一个问题是美学史家必须予以重视的：在美学家发现的概念和理论中，哪些得到了赞同和反响，哪些被接受并且支配了人们的思想。值得注意的是，很长时间以来，希腊思想家和希腊人并不把诗歌视为一门艺术，也没有看出雕塑与音乐之间有何相似之处或联系，此外在艺术中，他们更强调规则，而不是艺术家的自由活动。

由于美学史家感兴趣的这种（第十二种）二元性，美学史沿着两条线索发展。它一方面是美学思想的发现和发展史，另一方面是美学思想的接受史,考察的是曾被大多数人所接受并且盛行了数个世纪的美学概念和理论。

美学沿着多条线索发展,美学史家必须追溯所有这些线索。

三

1. 美学史的起源。美学史始于何时?如果我们从最宽泛的意义上来理解这个词,使之包含“隐含的”美学,那么它的起源就会坠入时间的迷雾,只能任意规定。美学史家必须在某一时刻打断这一进程,并且明确宣称:这就是我的出发点。本书所述的美学史就是这样进行的。通过有意限定自己的任务,它让美学史从欧洲开始,或者更具体地说,从希腊开始。它并不否认,在欧洲之外的东方,特别是在埃及,不仅可能存在隐含的美学,还可能存在明确 8
表述的美学。不过,这属于一个不同的发展历程。

虽然这部美学史并不包含非欧洲的美学,但我们仍然要注意非欧洲的美学与欧洲美学之间的关系和相互依存。最初的接触从一开始就出现了。

2. 埃及和希腊。西西里的狄奥多罗斯(Diodorus Siculus)写道,①埃及人声称希腊雕塑家是自己的学生,并以两兄弟为例,说他们早期是雕塑家,为萨摩斯岛(Samos)制作了一尊阿波罗雕像。按照埃及雕塑家通常的惯例,兄弟俩分了工。其中一个在萨摩斯岛上完成了他那部分,另一个在以弗所(Ephesus)完成了另一部

① Diodorus Siculus, Ⅰ, 98.

分，然后这两部分完全结合在一起，仿佛出自同一位艺术家之手。只有采用某种工作方法，才可能实现这样的结果。埃及艺术家对轮廓和比例有一套严格定义的系统，并且一成不变地加以使用。他们将人体分成21个部分，并据此完成人体的每一个部分。狄奥多罗斯称这种方法为"*kataskeue*"，意思是"构造"或"制造"。

狄奥多罗斯说，这种在埃及司空见惯的方法"在希腊根本没有被使用"。最早的希腊雕塑家，比如萨摩斯岛的阿波罗像的创作者，的确使用过埃及的方法，但重要的是，他们的后继者却放弃了它。他们放弃的并非测量和规范，而是僵化的系统。这样一来，他们不仅引入了不同的方法，而且引入了一种不同的艺术观念。

古代东方人，特别是埃及人，拥有一种关于完美艺术和比例的观念，按照这种观念，他们在建筑和雕塑中将自己的规范固定下来。[①] 他们并不具有我们今天认为更简单、更自然的那种对艺术的理解。从现存的实例来看，他们并不很重视对现实的再现、情感的表达以及给观者以愉悦。他们将自己的艺术与宗教和来世相联系，而不是与周围的世界相联系。他们力图在作品中体现事物的本质而不是事物的显现。他们优先考虑图式化的几何形式，而不是周围世界的有机形态。一旦与东方决裂，走上一条独立的道路，希腊人就开始对周围世界的有机形态进行解释，从而开启新的

① C. R. Lepsius, *Denkmäler aus Ägypten und Äthiopien* (1897). J. Lange, *Billedkunstens Fremstilling ar menneskeskikkelsen i den oeldste Periode*. W. Schäffer, *Von ägyptischer Kunst* (1930). E. Panofsky, "Die Entwicklung der Proportionslehre", *Monatshefte für Kunstwissenschaft*, Ⅳ (1921), p. 188. E. Iversen, *Canon and Proportions in Egyptian Art* (London, 1955). E. C. Keilland, *Geometry in Egyptian Art* (London, 1955). K. Michalowski, *Kanon w architekturze egipskiej* (1956).

时代。

在获得任何文字表达之前，希腊美学最先体现在希腊艺术中。9
最早用文字来表达希腊艺术的作家是诗人荷马（Homer）和赫西俄德（Hesiod），他们论述了诗歌的功能和价值。直到公元前 4 世纪或公元前 5 世纪，希腊美学才被一些学者、主要是毕达哥拉斯学派的学者所研究。

3. 美学史上的几个时期。从古希腊人的时代开始，欧洲美学一直发展到今天。这种演变持续不断，但并非没有危机、停滞、倒退和转折。其中一次剧烈转折发生在罗马帝国灭亡之后，另一次发生在文艺复兴时期。这两个转折点是整个欧洲文化史上的转折点，据此我们可以把欧洲文化史分为古代、中世纪和现代三个时期。这是一个经得起时间考验的公认的年代划分。

美学通史参考书目

R. Zimmermann, *Geschichte der Ästhetik als philosophischer Wissenschaft* (1858).—M. Schasler, *Kritische Geschichte der Ästhetik* (1872).—B. Bosanquet, *A History of Aesthetics* (3rd ed.,1910)（这三部著作都可以追溯到 19 世纪，都没有考虑最近的观点和专门研究）.—B. Croce, *Estetica come scienza dell' espressione,e linquistica generale* (3rd ed.,1908)（对古代和中世纪美学作了简要而肤浅的讨论）.—E. F. Carritt, *Philosophies of Beauty* (1931)（一部文选）.—A. Baeumler, *Ästhetik* in: *Handbuch der Philosophie*, Ⅰ(1954)（未完成）.—K. Gilbert and H. Kuhn, *A History of Aesthetics* (1939).—E. De Bruyne,

Geschiedenis van de Aesthetics, 5 vols. (1951-3)(至文艺复兴时期). —M. C. Beardsley, *Asthetics from Classical Greece to the Present* (1966).

即使是最详尽的哲学通史，也很少有或根本没有关于美学的资料。最完整地描述了美学知识现状的最新著作是意大利文的专题论文集 *Momenti e problemi di storia dell'estetica* (Milan, 1959)(迄今为止出了两卷，从古代到浪漫主义时期)。

在论述整个美学史中相关专门问题的专著中，以下著作尤为重要：F. P. Chambers, *Cycles of Taste* (1928). —*History of Taste* (1932). —E. Cassirer, *Eidos und Eidolon* (1924). —E. Panofsky, *Idea* (1924). —P. O. Kristeller, "The Modern System of the Arts", *Journal of the History of Ideas* (1951). —H. Read, *Icon and Idea* (1954).

音乐美学史：R. Schafke, *Geschichte der Musikästhetik in Umrissen* (1934). ——一些音乐史本身也考虑了音乐美学史：J. Combarieu, *Histoire de la musique*, Ⅰ (1924). —A. Einstein, *A Short History of Music* (2nd ed., 1953).

诗歌美学史：G. Saintsbury, *History of Criticism and Literary Taste*, 3 vols. (1902).

造型艺术美学史：L. Venturi, *Storia della critica d'arte* (1945). ——一部更早的未完成作品是 A. Dresdner, *Die Kunstkritik*, vol. Ⅰ (1915). —J. Schlosser, *Die Kunstlitteratur* (1924) 原则上只涉及现代，但包括一篇对中世纪艺术著作的介绍。

古代美学研究

E. Müller, *Geschichte der Theorie der Kunst bei den Alten*, 2 vols. (1834-7)(仍有价值)。—J. Walter, *Geschichte der Äesthetik im Altertum* (1893)(与其说是一部真正的历史,不如说是关于三位主要希腊美学家的专著)。—K. Svoboda, *Vývojantické estetiky* (1926)(一部简短的概要)。—W. Tatarkiewicz, "Art and Poetry, 10
a Contribution to the History of Ancient Aesthetics", *Studia Philosophica*, Leopoli, Ⅱ (1937). —C. Mezzantini, "L'estetica nel pensiero classico", *Grande Antologia Filosofica*, Ⅰ, 2 (1954). —E. Utitz, *Bemerkungen zur altgriechischen Kunsttheorie* (1959). —A. Plebe, "Origini e problemi dell'estetica antica", *Momenti e problemi di storia dell'estetica*, Ⅰ (1959). —C. Carpenter, *The Aesthetic Basis of Greek Art* (1959, 1st ed. 1921). —J. G. Warry, *Greek Aesthetic Theory* (1962). —E. Grassi, *Theorie des Schönen in der Antike* (1962). —J. Krueger, *Griechische Ästhetik* (1965)(一部文选)。

关于柏拉图的美学:F. Jaffré, *Der Begriff der techne bei Plato* (1922). —E. Cassirer, *Eidos und Eidolon* (1924). —G. M. A. Grube, "Plato's Theory of Beauty", *Monist* (1927). —P. M. Schuhl, *Platon et l'art de son temps* (1933). —L. Stefanini, *Il problema estetico in Platone* (1935). —W. J. Verdenius, *Mimesis: Plato's Doctrine of Artistic Imitation and its Meaning to Us* (Leiden, 1949). —C. Murely, "Plato and the Arts", *Classical*

Bulletin (1950).—E. Huber-Abrahamowicz, *Das Problem der Kunst bei Plato* (Winterthur, 1954).—A. Plebe, *Plato, antologia di antica letteraria* (1955).—B. Schweitzer, *Platon und die bildende Kunst der Griechen* (1953).—R. C. Lodge, *Plato's Theory of Art* (1963).—早期重要著作:E. Zeller, *Philosophie der Griechen*, Ⅱ Theil, 1 Abt., Ⅳ Aufl. (1889).—G. Finsler, *Piaton und die aristotelische Poetik* (1900).—E. Frank, *Plato und die sogenannten Pythagoreer* (1923).

关于亚里士多德的美学: G. Teichmüller, *Aristotelische Forschungen*, Ⅱ: *Aristoteles' Philosophie der Kunst* (1869).—J. Bernays, *Zwei Abhandlungen über die aristotelische Theorie des Dramas* (1880).—Ch. Bénard, *L'esthétique d'Aristote* (1887).—J. Bywater, *Aristotle on the Art of Poetry* (1909).—S. H. Butcher, *Aristotle's Theory of Poetry and Fine Arts* (1923).—L. Cooper, *The Poetics of Aristotle, its Meaning and Influence* (1924).—K. Svoboda, *L'esthétique d'Aristote* (1927).—L. Cooper and A. Gudeman, *Bibliography of the Poetics of Aristotle* (1928).—E. Bignami, *La poetica di Aristotele e il concetto dell'arte presso gli antichi* (1932).—D. de Montmoulin, *La poétique d'Aristote* (Neufchatel, 1951).—R. Ingarden, "A Marginal Commentary on Aristotle's Poetics", *Journal of Aesthetics and Art Criticism* (1953).—H. House, *Aristotle's Poetics* (1956).—G. F. Else, *Aristotle's Poetics: the Argument* (1957).

古代美学

11 绵延近千年的古代美学是欧洲美学的起源和基础。它始于公元前5世纪或公元前6世纪，直到公元3世纪仍在发展。

古代美学主要由希腊人造就，起初完全是希腊人的成就，后来则有其他民族的参与。考虑到到这种变化，我们说美学最初是“希腊的”(Hellenic)，然后是“希腊化的”(Hellenistic)。因此，我们可以把古代美学分为希腊时期和希腊化时期，分界线在公元前3世纪。

希腊美学又可以分为两个连续的阶段：古风(archaic)时期和古典(classical)时期。希腊美学的古风时期包括公元前6世纪和公元前5世纪初，而古典时期则包括公元前5世纪末和整个公元前4世纪。如果把两个划分结合起来，我们就得到了古代美学的三个时期：古风时期、古典时期和希腊化时期。

古风时期还远未形成一套完整的美学理论。它只是产生了一些不连贯的思考和想法，主要关心细节，而且只涉及诗歌，不涉及一般的艺术和美。我们可以把古风时期看成古代美学的史前时期，认为古代美学史由古典时期和希腊化时期所组成。但即便作出这样的缩减，古代美学的历史还是跨越了八个世纪之久。

第一编　古风时期的美学 12

第一章　古风时期

1. 种族状况。当希腊人开始思考美学时，他们的文化已经不再年轻，而是有着漫长而复杂的历史。早在公元前2000年，克里特岛就有繁荣的文化和艺术（即所谓的米诺斯文化，以传说中的米诺斯国王的名字命名）。此后，大约从公元前1600年到公元前1260年，从北方来到希腊的"原始希腊人"创造了一种新的文化。他们新的文化和艺术结合了北方文化的特点与南方米诺斯文化的特点，以伯罗奔尼撒半岛的迈锡尼为中心，因此被称为迈锡尼文化。其最辉煌的时期在公元前1400年左右，但由于无力抵御北方部族的入侵，它于公元前12、13世纪开始衰落。北方的这些多利安（Dorian）部族当时占据着希腊北部的土地，但迫于从多瑙河流域迁来的伊利里亚人（Illyrians）的压力，已经开始向南迁移。他们征服并摧毁了富饶的迈锡尼城，建立了自己的统治和文化。

从公元前12世纪多利安人征服迈锡尼到公元前5世纪的这段希腊历史时期被称为"古风"时期。它包括两个截然不同的阶段。在第一阶段，生活仍然很原始，但在第二阶段，即从公元前7世纪到公元前5世纪初，包括统治、学问和艺术在内的希腊文化的基础得以建立。在这个第二阶段，我们可以看到美学思想的端倪。

多利安人征服迈锡尼之后，希腊被许多部族所占据，除入侵者外，还有一些部族在入侵之前就生活在那里。旧有的部族，尤其是爱奥尼亚人，一部分已经离开希腊半岛，在附近的岛屿和小亚细亚沿岸定居。于是在希腊，爱奥尼亚人和多利安人的领地和城邦虽然彼此接壤，但其居民的特征和命运却有所不同。多利安人和爱奥尼亚人之间的差异不仅体现在种族和地理上，而且体现在经济、政治和精神上。多利安人坚持贵族统治，而爱奥尼亚人则建立了民主统治。前者由军人主政，后者则不久由商人主导。多利安人
13 尊崇传统，而爱奥尼亚人则对新事物很好奇。于是，希腊人在很早的阶段就发展出了两种文化——多利安文化和爱奥尼亚文化。爱奥尼亚人更多地保存了迈锡尼文化，也受到克里特文化以及与之相邻的东方繁荣文化的影响。多利安文化和爱奥尼亚文化之间的这种二元性在很长一段时间里支配着希腊，在其历史特别是艺术史和艺术理论史中清晰可见。希腊人在艺术中寻求永恒规范和支配美的永恒法则源于多利安传统，而对现实生活和感官知觉的热爱则源于爱奥尼亚传统。

2. 地理状况。希腊文化的发展不仅速度惊人，而且灿烂辉煌。这种发展至少部分源于希腊有利的自然条件。希腊半岛及诸岛屿被宁静的海洋所包围，海岸线长，港口甚多，这种地理状况促进了旅游、贸易和对其他国家财富的攫取。温暖宜人的气候和肥沃的土壤使希腊人不必把精力完全消耗在谋求生存和满足基本人类需求上，而是可以致力于学问、诗歌和艺术。另一方面，尽管土地肥沃、自然资源丰富，但希腊人从不骄奢淫逸、挥霍浪费。希腊

的成功发展也得益于社会和政治组织，特别是得益于它被分成许多小城邦，后来自然形成了许多相互竞争的生活、工作和文化中心。

希腊风景规则而和谐的结构可能对希腊艺术文化产生了一种特殊影响。希腊人之所以眼睛习惯于规律与和谐，并把它们系统地应用于艺术，这也许是一个原因。

3. 社会状况。在数个世纪里，希腊人极大地拓展了自己的领土。从亚洲到直布罗陀海峡，他们都建立了殖民地，其势力统治着整个地中海。爱奥尼亚人在小亚细亚建立了东部殖民地，而多利安人则在意大利建立了西部殖民地，即所谓的大希腊。通过获得地中海的控制权，希腊人从沿海国家发展成为航海国家，而这又产生了进一步的后果。

直到公元前 7 世纪，希腊还主要是一个农业国家，只有有限的工业。许多产品是从东部的腓尼基人那里购买的，希腊人自己并不制造。希腊人获得殖民地后，这种情况发生了变化。随着境外殖民地对产品需求的增加，他们的生产也提高了，其产品从殖民地销往其他国家。希腊盛产铁、铜矿石和黏土，众多牧群保证了羊毛的供应。所有这些原料都有需求，可以出口。原料出口之后便是成品出口。良好的贸易条件推动了工业发展，以冶金、陶瓷、纺织 14
为基础的工业中心在全国各地兴起。而工业又反过来刺激了贸易，希腊人自己成了中间人和商人。贸易中心建在爱奥尼亚的殖民地，特别是米利都，以及在欧洲的希腊，特别是科林斯和后来的雅典。航海和贸易不仅使希腊人更加富足，而且增进了他们对世界的了解，使其不再满足于只做一个小小半岛上的公民，而要成为世界公民。他们伟大的天赋一旦配上远大的志向，就在一个小小的国家中孕育出具有世界声望的艺术家和科学家。

主要发生在公元前6、7世纪的经济变革引起了人口、社会和政治的变化。这些城邦一旦被确立为经济中心，就不仅吸引着市民，而且吸引着（卫城脚下的）村民。这些中心虽然规模不大（连科林斯和雅典在公元前6世纪也只有大约25000名居民），但数量众多，而且相互竞争。工业贸易产生出富有的中产阶级之后，一场与贵族的斗争便接踵而至。结果，贵族所支持的元老政治衰落了下去，先后被荣誉政治和民主政治所取代。不过，这种政体不仅依赖于民众和中产阶级，而且依赖于能够适应新环境的开明而有远见的贵族。这样一来，整个国家都参与了希腊文化的创造。

这种制度是民主的，但以奴隶制为基础。希腊有许多奴隶，在某些中心，奴隶实际上比自由民还多。奴隶减轻了自由民的体力劳动，使之能够追求自己感兴趣的东西，主要是政治，但也包括科学、文学和艺术。

4. 宗教信仰。这就是公元前6、7世纪希腊的生活状况——比较繁荣富足，部分程度的工业化，以及建立在奴隶制基础上的民主制。这些条件造就了举世闻名的希腊文化。数个世纪的旅游、贸易、工业化和民主进程的演变，在很大程度上使希腊从早期的宗教信仰转向了一种世俗的思维方式，注重自然事物甚于超自然事物。尽管如此，希腊人的信念和偏好以及艺术和科学中仍然保留了某些旧有的要素，这是其他信念和关系的遗存。在一个开明的、世界主义的工业家和商人的集体中，出现了对遥远的过去和旧有思维方式的回归。这在宗教中尤其明显，与远离圣地和神圣传统的殖民地相比，希腊本土更是如此。

希腊宗教并非铁板一块。我们通过荷马、赫西俄德和大理石雕像而了解的奥林匹亚宗教是更年轻、更开明时代的产物。这是一种崇高的、幸福的、如神一般的超人的宗教，是人性的和拟人的，充满了光明和宁静，没有魔法或迷信、魔鬼或奥秘。在这种宗教 15
下，人们自然和自由地生活在一个清晰、自然、有序的世界中。

然而在人们的信仰中，与这种宗教并立的还有一种在希腊原始民族那里很常见的关于地下神灵的阴郁宗教，它是外来的，主要来自东方，即神秘的、秘仪的、迷狂的俄耳甫斯教和狄奥尼索斯崇拜。这是一种野蛮的狂热崇拜，在秘仪和酒神节狂欢中找到了发泄出路，并且提供了一种遁世和解脱之道。于是，希腊宗教中出现了两种潮流：一种潮流体现了秩序、清晰和自然的精神，另一种潮流则体现了神秘精神。前者显示了希腊人的独特特征，在随后几个世纪里一直被视为典型希腊的。

人性的、形象化的奥林匹亚宗教支配着希腊的诗歌和雕塑。在很长一段时间里，希腊诗人歌颂奥林匹亚众神，希腊雕塑家则只雕刻神像，后来才刻画人。这种宗教渗透于希腊人的艺术中，而美学则渗透于他们的宗教中。

神秘宗教在希腊艺术中并不那么显著，至少就诗歌和文学而言是如此。然而，音乐却服务于神秘宗教，因此要按照它的精神来理解。但希腊的神秘宗教主要显示于哲学中，并通过哲学影响了美学。早期美学的一种潮流表现了哲学启蒙，另一种潮流则表现了神秘宗教哲学。这是美学史上的第一次冲突。

哲学于公元前 6 世纪出现在希腊，但起初范围非常有限。早期希腊哲学家关心的是自然，而不是美和艺术。后者最早出现在诗人的作品中。他们的观察和美学概括虽然范围有限，但在美学史上非常重要，因为在希腊人已经创作出灿烂的艺术作品，但尚未就美和艺术提出任何科学主张时，它们显示了希腊人如何对美做出反应。

第二章　诗歌的起源

（一）诗乐舞

1. 三合一的诗乐舞（triune *choreia*）。关于希腊艺术最初的特征和组织，我们只有间接的、有待证实的资料，但可以肯定的是，其特征和组织必然不同于后世。事实上，希腊人最初只有两种艺术：表现艺术（expressive art）和构成艺术（constructive art），[1]但每种艺术都有许多组成部分。表现艺术包括诗歌、音乐和舞蹈，构 16
成艺术则包括建筑、雕塑和绘画。

建筑是构成艺术的基础，雕塑和绘画在神庙的建造中与建筑相辅相成。舞蹈是表现艺术的核心，伴随着言语和音乐。舞蹈与音乐和诗歌结合成一个整体，形成了著名古典语文学家齐林斯基（T. Zielinski）所谓的"三合一的诗乐舞"。这种艺术通过言语、姿势、旋律和节奏来表达人的情感和冲动。"诗乐舞"（*choreia*）一词强调了舞蹈的关键角色；它源于希腊词"歌舞队"（*choros*），最初意

---

① 尼采极富洞见地注意到了希腊艺术中的二元性，但他认为这是艺术的两种潮流，分别称之为"日神的"和"酒神的"。事实上，在希腊人看来，它们主要是两种不同的艺术。

指“群舞”。

2. 净化。活跃于公元3世纪末的作家阿里斯提得斯·昆提利安(Aristides Quintilianus)在谈到古风时期的希腊艺术时说,它首先是对情感的表达:“古时候人们已经意识到,有些人会在心情愉悦、感到快乐时歌唱和奏乐,另一些人会在忧郁焦虑时沉浸其中,还有一些人则在神圣的狂喜和出神(ecstasy)中歌唱和奏乐。”在这种诗乐舞艺术中,人们表达自己的情感,期待这样会带来宽慰。阿里斯提得斯·昆提利安指出,在较低的文化层次,只有实际唱歌跳舞的人才能体验到宽慰和满足,而后,到了更高的思想层次,观众和听众也能有此体验。

起初舞蹈所扮演的这个角色后来由戏剧和音乐所接替。当时,舞蹈是最重要的艺术,也能产生最强烈的刺激。在较低的发展阶段只有参与舞蹈和歌唱的人才能得到的体验,后来观众和听众也能得到了。这种起净化作用的艺术最初是在秘仪(mysteries)和祭礼(cults)的场合表演的,阿里斯提得斯·昆提利安补充说,“对酒神狄奥尼索斯的献祭和类似的献祭之所以有意义,是因为在那里表演的舞蹈和歌唱有一种抚慰作用”。

阿里斯提得斯·昆提利安的证词之所以重要,有几个理由。它显示早期希腊的诗乐舞有一种表现性,它表现的是情感而不是有形之物,代表行动而非静观(contemplation)。阿里斯提得斯·昆提利安表明,这种艺术由舞蹈、歌唱和音乐所组成,而且与祭礼和宗教仪式、特别是与酒神有关的祭礼和宗教仪式相联系。它力图抚慰和镇定情感,用现代的话来说就是净化灵魂。希腊人把这种净化称为“*katharsis*”,这是他们很早就在使用的一个与艺术有关的术语。

3. 摹仿。阿里斯提得斯·昆提利安把这种早期的表现艺术称为“摹仿”(*mimesis*)。和“净化”一样,这个术语和概念出现得很早,在希腊美学中有漫长的发展过程。虽然后来它表示通过艺术(尤其是戏剧、绘画和雕塑)来再现现实,但在希腊文化之初,它被 17
用于舞蹈,而且表示完全不同的东西,即通过动作、声音和言语来表达情感和体验。[1] 这种原初含义后来发生了转变。在希腊早期,“*mimesis*”的意思是“摹仿”,但仅仅指演员的摹仿,而不指临摹。在荷马和赫西俄德那里,这个词还没有出现,它可能最早出现在与酒神祭礼有关的地方,意指祭司的摹仿和祭舞。柏拉图和斯特拉波(Strabo)都把秘仪称为“*mimesis*”。在阿波罗颂歌和品达(Pindar)的作品中,这个词意指舞蹈。早期的舞蹈(特别是宗教仪式上的舞蹈)是表现的,而不是摹仿的。它们表现情感而不是摹仿情感。后来,“*mimesis*”渐渐意指演员的艺术,之后被用于音乐,再往后被用于诗歌和雕塑,这时其原初含义发生了转变。

表现的祭舞旨在引导人们释放情感和净化灵魂,这并非希腊文化所独有,许多原始民族都是如此。但希腊人即使到了自己的文化顶峰,也仍然保留着这种舞蹈。[2] 它不仅作为宗教仪式,而且作为吸引民众的表演继续对希腊人产生巨大影响。起初这些舞蹈构成了希腊人的基本艺术,当时他们还没有发展出与动作和姿势相分离的音乐,诗歌也是如此。“古风时期的希腊诗歌根本不存

---

① H. Koller, *Die Mimesis in der Antike*. Dissertationes Bernenses(Bern, 1954).

② A. Delatte, *Les conceptions de l'enthousiasme chez les philosophes présocratiques* (1934).

在，”一位专业研究者说。[①] 他的意思是，此时的诗歌还未作为一种仅仅通过言语来表达，而不伴随动作和姿势的独立的艺术而存在。独立的诗歌和独立的音乐只是渐渐地从这种由动作、姿势和表情组成的“三合一的诗乐舞”中发展出来。

原始的艺术理论正是基于这种原始的表现艺术。早期希腊人是从表现和情感的角度来理解诗歌和音乐的。由于与祭礼和魔法有关，诗乐舞为后来关于诗歌是一种着魔（enchantment）的理论铺平了道路。此外，诗乐舞因其表现性也为最早的艺术起源论提供了根据。这种理论认为，艺术是人的自然表现；对人来说，艺术是必需的，是其本性的显现。这种表现艺术还在希腊人的意识中建立了一种二元性，一方面是诗歌和音乐，另一方面是造型艺术。在很长的时间里，希腊人一直看不出诗歌与雕塑这样的艺术之间有什么联系，因为对他们而言，诗歌是一种表现艺术，他们想不到以表现的方式来解释雕塑。

（二）音乐

1. 与祭礼的联系。另一方面，音乐很早就从希腊原始的三合
18 一诗乐舞中脱离出来，并作为占主导地位的表现艺术接替了它的
功能，即表现情感。[②] 与此同时，音乐还保留着与宗教祭礼的联

---

① T. Georgiades, *Der griechische Rhythmus* (1949): “Altgriechische Dichtung hat es nie gegeben”.

② R. Westphal, *Geschichte der alten und mittelalterlichen Musik* (1864). F. A. Gevaërt, *Histoire de la musique de l'antiquité*, 2 vols. (1875-81). K. v. Jan, *Musici auctores Graeci* (1895). H. Riemann, *Handbuch der Musikgeschichte*, Bd. Ⅰ. J. Combarieu, *Histoire de la musique*, vol. Ⅰ (1924).

系。音乐的各种形式都源于与若干神祇相关的祭礼。阿波罗颂歌是赞美日神阿波罗的，合唱队在春祭仪式上演唱的酒神颂歌(dithyramb)是赞美酒神狄奥尼索斯的，韵律(prosodies)是在游行时唱的。音乐是秘仪的重要组成部分，相传歌手俄耳甫斯(Orpheus)是音乐的创始者，也是秘仪本身的创始者。音乐虽然后来扩展到公共和私人的世俗仪式，但始终保持着与宗教的联系。它被视为众神的特殊恩赐，并且被赋予了像魔力这样的特殊属性。据说咒语(*aoide*)会对人施予一种力量，使人失去行动自由。俄耳甫斯教认为，他们使用的让人迷醉的音乐至少可以使灵魂暂时摆脱肉体的束缚。

2. 与舞蹈的联系。即使在脱离了三合一的诗乐舞之后，希腊音乐也保持着与舞蹈的联系。装扮成森林之神的酒神颂歌的演唱者也是舞者。希腊词“*choreuein*”有两种含义：群舞和群唱。“orchestra”，也就是希腊剧场舞台前的半圆形歌舞队席，即得名于“*orchesis*”(舞蹈)。歌手本人弹奏里拉琴(Lyre)，歌舞队则辅以舞蹈。手臂动作和腿部动作同样重要。和希腊音乐一样，舞蹈的基本特征是节奏。这种舞蹈无需精湛的技巧，没有独自的表演，没有快速的旋转，没有拥抱，没有女人，没有色情，和音乐一样是一种表现艺术。

3. 与诗歌的联系。早期希腊音乐还与诗歌密切相关。正如所有诗歌都需要唱出来一样，所有音乐都是声乐，乐器仅作为伴奏。酒神颂歌(歌舞队按照扬抑格五音步的节奏演唱)既是一种音乐形式，又是一种诗歌形式。阿基洛科斯(Archilochus)和西莫尼德斯(Simonides)在同等程度上既是诗人又是音乐家，他们的诗歌被人演唱。在埃斯库罗斯的悲剧中，歌唱部分（*mele*）支配着道白部分（*metra*）。

起初的歌唱并没有伴奏。根据普鲁塔克（Plutarch）的说法，是阿基洛科斯在公元前 7 世纪引入了伴奏。没有歌唱的音乐是后来发展出来的。里拉琴独奏是在公元前 588 年的德尔斐竞技会（Pythian contests）中引入的新鲜事物，而且一直被认为不合规则。希腊人并没有发展出我们今天所了解的器乐。正如赫尔曼·阿贝特（Hermann Abert）所说，人声主导着旋律的法则。①

希腊乐器声音柔和，不是很洪亮，也不是特别有力。如果考虑到长期以来乐器只用于伴奏，这就很容易理解了。它们算不上什么精湛的技艺，不适合演奏更复杂的乐曲。希腊人没有使用金属
19 或皮革制造的乐器，而只把里拉琴和西塔拉琴（cithara，一种改进的里拉琴）当作自己的民族乐器。它们很简单，人人都能弹奏。

希腊人从东方引入了吹管乐器，尤其是很像竖笛的阿夫洛斯管（*aulos*）。只有这种乐器能用连续的旋律取代间断的音符，因此它最初被引入时，在希腊人当中引起了强烈反响。它渐渐被视为一种狂欢兴奋剂，并且在酒神祭礼中获得了一种与日神祭礼中的里拉琴类似的主导地位。它在戏剧和舞蹈中所起的作用如同里拉琴在献祭、游行和一般教育中所起的作用。希腊人认为这两种乐器截然不同，以至于没有把所有器乐都包含在同一个概念中；亚里士多德仍然把“竖琴学”（citharoetics）和“竖笛学”（auletics）当作完全不同的东西来看待。

---

① H. Abert，*Die Lehre vom Ethos in der griechischen Musik*（1899）.

4. 节奏。 希腊音乐（特别是早期希腊音乐）非常简单。伴奏或伴唱总是很齐，不存在两个平行的独立旋律。希腊人对复调音乐一无所知。但这种简单性并不是一种原始风格的反映，也不是因为没有能力，而是源于某些理论假定，即源于“协和”（*symphonia*）理论。希腊人认为，当声音混合到无法区分的程度，或如他们所说，“像酒和蜜”一样融为一体时，声音之间的协和是可以实现的。他们认为，要想实现这一点，声音之间的关系必须尽可能简单。

在希腊人的音乐中，节奏优先于旋律。[①] 它比现代音乐更少旋律，但更有节奏。正如哈利卡纳索斯的狄奥尼修斯（Dionysius of Halicarnassus）后来所说，“旋律悦耳，而节奏鼓动”。节奏之所以在希腊音乐中占主导地位，部分原因在于，音乐与诗歌和舞蹈联系在一起。

5. 规范（*nomos*）。希腊音乐的起源可以追溯到古风时期。希腊人将它与公元前 7 世纪生活在斯巴达的特尔潘德（Terpander）联系在一起，他的功绩在于确立了音乐的规范。因此希腊人认为，他们的音乐起源于其固定规范确立的那一刻。他们常常把特尔潘德的创举称为“第一次确立了规范”，并把他（基于更古老的礼拜式圣歌）所确定的音乐形式称为“*nomos*”，即“法则”或“秩序”。特尔潘德的“规范”是一种由七个部分组成的独唱曲。它曾在德尔斐四次取得成功，最后成为必须遵从的形式。它是一个纲要，可以填入各种文本。后来，同样活跃于斯巴达的克里特人塔雷塔斯

---

① H. Abert, “Die Stellung der Musik in der antiken Kultur”, *Die Antike*, XII (1926), p. 136.

(Thaletas the Cretan)作了一些修改，普鲁塔克说他“第二次制定了规范”。虽然规范改变了，但无论当时还是以后，希腊音乐始终
20 依赖于它。在公元前5、6世纪的黄金时代，这些规范得到了最严格的遵守。“*nomos*”一词意味着在希腊，音乐要受到强制性规范的制约。后来希腊音乐学家普鲁塔克甚至写道：“音乐中最高和最固有的特征就是在所有事物中保持合适的尺度。”

规范对于作曲家和表演者都同样有效。现代对这两者的区分在古代几乎闻所未闻。作曲家只提供了一个有待表演者具体完成的作品框架。在某种意义上他们都是创作者，但其创作自由受到了固定规范的限制。

（三）诗歌

1. 卓越。希腊人的伟大史诗大概可以追溯到公元前7、8世纪，《伊利亚特》属于公元前8世纪，《奥德赛》属于公元前7世纪。它们是欧洲最早成文的诗歌，卓越优异，无与伦比。它们基于口述传统，所以没有先例，但天才的诗人们最终将其写了出来。它们虽然非常相似，却是两个不同的人的作品：《奥德赛》体现了后来的态度，描述了更南方的社会环境。正如在接下来的时期，希腊相继出现了几位天才的悲剧作家，现在希腊则出现了两位天才的史诗作家，在未来数千年里无人能够超越。因此，当希腊在美学思想方面迈出第一步时，它已经拥有了伟大的诗歌。

此诗歌很快就变得具有传奇色彩，其作者很快就失去了个人特征。在希腊人那里，荷马成了诗人的同义词。他被尊崇为半神半

人，其诗歌渐渐被视为启示。它不仅被视为艺术，而且被视为最高的智慧，这种态度给希腊人关于美和诗歌的最初思考留下了印记。

希腊人最初的美学观源于荷马史诗的特征。诗中充满了神话，作为主角的各路英雄既有人，也有神。荷马史诗不仅巩固了奥林匹斯宗教，甚至可以说创造了它。然而在荷马史诗神圣的神话世界里，秩序主宰一切，任何事物都以理性和自然的方式发生。众神不是奇迹的制造者，他们的行动受到自然力而不是超自然力量的支配。

希腊人开始思考美和艺术的时候已经拥有各种各样的诗歌。除了荷马史诗，他们还拥有赫西俄德的史诗，它所颂扬的不是勇武的英雄主义，而是劳动的尊严。此外还有阿基洛科斯和阿纳克里翁（Anacreon）、萨福（Sappho）和品达的抒情诗，这种抒情诗以自己独特的方式几乎与荷马史诗同样完美。这些早期诗歌没有显示出任何原始、幼稚或粗陋的痕迹，其卓越程度只能这样来解释：它继承了一个悠久的传统，诗歌在由职业诗人加工处理之前，已经在人们的口口相传中得到完善。

2. 诗歌的公共性。希腊人这种早期的、出人意料的诗歌出现 21
得比散文要早。那时他们还没有文学散文，甚至连哲学论著都是以诗歌的形式写成的。所有诗歌都可以吟唱，并未完全脱离原始的诗乐舞。由于与宗教和祭礼有关，所以诗歌不仅仅是艺术。歌唱是游行、祭礼和宗教仪式所必需的。甚至连品达颂扬竞技胜利的《凯歌集》（*epinicia*），也有一种半宗教的气氛。

由于与宗教仪式相联系，希腊诗歌具有一种公共性、社会性、集体性和城邦性。即使是严肃庄重的斯巴达人，也认为诗歌（和音乐、歌舞)是各种典礼的重要组成部分。他们致力于保持诗歌的艺术水准,并邀请最优秀的艺术家到访他们的城邦。荷马史诗被列入斯巴达、雅典等城邦的官方典礼日程,成为希腊人的共同财富。

祭礼诗和典礼诗是为了朗诵和吟唱,而不是为了个人阅读。这适用于所有诗歌,甚至连情色的抒情诗也更像公共宴会的歌,而不具有个人性。阿纳克里翁的诗歌在宫廷里表演,而萨福的诗歌则适合宴会。

这种公共的仪式性的诗歌表现的是集体的情感和倾向,而不是个人感受。它被用作社会斗争的工具:一些诗人把自己的天赋奉献给了新生的民主政治,而另一些诗人则选择为过去辩护。梭伦(Solon)的挽歌本质上是政治性的,而赫西俄德的诗歌则是对社会不公的抗议,阿尔凯奥斯(Alcaeus)的抒情诗谴责僭主,而塞奥格尼斯(Theognis)的诗歌则表达了失势贵族的抱怨。仪式性、公共性以及对社会问题的参与,使当时的诗歌在民众当中具有一种特殊的感召力。

因此,早期希腊诗歌既涉及当时的议题,又与过去相联系。之所以有这些联系,是因为历史悠久的口述传统被继承下来。这种对过去的继承包括神话,神话也成为诗歌的基本要素。古老、遥远、神秘,所有这些特性都加深了诗歌与人之间的鸿沟,从而使听者摆脱世俗牵挂,进入理想境界。就《伊利亚特》和《奥德赛》而言,这种距离因其使用的语言而进一步加深,这种语言是人为的,至少在古典时期的希腊已经不再使用。此距离使它们更为崇高和不朽。

3. 文献和典范。希腊人的这种诗歌古老而优异,基于民间传说而又充满文学造诣,既关注现实又心存高远,既抒发情感又坦然公开。它们为美学史家提供了一份文献，反映了一个美学思想尚未明确形成的时代对艺术的理解。事实表明，那个时代距离纯粹的诗歌和为艺术而艺术的概念还很远。相反，它认为诗歌与宗教 22
和仪式有关，是一种公共的社会活动，能够服务于社会、政治和日常的种种需要，同时又能抽离尘世，从遥远之处向世人诉说。

早期希腊美学家把这种诗歌当作一种典范，在提出关于美和艺术的最初观点和定义时，他们总是以此为标准。然而，他们只是部分地借鉴了这一典范，只注意到它的表面，而忽视了其根本。即使连诗人自己所作的评论也是如此，因为他们同样讲不清楚他们在诗歌中所表达的一切。在那个古老的时代，做一个优秀的诗人似乎要比做一个优秀的美学家更容易。

4. 常用的表达方式。普鲁塔克说："曾几何时，诗(poems)、歌(songs)、咏(chants)都是常用的表达方式。"塔西佗(Tacitus)和瓦罗(Varro)也是这样认为的。古人是这样来解释诗歌、音乐和舞蹈的起源的：它们是人们表现自己情感的原型和自然形式。但随后，它们的功能和地位发生了改变。普鲁塔克接着说："后来，人类的生活、命运和本性发生了变化，多余的东西被抛弃了。人们从头上取下金首饰，丢掉柔软华美的衣物，剪去长发，脱下厚底靴，因为他们已经习惯于以淳朴为荣，习惯于在简朴之物中发现最伟大的装饰、华美和庄严。随着散文将真理与神话区分开来，语言也改变了自己的性质。"

也许曾经有一个时代，诗歌、音乐和舞蹈都是"常用的表达方式"，艺术可能就是从那时开始的。但随着诗歌、音乐和舞蹈**理论**的兴起以及古代美学的产生，那个时代宣告结束了。

第三章　造型艺术的起源

在希腊人心目中，建筑、雕塑和绘画彼此之间存在着密切的关系，但与诗歌、音乐和舞蹈毫不相干。它们的功能是不同的：前者制造观看对象，后者表达情感；前者是静观的(contemplative)，后者是表现的。但它们都属于同一国家和同一时期；尽管它们之间存在着差异，但美学史家却能看出，它们有一些共同特征是希腊艺术家自己都未能注意到的。

1. 建筑。从公元前8世纪到公元前6世纪，这一时期不仅产生了第一部伟大的希腊史诗，也产生了伟大的建筑。和荷马史诗一样，这些建筑很快便臻于完美，达到卓越的境界，以至于两千五百年后，现代建筑师(忽略在此期间创造的所有形式)仍然要取法
23 古风时期的希腊建筑典范。因此，最早开始研究艺术与美的希腊人已经拥有一流的建筑和诗歌。

希腊建筑的某些要素源自其他国家，尤其是埃及(例如立柱和柱廊)和北方(神庙的山墙)。但从整体上看，它是原创和统一的创造。到了一定时候，它便摆脱了外来的影响，完全按照自身的逻辑独立发展，因而被希腊人视为自己的成就。

因此希腊人很容易相信，建筑是他们的自由创造。无论是技术上的限制，还是对建筑材料的要求，都没有难住他们。是他们主

导了技术手段，而不是相反。他们已经发展出一些实现其目标所必需的技术。尤其是，他们掌握了石头加工技术。早在公元前6世纪，他们就从最初使用的木料和石灰石过渡到大理石等贵重材料。很早的时候，他们就能承担规模浩大的工程：萨摩斯岛上的赫拉神庙可以追溯到公元前6世纪末，这是一座有着135根立柱的巨大建筑物。

和诗歌一样，希腊建筑也与宗教和祭礼有关。早期希腊建筑师完全致力于建造神庙。这一时期的住宅完全是实用性的，绝不自称艺术。

2. 雕塑。虽然雕塑在古风时期的希腊已经发挥了重要作用，但它达到的卓越程度尚不能和建筑相比，在形式上既不独立也不明确。尽管如此，它比建筑更清楚地显示出希腊人对待艺术和美的态度的一些特征。

雕塑同样与祭礼有关，起初仅限于神像和神庙装饰，比如三角楣饰和排挡间饰。只是到了后来，希腊人才开始雕刻人的形态：起初只雕已故之人，后来也雕在世的名人，尤其是摔跤比赛的获胜者。雕塑与宗教的这种关联解释了一个事实：早期艺术要比人们预想的更复杂。艺术家表现的不是人的世界，而是神的世界。

和希腊祭礼一样，希腊雕塑也是拟人化的。它侍奉的是神，但描绘的是人。它并不描绘自然，除了人以外没有其他形态；它是以人为中心的。

然而，尽管描绘的是人，但它并不表现个人。早期希腊雕像似乎有一个一般特征，即无意表现个性，肖像尚不存在。早期的雕塑家只对脸部作示意处理，并不试图赋予表情。事实上，他们赋予表

24 现力的是肢体而不是脸部。表现人体时，指导他们的更多是几何发明，而不是对生命有机体的观察。因此，他们对人体作了更改、变形和几何化。他们继续按照古代样式将头发和衣褶整理成装饰性图案，几乎毫不考虑现实。这并非他们的原创：希腊艺术家既不是几何形式的发明者，也不是神圣主题的发明者，因为在这两方面，他们都在摹仿东方。直到拒绝这些影响，希腊人才真正找到了自己的基础，而这已是古典时期的事了。

3. 自觉的限制。这种早期的希腊艺术总是依赖于同一些主题和形式，并不追求多样、原创或新奇。无论是主题、类型、图像样式、构图样式、装饰形式，还是基本的观念和解决办法，数量都非常有限。唯一的建筑就是柱廊式的神庙，只允许有细微的变化。雕塑也只有裸体的男性和着衣的女性，而且总是严格对称的正面像。甚至连头转向一侧或偏离垂线这样简单的样式，也未见于公元前5世纪之前。不过，在这样的限制之下，艺术家有相当大的自由。神庙各个部分的比例，立柱的数量、高度和布置，立柱的间距和柱上楣构的重量，都可以有所不同。类似的变化在雕塑中也是允许的。不过，古风时期艺术的刻板僵化和狭窄限制也产生了正面结果：通过给自己制定同样的任务，并且一次次使用相同的方案，艺术家们得以掌握必要的技巧和形式。

4. 艺术规范。希腊艺术家认为艺术不是灵感和想象的事情，而是服从一般规则的技能。因此，他们认为艺术具有普遍性、客观性和理性的特征。理性主义进入了在希腊确立并且为希腊哲学家所接受的艺术概念。艺术的理性主义和对规则的依赖是古风时期的希腊艺术所蕴含的美学要点。这些规则是绝对的，但并非基于先验假设。它们取决于结构的要求，尤其在建筑中。任何神庙的柱式和柱上楣构、它的三联浅槽饰和排挡间饰，都是由静力学和建筑材料的性质决定的。

尽管具有普遍性和合理性，但希腊造型艺术有一些变体。它有**两种风格：多利克式**和**爱奥尼亚式**。爱奥尼亚式显示出更多的自由和想象，而多利克式则更为严谨，服从更为严格的规则。这两种风格在比例上也有所不同，爱奥尼亚式比多利克式更为纤细。两种风格同时演变，但多利克式更早臻于完美，成为古风时期的典型形式。

19 世纪的一位著名建筑师曾说，[①]视觉给希腊人带来的愉悦 25
是我们所不知晓的。可以认为，他们感觉到了形式的和谐，就像喜欢音乐的人感觉到声音的和谐一样。他们有着“完美的视觉”。

希腊人总是孤立地看事物，而不是组合地看事物。这方面的证据可见于他们的艺术：其神庙三角楣饰上的群像都是单个雕像的集合。

古风时期结束时，希腊人已经拥有一种伟大的艺术，但还没有产生任何艺术理论，至少没有理论以文字形式流传下来。这一时期的科学只关注自然，而不关注人的作品，因此并不包括美学。不过，希腊人拥有自己关于美和艺术的观念。虽然他们没有记录下来，但我们可以根据他们的艺术实践对其进行重构。

---

① E. E. Viollet-le-Duc, *Dictionnaire d'architecture*: “Nous pouvons bien croire que les Grecs étaient capables de tout en fait d'art, qu'ils éprouvaient par le sens de la vue des jouissances que nous sommes trop grossiers pour jamais connaître.”

第四章　希腊人常用的美学概念

希腊人必须设计一些概念来思考和谈论他们创造的艺术。[①]早在哲学家开始思考这些之前，一些常用的概念就已经形成。哲学家至少采用了其中一部分概念，并作了扩充和改造。然而经过数个世纪的学术讨论，它们与今天的常用概念已经非常不同。即使使用的词相同，含义也有所不同。

1. 美的概念。首先，希腊人使用的"*kalon*"一词——我们把它译成"美"——其含义不同于今天这个词通常具有的含义。它指任何让人愉悦、引起兴趣和令人赞叹的事物。换句话说，它的范围比现在更广。它不仅包括因其形状或构造而悦目、悦耳的东西，还包括以不同的方式和原因令人愉悦的其他许多东西：它意指视觉和听觉，也意指我们今天认为属于另一种价值的品质特征，只有意识到这个形容词正在隐喻的意义上被使用，我们才会称之为"美的"。著名的德尔斐神谕"最公正者最美"显示了希腊人是怎样理解美的。从希腊人普遍使用的这个广泛而一般的美的概念中，逐渐出现了那种更为狭窄和具体的审美意义上的美的概念。

希腊人起初用其他名称来指代这种狭义的概念：诗人称之为"魅

---

① W. Tatarkiewicz, "Art and Poetry", *Studia Philosophica*, Ⅱ (Lwów, 1939).

力”，它“给世人带来愉悦”；颂歌称之为宇宙的“和谐”(*harmonia*)；雕塑家称之为“对称”(*symmetria*，源自*syn*［共同］和 *metron*［尺度］)，即 26
相称(commensurateness)或恰当的尺度；演说家称之为“优律”(*eurhythmia*，源自 *eu*［好］和 *rhythmos*［韵律］)，即恰当的韵律和好的比例。但这些词直到后来更成熟的时期才变得普遍。从“和谐”“对称”“优律”这些词中可以看出毕达哥拉斯主义哲学家的印记。

2. 艺术的概念。希腊人也赋予“*techne*”一词以更宽泛的含义，①我们把它译成“艺术、技艺”(art)。对他们来说，这个词意指一切需要技能的生产，既包括建筑师的劳动，也包括木匠、织工的劳动。他们把这个词用于人(而不是自然)所创造的任何工艺，只要它是生产性的(而不是认知性的)，依靠技能(而不是灵感)，并且自觉地遵守一般规则(而不仅仅是依循惯例)。他们确信，在艺术中技能是最重要的，因此认为艺术(包括木匠和织工的艺术)是一种心智活动。他们强调艺术所要求的知识，并且主要根据这种知识来评价艺术。

这样一个艺术概念不仅包括建筑、绘画和雕塑的共同特征，而且包括木工和纺织的共同特征。希腊人没有一个词来专门概括优美艺术，即建筑、绘画和雕塑。他们宽泛的艺术概念(我们今天也许会称之为“技艺”)一直流传到古代末期，并且在欧洲语言中幸存了下来(在强调绘画或建筑的特殊性时，不能简单地称之为“艺术”

---

① R. Schaerer, *Επιστήμη et Τέχνη, étude sur les notions de connaissance et d'art d'Homère à Platon* (Mâcon, 1930).

[art],而应称之为“优美艺术”[fine arts])。直到19世纪,才有人试图去掉这个描述性的形容词,“艺术”一词渐渐被视为与“优美艺术”同义。艺术概念的演变与美的概念的演变类似,都是由宽变窄,逐渐成为一个特定的美学概念。

3. 艺术的划分。在希腊人那里,后来被称为“优美艺术”的艺术并未构成单独的一类。[①] 他们并没有把艺术分为优美艺术和工艺。他们认为,所有艺术都可以被视为优美艺术。他们理所当然地认为,任何艺术中的工匠(*demiourgos*)都能臻于完美而成为大师(*architekton*)。对于那些从事艺术的人,希腊人的态度很复杂。他们因为所掌握的知识而受到珍视,但同时又受到鄙视,因为他们的工作属于体力劳动,而且是为了生计。所需的**知识**使希腊人比我们更看重技能和工艺,而所涉及的**辛劳**则导致希腊人对艺术评价过低。这种态度在前哲学时代即已形成,哲学家们接受并坚持了它。

27 对希腊人来说,最自然的艺术划分就是按照是否耗费体力,把艺术分为自由的(free)和奴性的(servile)。不涉及辛劳的自由艺术受到的尊重要高得多。至于我们所谓的“优美艺术”,则被他们部分归于自由的(例如音乐),部分归于奴性的(例如建筑和雕塑)。绘画起初被认为是奴性的,后来则被提升到更高类别。

希腊人对一般“艺术”的理解非常宽泛,对每一门具体艺术的理解却非常狭窄。正如我们所说,他们认为“竖笛学”(吹笛的艺术)有别于“竖琴学”(演奏西塔拉琴的艺术),很少用“音乐”概念来

① W. Tatarkiewicz, *op. cit.*, pp. 15-16; P. O. Kristeller, *op. cit.*, pp. 498-506.

统一两者。他们也没有把石头雕刻和青铜铸造看成同一类艺术。只要两件艺术作品使用了不同的材料、工具和方法，或由不同类型的人来完成，那么在希腊人看来，它们就是两种不同艺术的产物。同样，悲剧和喜剧、史诗和酒神颂歌也被视为不同类型的创作活动，只是偶尔被统一在“诗歌”这一共同概念之下。像“音乐”或“雕塑”这样的概念很少被使用。更常见的是作为整体的更一般的“艺术”概念，或者像“竖笛学”“竖琴学”“石头雕刻”和“青铜铸造”这样极为专门的概念。悖谬的是，希腊人创造了伟大的雕塑和诗歌，但其概念词汇中却没有涵盖这些活动的通用术语。

希腊词汇可能会让我们误入歧途，因为当时使用的术语和现在一样（比如“诗歌”“音乐”“建筑”），但对于数个世纪之前的希腊人来说，其含义却有所不同。“诗歌”（*poiesis*，源于 *poiein*［制作］）最初意指任何类型的生产，“诗人”（*poietes*）意指任何类型的生产者，而不仅仅是诗歌的生产者。这个词的范围后来变窄了。“音乐”（*mousike*，源于 Muses［缪斯女神］）意指受缪斯女神庇护的任何活动，而不单指声音艺术。“音乐家”（*mousikos*）这个词适用于一切有教养的人。“建筑师”（*architekton*）意指“资深工头”，“建筑”（*architektonike*）意指一般意义上的“主要艺术”。只是随着时间的推移，最初意指“生产”“教养”和“主要艺术”的这些术语的范围才逐渐变窄，开始分别意指诗歌、音乐和建筑。

希腊艺术观念的形成与希腊人实际从事的艺术有关，特别是在早期阶段，这些观念与我们的大不相同。他们没有为阅读而作的诗歌，只有为言说或者更确切地说是为歌唱而作的诗句。他们有声乐，但没有纯粹的器乐。在今天看来完全独立的一些艺术，希腊人却把它们合在一起，视之为一门艺术或至少是一组相关的艺术。戏剧、音乐和舞蹈就是如此。由于悲剧总是和歌唱、舞蹈一起上演，所以在希腊的概念体系中，悲剧更接近于音乐和舞蹈，而不是更接近于(史诗)诗歌。“音乐”一词即使范围变窄，意指声音的
28 艺术，也仍然包含舞蹈。这便产生了一些让我们感到奇怪的观念，例如，音乐之所以优于诗歌，是因为音乐作用于两种感官(听觉和视觉)，而诗歌只作用于一种感官(听觉)。

4. 诗歌的概念。希腊人的艺术观念总体上要比今天更宽泛，但在一个重要方面要更狭窄，那就是诗歌。希腊人并没有把诗歌归为艺术，因为诗歌不符合他们的艺术概念，即以技能和规则为基础的物质生产。他们认为诗歌不是技能的产物，而是灵感的产物。在造型艺术中，技能使他们看不到灵感的存在，而在诗歌中，灵感则使他们看不到技能的存在，因此，他们看不出雕塑与诗歌有什么共同之处。

由于看不出诗歌与艺术有什么关系，他们便试图为诗歌找到一种与预言的关系。他们将雕塑家置于工匠之列，而将诗人置于预言家之列。在他们看来，雕塑家凭借(从祖先那里继承的)技能做事，而诗人则凭借(上天赐予的)灵感做事。艺术可学，而诗歌不可学。诗歌因神的介入而给出最高级的知识，它引导灵魂，教育人，能使人变得更好；艺术则完全不同，它生产实用的、间或完美的事物。希腊人很久才意识到，他们归于诗歌的一切都在艺术的目的和可能性之内，因为艺术同样受制于灵感，同样引导人的灵魂。所有这一切都表明，诗歌与艺术之间有太多共同之处。

虽然早期希腊人没有注意到诗歌与造型艺术的共同特征，也

没有找到更高的统一原则,但他们不仅觉察到了诗歌与音乐的关系,而且还作了夸大,甚至把它们当作同一个创造领域来处理。原因在于,他们从听觉上来理解诗歌,同时又用音乐来表演诗歌。他们的诗歌被演唱,其音乐是声乐。此外他们还注意到,诗歌和音乐都会引发一种迷狂状态,这有助于将两者联系起来,并与造型艺术形成对照。有时他们甚至不把音乐当作一门独立的艺术,而是看成诗歌的一个要素,反之亦然。

在神话中,这一时期的观念可见于缪斯女神的角色。她们共有九位:塔利亚(Thalia)代表喜剧,墨耳珀墨涅(Melpomene)代表悲剧,埃拉托(Erato)代表挽歌,波吕许谟尼亚(Polyhymnia)代表抒情诗(圣歌?),卡利俄珀(Calliope)代表演说和英雄诗歌,欧忒耳珀(Euterpe)代表音乐,忒耳普西科瑞(Terpsichore)代表舞蹈,克利俄(Clio)代表历史,乌拉尼亚(Urania)代表天文学。她们有三个典型特征:(1)缺少一位司掌整个诗歌领域的缪斯:没有一个单独的概念可以涵盖抒情诗、挽歌、喜剧和悲剧,因为每一个文学类型都有自己的缪斯;(2)这些文学类型与音乐和舞蹈有关,因为音乐和舞蹈同样由缪斯所司掌;(3)但这些文学类型与视觉艺术无关,视觉艺术没有自己的缪斯。希腊人认为诗歌高于视觉艺术。他们有历史和天文学的缪斯,但没有绘画、雕塑或建筑的缪斯。 29

5. 创造的概念。早期的希腊人并没有创造的概念,他们把艺术视为一种技能。他们区分了其中的三个要素:自然提供的材料、传统提供的知识和艺术家提供的劳作。他们完全没有觉察到第四个因素:有创造力的个人。他们并未区分有创造力的艺术家的作品和工匠的作品,也不重视原创性。在他们看来,新奇性要低于因循传统,他们认为传统保证了永久性、普遍性和完美性。早期的艺术家甚至连名字也不会被提到。在希腊人看来,最重要的莫过于"规范",即艺术家应当遵守的一般规则。他们认为,优秀的艺术家是学会并运用规则的人,而不是热衷于表达自己个性的人。

6. 静观(contemplation)的概念。希腊对审美经验的看法类似于对艺术生产的看法。他们认为,艺术生产与任何其他类型的人类生产并无本质不同,也没有迹象表明他们认为审美经验是一种独特的、本质上不同的经验。他们并没有一个专门的术语来表示审美经验。他们没有区分审美态度和科学态度,而是用同一个词来同时表示审美静观和科学研究,这个词就是"*theoria*",意思是"观看"。在静观美的对象时,他们之所见与对物体的日常感知别无二致。这种静观固然伴随着愉悦,但他们又认为,所有知觉和认知都伴随着这种愉悦。

公元前 5 世纪,希腊科学已经趋于成熟,心理学家开始崭露头角。他们保留了这种普遍持有的古老看法,而没有提出对美和艺术作品的感知有什么特殊之处。他们把感知看成一种探究,但又把探究看成一种感知(如"*theoria*"一词所示)。他们认为思想高于感知,但又认为思想类似于感知,不过只限于视觉感知。他们认为看本质上不同于听(更不用说其他感官的感知了),视觉艺术也不同于听觉艺术。虽然他们认为音乐是一门伟大而神圣的艺术,是唯一能表现灵魂的艺术,但只有视觉艺术才称得上美。他们的美的概念非常广泛,连道德上的美也包括在内,但在试图把美局限于感觉上的美时,他们把它限定于视觉感知。于是,他们在视觉意义上建立了狭义的美的概念,(后来)并用形状和颜色来定义它。

这些就是希腊人普遍接受的美学概念，后来希腊哲学家、批评
家和艺术家的美学理论正是以此为基础的。这些概念与现代哲学
家和普通人使用的概念有很大不同。他们的艺术概念更为宽泛，30
定义也与今天有所不同。至于美的概念也可以这样说。他们对艺
术作了不同的划分和归类。他们把诗歌与视觉艺术对立起来，这
是不为现代思想所知的。他们既没有艺术创造的概念，也没有审
美经验的概念。渐渐地，希腊人自己放弃了其中一些概念，也提出
了原先缺少的一些概念，但这项任务的其余部分直到现代才完成。

第五章　早期诗人的美学

1. 诗人论诗歌。诗人的美学见解要先于理论家，但它们并非体现在论著中，而是体现在诗歌中。在描写大量事物的过程中，早期诗人即使没有谈及一般艺术，也会顺便谈及诗歌本身。对诗歌的评论可见于荷马和赫西俄德等早期的史诗作家，以及阿基洛科斯、梭伦、阿纳克里翁、品达和萨福等抒情诗人和挽歌诗人。他们提出了一些对后来的美学至关重要的简单问题。① 这些问题主要是：诗歌起源于什么？目的是什么？对人有何影响？其主题是什么？它有什么价值？以及最后，诗歌说的是真的吗？

2. 荷马的问题。当时最简单、或许也最典型的解答可见于荷马。(1)对于"诗歌从哪里来"这个问题，他会简单地回答说，来源于缪斯女神，[1]* 或者更一般地说，来源于众神。[2]《奥德赛》中的歌手说："神明把各种歌灌注到我的心田。"但又补充道："我自学吟唱技能。"[3] (2)诗歌的目的是什么？这里荷马也给出了一个简单的

---

① K. Svoboda, "La conception de la poésie chez les plus anciens poètes grecs", *Charisteria Sinko* (1951). W. Kranz, "Das Verhältnis des Schöpfers zu seinem Werk in der althellenischen Literatur", *Neue Jahrbücher für das klassische Altertum*, XVII (1924). G. Lanata, "Il problema della tecnica poetica in Omero", *Antiquitas*, IX, 1-4 (1954). "La poetica dei lirici greci arcaici", *Miscellanea Paoli* (1955).

* 方括号中的数字指的是每章末尾列出的原始资料对应的序号。

回答。诗歌的目的是给人带来愉悦。“神赋予他用歌声愉悦人的本领。”[4]

荷马非常看重诗歌所带来的愉悦，但并不认为它与饮食所提供的愉悦有什么区别或者更高。[5]在那些最令人愉悦和最有价值的事物中，他提到的有宴饮、舞蹈、音乐、服饰、温水浴和消遣，等等。[6]他认为，诗歌的固有目的是使宴会增色，这无疑是流行的看法。“没有什么比……人们会聚王宫共同宴饮，把歌咏聆听，挨次安坐……更悦人了，在我看来，这是世界上最美好的事情。”[7]（3）诗歌对人有什么影响？荷马表达了这样一种思想：诗歌不仅带来愉悦，还传扬魅力。他在描述海妖塞壬（Siren）①的歌声时谈到 31
了诗歌的魅力。[8]由此他创造了通过诗歌进行迷惑的思想，这将在后来的希腊美学中扮演十分重要的角色。（4）诗歌的主题是什么？荷马回答说，诗歌的主题应当是著名事迹。当然，他想到的是史诗。（5）什么使诗歌有价值？一个事实是，众神通过诗人来言说，[9]另一个事实是，诗歌给人们带来愉悦，保存了对古代事迹的回忆。

荷马诗歌思想的总体特征是，荷马并不认为诗歌是一种自主的艺术。诗歌来自众神，其目的与酒的目的没有区别，其主题与历史的主题没有区别，其价值类似于神的声音、酒和历史的价值。

然而，荷马非常看重众神的这种恩赐，并把富于灵感的吟唱诗人[10]形容为“歌声美妙如众神”。[11]在“对国家有用的”（这是《奥德

① 塞壬：希腊神话中半鸟半女人的怪物，常用美妙的歌声引诱航海者触礁毁灭。——译者

赛》中“demiurge”一词的另一个含义）人当中，荷马把吟唱诗人置于预言家、医生和木匠之后，“在茫茫大地上，处处受欢迎”。[12]在荷马看来，众神赋予诗人的技能显然是超人的。如果没有缪斯女神的帮助，“纵然有十根舌头……十张嘴巴、一个不倦的声音和一颗铜心”，诗人也做不成他实际做的事情。[13]这是因为诗人这行需要知识，而普通人“只能听到传闻，什么也不知道”；只有缪斯女神“无所不知”。

然而，这还不是荷马对诗歌的最高赞誉。在《伊利亚特》中海伦说，正是由于诗歌，特洛伊战争的英雄们才能活在后人当中。[14]同样，在《奥德赛》中我们读到，如果珀涅罗珀（Penelope）①的德性被人铭记，那要归功于诗歌。[15]换句话说，诗歌比生命更长久。为了活在诗歌中，纵然遭受厄运也值得：众神施予劳苦，是为了“成为后世歌唱的题材”。[16]这也许是荷马关于艺术最引人注目的一句话。

诗歌在讲述真理，还是在虚构？荷马认为它在讲述真理，并因这种忠实性而珍视诗歌。他赞扬诗人吟唱过去的事情时有如身临其境。[17]他也珍视雕塑的忠实性：他看到一块盾牌“技巧令人惊异”，这块盾牌虽由黄金制成，但（因其雕刻方式）很像新翻的耕地，而这正是它所要描绘的。[18]但荷马也知道，艺术需要自由。当珀涅罗珀要一位吟唱诗人以惯常的方式歌唱时，她的儿子却恳求她，让这位诗人按照他内心的激励歌唱。[19]

① 珀涅罗珀是奥德修斯忠贞的妻子，她在奥德修斯远征特洛伊失踪后，拒绝了所有求婚者，一直等待丈夫归来，忠贞不渝。——译者

这些都是荷马提出的主要诗学问题。其他问题只是顺便触及，但即使是这些问题，有时也会以一种非凡的方式得到处理，例如新奇作为实现诗歌效果的手段所扮演的角色。我们在《奥德赛》中读到，在所有诗歌中，“人们总是最称赞听起来最新的那一首”。[20]

3. 诗歌的来源。其他早期诗人对诗歌的看法与荷马差别不大。关于诗歌的来源，赫西俄德写的是缪斯女神把他引到了赫利 32
孔山（Helicon）①。[21]品达和荷马一样声称，众神教导诗人的一些东西是凡人发现不了的。[22]而阿克希洛克斯（Axchilochus）则对自己的诗歌有不同看法。他写道，他之所以能演唱酒神颂歌，是因为“美酒如雷鸣一般撞击着我的头脑”。[23]对他来说，酒取代了缪斯女神。

4. 诗歌的目的。赫西俄德和荷马一样认为，诗歌的目的是让人愉悦。因此他说，缪斯女神把愉悦给了宙斯。但诗歌提供的究竟是哪种愉悦，赫西俄德的看法却有所不同。他坚持认为，缪斯女神被创造出来是为了忘却苦难和缓解忧愁。[24]因此，他所提出的目的是消极的，但更富于人性。阿纳克里翁虽然主张传统观点，认为诗人是在宴会上吟唱的人，但除了冲突和战争，他还希望诗人能吟唱其他一些事情，并将缪斯女神和爱神阿佛洛狄特（Aphrodite）赋予他的天赋结合起来，以唤起听众的愉悦。早期对诗歌的看法大同小异。梭伦几乎原封不动地重复了阿纳克里翁的话，他说自

① 赫利孔山：希腊中东部山峰。因古希腊人视这里为缪斯女神的故乡而闻名，山上有阿加尼佩泉和希波克林泉，即传说中诗人灵感的来源。——译者

己珍爱阿佛洛狄特、狄奥尼索斯和缪斯女神的给人带来愉悦的作品，即爱情、美酒和诗歌。[25]早期的诗歌尚不包含教诲的目的。要等到古典时期，阿里斯托芬(Aristophanes)才能说出："诗人是成年人的老师。"

5. 诗歌的效果。赫西俄德依照诗歌的目的描述了诗歌的效果："如果有人精神怆痛、心灵憔悴，只要侍奉缪斯女神的诗人吟咏往昔之人的光辉业绩和居于奥林匹斯山的众神，他很快就会忘却忧伤，不再记得烦恼。"[26]萨福写道："悲伤不宜住在缪斯女神的侍者家中"。品达写道，"神给诗歌施了咒语"，"魅力(charm)把一切愉悦都给了世人"，并且"唤醒了甜美的微笑"。用来表示"魅力"的希腊词是"*charis*"，而"美惠三女神"(Graces)就被称为"Charites"。关于咒语和魅力的这些早期概念在美学史上必须加以强调，因为在当时使用的所有术语中，这些术语最接近于我们今天所说的美。关于诗歌的效果，荷马颂歌中出现了一种稍微不同的观念，在那里，诗歌的效果被描述为"心的宁静、爱的渴望和甜美的梦"。[27]

6. 诗歌的主题。关于诗歌的主题，赫西俄德写道，缪斯女神讲述了现在、过去和将来的事情，她们要求诗人吟唱"过去和未来"。赫西俄德自己的诗歌涉及各种主题。《神谱》(*Theogony*)讲述众神，《工作与时日》(*Works and Days*)则描述了人们的日常生活。

对艺术家来说，是与生俱来的天赋更重要，还是后天获得的知识更重要呢？品达就这个问题发表了看法。他的回答是，天赋更重要：艺术家是"天生具有知识的人"，而不是教什么才学什么的
33 人。[28]他的观点来源于诗歌实践。很难确定早期希腊人是否会把

这种观点应用于雕塑或建筑，因为他们相信这些艺术都依赖于规则。

7. 诗歌的价值。早期诗人从现实角度对诗歌作了评价。梭伦向缪斯女神祈求的不是诗歌天赋，而是慰藉、美名、对朋友的友善和对敌人的决绝。在列举有代表性的职业时，他把诗人与商人、农民、工匠、算命师和医生归于一类。诗人的等级并不比他们更低，但也没有更高。这种归类源于日常生活中的实用观点。

艺术皆难，这句格言出自品达。[29]

8. 诗歌与真理。希腊人还会按照他们认为重要的另一个因素来评价诗歌，不过这里的评价颇为负面。梭伦指责吟唱诗人没有讲述真理，而是在虚构，因此在撒谎。[30]后来的哲学家对诗人的评价也是类似。品达写道，诗人无视真理，通过各种虚构来欺骗世人的灵魂，凭借甜蜜的咒语使最不可信之事成为可信的。[31]赫西俄德则更为谨慎。缪斯女神们告诉他，她们知道如何把许多虚构的故事说得像真的，但如果愿意，也可以"述说真事"。[32]

但梭伦还说，应把智慧归功于缪斯女神。[33]将诗歌等同于智慧、诗人等同于圣贤，这是一个希腊人对诗歌和诗人所能表达的最大恭维。但"智慧"(*sophia*)可以有两种含义：一方面，它可能意指对最深刻真理的认知，这正是诗人所寻求并且归于他们自己尤其是荷马的智慧。在没有哲学家和科学家的时代，他们自称拥有智慧。

而当梭伦说他把自己的智慧归功于缪斯女神时，他无疑是指实践智慧、写作技巧和艺术。同样，在品达那里，"*sophia*"代表"艺术"，"*sophos*"代表"艺术家"。这个意义上的智慧并不蕴含真理。

诗人还可以从另一个非常有利的角度看待自己的作品。他们可以仿照荷马声称，唯有诗歌才能保证人和人的事迹永世长存。特别是品达指出，语言比行为活得更长久[34]："如果没有诗歌，纵然丰功伟绩也会没入黑暗。"[35]他还说奥德修斯遭受的苦难是值得的，因为荷马使他的名声盖过了他的苦难。

在这些早期的希腊人看来，诗歌完全不同于艺术和技能。他们甚至没有对其作过比较。不过，古风时期的一位诗人被认为曾经比较过诗歌和绘画，后来的希腊人将会不断重复这种比较。据说西莫尼德斯有言：画是无声诗，诗是有声画。[36]

34 **9. 美。**"美"和"美的"这两个词很少被诗人使用。塞奥格尼斯写道："美的东西令人愉悦，丑的东西令人不悦。"[37]萨福在一首诗中说："美人只是外表好，而好人同时也是美的。"[38]这些话意味着，凡是让我们着迷、有吸引力、引起钦佩和赞许的事物（被希腊人称为美的一切事物）都是有价值和值得珍视的（希腊人称之为善的）。萨福的格言表达了美与善之间典型的希腊联系（*kalokagatia*），它指的不仅仅是现代的、纯粹审美意义上的美，虽然这种意义也包含在内。因此，萨福的格言与荷马的一样都属于美学史。《伊利亚特》（III，156）中的老人提到海伦时说，为这样一个女人排除万难冒险发动战争是值得的，此时荷马虽然没有提到美，但无疑想到了美。

10. 尺度（measure）与合宜（suitability）。赫西俄德提出了以下规则："注意尺度：在任何事情上，合宜的时机都是最好的。"[39]塞奥格尼斯几乎一字不差地重复了这句话两次。[40]这条规则无意成为美学原则，而是意在提供道德指南。然而，不对美和艺术作单独讨论，而是将它们与道德价值以及生活的其他方面结合在一起，恰恰是早期的典型特征。值得注意的是，这位早期诗人已经使用了“尺度”和“合宜”这两个术语，它们将会成为希腊美学的基本概念。

综上所述，古风时期的诗人认为诗歌源于神圣的灵感；其目标既是传扬愉悦、让人陶醉，也是颂扬过去；其固有主题是神和人的命运。诗人们确信诗歌的价值，但没有意识到这乃是艺术所独有的特殊价值。他们的态度在某些方面与后来所谓的浪漫主义态度接近，而与形式主义相去甚远。倘若当时有雕塑家、画家或建筑师也记录了自己的观点，则可能显示出一种更注重形式的不同特征。

* * *

A. 荷马、赫西俄德和早期抒情诗人的原文

诗歌的来源

[1]缪斯女神激励诗人吟唱英雄们的业绩。

——ODYSSEY VIII 73

[2]我会立即向所有世人郑重传告，是善惠的神明使你歌唱如此美妙。

——ODYSSEY VIII 497

[3]奥德修斯，我屈膝请求，开恩可怜我。如果你竟然把歌颂 35
众神和世人的吟唱诗人也杀死，你自己日后也会遭不幸。我自学吟唱技能，神明把各种歌灌注到我的心田。

——ODYSSEY XXII 344

诗歌的目的

[4]你们再把神妙的吟唱诗人德摩多科斯请来，神明赋予他用歌声愉悦人的本领，唱出心中的一切启示。

——ODYSSEY Ⅷ 43

[5]求婚者满足了喝酒吃肉的欲望之后，心里就顾念别的事，即歌唱和跳舞，因为它们是宴饮的补充。

——ODYSSEY Ⅰ 150

[6]我们也一向喜好宴饮、竖琴和舞蹈，还有华丽的服装、温水浴、恋爱和睡眠。

——ODYSSEY Ⅷ 248

[7]阿尔基诺奥斯王，世人的至尊至贵，能听到这样的诗人吟唱真是太幸运，他的歌声娓娓动听，如众神之吟咏。我想没有什么比此情此景更悦人了，整个国家沉浸在一片怡人的欢乐中。人们会聚王宫同宴饮，把歌咏聆听，挨次安坐，面前的餐桌摆满了饼和肉，司酒把调好的蜜酒从调缸舀出，给各人的酒杯一一斟满。在我看来，这是世界上最美好的事情。

——ODYSSEY Ⅸ 3

诗歌的效果

36 [8]要是有人冒昧地靠近她们，聆听海妖的优美歌声，他便永远不可能返回家园，欣悦妻子和年幼的孩子们；海妖会用嘹亮的歌声把他迷住。

——ODYSSEY Ⅷ 41

诗歌的价值

[9]吟唱诗人在神明的启示下歌唱。

——ODYSSEY Ⅷ 499

[10]所有生长于大地的世人都对吟唱诗人无比尊重，深怀敬意，因为缪斯女神教会他们歌唱，眷爱吟唱诗人这一族。

——ODYSSEY Ⅷ 479

[11]让我们享用饮食吧，不要吵嚷不休，我们应认真聆听这位杰出诗人的美好吟唱，他的歌声美妙如神明。

——ODYSSEY Ⅰ 369

[12]谁会自己前来，又约请外乡客人，除非他们是懂得某种技艺的行家，或是预言家、治病的医生，或是造船木匠，或是神妙的吟唱诗人，他能以歌唱悦人。那些人在茫茫大地上，到处受欢迎。

——ODYSSEY ⅩⅦ 382

诗歌的神性

[13]居住在奥林匹斯山上的缪斯女神啊，你们是天神，当时在场，无所不知，而我们只有耳闻，一无所知；……至于普通兵士，我说不清楚，叫不出名字，纵然我有十根舌头，十张嘴巴，一个不倦的声音，一颗铜心也不行，除非奥林匹斯的缪斯女神……提醒我有多少战士来到伊利昂。

——ILIAD Ⅱ 484

诗歌的恒久

37 [14]是宙斯给我们两人带来这不幸的命运，日后我们将成为后人的歌题。

——ILIAD Ⅵ 357

[15]她的德性会由此获得不朽的美名，不死的神明会谱一支美妙的歌，称颂聪明的珀涅罗珀。

——ODYSSEY ⅩⅩⅣ 196

[16]……伊利昂的命运……须知那是众神安排，给人们准备死亡，成为后世歌唱的题材。

——ODYSSEY Ⅷ 578

诗歌与真理

[17]你非常精妙地歌唱了阿开奥斯人的事迹，他们的所作所为和承受的苦难，有如身临其境或是听他人叙说。

——ODYSSEY Ⅷ 489

[18]黄金的泥土在农人身后黝黑一片，恰似新翻的耕地，技能令人惊异。

——ILIAD ⅩⅧ 548

诗歌中的自由

[19]你为何阻挡可敬的吟唱诗人按照他内心的激励歌唱，愉悦我们？

——ODYSSEY Ⅰ 346

诗歌中的新奇

[20]人们总是最珍视在他们听来最新的那首诗歌。

——ODYSSEY Ⅰ 351

诗歌的来源

[21]缪斯女神教我唱神妙的歌。

——HESIOD,Opera et dies 662

[22]众神教导诗人的事,凡人无从知晓。

——PINDAR,Paean Ⅵ 51 (ed. C. M. Bowra)

[23]当美酒如雷鸣一般撞击着我的头脑时,我能为伟大的狄奥尼索斯演唱一首优美的酒神颂歌。

——ARCHILOCHUS,frg. 77 (ed. E. Diehl)

诗歌的目的 38

[24]……奥林匹斯的缪斯女神。……记忆女神谟涅摩绪涅……生下了她们——忘却苦难和缓解忧虑的缪斯女神。

——HESIOD,Theogonia 52

[25]我现在珍爱生于塞浦路斯的阿佛洛狄特的作品,以及给人带来欢乐的狄奥尼索斯和缪斯女神的作品。

——SOLON,frg. 20 (Diehl)

诗歌的效果

[26]缪斯女神所爱之人是快乐的,甜美的歌声从他口中流出。

如果有人精神怆痛、心灵憔悴,只要侍奉缪斯女神的诗人吟咏往昔之人的光辉业绩和居于奥林匹斯山的神明,他很快就会忘却忧伤,不再记得烦恼,缪斯女神的馈赠很快就会改变他。

——HESIOD,Theogonia 96

[27]但迈亚的狡猾的儿子啊,现在请告诉我,这些奇迹是你与生俱来的,还是某位神明或凡人赠予了你这份极好的礼物,向你传授了神圣的诗歌?……这是一门什么艺术?是什么样的魅力在对抗忧虑的威胁?这是一条怎样的道路!事实上,由此便选择了三样东西:心的宁静、爱的渴望和甜美的梦。

——HOMERIC HYMNS,In Mercurium 439

[28]天生具有知识的人才有真正的艺术;没有天赋而强学作诗的人,就如同在与宙斯的神鸟争斗中空谈虚妄的乌鸦。

——PINDAR,Olympia Ⅱ 86 (Bowra)

[29]一切技艺皆难达到。

——PINDAR,Olympia Ⅸ 107 (Bowra)

诗歌与真理

39 [30]诗人多谎。

——SOLON,frg. 21 (Diehl)

[31]事实上,许多事情都很奇妙,有时人们讲述的东西超出了真理。我们被点缀着艳丽虚构的传说所欺骗。因为魅力为凡人制造各样美好的事,通过增添荣耀,常常使人信了不可信之事。

[32]她们教给赫西俄德一支美妙的歌。……奥林匹斯的缪斯女神,持盾的宙斯之女,首选对我说了这番话:……我是听到这话

的第一人:“荒野里的牧人,只知吃喝不知羞耻的家伙,我们知道如何把许多虚构的故事说得像真的,如果愿意,我们也知道如何述说真事。

——HESIOD,Theogonia 22

我们不需要荷马或任何其他颂词诗人的赞美,他的诗歌可能暂时让人愉悦,但对事实的描述经不起日光的照射。

——THUCYDIDES,Ⅱ 41

诗歌的价值

[33]一些人是能干的工匠,擅长雅典娜和赫菲斯托斯的技艺,靠双手谋生。另一些人受到奥林匹斯山上缪斯才能的训练,懂得优美诗行的韵律。

——SOLON,frg. 1 w. 49 (Diehl)

[34]语言比行为活得更长久,无论何时,只要有美惠三女神的帮助,舌头就会把心底的话说出。

——PINDAR,Nemea Ⅳ 6 (Bowra)

通过诗歌而长存 40

[35]如果没有诗歌,纵然丰功伟绩也会没入黑暗。只有通过一种方式,也就是藉着记忆女神谟涅摩绪涅的恩惠,我们才能知道卓越事迹的反映……他们以声音和诗句来补偿辛劳。……富人和穷人都朝着毁灭一切的死亡一齐迈进。现在我怀疑,通过荷马吟唱的美妙诗句,奥德修斯的名声已经盖过了他的苦难;因为通过那些令人愉悦的杜撰,他留下了一些庄严的东西,其高超技艺使人相

信了他的虚构。

——PINDAR，Nemea Ⅶ 12 (Bowra)

用最美妙的诗歌描述高尚之人是值得的，只有这样才能使诗歌无愧于不朽者的殊荣。当诗歌被忘却时，任何高尚的行为都会泯灭。

——PINDAR，frg. 106 b (Bowra)

绘画与诗歌

[36]西莫尼德斯曾说，画是无声诗，诗是有声画。

——PLUTARCH，De Gloria Atheniensium 3

美

[37]缪斯女神和美惠三女神，宙斯的这些女儿……优美地吟唱道："美的东西令人愉悦，丑的东西令人不悦。"

——Theogonia 15

[38]美人只是外表好，而好人同时也是美的。

——SAPPHO，frg. 49(Diehl)

尺度

[39]注意尺度：在任何事情上，合宜的时机是最好的。

——HESIOD，Opera et dies 694

[40]不要渴求太多，在所有人类行为中，恰当的时机(*kairos*)是最好的。

——Theogonia 401

第二编　古典时期的美学

第一章　古典时期

1. 雅典时期。希腊史上的第二个时期最为灿烂辉煌。这是一个军事征服、社会进步和日益繁荣的时期，在艺术和学问上也有伟大的作品问世。希腊人征服了当时唯一的强大对手波斯，变得所向无敌。之后，希腊人又把波斯人和腓尼基人挤出了贸易中心，在贸易领域也成为霸主。公元前 5 世纪，希腊发展速度惊人，军事征服、政治变革、科学发现和艺术杰作层出不穷。

然而，这个辉煌的时期绝非太平。恰恰相反，此时战争频发，希腊各个城邦之间以及各个社会阶层、派系和领袖之间都不断进行着内部斗争。希腊人生活并不太平，而是处于紧张状态。反抗入侵者的斗争激发了爱国热情，巩固了权力感和国家团结。

在这个自恃拥有众多政治、工业、贸易和学术中心的国家，有一个地区现在占据了主导地位，那就是阿提卡地区，尤其是雅典。阿提卡地理位置优越，自然资源丰富。早在公元前 6 世纪，僭主皮西斯特拉托斯（Pisistratus）就已将雅典建设成为海上强国，发展工艺和贸易，并对文学艺术进行赞助支持。直到公元前 5 世纪中叶，雅典可以自由地授予公民身份，外来者也可以在那里进行自由贸易。此时,雅典的财富和人口规模甚至超过了叙拉古。军事胜利和文化扩张提升了雅典的威望。在雅典的领导下成立了提洛同盟(Delian League),国库也从提洛移到雅典。到了公元前5世纪中叶,雅典在伯里克利(Pericles)时代达到鼎盛。自那以后,这个时期一直被称为“阿提卡时期”或“雅典时期”。

直到公元前5世纪初,希腊文化才沿着两条线索发展,一条是多利安人的,另一条是爱奥尼亚人的。然而,这两种要素均可见于
42 雅典社会,并且在雅典文化中相互交织。多利克式和爱奥尼亚式不再是两个地方的风格,而是成了一个国家的两种风格。在雅典卫城多利克式的帕台农神庙旁边屹立着爱奥尼亚式的伊瑞克提翁神庙。类似的情况也普遍存在于科学尤其是美学中:雅典的智者学派遵循着爱奥尼亚人的经验主义风格,而柏拉图则秉持着多利安人的理性主义传统。

2. 民主时期。雅典的发展趋向于社会进步和生活的民主化。早在公元前6世纪梭伦执政期间,改革便已开始,公元前5世纪在克利斯提尼(Cleisthenes)治下则大为扩展。那时公民具有平等的权利,每个人都有权参政。作为最后一个不民主的机构,雅典最高法庭于公元前464年失去了权力。伯里克利执政期间确立了职位薪酬制度,使得哪怕最穷的人也能参政。职位不是通过投票而是通过抽签来填补的。根据雅典政制,公民大会每月至少举行三次。哪怕是日常事务,也要由“五百人会议”(Council of Five Hundred)集体决定。每个雅典人都持续参与公共事务,只有奴隶除外,他们必须劳动,以使公民能够治理国家,并且致力于学问和艺术。

艺术与国家生活的联系从未如此紧密。通过赞扬或谴责经济

和政治上的计划，悲剧和喜剧为政治服务。

3. 雅典人。 如果把在雅典最辉煌的时期统治这个城邦的人看成一群开明的公民，认为他们是进步的化身和德性的典范，那是错误的。恰恰相反，他们并不特别热衷于启蒙，他们判处倡导启蒙的苏格拉底死刑便是明证。色诺芬（Xenophon）借苏格拉底之口指出，公民大会由那些在市场上做买卖的人组成，他们只关心如何低价买进、高价卖出。我们知道雅典人的负面品质，他们贪婪、嫉妒、虚荣和做作，但其伟大优点也是毋庸置疑的。他们性急、敏感、富于想象，相比于严厉沉闷的斯巴达人，他们宁静而快乐。他们是没有自由就无法生存的自由人。他们崇尚美，对于好的艺术有着与生俱来的良好品味和鉴赏力。他们把自然的感官享受与对抽象思想的热爱结合在一起。他们喜欢无忧无虑的悠闲生活，但在需要时能够挺身而出，表现出英雄气概。他们追逐私利，但也雄心勃勃，这种雄心使他们慷慨大方。他们多才多艺，把时间分配给专业工作、社会事务和消遣娱乐。此外，正如著名语文学家辛科（Tadeusz Sinko）所指出的："每个公民不是后备军人就是退伍军人。"

把雅典人的生活想象成富足、奢华和舒适也是错误的。修昔底德记载了伯里克利的一句话："我们爱美，但不要夸张；我们爱智慧，但不要软弱。"他们对自己一无所求：其公共建筑很壮观，而私人住所却很普通。他们既不自恃富足，也不掩饰贫穷。许多人都能安于贫贱，并无物质上的烦恼，即使不创造艺术，至少也能欣赏 43
艺术。伊索克拉底（Isocrates）在回顾伯里克利时代时可以说，"日日是好日"。尽管雅典时期熙攘喧闹，但正是在这个时代，据说阿那克萨戈拉（Anaxagoras）在回答"为什么他宁愿存在而不是不存在"这个问题时说:"为了凝视天宇之和谐。"

4. 这一时期的结束。希腊有利的政治条件并未持续多久。到了公元前5世纪末,纷争和竞争打破了希腊各个城邦之间的和谐,特别是旷日持久的伯罗奔尼撒战争导致希腊元气大伤。雅典受到的打击尤其沉重:围攻、瘟疫、激烈的内讧、频繁的政治动荡、强加于政治制度的重重限制,以及雅典人徒劳无功地试图重获霸权。到了公元前4世纪,喀罗尼亚战役使马其顿称霸希腊。雅典在政治上走向衰落。从政治的角度看,也许有理由把古典时期限定于公元前5世纪,但这种划界并不适用于思想生活。在这方面,公元前4世纪并未出现重大变化,雅典仍然是文学、演说术、艺术和科学之都。希腊城邦虽然衰落了,但其文化是如此繁荣辉煌,以至于成为一种支配世界的普遍文化。希腊人的政治社会成就已被证明是昙花一现,但他们的艺术和对艺术的认识却延续了数个世纪。

5. 古典主义。"古典主义"(classicism)一词适用于那个短暂但最重要的希腊文化时期,其艺术和文学被称为"古典的"(classical)。[①] 但这个词的含义是模糊不清的。

---

① G. Rodenwaldt,"Zum Begriff und geschichtlichen Bedeutung des Klassischen in der bildenden Kunst",*Zeitschrift für Ästhetik u. allg. Kunstwissenschaft*, XI (1916). *Das Problem des Klassischen in der Kunst*, *acht Vorträge*, ed. W. Jaeger (1931) (the works of B. Schweitzer, J. Stroux, H. Kuhn and others). A. Körte,"Der Begriff des Klassischen in der Antike",*Berichte über Verhandlungen der Sächsischen Akademie der Wissenschaften*, Phil.-hist. Klasse, CXXXVI, 3 (1934). H. Rose, *Klassik als künstlerische Denkform des Abendlandes* (1937). Volume of *Recherches*, II (1946) (works by W. Deonna, P. Fierens, L. Hautecoeur and others). W. Tatarkiewicz,"Les quatre significations du mot 'classique'",*Revue Internationale de Philosophie*, 43 (1958).

(1) 在某种意义上，我们把一种文化最为成熟和卓越的产物称为古典的。例如，公元前 4、5 世纪的希腊，尤其是伯里克利时代，可以被称为古典的，因为这是它最完美的、达到顶点的时期。但我们必须记住，就这个词的这个意义而言，与伯里克利时代的希腊文化完全不同的其他文化也可以被称为古典的。13 世纪的哥特式文化虽然很不相同，但从这个角度看也是古典的，因为它是中世纪的成熟表现，就像希腊文化是古代的成熟表现一样。我们以这种方式将一种文化称为古典的，界定的是它的价值，而不是它的 44
特征。古典时期通常持续时间很短。文化、艺术和诗歌一旦达到顶点就开始衰落，因为保持在顶点是很难的。在希腊，无可争议的古典时期是短暂的伯里克利时代，只有在一种较为宽泛的意义上，它才能扩展到两个世纪。

从这个意义上讲，古典艺术和诗歌的对立面是不够完美和成熟的艺术和诗歌。更确切地说，古典主义的对立面一方面是“古风主义”(archaism)或“原始主义”(primitivism)，那时艺术尚未成熟，另一方面是已经衰落的艺术。过去，衰落的艺术常被称为“巴洛克”(baroque)艺术，然而今天，我们倾向于认为，巴洛克艺术是一种本身就有自己古典时期和衰落时期的艺术。

(2) “古典”一词还有另一种含义，意指具有某些特征的文化、艺术、诗歌，即适度、克制、和谐、各个部分之间的平衡。从这个意义上讲，公元前 4、5 世纪的希腊艺术和诗歌也是古典的，甚至成为后世追求克制、和谐和平衡的所有时期的典范。

在这个意义上，我们不再能谈及“13 世纪的古典主义”或“古典的哥特式艺术”，因为哥特式艺术并不主张克制。同样，巴洛克艺术和浪漫主义艺术也不是古典的,因为它们并不追求适度。在第一种意义上,"古典"是一个评价性概念(因为它使古典主义在完美性上区别于其他),在第二种意义上,"古典"是一个描述性概念。

伯里克利时代(乃至整个公元前4、5世纪)的艺术、文学和文化在两种意义上都是古典的。"古典"一词有时也被用来描述整个古代,但这种用法与这个词的两种含义都不相符:古代开始时并不成熟,结束时也不以克制和平衡为特征。它也有自己的巴洛克时期和浪漫主义时期,其古典时期只包含公元前4、5世纪。

它虽然是古典时期的原型,但并非历史上唯一的古典时期。在古代晚期、中世纪和现代,我们都可以找到讲求卓越和克制的时期,比如奥古斯都统治下的罗马时代、查理大帝统治下的法国、美第奇家族统治下的佛罗伦萨就是如此。在路易十四和拿破仑时代的巴黎,人们不仅试图实现一种古典艺术,而且还要向希腊人看齐:不是追求自己的古典形式,而是摹仿以前的形式。在19世纪,这种摹仿性的古典艺术被称为"伪古典主义",今天则被称为"古典主义"或"新古典主义"。索福克勒斯(Sophocles)的戏剧是古典主义的,拉辛(Racine)的戏剧是新古典主义的;菲迪亚斯的雕塑是古典主义的,卡诺瓦(Canova)的雕塑是新古典主义的。

伯里克利时代不仅是一个地地道道的古典时期,而且也是其他古典时期的原型和新古典主义时期的典范。

第二章 文学

1. 悲剧。希腊古典时期并没有产生任何新的伟大史诗或抒情诗，但荷马和早期抒情诗人的诗歌仍然具有至关重要的意义。荷马不仅被视为最伟大的诗人，而且被尊为圣贤，他不仅是美的源泉，也是智慧的源泉。在最早的美学家看来，早期伟大诗人的诗歌已经属于遥远的过去，但也因为时代久远而笼罩着一层光环。

但古典时期也有自己的诗歌，那就是伟大的希腊悲剧。希腊悲剧的以下特征在美学史中尤为重要。[①]

(1) 希腊悲剧起源于宗教祭礼仪式，它比希腊史诗或抒情诗更紧密地与宗教祭礼相联系。虽然起源于传统的诗乐舞，但它之所以伟大，乃是因为其思想和主题关注人生的重大问题和人类的命运。

(2) 从视觉上看，它更像现代歌剧而不像现代悲剧。起初，歌舞队起主导作用，演员只有一个，后来埃斯库罗斯加入了第二个。表演中有歌舞队的朗诵，但这些其实是歌。音乐和舞蹈是原始的三合一诗乐舞的继续，这种诗乐舞以同样的程度依赖于语言、声音

---

① E. Egger, *L'histoire de la critique chez les Grecs* (1887). J. W. H. Atkins, *Literary Criticism in Antiquity* (1934). 这两本书对美学史并无多大贡献。

和动作。它与其说像场面展示，不如说像声音表演。尤其在最初的时候，装饰是次要的。

（3）起初，悲剧与现实主义毫无共同之处。早期的悲剧与人类事务无关，而是关乎人与神的界限。埃斯库罗斯的悲剧近似于酒神颂歌的合唱。其主题是虚构的，情节简单，涉及人与神、自由与必然的关系；它们在一种神奇的超自然气氛中展开，并不试图区分性格或描述现实。就设计而言，这些戏剧更像奥林匹亚宙斯神庙的古风主义雕塑，而不像帕台农神庙的古典主义雕塑。

（4）悲剧是面向所有人的艺术。从伯里克利时代起，每一位雅典公民都会从城邦得到购买戏票的钱。五位官方评委负责遴选剧本，但会受大众品味的引导。

（5）悲剧是个人作品，而不是由诗人、作曲家和舞台监督集体完成。起初，作者不仅要写剧本，还要作曲和写歌，编排舞蹈，同时也是舞台监督、演员甚至是事务员。

（6）根据后人的一致看法，这种悲剧达到了后世难以企及的高峰。三位伟大的希腊悲剧家按照一种奇特的“级数定律”相继出
46 场：埃斯库罗斯（前525—前456）、索福克勒斯（前496—前406）和欧里庇得斯（Euripides，前480—前406/5）。当最年轻的一位开始写作时，最年长的一位还没有停手。

希腊悲剧以惊人的速度向前发展。埃斯库罗斯压缩了歌舞队的规模，加强了对白，加入了更华丽的装饰，让演员们穿上飘逸的长袍和更高的厚底靴。索福克勒斯抛弃了在埃斯库罗斯那里仍然很明显的古风主义，他的悲剧在设计上更为错综复杂，更加现实和富于人性，也更为和谐和理想主义。他坚持认为自己描绘了人“应

有的样子”。[1]最后一个阶段是欧里庇得斯达成的，他描绘了人“实际的样子”。他是一个现实主义者，完成了从神的悲剧到人的悲剧的转变。

(7) 这些伟大的悲剧家都关心社会现实。索福克勒斯代表传统意识形态，反对智者学派激进的启蒙，而欧里庇得斯则支持智者学派的观念，在意识形态上属于先锋派。在这两位戏剧家的作品中，传统与创新、保守倾向与进步倾向之间的冲突被引入了艺术，很快也进入了艺术理论。

2. 悲剧家和埃庇卡摩斯(Epicharmus)的美学观点。在悲剧家的文本中很难找到关于美学的论述。他们更倾向于就伦理问题表达自己的看法，因为他们关心题材胜过关心形式。但我们的确发现，索福克勒斯的作品中有些地方暗示了戏剧的作用和提供的愉悦；在欧里庇得斯的作品中我们读到，爱欲使人成为诗人，[2]还发现他重复了塞奥格尼斯的一句话：“美的东西总是让人愉悦的。”[3]

更全面的美学论述可见于埃庇卡摩斯的著作。他是西西里现实主义非仪式戏剧的主要代表，与埃斯库罗斯同时代，可能年龄稍长。他既是戏剧家，也是哲学家和学者，所以论述更为全面。第欧根尼·拉尔修(Diogenes Laertius)告诉我们，埃庇卡摩斯的著作既包括格言集，也包括物理学和医学论著。他的《论自然》(*On Nature*)在古代就广为人知，其美学观点就包含在这部著作中，尽管一些语文学家质疑他是否真的是作者。他常常被归于毕达哥拉斯学派，但流传下来的残篇(包括美学方面的)非但没有证实这一点，反而表明他接近于当时哲学的另一极，即持相对主义经验观点的智者学派。

其中一份被归于他的残篇提到了艺术形式的相对性及其对人的依赖性。另一份残篇说，艺术中最重要的是自然赋予艺术家的天赋。[4]在第三份残篇中我们读到，“心灵既有视觉，又有听觉”。[5]这是对希腊理智主义的简明表述：我们的知识来源于思想，即使它似乎来自我们的眼睛和耳朵。这一观点对美学和艺术理论也有重要意义，值得注意的是，如此彻底地表达这一观点的竟然是一位诗人。

47 **3. 悲剧的结束；阿里斯托芬。**戏剧的伟大时期很短暂，没有延续到公元前5世纪以后。随着索福克勒斯和欧里庇得斯的去世，雅典悲剧走到了尽头。公元前4世纪，戏剧作品仍在不断问世，作品数量实际上增加了。许多作者为舞台演出而创作，有些人非常多产。雅典的阿斯蒂达莫斯(Astidamus)创作了240部悲剧和讽刺剧，阿克拉加斯的卡齐诺斯(Carcinus of Acragas)写了160部，雅典的安提芬尼斯(Antiphanes)写了245部喜剧，图里的亚历克西斯(Alexis of Thurii)写了280部，但水平都不高。公元前4世纪，杰出的头脑都转向了散文。观众固然对戏剧情有独钟，舞台明星们在希腊巡回演出，但戏剧崇拜主要是对演员的崇拜。阿里斯托芬(Aristophanes)告诉我们，在他那个时代，演员比诗人更重要。

公元前406年，索福克勒斯和欧里庇得斯去世后，阿里斯托芬在喜剧《蛙》(*The Frogs*)中对雅典悲剧做出了总结。他不无公正地断言，悲剧已经走到尽头，这要归咎于最后一位悲剧家(欧里庇得斯)。他将这一不幸归因于欧里庇得斯现代主义的启蒙观点，认为这些观点正在毁灭国家。根本原因是，欧里庇得斯在苏格拉底的影响下被哲学所左右，为清醒而牺牲了崇高。这个判断非常准确，因为苏格拉底和智者学派、哲学和启蒙，的确使希腊文化发生了转变。公元前4世纪，散文变得比诗歌更重要。哲学取代诗歌成为希腊思想生活中的主导角色。关于人类生存的那些重大问题曾经孕育了悲剧，现在则致其衰落，因为人们渐渐认为，在其他地方以不同方式提出这些问题要更好，这些问题由哲学家处理要比由诗人处理更好。这对艺术不无裨益，因为它引导哲学家构造出一种关于诗歌和艺术的理论。

阿里斯托芬并非理论家，但却影响了理论，因为他提出要根据社会的道德政治需要来评判艺术，并坚称应当用这种观点来指导艺术。[6]他并非唯一这样想的人，但却第一次阐明了这个原则。他在一部诗作中作了阐述，但此道德原则很快就被哲学家所采纳。①

他还把另一个主题引入了艺术理论。他在一部喜剧中说："我们在现实中没有的东西，可以通过摹仿（在诗歌中）得到。"[7]这是对旧的摹仿概念的重新表述。没过多久，哲学家就发展了这个概念。

4. 散文。散文构成了公元前4世纪的一项主要成就，是希罗多德和修昔底德等伟大的历史学家以及伊索克拉底和后来的德摩 48
斯提尼（Demosthenes）等演说家的散文。雅典政制鼓励演说术的发展，使演说术和希腊史诗、悲剧一样达到了后世无法企及的巅

① B. Snell, "Aristophanes und die Ästhetik", *Die Antike*, XIII (1937), p. 249ff. G. Ugolini, "L'evoluzione della critica letteraria d'Aristofane", *Studi italiani di filologia classica* (1923).

峰。但这些演说作品给艺术理论家带来了一个问题:虽然它们是艺术作品,但其目的是如此实用,以至于似乎根本不属于艺术领域。

希腊散文的奠基人还包括创立了艺术理论的高尔吉亚(Gorgias)和柏拉图。后来,另一个希腊人菲洛斯特拉托斯将高尔吉亚对艺术散文的贡献与埃斯库罗斯对悲剧的贡献相比。柏拉图逐渐形成了自己的语言风格和文学形式,将学术论文与戏剧结合在一起。正如维拉莫维茨(Wilamowitz)所说,柏拉图的散文应当大声朗诵,这样它的美才能显现出来,因为它是"人的语言未曾超越也无法超越"的东西。至于亚里士多德,则为一种朴素务实的科学散文提供了典范,其最大的装饰就在于没有装饰。

第三章 造型艺术

1. 艺术家论艺术。我们对公元前4、5世纪希腊建筑的了解主要是通过废墟，对希腊古典雕塑的了解主要是通过复制品，对希腊绘画的了解主要是通过记述。但这些废墟、复制品和记述足以使我们相信，希腊古典艺术是一门伟大的艺术。虽然后来的时代产生了一种不同的艺术，但根据数个世纪以来形成的一般看法，再也没有产生更卓越的艺术。

艺术理论与这门伟大的艺术并肩发展。两者之间甚至还存在着个体上的联系。当时许多艺术家不仅从事建筑、雕塑和绘画，还对艺术进行论述。他们的论著不仅包括技术资料和基于实践经验的观念，还包括关于"法则与对称"和"艺术规范"的一般讨论，这些美学原则为当时的艺术家提供了指导。[8]

在古典时期对建筑艺术进行论述的建筑师中，我们发现有《论多利安式结构的比例》(*On Dorian Symmetry*)一书的作者西勒诺斯(Silenus)、帕台农神庙的设计者伊克提诺斯(Ictinus)及其他许多人；伟大的波利克里托斯(Polyclitus)和欧弗拉诺尔(Euphranor)都有关于雕塑的论述。著名画家帕拉修斯(Parrhasius)留下了一部《论绘画》(*On Painting*)，画家尼西亚斯(Nicias)也是如此。画家阿伽塔尔科斯(Agatharchus)论述了舞台绘画，其错视效果在当时引起了激烈争论。正如菲洛斯特拉托斯所说，“早期贤哲论述过绘画中的对称”，他所说的“贤哲”是指艺术家。

所有这些理论著作都失传了，但一些古典艺术作品留存下来。美学史家只能通过它们来发现这一时期的美学观点。他会发现：(1)从原则上讲，这些艺术作品都服从规范，(2)但它们可能有意识地偏离规范，(3)它们抛弃了非常简略的传统样式，而倾向于有机形态。古典艺术的这三个特征具有一般的美学意义，因此必须依次论述。

49

一

2. 规范。希腊古典艺术认为，任何作品都存在一种规范(*kanon*)，即艺术家必须遵守的形式。造型艺术中的“*kanon*”一词就等价于音乐中的“*nomos*”一词，这两个词最终具有相同的含义。正如希腊音乐家确立了他们的“*nomos*”或法则，希腊造型艺术家也确立了他们的“*kanon*”或尺度：他们寻求并确信已经找到了它，并将它运用于自己的作品。

艺术史区分了“规范”时期和“非规范”时期。这意味着在某些时期，艺术家寻求并遵守一种规范，并视之为完美性的保证；而在另一些时期，他们将这种规范视为对艺术的威胁和对艺术自由的限制而加以规避。希腊艺术的古典时期是规范时期。

艺术史上已知的大多数规范都有礼拜仪式或社会的起源和理由，但有些规范之所以规定了艺术准则，仅仅因为这些规范是最完美的：它们有美学上的根据。事实上，希腊规范的主要特征就是具有美学上的正当理由。另一个特征是希腊规范具有弹性，它们正在被探寻而不是一成不变，可以修改和纠正。第三个特征是，希腊规范与比例有关，可以用数来表示。它们设定了一个完美柱基的体积应当超过柱头多少，一尊完美雕像的身体应当大于头部多少。这些规范背后的哲学假设是，有一个比例是所有比例中最完美的。

3. 建筑的规范。在希腊艺术家当中，最早确立规范形式的是建筑师。到了公元前 5 世纪，他们把这些规范形式应用于神庙，并且在论著中将其确定下来；[①]这一时期的遗迹表明，当时规范已经得到普遍应用。它被广泛应用于建筑物的整体和各个部分，比如立柱、柱头、檐口、雕带和山墙。希腊建筑永久的规范形式使之显得客观、不带个人色彩和无可更改。文献资料很少给出艺术家的名字，仿佛艺术家不是创造者而是实施者，仿佛建筑物遵循着独立于个人和时间的永恒法则。

古典时期希腊建筑的规范是数学性的。罗马人维特鲁威继承了古典时期希腊建筑师的传统，他写道："构图依赖于对称，建筑师应严格遵守对称法则。对称由比例产生。……所谓一座建筑物的比例，就是按照既定的模度（module），相对于整体和各个部分进行的计算。"（考古学家对于多利克式神庙的模度究竟是三陇板的宽度还是柱基宽度的一半意见不一，但这两种假设都使重建整个神 51

① G. Dehio, *Ein Proportionsgesetz der antiken Baukunst* (1896). A. Thiersch, "Die Proportionen in der Architektur", *Handbuch der Archäologie*, Ⅳ, 1 (1904). O. Wolff, *Tempelmasse, das Gesetz der Proportionen in den antiken und altchristilichen Sakralbauten* (1912). E. Mössel, *Die Proportionin der Antike und Mittelalter* (1926). Th. Fischer, *Zwei Vorträge über Proportionen* (1955).

庙成为可能。)

在希腊神庙中,每一个细节都有其应有的比例。如果我们取柱宽的一半为 1 模度,那么雅典的赫菲斯托斯神庙(Thesaeum)就有一个 27 模度的六柱正面:6 根立柱占 12 模度,三个中间通道各占 3.2 模度,两侧通道各占 2.7 模度——总共 27 模度。因此,立柱与中间通道的关系是 2∶3.2 或 5∶8。三陇板是 1 模度宽,排挡间饰是 1.6 模度宽,所以它们的关系也是 5∶8。同样的数可见于许多多利克式神庙(图 1、2)。

50

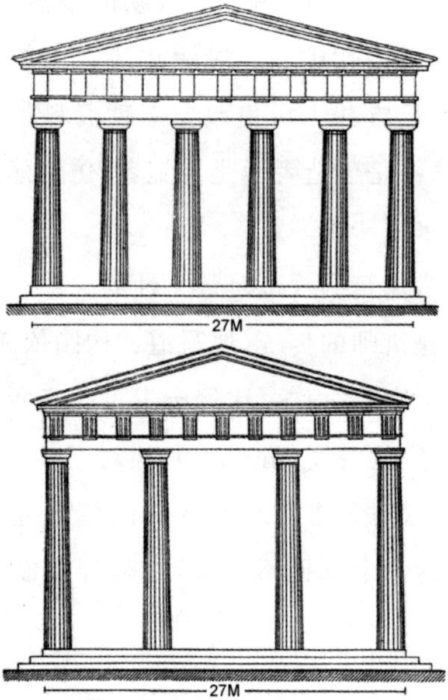

图 1、2. 这些图显示了古代神庙的恒定比例。根据维特鲁威的说法,其确定方式是,四柱和六柱门廊的宽度都是 27 模度,1 模度等于柱基宽度的一半。

维特鲁威写道:“模度是所有计算的基础。立柱的直径应为 2 模度,立柱的高度(包括柱头)应为 14 模度。柱头的高度应为 1 模度,宽度为 $2\frac{1}{6}$ 模度。……框缘连同束带饰和圆锥饰的高度应为 1 模度。……三陇板和排挡间饰应置于框缘上方;三陇板应为 $1\frac{1}{2}$ 模度高和 1 模度宽。”他还以类似的方式描述了该柱式的其他要素。相比于这些数字细节,美学史家对一个至关重要的事实更感兴趣,即所有要素都由数值来确定(图 3)。

52

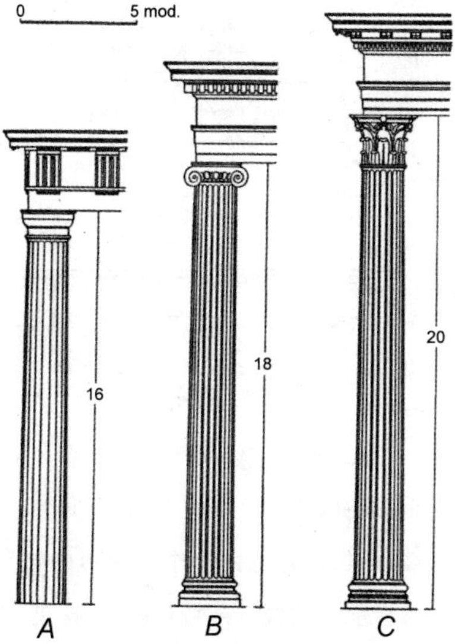

图 3. 希腊建筑受制于一种一般规范,它规定了各种建筑要素的比例,但在这种规范的框架内,至少有三种“柱式”:多利克式(A)、爱奥尼亚式(B)和科林斯式(C),这些比例或重或轻,显示出或庄重或轻松的效果。

在古代，规范主要用于神庙，但剧场的建造①(图 4)也受制于它。维特鲁威写道:“剧场的形状应当按照以下方式来设计:将圆规针脚置于剧场下部投影圆周的中心，画一个圆。在这个圆中内接四个等边三角形，其各个顶点以相等间距与圆周相接。”从古典时期开始，希腊就在使用剧场的这种几何布局:在已知最古老的石砌剧场——雅典的狄奥尼索斯剧场那里，我们就发现了这种设计。

53

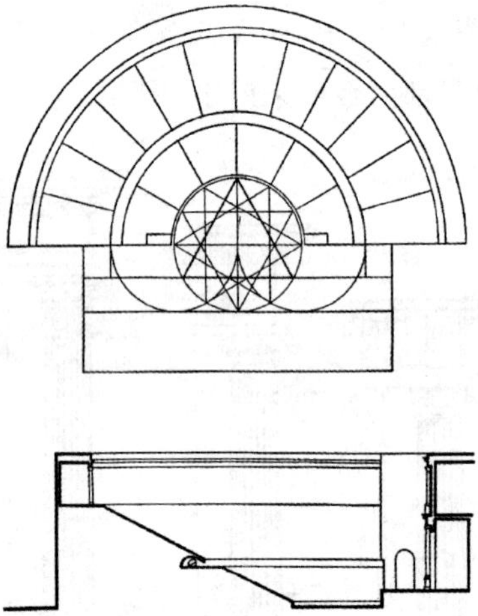

图 4. 根据几何原则建造的剧场:“以剧场下部投影圆周的中心为圆心画一个圆;在这个圆中内接四个等边三角形，其各个顶点以相等间距与圆周相接。距离舞台最近的那个三角形的边，在它与圆周相交的地方，表示舞台前端的线”(维特鲁威)。这是罗马剧场的建造原则;希腊原则与此类似，只不过基于正方形而不是三角形。

① W. Lepik-Kopaczyńska, “Mathematical Planning of Ancient Theatres”, *Prace Wroclawskiego Towarzystwa Naukowego*, A. 22 (1949).

（设计剧场的建筑师们还主张，舞台高度与它和观众的距离之间应当保持一个恒定的比例。在后来的建筑中，舞台高度降低了，观众席也成比例地移近了。）

建筑规范还对立柱（图 5）、柱上楣构甚至柱头螺旋饰和柱身凹槽等细节作了规定。建筑师们借助于数学方法，将诸规范精确细致地应用于所有这些细节。规范规定了爱奥尼亚式柱头的螺旋饰，建筑师将以几何方式绘制这种螺旋曲线（图 6）。规范不仅规定了柱身凹槽的数目（多利克式 20 条，爱奥尼亚式 24 条），而且规定了它们的深度（图 7）。在多利克柱式中，从在凹槽的弦上所作正方形的对角线交点所取的半径决定了凹槽的深度。在爱奥尼亚柱式中，凹槽深度是借助于所谓的毕达哥拉斯三角形得到的，希腊人认为毕达哥拉斯三角形是一种特别完美的几何图形。当然，圆也被视为一种完美的图形（图 8）。

54

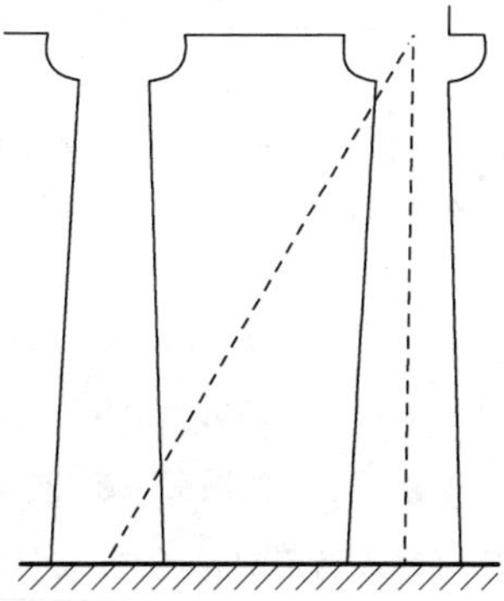

图 5. 希腊神庙立柱的高度和布置通常符合所谓的毕达哥拉斯三角形，三角形的各边之比为 3∶4∶5。

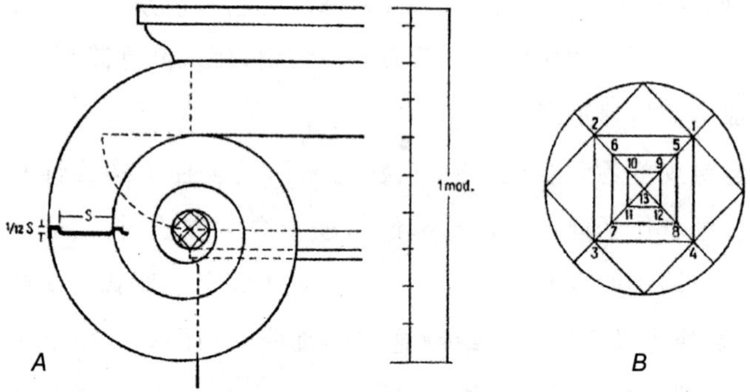

图 6. 这些图显示了古代建筑师绘制螺旋线的方式：螺旋线是根据圆内接诸正方形所得到的各点以几何方式确定的。这些所谓的“柏拉图”正方形显示了彼此之间的特定关系。

55

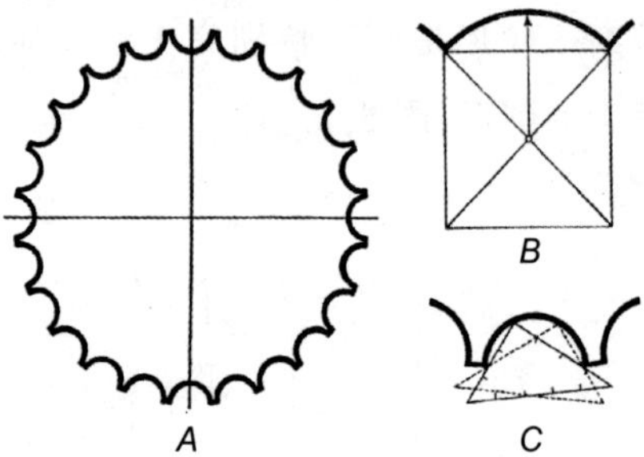

图 7. 希腊规范主要涉及规定柱(A)的凹槽数，但也规定了凹槽深度。在多利克柱式(B)中，这是通过在凹槽的弧上作一个正方形来实现的：凹槽深度由一个圆心在正方形中间的圆弧来确定。在爱奥尼亚柱式中，凹槽深度也是通过几何方式确定的，尽管方式并不完全相同(C)。它使用的是边长比例为 3∶4∶5 的三角形，古人认为这是最完美的几何图形之一。

56

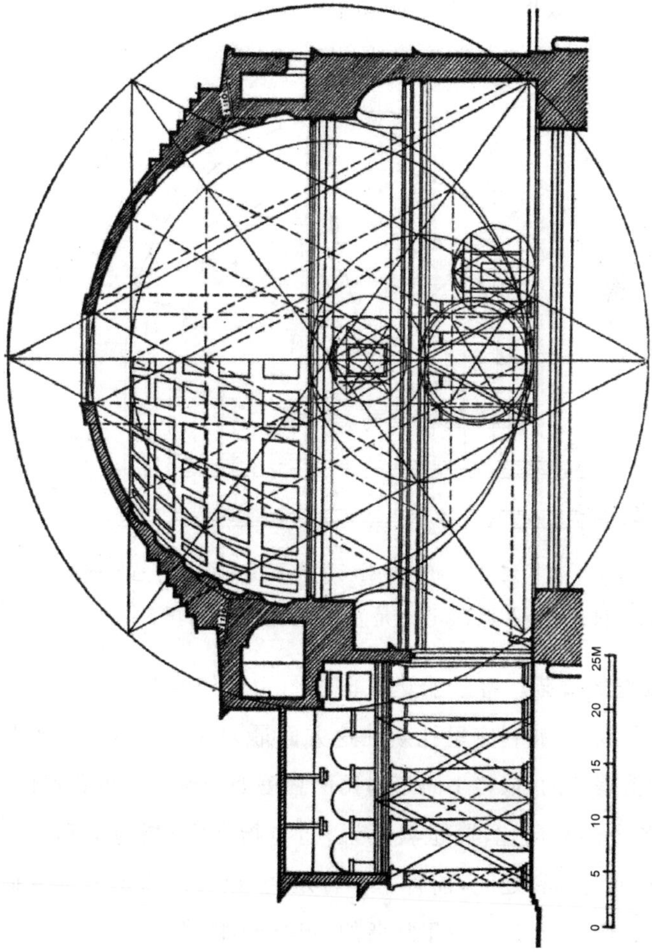

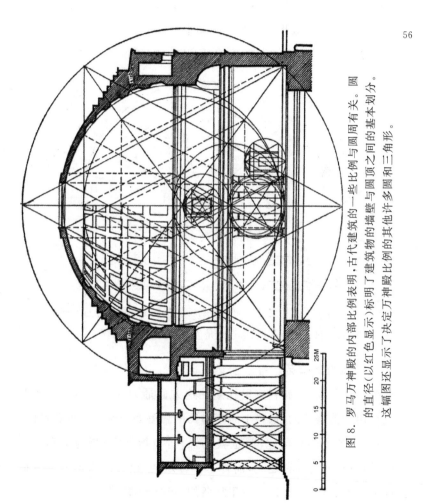

图 8. 罗马万神殿的内部比例表明，古代建筑的一些比例与圆周有关。圆的直径（以红色显示）标明了建筑物的墙壁与圆顶之间的基本划分。这幅图还显示了决定万神殿比例的其他许多圆和三角形。

54 在某些情况下，古代的建筑规范既是为了服务于眼睛，也是为了服务于耳朵。剧场规范不仅规定了建筑物的形状，而且也规定了达到良好声学效果的方法。剧场中以特定的方式对声学设备进行布置，不仅是为了放大音量，也是为了产生所需的音质(图 9)。

57

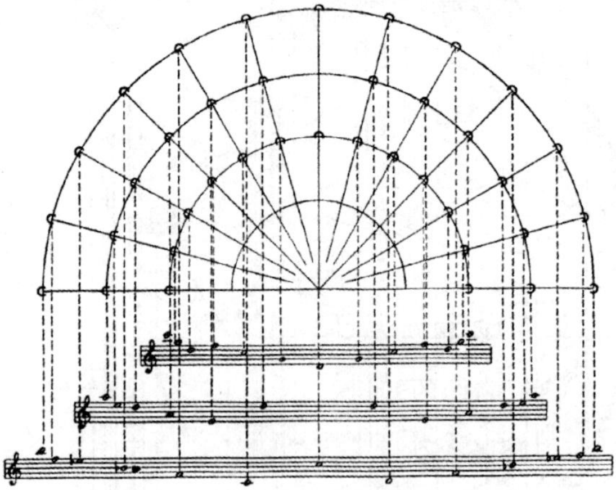

图 9. 此图显示了古代建筑师如何在剧场中布置声学设备。它们的选择和排列不仅是为了扩大音量，也是为了产生恰当的音质。

4. 雕塑的规范。希腊雕塑家也试图为他们的艺术建立一种
规范。众所周知，波利克里托斯在这方面最为成功。雕塑的规范
55 也是用数值表达的，依赖于固定的比例。正如盖伦[9]告诉我们的，
美在于“各个部分的比例，也就是说，指与指之间，指与掌和腕之
间，所有这些与前臂之间，前臂与上臂之间，以及所有这些部分彼
此之间的比例，正如波利克里托斯的《规范》所阐述的”。维特鲁威
也类似地指出：“大自然是这样设计人体的：头颅，也就是从下巴到
额头的上部和发根，应等于身长的十分之一。”接着，他又用数值定

义了人体各个部分的比例。古典雕塑家严格遵守了这一规范。现存唯一的波利克里托斯论著残篇指出，在艺术作品中，“完美依赖于许多数值关系，些许变化就会产生决定性的影响”。[10]

雕塑家的规范其实关涉的是自然，而不是艺术。它度量了出现在自然之中、尤其是一个体态匀称的人身上的比例，而不是应当出现在雕像中的比例。因此，正如潘诺夫斯基所说，①这是一种“人体测量”规范。关于雕塑家是否有权为了做出比自然更好的东 57
西而引入解剖学和透视学上的修正，它本身并没有规定什么原则。希腊雕塑家对自然的规范感兴趣，并把它运用于自己的艺术，这一事实证明，他们认为自然的规范对艺术也有约束力。维特鲁威接着写道：“画家和著名雕塑家利用他们关于这些比例（实际上是一个体态匀称的人的属性）的知识，为自己赢得了巨大而永久的声誉。”（希腊人理所当然地认为，自然、尤其是人体，显示了用数学定义的比例，并由此推断，这些比例也必定适用于艺术中呈现的自然。）

雕塑家的规范不仅涵盖了整个身体的比例，而且还包括身体的各个部分尤其是脸部的比例。② 他们把脸部分成三部分：前额、鼻子和包括下巴在内的唇部。然而在这里，正如细节测量所显示的那样，规范可能会发生变化。公元前 5 世纪某一特定时期的雕 58
塑显示出低矮的前额和拉长的脸部下部。波利克里托斯重又把脸部分成三个相等的部分，而欧弗拉诺尔则稍微偏离了这种划分。

① E. Panofsky, “Die Entwicklung der Proportionslehre als Abbild der Stilentwicklung”, *Monatsheft für Kunstwissenschaft*, Ⅳ(1921).

② A. Kalkman, “Die Proportionen des Gesichts in der griechischen Kunst”, 53 Programm der archäolog. Gesellschaft in Berlin (1893).

在古典时期，希腊人的品味会发生某种程度的游移。虽然他们追求一种客观的艺术，但雕塑中的比例会按照流行的品味发生变化。

在希腊古典时期，也有人提出，理想身材的人体可以包含在圆和正方形等简单的几何图形中。“如果让一个人仰卧，张开双腿和
59 双臂，以他的肚脐为圆心画一个圆，那么这个圆的圆周将会触及这个人的手指尖和脚趾尖。”希腊人认为，可以用类似的方法将人体内接于一个正方形，这便产生了“方形人”（希腊文是“*aner tetragonos*”，拉丁文是“*homo quadratus*”）的观念，它在艺术解剖学中一直沿用到现代（图 10）。

58

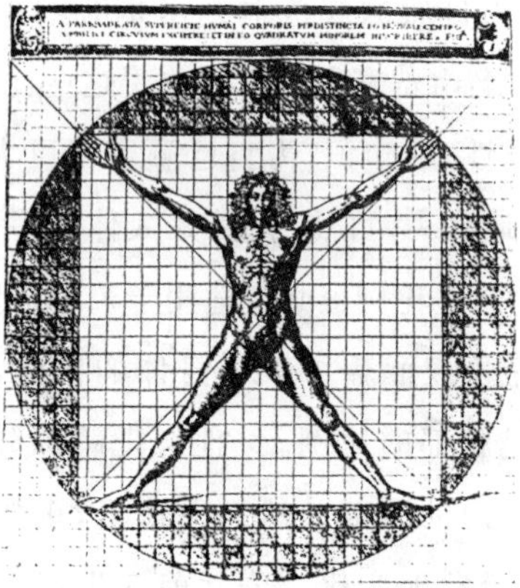

图 10. 方形人（出自 1521 年版的维特鲁威著作）

5. 瓶饰的规范。从较次要的希腊瓶饰制作艺术的发展中也可以看出一种规范。美国学者汉比奇（Hambidge）和卡斯基（Caskey）[①]已经证实，希腊瓶饰有固定的比例，其中一些比例非常

① L. D. Caskey, *Geometry of Greek Vases* (Boston, 1922).

简单，例如正方形的比例，但大多数比例都不能用自然数来表示，如 $1:\sqrt{2}$ 或 $1:\sqrt{3}$ 或 $1:\sqrt{5}$。这两位学者称这些数为“几何”数，与“算术”数相对。“黄金分割”比例也可见于瓶饰（图 11）。

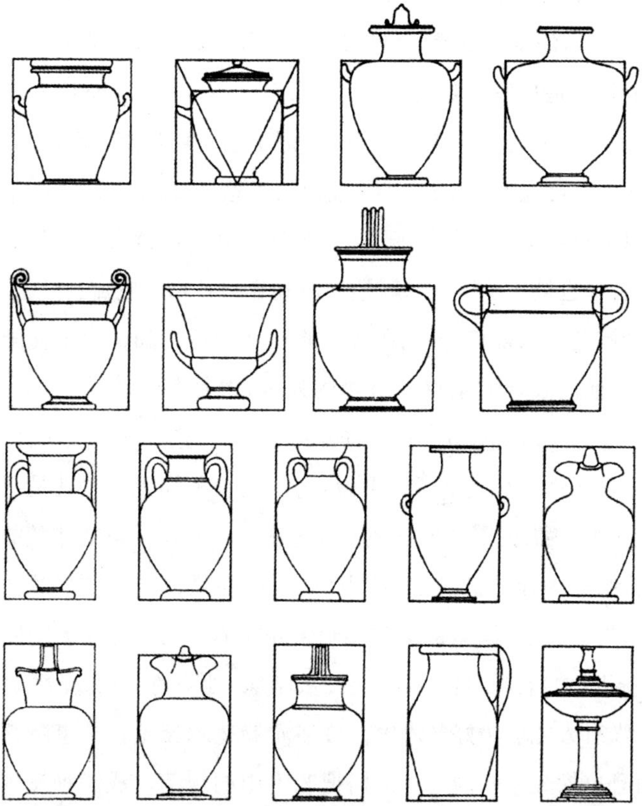

60

图 11. 和希腊建筑一样，希腊瓶饰也显示出恒定的几何比例。第一组的 8 个瓶饰（上面两排）基于正方形的原则，即高与宽之比为 1∶1。第二组的 10 个瓶饰（下面两排）的高与宽之比为 $1:\frac{\sqrt{5}-1}{2}$，即 1∶0.618。这些作品是按照汉比奇的计算和卡斯基出版的著作复制的。

一般来说，希腊人认为美的完美形式是最简单的几何图形，即三角形、正方形和圆。在他们看来，最简单的数值关系决定了一个形状的美（就像它们决定了声音的和谐那样）。他们认为完美的三角形是等边三角形以及各边之比为 3∶4∶5 的“毕达哥拉斯三角形”。

6. 艺术的认知渴望。可以认为，这种对数学规范的信仰在希腊艺术中并不是自发产生的：它不仅来自艺术家本人，而且也来自哲学家，尤其是来自毕达哥拉斯学派和柏拉图主义者。后来，希腊人渐渐认为，“规范”（*kanon*）一词（最初的意思是“建筑者的规则”）的隐喻义源于哲学家毕达哥拉斯。① 这个词在其美学意义上最初被用于建筑，后来也被用于音乐和雕塑。波利克里托斯使它流行起来。

希腊艺术家确信，他们在自己的作品中运用和揭示了支配自然的法则，他们表现的不仅是事物的外表，也是其永恒的结构。他们的基本概念“*symmetria*”所意指的“比例”并非艺术家的发明，而是自然的一种属性。从这个意义上说，艺术是一种知识。尤其是西锡安（Sicyonian）学派的雕塑家把他们的艺术视为知识。与之伴随的是一种在希腊广为流传的观点，认为诗人，特别是荷马，是“智慧之师”。普林尼告诉我们，画家潘菲洛斯（Pamphilus），也就是伟大的阿佩勒斯（Apelles）的老师，是一位杰出的数学家，他声称，如果不懂算术和几何，没有人能成为好艺术家。许多希腊艺术家不仅从事雕塑和绘画，而且也探究艺术理论。他们把艺术中的规范看成一种发现而不是发明；他们认为这是一种客观真理，而不是人的构想。

62 **7. 规范的三重基础。**希腊人确定其规范时依靠这样几条准则：

---

① H. Oppel, “Kanon”, Suppl. -Bd. des *Philologus*, XXX, 4 (1937).

(1) 首先是一般的**哲学**基础。希腊人确信,宇宙的比例是完美的,所以人工制品必须服从这些比例。维特鲁威写道:"既然大自然把人体的各个部分造得与整体结构成比例,那么在建筑中,古人的原则也是,各个部分应与整体成比例"。

(2) 规范的另一个基础是对**有机体**的观察。这在雕塑及其人体测量标准中起着决定性的作用。

(3) 第三个基础来自**静力学**定律的知识,它在建筑中很重要。立柱越高,柱上楣构就越重,需要的支撑就越多;因此,希腊立柱依其高度而有不同的间隔方式(图 12)。希腊神庙的形式来自专业 63

61

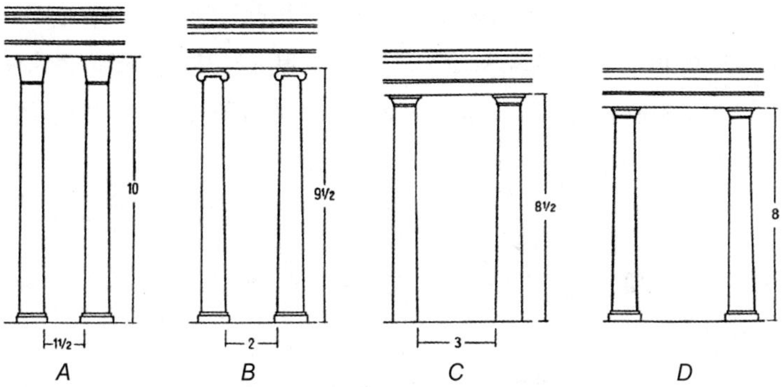

图 12. 该图显示了立柱的间隔方式:立柱越高,柱间距就越小。图 A 所示为所谓的"倍半柱径间距式"(pycnostylos),柱高为 10 模度,柱间距为 $1\frac{1}{2}$模度;图 B 所示为"两径间排柱式"(systylos),柱高为 $9\frac{1}{2}$模度,柱间距为 2 模度;图 C 所示为"三柱径式"(diastylos),柱高为 $8\frac{1}{2}$模度,柱间距为 3 模度;图 D 所示为"疏柱式"(areostylos),柱高为 8 模度,柱间距为 4 模度。之所以采用这些规则,是因为立柱越高,柱上楣构就越重,需要的支撑就越多。这里,神庙的形状受静力学支配,视觉方面的考虑紧随其后。

技能和对材料性能的熟悉。这些因素在很大程度上决定了希腊人和我们都认为完美的那些形式和比例(图 13)。

62

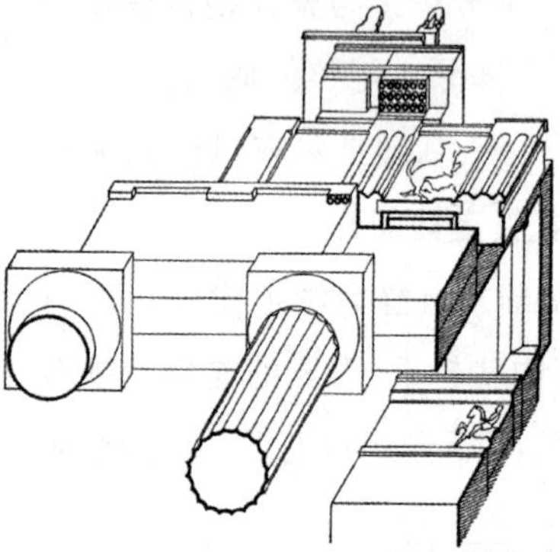

图 13. 此图(由 L. Niemojewski 绘制)以帕台农神庙为例,显示了为古代神庙加顶的原则。这是一个静力学原则:各个部分的相互关系产生了我们认为完美的形式和比例。

二

8. 艺术和视觉要求。虽然希腊人按照数学比例和几何形式创作了作品,但在某些情况下,他们的确背离了这些比例和形式。这些不规则之处中有诸多一致性,所以不可能不是有意识的和故意的。制造它们有明确的美学意图。其中一些旨在让形状适应人的视觉要求。西西里的狄奥多罗斯写道,在这个特殊方面,希腊艺术不同于埃及人的艺术,后者在确定比例时不考虑视觉要求。希腊人这样做是为了抵消视觉变形。他们之所以绘出和雕出形状不规则的像,是因为他们知道,只有这种方法才能确保它们看起来是规则的。

类似的方法也被用于绘画，特别是剧场绘画。剧场装饰因为要从远处观看，所以不得不使用一种考虑视角的特殊技巧。这就是为什么最终所有透视画都被称为“舞台布景透视画”(*skenographia*)的原因。[①]

类似的方法也被用于很大或放置得很高的雕像。我们已经提到雅典娜雕像，菲迪亚斯故意对它作了变形，以将它置于立柱顶部。[②] 位于普里恩(Priene)的一座神庙上的铭文由大小不等的字母所组成，位置越高，尺寸就越大。

建筑师们也以同样的方式工作，他们认为这些修正特别重要。公元前5世纪中叶以后建造的多利克式神庙，其中间部分有所加宽，[11]门廊侧柱的间距更宽。这些立柱微微向内倾斜，因为这样可以呈现出笔直的外观。由于立柱在亮处比暗处显得更细，所以通过适当地调整相关立柱的粗细，可以纠正这种错觉(图14—16)。正如维特鲁威后来所说，建筑师们之所以诉诸这些方法，是因为“眼睛的错觉必须通过计算来纠正”。正如一位波兰学者[③]所指出的，他们使用的不是直线比例，而是视角比例。对他们来说，固定的尺 64

---

① P. M. Schuhl, *Platon et l'art de son temps* (1933). 从公元前5世纪开始，希腊绘画变得印象主义了：它对光和影的处理使之可能产生一种对现实的错觉，尽管正如柏拉图责备画家的那样，近距离观察时，它们只不过是些形状不定的色斑罢了。这种印象主义绘画，希腊人往往称之为“绘影”(*skiagraphia*，来自 *skia*——影子)。

② Tzetzes, *Historiarum variorum chiliades*, Ⅶ, 353-369, ed. T. Kiesling (1826), pp. 295-296.

③ J. Stuliński, “Proporcje architektury klasycznej w świetle teorii denominatorów”, *Meander*, XIII (1958).

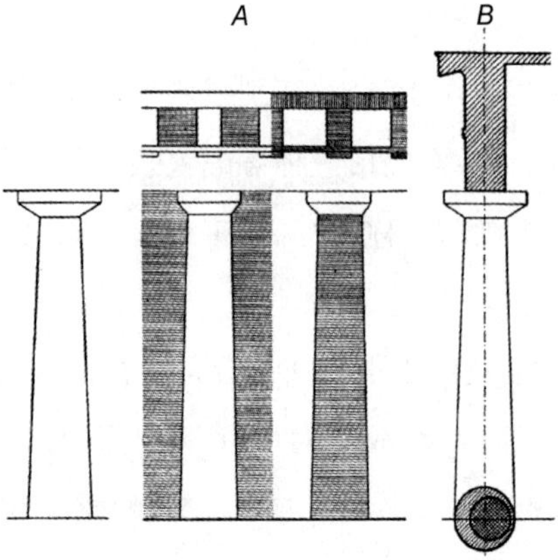

图 14. 图 A 显示，立于亮处的立柱要比暗处的显得更细。由于希望所有立柱看起来都一样，所以他们会使立于亮处的外柱更粗，立于暗处的内柱更细。这是古代建筑师用来抵消视觉变形的诸多方法之一。类似的程序如图 B 所示：外柱向中心倾斜，以显得笔直，否则会给人一种从中心向外倾斜的印象。

65

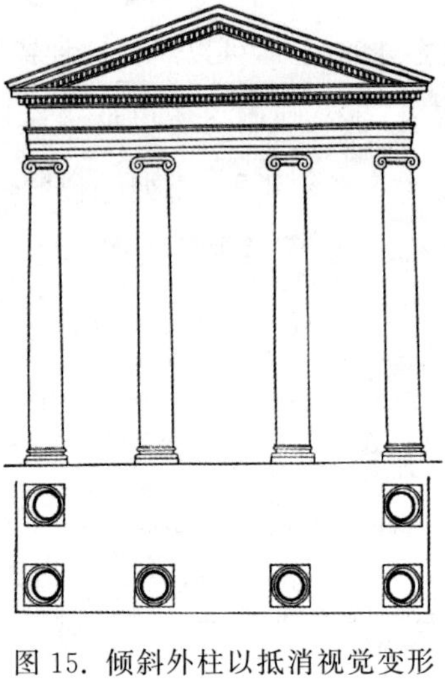

图 15. 倾斜外柱以抵消视觉变形

66

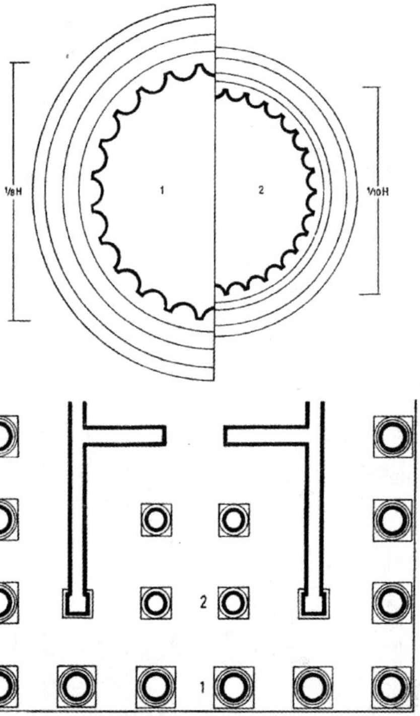

图 16. 这两幅图显示，立于暗处的希腊神庙的内柱，其直径要比外柱更小。直径之间的关系是 8∶10（内柱直径是高度的$\frac{1}{10}$，而外柱直径是高度的$\frac{1}{8}$），这个比例造成了它们看起来相等的错觉。内柱柱身的变细通过增加凹槽数而得到补偿，关系为 30∶24（Vitruvius，Ⅳ，4，1）。

度不是立柱或柱上楣构，而是观察立柱和柱上楣构的角度。如果是这样，那么立柱和柱上楣构放置得更高或更远时，就必须加以改变（图 17）。

67

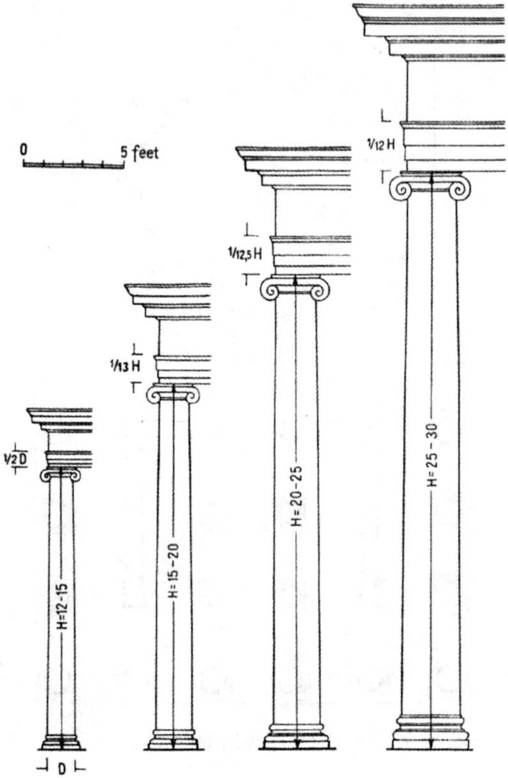

图 17. 此图显示了受制于知觉要求的古代建筑的另一个特征。立柱越高，置于其上的柱上楣构就越高。

9. 偏离。希腊建筑师在偏离直线方面走得更远，他们把所期待的直线略微弯曲了一些。在古典建筑中，柱脚、檐口和立柱的轮廓以及水平线和垂直线都会略微弯曲。最优秀的古典建筑都是如此，比如帕台农神庙以及帕埃斯图姆（Paestum）的各个神庙。与
68 直线的这些偏离非常细微，直到最近才被发现。首次发现是在

1837 年，但直到 1851 年才发表。[①] 起初人们还心存怀疑，现在则认为这是一个不争的事实，尽管对它的解释仍有疑问。

那么能否认为，这些偏离也是为了纠正视觉变形呢？图 18 表明可以作这样的解释。当某些建筑物的位置决定了从哪一视点去观看它们，尤其是当这一视点与建筑物本身位于不同的高度时（比如帕台农神庙），情况肯定是如此。

希腊建筑中出现对直线的偏离还有一个原因，这个原因与画家不借助直尺和圆规画直线和曲线相同：尽管坚持规则性，但目的是给出一种自由和避免僵化的印象。

维特鲁威后来评论道："眼睛寻求令人愉悦的景象；如果不通过使用比例和修正模度来满足眼睛，我们就会给旁观者留下一种缺乏魅力、令人不快的景象。"希腊艺术家所诉诸的"修正模度"旨在抵消我们的视觉变形，也让建筑物的轮廓有了某种自由。对这些"改进"做了最详细研究的一位美国考古学家解释说，它们旨在通过避免单调和数学上的精确（这是非艺术的，也是好艺术所不允许的）而给眼睛带来愉悦。

---

① 英国人彭尼索恩（J. Pennethorne）于 1837 年前后发现了古希腊建筑的不规则性。与此同时，为希腊国王服务的德国建筑师霍弗（J. Hoffer）也做出了同样的发现。迄今为止，对事实与形体最全面和最详尽的汇编可见于 F. C. Penrose，*An Investigation of the Principles of Athenian Architecture*（1851）。补充信息见 G. Hauck，*Subjective Perspective of the Horizontal Curves of the Doric Style*（1879）；G. Giovannoni，*La curvatura della linee nel tempio d'Ercolea Cori*（1908）。对这一问题的综述载于 W. H. Goodyear：*Greek Refinements*（1912）。与垂直方向的偏离更为明显：1810 年科克雷尔（Cockerell），以及 1829 年唐纳森（Donaldson）和 1830 年詹金斯（Jenkins），分别对立柱的"卷杀"（*enthasis*）和倾斜作了观察和描述。类似的形状弯曲亦可见于埃及建筑，1833 年就已被彭尼索恩注意到，但他的发现直到 1878 年才在《古人的几何学和光学》（*The Geometry and Optics of the Ancients*）上发表。

70

71

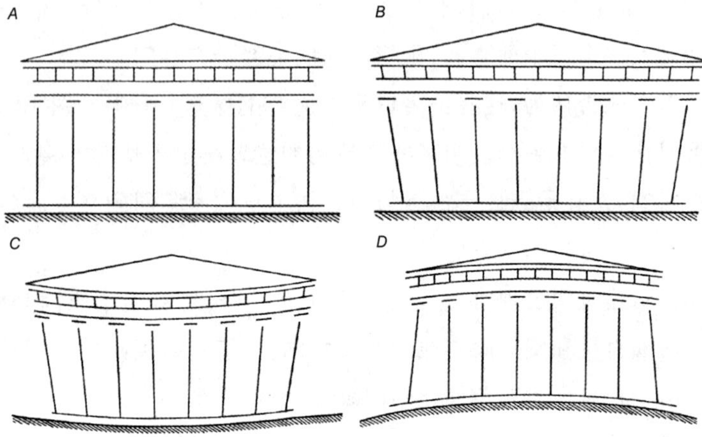

图 18. 图 A 显示了神庙看起来应当是什么样子：它应给人一种长方形的印象。但希腊建筑师注意到，如果真把它建造成长方形，我们的知觉模式就会使得在我们看来，长方形的垂直线以图 B 所示的方式岔开，而水平线则以图 C 所示的方式下弯。因此，为了抵消图 B 和图 C 的变形并且达到图 A 的效果，古代建筑师按照图 D 所示的方式进行建造。也就是说，他们对形状加以变形，以产生不变形的效果。舒瓦西(A. Choisy)所作的这些图故意放大了这些变形，而实际上，希腊人引入的视觉偏离和调整与之相比是极小的。

希腊建筑中对直线和直角的偏离无疑服务于两个目的：避免视觉变形和避免僵化。这两个目的在垂直线的情况下尤为显著：古代建筑师把外柱向中心倾斜，否则视错觉就会给人一种立柱从中心向外倾斜的印象。然而，他们还要借助这种改进来加强建筑物坚固稳定和有力支撑的印象。总的来说，他们可能更善于建造，而不善于解释为什么他们的建筑物如此卓越。他们凭借经验和直

觉，而不是基于科学前提，在实践中形成了自己的技能。然而，他们构建了一种理论来支持这种实践：这是希腊人的行为方式。 69

10. 规范的弹性。虽然希腊建筑师拥有一种规范并且遵守简单的比例，但没有两座希腊神庙是相同的，这也是事实。如果毫无创意地一味运用规范，它们就会是相同的。其多样性可以用一个事实来解释：建筑师允许自己在运用规范和比例方面有一定的自由度。他们并非盲目遵守这些规范和比例，而是将它们当作建议而不是指令。规范是笼统而一般的，但偏离不仅是允许的，而且被广泛运用。与直线和垂线、曲度和倾斜度的这些偏离虽然产生的变化很小，却足以把自由和个性赋予建筑，也使严格的希腊艺术变得自由。

古典艺术证明，其创造者既意识到了规则性的审美重要性，也意识到了自由和个性的审美重要性。

三

11. 有机(organic)形式和示意(schematic)形式。希腊人的古典艺术还有第三个重要特征，它尤其表现在古典时期的雕塑中。

在表现生命形态时，古风时期的雕塑以示意的、几何的形式来接近它们，而古典时期的雕塑则依赖于有机形式。因此，它更接近自然，从而远离了东方传统和古风时期的传统。这是一个巨大的变化：一些历史学家认为它是艺术史上最大的变化。希腊艺术从示意形式转向了真实形式，从人为形式转向了生命形式，从构想出的形式转向了观察到的形式，从因为是象征而引人注目的形式转向了具有内在吸引力的形式。

希腊艺术以几乎令人难以置信的速度掌握了有机形式。这一过程开始于公元前5世纪，历经半个世纪而趋于完成。这个世纪第一位伟大的雕塑家米隆（Myron）开始将雕塑从古风时期的示意中解放出来，使之更接近自然。他之后的波利克里托斯则基于对有机自然的观察确立了规范。按照希腊人的一致看法，公元前5世纪的另一位雕塑家菲迪亚斯不久便达到了最完美的境界。

古典时期的雕塑家表现了人体的**生命**形式，但试图找到它的**恒定**比例。这种结合是其艺术最典型的特征：他们表现的不是复制品，而是活体的合成。如果他们让身体长度七倍于脸部长度，脸部长度三倍于鼻子长度，那是因为他们在这些数值关系中洞悉了人的比例的合成。他们描绘实际的生命，但在其共同的典型形状中寻找它。他们既远离自然主义，也远离抽象主义。我们可以用
72 索福克勒斯说自己的话来说伯里克利时代的雕塑家：他们描绘了人应有的样子。在他们的作品中，现实被理想化了，这可能使他们感到，他们的作品是永恒和不朽的。人们问宙克西斯（Zeuxis）为什么画得这么慢，他回答说："因为我在描绘永恒"。

12. 人作为尺度。希腊雕塑和古典建筑的比例规范可以从原始资料中得到证明。从这些资料中可以得知，神庙的正面须为27模度，人体长度须为7模度。此外，对希腊遗迹的测量还揭示出一种更一般的规则性，即雕像和建筑物都是按照相同的黄金分割比例建造的。所谓黄金分割，是指将一条线分成两个部分，较小部分与较大部分之比等于较大部分与整体之比。用数学来表示就是

$\frac{\sqrt{5}+1}{2}=1:\frac{\sqrt{5}-1}{2}$。黄金分割将一条线分成近似关系为 0.618：0.382 的两个部分。帕台农神庙等最精致的神庙，以及观景楼的阿波罗（Apollo Belvedere）和米洛斯的维纳斯（Venus de Milo）等最著名的雕像，每一个细节都是按照黄金分割原则或所谓的黄金分割函数即 0.528：0.472 建造的（见图 19）。

73

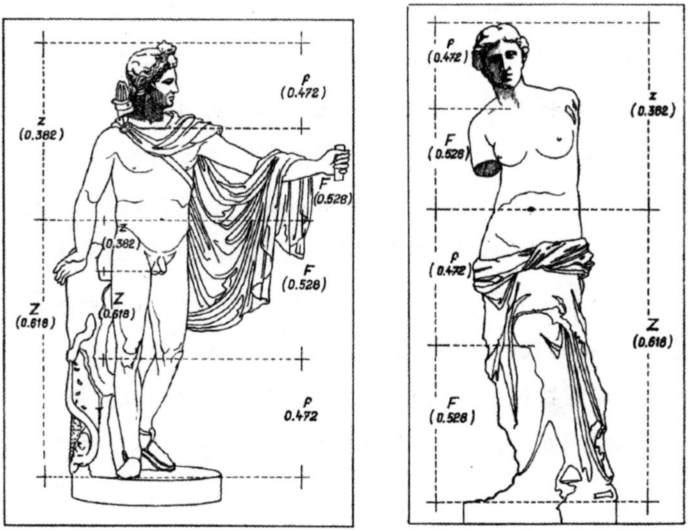

图 19. 在希腊雕塑中，我们可以发现等于黄金分割（Z，z）的近似值 0.618：0.382 和黄金分割函数（F，f）的近似值 0.528：0.472 的人体比例。这里用来显示这些尺度的雕像是观景楼的阿波罗和米洛斯的维纳斯。计算为苏联建筑师若尔托夫斯基（Zholtovski）所作。

这些尺度的精确性可能有争议，但这里无疑存在着普遍的一致性。雕塑和建筑都有类似的比例，希腊人有意使雕塑的那些比例成为活人的综合比例：因此，古典时期的希腊人运用于建筑和雕塑的比例，都是他们自身的比例：他们使用的所有比例都基于人的尺度。

在某些文化时期，人认为自己的比例尺度是最美的，并且相应地将它当成作品的模型。偏爱自然的人体比例，按照人的尺度来塑造事物，这是许多“古典”时期的典型特征。但也有一些时期会有意避开这些形式和比例，寻找比人更大的物体以及比有机比例更完美的比例。因此，品味、比例、艺术和美学是变化不定的。古典时期的希腊艺术源于一种认为完美形式是自然形式、完美比例是有机比例的美学。这种美学在雕塑中得到了直接体现，在建筑中得到了间接体现。古典时期的希腊雕塑描绘神，但以人的形式来描绘；古典时期的希腊建筑建造神庙，但以人的比例来建造。

13. 绘画。希腊雕塑至少还存有一些残片，而绘画却已消失不见，所以在后人的记忆中显得没有雕塑重要。然而，绘画在古典艺术中占有重要地位。在古典时期之前，画家既不知道第三维度，也不知道明暗对比，只是偶尔才超出了单色画。甚至连波利格诺
74 托斯(Polygnotus)的画也只是用四种局部颜色着色的轮廓图。然而，公元前5世纪的几代人已经足以将这种原始的绘画转变成一种成熟的艺术。

和当时的雕塑一样，公元前5世纪的绘画是古典态度的一种表现，以有机形式和人的尺度为典型特征。但在某些方面，它的特征与当时的雕塑不同。它所处理的主题要更为复杂多样：帕拉修斯试图画出雅典人典型的优点和缺点，欧弗拉诺尔画了一场骑兵的战役和装疯的奥德修斯；尼西亚斯画了动物，安提菲洛斯

(Antiphilus)画了火焰在人脸上的反光，而根据一位古代作者的说法，底比斯的阿里斯提得斯(Aristides of Thebes)“是第一个画灵魂和性格的人”。科洛丰的狄奥尼修斯(Dionysius of Colophon)专门画人，这样的人只有他一个，所以被称为“绘人者”(anthropographer)。潘菲洛斯甚至画了雷鸣闪电，正如普林尼所说，“画了不可能画的东西”(*pinxit et quae pingi non possunt*)。这表明，古典艺术虽然具有统一性，但也提供了广泛的可能性。

虽然希腊人当时还没有“形式”和“内容”这两个词，但他们的艺术，特别是绘画，已经提出了形式与内容的问题。宙克西斯对公众赞美一幅画的“内容”甚于它的制作表示愤怒，而尼西亚斯则强调重大主题的重要性，反对把艺术耗费在“花鸟”之类的琐事上。[12]

14. 古典艺术的美学。总而言之，我们可以说，蕴含在古典希腊艺术中的美学首先是一种关于**规范**形式的美学。它基于这样一种信念，即存在着客观的美和客观上完美的比例。它从数学上理解这些比例，并坚信客观的美取决于数和尺度。然而，这种美学尽管有其客观性和数学性，但仍然给艺术家留下了充分的**自由**，以表现其艺术个性。

其次，这是一种偏爱**有机**形式的美学。它基于这样一种信念：最大的美可见于人的形式、比例和尺度。古典艺术保持了数学要素与有机要素之间的平衡。波利克利托斯的规范是一种用数来表达的有机形式的规范。

第三，古典艺术的美学是**现实主义的**，因为它相信艺术从自然之中汲取美；它既不能也不需要将自然美与一种不同的艺术美对立起来。

第四,它是一种**静态的**美学,最推崇在运动中捕捉的处于静止和平衡的形式的美。这也是一种重单纯、轻华丽的美学。

第五,它是一种关于**心身**(psychophysical)之美的美学,这种美既是精神的又是身体的,既包含形式又包含内容,首先在于灵魂与身体的统一与和谐。

75 古典艺术所体现的这种美学在当时哲学家提出的美学中有所对应:其数学原则可见于毕达哥拉斯学派的哲学,其身心原则可见于苏格拉底和亚里士多德的哲学。

这种美学的某些特征仍然存在于希腊人的艺术和艺术理论中,但另一些特征却随着古典时期的结束而消失了。尤其是关于静穆和单纯的美学原则:"静穆的伟大和高贵的单纯"作为艺术的理想并不长久,艺术家们很快就开始描绘丰富的生活和强烈的表情。美学的客观主义渴望也一样:艺术家和美学家开始意识到美的主观条件,并从客观的"比例"原则转向了主观的"匀称"原则。

15. 古典艺术的演变和对一种新艺术的暗示。通常认为,公元前 4、5 世纪合在一起构成了古典时期,但它们之间差别很大。在公元前 4 世纪,比例具有优先性。在建筑中,更为精巧的爱奥尼亚柱式优先于多利克柱式;而在雕塑中,波利克利托斯的规范渐渐被认为太过庄重,欧弗拉诺尔引入了一种不同的规范。

其次,公元前 4 世纪发展出一种对丰富性的喜爱,无论是颜色、光、形状还是运动都力求多样,希腊人称之为"纷繁斑斓"(*poikilia*)。在造型艺术中,精神活力、情感张力和悲怆感伤也在增加。

从美学角度看，第三个变化是最重要的。吕西普斯(Lysippus)是这样说的："在此之前，人一直是按照其原有的样子来描绘，而我却按照其看起来的样子来描绘。"这便从描绘事物的客观形式转向了描绘艺术家对事物的主观印象，也就是说，从追求本身就美的形式转向了追求因为符合人的视觉条件而显得美的形式。

最早使用错觉艺术手法的舞台布景透视画(*skenographia*)影响了架上绘画，所有绘画都开始运用透视变形(*skiagraphia*)。希腊人已经学会在一段距离之外观看画作。"像画家一样退后，"欧里庇得斯说。绘画恰恰在远离现实时才能产生对现实的错觉，这一事实给当时的人留下了深刻的印象。柏拉图批评错觉画是毫无根据的欺骗，"模糊而虚妄"，但这位保守的理论家并未成功阻止艺术朝着主观主义和印象主义发展。

*　*　*

B. 古典诗人和艺术家的原文

理想化和现实主义

[1]……索福克勒斯……说，他描绘了人应有的样子，而欧里庇得斯则描绘了人本来的样子。

——SOPHOCLES(Aristotle, Poetica. 1460b 36)

诗歌和爱欲 76

[2]欧里庇得斯说，"爱欲使人成为诗人，即使此前他对缪斯一

无所知”,此时他的想法是,爱欲并不把诗歌或音乐的天赋赋予一个人,但是当这种天赋已经存在于一个人之中时,爱欲就把它激发起来,使之变得热烈,而在此之前它是未被察觉和闲置无用的。

——EURIPIDES(Plut. ,De Pyth. orac. 405 F)

一旦碰到[爱欲],人人都会成为诗人,即使此前他对缪斯一无所知。

——PLATO,Convivium 196 E

[3]“美的东西总是让人愉悦的。”

——EURIPIDES,Bacchae 881

天赋与学习

[4]最好是有天赋,次好是学习。

——EPICHARMUS(Stob. Eclog. Ⅱ 31,625;frg. B 40 Diels)

理解力

[5]心灵既能看又能听,其他东西都又聋又瞎。

——EPICHARMUS(Plut. ,De fort. Alex. 336b;frg. B 12,Diels)

艺术应当服务于道德目的

[6]回答我,人们为什么赞美诗人?因为我们才智过人,能好言规劝,使城中的人变成更好的人。

——ARISTOPHANES,Ranae 1008

但一个诗人无论如何都应把这种丑事掩盖起来,不宜拿出来上演。教育孩子的是老师，教育成人的是诗人，所以我们必须说有益的话。

——ARISTOPHANES, Ranae 1053-1056

摹仿 77

[7]我们在现实中没有的东西，可以通过摹仿[在诗歌中]得到。

——ARISTOPHANES, Thesm. 156

比例

[8]我相信，古代的博学之士对绘画中的比例有许多论述。

——PHILOSTRATUS THE YOUNGER, Imagines, Proem,(p. 4, ed. Schenkl-Reisch)

[来自雷吉乌姆的雕塑家]毕达哥拉斯似乎第一次致力于匀称和比例。

——LAERTIUS DIOGENES, Ⅷ 47

规范

[9]克吕西普(Chrysippus)认为，美不在于各个要素的比例，而在于各个部分的比例，也就是说，指与指之间，指与掌和腕之间，所有这些与前臂之间，前臂与上臂之间，以及所有这些部分彼此之间的比例，正如波利克里托斯的《规范》所阐述的。因为波利克里托斯在这部论著中讲解了人体的所有比例之后，又通过一个实例证实了他的理论，并按照该理论制作了一尊雕像，和这部论著一

样，他将这尊雕像命名为“规范”。

——POLYCLITUS(Galen，De plac. Hipp. et Plat. Ⅴ，Müll. 425；frg. A 3，Diels)

画家、雕像制作者和雕塑家创造了各种各样最美的绘画和雕塑，也就是说，他们通过关注每一种东西中的一般事物，创造了体型最好的人、马、牛或狮子。毕竟，波利克里托斯制作的这尊雕像之所以被称为“规范”，是因为就身体各个部分的相互关系而言，它拥有典型的比例。

——POLYCLITUS(Galen，De temper. Ⅰ g，Helm 42，26；frg. A 3，Diels)

美与数值关系

[10]完美取决于许多数值关系，些许变化就会产生决定性的影响。

——POLYCLITUS(Philon，Mechan. Ⅳ，1 p. 49，20，R. Schöne；frg. B 2，Diels)

78

视错觉

[11]由于圆柱形立柱的中间部分在眼睛看来显得较窄，所以[建筑师]会把那个部分加粗。

——HERON(Th. -H. Martin，p. 420)

重大主题

[12]画家尼西亚斯曾经认为，艺术能力在很大程度上表现在，

画家开始时会选择一个意义重大的主题，而不会把他的艺术耗费在花鸟之类的琐事上。他说，正确的主题是像海战和骑兵交战这样的东西。……他认为，主题本身就是画家艺术的一部分，就像古代传说是诗歌艺术的一部分一样。因此毫不奇怪，在散文写作中，选择一个伟大的主题也会带来提升。

——NICIAS(Demetrius, De eloc. 76)

第四章　美学与哲学

1. 最早的哲学家–美学家。 诞生于希腊早期的哲学在古典时期扩大了范围，包括了美学问题。[1] 在那之前，美学并不属于任何一门学科，每一位可以观看和聆听艺术作品的公民都能对美学做出判断。没有哪个知识分支的兴趣领域可以包括美学。我们只能通过艺术作品本身和诗人偶然的评论来了解早期希腊人关于艺术和美的思想。在古典时期，艺术作品和诗人的评论仍然是美学观念的一个来源，但它们既不是唯一的也不是最重要的资料来源，因为那时哲学家已经成为美学观念的代言人。

起初，他们关心的是自然问题，而没有就美学问题表达自己的看法。最早这样做的是毕达哥拉斯学派的多利安哲学家，但即使是他们可能也要等到公元前 5 世纪。而且，他们只是部分程度上从科学角度思考美学问题，部分程度上则继续依赖宗教传统。那时爱奥尼亚哲学家们仍然完全致力于自然哲学，只有他们当中最
79 后一位也是最杰出的德谟克利特，才对美学问题做出了更广泛的思考，他以爱奥尼亚哲学家所特有的经验方法来处理这些问题。

---

① 关于毕达哥拉斯学派、德谟克利特、赫拉克利特、智者学派和高尔吉亚的哲学美学起源的所有原始资料都收集在 H. Diels, *Fragmente der Vorsokratiker* (4th ed., 1922)中，但没有与关于其他问题的材料区分开来。

德谟克利特已经属于下一代哲学家了，也就是苏格拉底和著名的智者学派所属的那一代。在这一代，人文问题变得与自然问题同样重要；雅典成为哲学的中心；多利安思想与爱奥尼亚思想之间的对立有所减弱，甚至以雅典文化和哲学的形式得到综合。这种综合的哲学在接下来柏拉图和亚里士多德这两代人当中得到了表达。这些哲学家的著作代表着古典美学乃至整个古代美学的双峰。

2. 美学与哲学融合的后果。自古典时期之初开始，大多数美学思考都是在哲学框架内进行的。这个事实有两个后果，一个是正面的，一个是负面的。因为一方面，美学并不是孤立发展的，而是与人的其他重要探索结合起来发展的。但另一方面，美学的一些需求始终得不到满足，哲学思辨往往会把专门研究降到次要地位。其他学科，特别是人文学科，最初情况也是类似，但它们很快就脱离了哲学，获得独立。

从一开始，哲学家们对美学的处理就是双重的。一方面，他们分析了现象和概念：德谟克利特、智者学派和苏格拉底做过不少这样的分析。但另一方面，哲学家们按照自己的体系形成了美学现象和美学概念。智者学派将一种极小主义(minimalist)哲学引入了美学，而柏拉图则引入了一种极大主义(maximalist)哲学以及永恒理念和绝对价值学说。这一时期哲学体系和观点众多，各种内部争论都遗留给了美学。

哲学家对艺术的态度也是双重的。一些人利用艺术家的经验，在实践基础上提出了艺术理论，比如认为艺术既表现自然，又将自然理想化。这里实践指导着理论。另一些人则相反地提出了影响艺术家的艺术理论。这里，哲学家的理论指导着艺术家的实践。例如，建筑师和雕塑家对规范和数学计算的运用，其来源之一是毕达哥拉斯学派的哲学。

对古典美学的这种考察必须始于哲学家在构建自己的美学理论时所熟悉的诗歌和艺术。这种诗歌和艺术蕴涵着美学判断：雕塑蕴涵着对美的数学理解，诗歌蕴涵着对美的道德理解。然而，古典美学最重要的部分可见于哲学家的美学。它至少涵盖了四代人：第一代是毕达哥拉斯学派的多利安美学，第二代是德谟克利特
80 的爱奥尼亚美学，以及智者学派和苏格拉底的雅典美学，第三代是柏拉图的美学，第四代是亚里士多德的美学。它包含着丰富的伟大思想和详细研究，从古风时期的尝试一直到完全成熟的问题和解答。

第五章 毕达哥拉斯学派的美学

1. 毕达哥拉斯学派关于比例和尺度的观念。毕达哥拉斯学派形成了一个主要以道德和宗教为特征的团体，但他们也做科学研究，主要在数学领域。他们发源于多利安人在意大利的殖民地，其创始人是生活在公元前 6 世纪的毕达哥拉斯。然而，这个学派的科学成就不应归功于他，而应归功于他在公元前 4、5 世纪的继承者们。毕达哥拉斯学派活动的这种半宗教、半科学的二元性反映在它的美学中。①

毕达哥拉斯学派有一个哲学概念对于美学至关重要：世界是以数学的方式构造的。亚里士多德说他们对数学是如此着迷，以至于"认为数学的本原是万物的本原"。[1]特别是，毕达哥拉斯学派确立了声学中的数学秩序，因为他们注意到，弦的声音是否和谐取决于弦的长度。如果弦长对应于简单的数值关系，弦就会发出和谐的声音。1∶2 的关系会产生八度，2∶3 会产生五度，而当其长度比例为 $1:\frac{2}{3}:\frac{1}{2}$时，则会产生他们称之为"和谐"的和弦 C-G-c。因此，他们用比例、尺度和数来解释"和谐"这个令人困惑的现象，并认为和谐取决于各个部分之间的一种数学关系。这是一项重要

① A. Delatte, *Études sur la littérature pythagoricienne* (1915).

的发现。正因为这项发现,音乐才成为一门艺术:一门希腊意义上的艺术。

毕达哥拉斯学派从未想过把美学当作一门独立的科学来研究。对他们来说,和谐是宇宙的一种属性,他们在宇宙论的框架中来沉思和谐。他们没有使用“美”,而是使用了“和谐”,这个词可能是他们自己的发明。毕达哥拉斯学派的菲洛劳斯(Philolaus)写道:“和谐是许多混合要素的统一,是不一致要素之间的一致。”[2]从词源上讲,“和谐”与“协调”和“统一”同义,意指各个组分的协调和统一。主要是因为这种统一性,“和谐”在毕达哥拉斯学派看来才是某种正面的、希腊广义意义上的美的东西。菲洛劳斯写道:“不相似、不相关、不同排列的事物,必须由这样一种和谐联结在一起。”[3]他们认为声音的和谐仅仅是更深层和谐的一种表现,是对事物结构内在秩序的一种表达。

81 毕达哥拉斯学派理论的一个本质特征是,他们认为[4]和谐和恰当的比例不仅是有价值的、美的和有用的,而且是客观决定的,是事物的一种**客观**属性。他们的另一个信条是,事物的**规则性**和秩序决定了事物的和谐。第三,和谐不是单个事物的属性,而是多个事物的正确排列。第四,毕达哥拉斯学派的理论更进一步主张,和谐是一种数学的、**数值的**安排,取决于**数**、**尺度**和**比例**。这一论点构成了毕达哥拉斯学派的独特学说,源于他们的数学哲学,基于他们在声学方面的发现。它为希腊人未来的美学奠定了基础,成为其基本特征。它还影响了希腊艺术,特别是音乐,[5]而且间接影响了建筑和雕塑。[6]毕达哥拉斯学派的哲学使希腊人更加坚信,规则性是和谐与美的保证。对音乐的数学诠释固然是毕达哥拉斯学派的成就，视觉艺术的规范及其算术计算和几何结构在很大程度上也是毕达哥拉斯学派思想的产物。

希腊人认为美是可见世界的一种属性，但影响他们美的理论的主要不是视觉艺术，而是音乐。音乐第一次使他们确信，美与比例、尺度和数有关。

2. 宇宙的和谐。毕达哥拉斯学派确信宇宙的结构是和谐的，所以将宇宙命名为"*kosmos*"，也就是"秩序"。由此，他们将一个美学特征引入了宇宙论和用来描述它的术语。在宇宙的和谐这一主题上，他们沉湎于影响深远的思辨。他们假设每一个规则运动都会产生一个和谐的声音，[7]遂认为整个宇宙产生了一种"天球的音乐"，只是因为它连续不断地发出声音，我们才听不到这种交响乐。从这一前提出发，他们推断世界的形状也必定是规则而和谐的：天球是球形的，因此世界也必定是球形的。他们的心理学也受到美学的影响：由于设想灵魂与身体类似，他们认为灵魂是完美的、构造是和谐的，也就是各个部分之间有一种恰当的比例。

毕达哥拉斯学派的美学原则在希腊被普遍采用，虽然这只是在一种较为宽泛的意义上说的，即美在于各个部分有序而规则的排列。在这个意义上可以说，它成了古代美学的一条公理。而与数或数值秩序相关的狭义的美，则仍然是艺术和艺术理论的某些潮流的信条。对于第一种意义上的美，希腊人保留了毕达哥拉斯学派的"和谐"（*harmonia*）一词，而为了描述第二种意义上的美，他们通常会使用"比例"（*symmetria*）一词。

3. 音乐的精神特质（ethos）。还有一种理论使毕达哥拉斯学派在美学上名垂青史。这同样与音乐有关，但处于完全不同的层

82 面。前一种理论声称,音乐建立在比例的基础上,这第二种理论则声称,音乐是一种作用于灵魂的力量。前者涉及艺术的本质,后者则涉及艺术对人的影响。

该理论对应于希腊人的表现艺术——通过言语、姿势和音乐来实现的“三合一的诗乐舞”。起初希腊人以为,诗乐舞只对舞者或歌者本人的情感有影响。而毕达哥拉斯学派却注意到,这种舞蹈和音乐的艺术对观众和听众也有类似的影响。他们认为,它不仅通过动作,而且通过观看动作起作用;一个有教养的人要想体验强烈的情感,并不需要表演狂欢的舞蹈,因为只要观看这种舞蹈就足够了。后来的希腊音乐史家阿里斯提得斯·昆提利安告诉我们,这种想法在“古代”音乐理论家当中已经非常流行。他说这番话时一定想到了毕达哥拉斯学派,因为他们试图通过动作、声音和情感之间的关系来解释艺术的强大效果。动作和声音既表现情感,又唤起情感。声音在灵魂中找到共鸣,灵魂与声音和谐地回响。这就像两张里拉琴:当我们拨动其中一张琴时,立于一旁的另一张琴也会响应。

由此得出结论,音乐可以作用于灵魂:好音乐可以改善灵魂,坏音乐则可能败坏灵魂。这里希腊人使用了“灵魂的引导”(*psychagogia*)一词,所以在他们看来,舞蹈,特别是音乐,具有一种“引导灵魂”的力量。正如他们所说,这种力量可以引导灵魂进入一种好的或坏的“精神特质”。在这种背景下产生了一种关于音乐的精神特质,也就是其引导灵魂的教育作用的研究,这成为希腊人音乐观的一个永久特征,甚至比对音乐的数学诠释更为流行。按照这种教导,毕达哥拉斯学派及其继承者们非常强调区分好音乐与坏音乐。他们要求好音乐应当受到法律保护，在像音乐这样对于道德和社会如此重要的事情上，不能容许随意和冒险。[8]

4. 俄耳甫斯要素：通过艺术来净化。毕达哥拉斯学派关于音乐力量的原则主要来源于希腊宗教，或者更确切地说，来源于俄耳甫斯教的信念。这些信念的本质是，灵魂因为自己的罪而被囚禁在肉体中，灵魂被净化时便会获得解脱，这种净化和解脱是人最重要的目标。利用舞蹈和音乐的俄耳甫斯秘仪便旨在实现这个目标。然而，毕达哥拉斯学派提出，音乐比其他任何东西更能促进灵魂的净化。他们认为音乐不仅具有一种引导灵魂的能力，而且具有一种净化能力，它不仅是道德的，而且是宗教的。阿里斯托克赛诺斯（Aristoxenus）说："毕达哥拉斯学派用药物净化身体，用音乐净化灵魂。"[9]根据酒神音乐所导致的眩晕，他们得出结论说，在音乐的影响下，灵魂可以暂时离开身体获得解放。由于这种观念与
俄耳甫斯秘仪之间的关联，我们可以称之为艺术理论中的俄耳甫 83
斯要素。

5. 音乐，一种与众不同的艺术。毕达哥拉斯学派并没有把表现力和引导灵魂的力量归于所有艺术，而是只归于音乐。他们认为，影响灵魂的有效方式是通过听觉，而不是通过任何其他感官。因此，毕达哥拉斯学派把音乐看成一门独特的艺术，[10]看成众神的特殊馈赠。他们认为，音乐并非人的产物，而是"自然的"产物；节奏属于自然，是人与生俱来的：人不能任意发明节奏，而只能服从节奏。灵魂凭借本性在音乐中表达自己，音乐是灵魂的自然表达。他们说，节奏是心灵的"似像"（*homoiomata*），是品格的"标记"或表达。

毕达哥拉斯学派的音乐净化理论可以归结为一整套命题：(1)音乐是灵魂的表达，是其品格、性情和精神特质的表达；(2)音乐是一种独特的“自然”表达；(3)音乐的好坏取决于它所表达的品格；(4)由于灵魂与音乐的联系，可以通过音乐来影响灵魂，要么改善它，要么败坏它；(5)因此，音乐的目的绝不仅仅是让人愉悦，而是塑造品格，正如阿忒奈奥斯(Athenaeus)后来所说：“音乐的目的不是愉悦，而是服务于德性”；(6)好音乐可以使灵魂得到“净化”，并从肉体的束缚中解放出来；(7)因此音乐是异乎寻常和独一无二的，与其他艺术不同。

6. 静观(contemplation)。毕达哥拉斯学派还构想了另一个对于美学极为重要的概念，即“静观”的概念。[11] 他们将静观与行动相对照，也就是将旁观者的立场与行动者的立场相对照。根据第欧根尼·拉尔修的说法，毕达哥拉斯学派把生活比作一场体育赛事，有些人来是为了参加比赛，另一些人来是为了做买卖，还有些人来只是为了观看。他认为最后这种立场是最崇高的，因为持有这种立场不是为了名利，而只是为了求知。这个静观的概念包含了对美和真理的观看。只是到了后来，它才分化成对真理的认识论静观和对美的审美静观。

7. 达蒙(Damon)的学说。虽然对音乐的宗教诠释仍然是毕达哥拉斯学派和俄耳甫斯教所特有的一种观念，但对音乐的心理、伦理和教育诠释却得到了希腊人的广泛认可。它超出了毕达哥拉斯学派和团体，甚至超出了多利安人的城邦。诚然，这种诠释受到了注重经验的爱奥尼亚思想家的攻击，在他们看来，这显得太过神秘，但是在公元前5世纪的雅典，他们的攻击又引起了反击。在那里，毕达哥拉斯学派理论最著名的捍卫者是达蒙。[1] 在这一阶段，这场争论失去了一些理论意义，而获得了一种政治社会意义。

达蒙活跃于公元前 5 世纪中叶。他的著作没有流传下来，但 84
我们知道他给雅典最高法庭成员的《书信》(*Envoi*)的内容。他在信中提醒他们要警惕音乐中的创新，因为这会给社会和教育带来危险。基于毕达哥拉斯学派的理论，达蒙论证了音乐与人的灵魂之间的关联，从而证明音乐可以服务于公共教育。适当的节奏乃是精神生活井然有序的标志，而且有助于精神的和谐(*eunomia*)。他强调，歌唱和演奏教导年轻人不仅要勇敢和节制，还要正义。他认为，音乐形式的任何变化都会产生深远的影响，不可避免会引起政体的改变。关于音乐的政治社会角色的这些观点，我们可以认为是达蒙自己的学说。

我们对达蒙的了解主要是通过柏拉图，他分享并且极力传播达蒙的观点。也正是由于柏拉图，毕达哥拉斯学派的音乐观念才在整个希腊艺术理论中留下印记。通过柏拉图，这种理论一方面打着比例、尺度和数的旗号得以发展，另一方面则打着完善和“净化”灵魂的旗号得以发展。事实证明，希腊人这种早期的美学-哲学观念是他们最持久的观念。它给音乐理论留下了特别鲜明的印记：它解释了在希腊，为何音乐会被视为一种与众不同的独特艺术，为何只有音乐才具有表现力和治疗性。音乐被认为具有认识论意义(因为它揭示了支配世界的法则)以及道德和拯救论的

① K. Jander, *Oratorum et rhetorum Graecorum nova fragmenta nuper reperta* (Rome, 1913).

(soteriological)意义;而对音乐的审美考虑则被降至次要地位。

8. 赫拉克利特的学说。达蒙和柏拉图都是支持毕达哥拉斯主义的雅典人,但同时也代表着一种不同的、与之对立的爱奥尼亚文化和哲学。他们只从毕达哥拉斯学派那里继承了一个重要概念,那就是"和谐"。在柏拉图之前很多年,这一概念就已经向东传到了爱奥尼亚,以弗所的赫拉克利特(Heraclitus of Ephesus)接受了它。赫拉克利特活跃于公元前5世纪初,肯定接触过毕达哥拉斯学派的代表人物。这位哲学家主要强调世界的多样性、变化和对立,但也看到了世界的统一与和谐。

他有四份论述和谐的残篇留存了下来。一份残篇说,从不同的声音中产生的和谐最美。[12]另一份残篇说,和谐产生于对立的力量。[13]赫拉克利特引用弓和里拉琴作为和谐的例子:它们张力越大,亦即作用于它们的力越相异,弓的射程就越远,里拉琴的声音就越响。他总结说,和谐也可以产生于对立的、相异的要素。赫拉克利特的第三份残篇说,"隐秘的"和谐比可见的和谐"更强"[14](但他所谓"隐秘的"和谐,可能是指从对立中产生的和谐)。最后,
85 第四份残篇说,从对立中产生的和谐不仅在自然中,而且在摹仿自然的艺术中。[15]

和谐在赫拉克利特的世界观中扮演的角色和在毕达哥拉斯学派中一样重要。但没有证据表明赫拉克利特赋予了和谐一种数学特征:他想到的是一种较为宽泛的、定性意义上的和谐,并强调和谐产生于对立。对立产生和谐这一学说是赫拉克利特对美学的独特贡献。

和谐概念深入人心。它不仅被赫拉克利特所采用,而且被所

有后来的爱奥尼亚哲学家所采用。恩培多克勒(Empedocles)写道,和谐决定了自然的统一性,德谟克利特则认为,和谐决定了人的幸福。但它是一个宇宙论概念或伦理概念,而不是一个美学概念;我们最多只能说,它将一个美学要素引入了宇宙论和伦理学。

9. 秩序和混乱。希腊的和谐概念以及与之对立的不和谐概念基于更广泛的概念:秩序和混乱。只有那些可计算的、规则的、清晰的、体现了秩序和规则性的事物,希腊人才认为是可理解的。只有可理解的事物才被认为是合理的,只有合理的事物才被认为是善的和美的。因此,在希腊人看来,合理的、善的和美的就等同于有秩序的、规则的和有限的,而不规则的、无限的事物则被视为混乱,是不可理解和非理性的,既不可能善也不可能美。这个信念从最早的时候就体现在希腊人的艺术中,并且在他们的哲学中得到阐述。它最早由哲学家即毕达哥拉斯学派提出,但它必定符合希腊人的天性,否则它绝不可能应用得如此广泛,也不可能在许多个世纪里成为他们的艺术原则和美学公理。

* * *

C. 毕达哥拉斯学派和赫拉克利特的原文

比例与和谐

[1]所谓的毕达哥拉斯学派致力于数学,最早推进了这项研究。他们从小就认为,数学的本原就是万物的本原。……于是,既然所有其他事物就其整个本性而言似乎都以数为模型,而且数似

乎是整个自然中初始的事物，所以他们认为数的要素就是万物的要素，整个天界就是一个音阶和一个数。

——PYTHAGOREANS(Aristotle, Metaph. A 5, 985b 23)

86 [2]和谐是许多混合[要素]的统一，是不一致[要素]之间的一致。

——PHILOLAUS(Nicomachus, Arithm. Ⅱ 19, p. 115, 2; frg. B 10, Diels)

[3]相似和相关的事物不需要和谐，而不相似、不相关、不同排列的事物，必须由这样一种和谐联结在一起，这种和谐使它们注定在宇宙中持久存在。

——PHILOLAUS(Stobaeus, Ecl. I 21, 7d; frg. B 6, Diets)

[4]秩序和比例是美而有用的，无序和缺乏比例则是丑而无用的。

——PYTHAGOREANS(Stobaeus Ⅳ 1, 40 H.; frg. D 4, Diels)

[5]你可以看到，数的本质和力量不仅在超自然的神圣存在中起作用，而且在一切人类活动和语言中起作用，贯穿于所有技术活动，也贯穿于音乐中。数与和谐不容虚假。

——PHILOLAUS(Stobaeus, Ecl. Ⅰ, proem, cor. 3; frg. B 11, Diels)

[6]如果没有比例，任何艺术都不可能产生，而比例在于数，因此一切艺术都通过数产生。……所以在雕塑和绘画中都有某种比例。这种比例使它们达到了完全的合宜。一般来说，每一种艺术都是一个知觉系统，而系统是数，因此可以恰当地说，“万物凭借数

而显得美”，即凭借一个能够作出判断并与作为万物本原的数相关的心灵。这就是毕达哥拉斯学派所断言的东西。

——PYTHAGOREANS(Sextus Emp.，Adv. mathem. Ⅶ 106)

[7]……理论认为，星体的运动产生和谐，即它们发出的声音 87
是协和的。……从这一论点出发，由于以距离度量的星体速度之比等于协和音之比，他们断言，星体的圆周运动所发出的声音是协和的。

——PYTHAGOREANS(Aristotle，De coelo B 9.290b 12)

音乐的影响

[8]由于注意到[音乐]的这些[影响]，他们断言，每个人从小培养音乐是不可或缺的，并为此而采用了经过良好检验的旋律、节奏和舞蹈。他们规定了哪些旋律应被用于公共仪式，并且称之为“法则”，哪些旋律应被用于私人娱乐。通过把这些东西引入仪式，他们确保了其永久形式，并通过命名而强调它们的不变性。

——PYTHAGOREANS(Aristides Quintilianus Ⅱ 6，Jahn 42)

[9]据说他们用咒语来对抗某些疾病；他们认为如果使用方法得当，那么音乐对健康也有很大影响。他们还用荷马和赫西俄德的诗句来医治灵魂。

——PYTHAGOREANS(Iamblichus，Vita Pyth. 169)

根据阿里斯托克赛诺斯的说法，毕达哥拉斯学派用药物净化身体，用音乐净化灵魂。

——PYTHAGOREANS(Cramer，Anecd. Par. Ⅰ 172)

柏拉图在许多方面都追随的毕达哥拉斯学派把音乐称为对立

面的和谐、不同事物的统一以及斗争要素的调和。因为他们声称，
88 不仅节奏和旋律，而且事实上整个[宇宙]体系都依赖于音乐，音乐的目标是统一与和谐。神使斗争的要素达成和谐，事实上，这是神在音乐和医学方面的最大目标，即他使敌对的事物达成和解。正如他们所说，音乐是自然物达成一致的基础，是宇宙中最好的统治的基础。通常，音乐在宇宙中表现为和谐，在国家中表现为合法政府，在家庭中表现为明智的生活方式。它把各种事物结合和统一在一起。他们说，[音乐]知识的效果和作用显示于人的四个领域：灵魂、肉体、家庭和国家。需要调和与统一的正是这些东西。

——THEON OF SMYRNA，Mathematica Ⅰ(Hiller，p. 12)

[10]因此，柏拉图，甚至在他之前的毕达哥拉斯学派，都把哲学称为音乐；他们说，宇宙是按照和谐构建起来的，并认为所有形式的音乐都是诸神的作品。在这个意义上，缪斯是女神，阿波罗是缪斯的领袖，整个诗歌都是对诸神的赞美。

——PYTHAGOREANS(Strabo，Ⅹ 3，10)

静观的概念

[11]他说，生活就像一场体育赛事。有些人来是为了参加比赛，另一些人来是为了做买卖，但最好的人来是作为旁观者；在生活中也是类似，有奴隶心态的人追求名利，有哲学心态的人则追求真理。

——PYTHAGORAS(Laërt. Diog. Ⅷ 8)

对立面的和谐

[12]对立的东西是一致的，不同的事物产生最美的和谐。

——HERACLITUS(Aristotle, Eth. Nic. 1155b 4; frg. B 8 Diels)

[13][人们]不理解对立的东西如何可能一致：和谐由相反的张力所构成，如弓和里拉琴的和谐。

——HERACLITUS(Hippolytus, Refut. Ⅸ g; B 51 Diels)

[14]隐秘的和谐比可见的和谐更强[或“更好”]。 89

——HERACLITUS(Hippolytus, Refut. Ⅸ g; frg. B 54 Diels)

[15]但自然也许真的喜欢对立的事物；也许她是由对立的事物，而不是由相似的事物创造和谐的。……艺术似乎也是通过摹仿自然来创造和谐的。

——HERACLITUS(Pseudo-Aristotle, De mundo, 396b 7)

第六章　德谟克利特的美学

1. 德谟克利特的美学著作。爱奥尼亚哲学家形成了希腊的第一个哲学学派，德谟克利特就是其中一位。但他代表爱奥尼亚学派的末期，无论在年代上还是实质上都不是古风时期的哲学家。他的生卒年月仍有争议，但我们知道他在公元前 4 世纪初还活着，比普罗泰戈拉（Protagoras）和苏格拉底活得长，其鼎盛期与柏拉图同时代。

爱奥尼亚哲学家普遍倾向于唯物论、决定论和经验论，在他们当中，德谟克利特是最坚定的唯物论者、决定论者和经验论者。这也显见于他的艺术思想。

德谟克利特不仅是哲学家，而且也是一位博学之士，其著作涉及各种各样的主题，在许多领域都率先进行或发展了科学研究。他所思考的一个主题是诗歌和艺术理论。在后来由特拉叙洛斯（Thrasyllus）按照四联（tetralogical）方式编排的他的著作中，这个主题占据了第 10 四联和第 11 四联的一半。他对这个主题的讨论见于《论韵律与和谐》（*On Rhythms and Harmony*）、《论诗歌》（*On Poetry*）、《论语词的美》（*On the Beauty of Words*）和《论悦耳和刺耳的字母》（*On Well and Ill Sounding Letters*）、《论荷马》（*On Homer*）和《论歌唱》（*On Singing*）等文本。所有这些著作都失传了，只有它们的标题和少量残篇留存下来。但它们表明，德谟克利特既研究诗学理论，也研究优美艺术理论。后来的希腊历史学家认为是德谟克利特开创了美学。无论如何，他开创了一些与其说是关于美，不如说是关于艺术的详细研究。从他在这一领域的大量著作中，我们只知道少数几种偶然被保存下来的观念。

2. 艺术与自然。 在德谟克利特关于艺术的一般观念中，有一个观念涉及艺术对自然的依赖。他写道："在一些非常重要的事情
上，我们是[动物的]学生：向蜘蛛学习编织和缝补，向燕子学习盖 90
房子，向音色甜美的天鹅和夜莺摹仿歌唱。"[1] 德谟克利特在这里谈到了通过艺术来"摹仿"自然，并且使用了"*mimesis*"一词，但他使用的这个词的含义并非它在"诗乐舞"（*choreia*）中的含义，并非演员对情感的摹仿，而是在行为方式上遵循自然。这第二种希腊摹仿概念与第一种完全不同：第一种是在舞蹈和音乐中摹仿，第二种则是在建筑和纺织中摹仿。而很快就会变得司空见惯的第三种摹仿概念，即在绘画和文字中摹仿外观，尚不为当时的希腊人所知。

最早设想艺术摹仿自然操作的人可能并不是德谟克利特。赫拉克利特无疑知道这一观念，因为它出现在《论饮食》（*On the Diet*）中，而这部论著源于赫拉克利特的学派。希腊人对这种观念产生了好感，并以烹饪艺术为例来说明它，烹饪艺术制备食物的过程所摹仿的正是生物体对营养物质的消化。当他们说"艺术通过摹仿自然来完成任务"时，他们想到的正是这一点。在赫拉克利特那里出现了类似的观念，"艺术……就像人的自然"。[2]

德谟克利特还让人们注意美与自然之间的另一种联系。他认

为，某些人懂得美并且追求美，这同样是自然的一种馈赠。[3]

3. 艺术产生愉悦。德谟克利特的另一个观念与艺术的效果有关。他坚持认为：“静观美的作品可以产生巨大的愉悦。”[4]这一陈述包含着**美**、**静观**和**愉悦**这三个概念已知最早的结合。德谟克利特写出这句话并不奇怪，他是一个享乐主义者，从事物提供的愉悦来看待一切事物，因此也这样看待艺术和美。

4. 灵感。德谟克利特的下一个观念涉及创造性艺术特别是诗歌的**起源**。他坚持认为，正如西塞罗（Cicero）和贺拉斯（Horace）所证实的：“一个不被精神点燃的人不可能是好诗人。”[5]更生动地说：“不陷入迷狂的人不可能是伟大的诗人”；[6]“神志清醒的诗人是到不了赫利孔山的。[7]这些说法证明，德谟克利特认为诗歌创作源于一种不同寻常的特殊心境。

德谟克利特的这一观念后来经常被援引，并以各种方式得到解释。基督教早期教父亚历山大的克雷芒（Clement of Alexandria）写道，根据德谟克利特的说法，诗歌创作由一种超自然的“神圣灵感”所引导。[8]但这种解释与德谟克利特的哲学相冲突，因为德谟克利特只承认自然事件，并把它们看成纯粹机械论的。他以机械论的方式将感知解释成物体对感官的机械作用的结果。正如亚里士多德所记载的，对于诗人心中出现的诗意形象，德谟克利特也使用了同样的解释。因此，他并不认为诗歌创作由超自然力量所引导，而是试图把诗歌创作描述成受制于机械力。正是这种新的态度背离
91 了认为诗人的创造力源自缪斯灵感的传统信念。

因此在德谟克利特看来，和世界上发生的其他任何事情一样，创造也是一个机械过程，不过只在特殊情况下发生。的确，这些情

况不是超自然的，但至少是超乎寻常的。他第一个否认诗人需要神圣灵感，但并未由此得出结论说，诗人根本不需要灵感。他认为，也可以把灵感看成某种自然的东西。他同样反对从超自然角度和理智角度来理解诗歌。他认为，只有在"精神被点燃"时，诗歌才是可能的。在这一点上，他与柏拉图是一致的，而在其他方面，两人的看法几乎完全相左。

然而，没有任何迹象表明德谟克利特曾以类似的方式，即通过灵感、"神灵感应"（enthusiasm）和"精神的点燃"来解释造型艺术。他所属的时代更清楚地看到了诗歌与艺术的差异，而不是相似之处。对他来说，就像对那个时期的其他希腊人一样，正因为诗歌涉及灵感，所以根本不是一门艺术。

5. 艺术中的变形。德谟克利特还把另一个概念应用于艺术。这与当时的绘画流派特别是舞台绘画有关。因为在希腊剧场中，观众是隔着一段距离观看舞台布景的，所以它们在透视上显得有变形。于是，德谟克利特琢磨如何纠正这些变形，消除其不良影响。维特鲁威告诉我们，德谟克利特研究了光线如何按照自然定律传播和影响视觉，以及如何将画得模糊的建筑景观转变成清晰的画面，并使二维图形凸显出来。[9]

德谟克利特的哲学认为这个问题特别有吸引力，因为它把感觉性质当作感官的主观反应，特别是把颜色当作眼睛的反应。与传统主义者相反，他认为画家-舞台布景透视画家的变形是合理的，因为他们努力让观众看到事物在现实中是什么样子。无论如何，与德谟克利特的整个哲学观一致，他并没有教艺术家应当追求什么目标，而只教他们应当用什么手段来实现其目标。他是那些希望对艺术进行分析而不是制定法则的美学家的原型，而柏拉图则会成为与之相反的那一派的原型。

6. 原色。流传至今的德谟克利特的其他一些观念与绘画有关。他的研究致力于发现原色，我们看到的所有颜色都可以归结为这些原色。他提出的这个问题符合其哲学的一般倾向，也就是将纷繁复杂的事物归结为少数几种原子。

不过，当时对这个问题感兴趣的学者并非只有德谟克利特，毕达哥拉斯学派和恩培多克勒也讨论过它。这个问题主要属于光
92 学，但也影响了艺术理论。和恩培多克勒一样，德谟克利特也区分了四种原色：白、黑、红、黄。[10]他所列出的清单与当时画家的调色板是一致的。

7. 音乐是奢侈。德谟克利特还表达了对音乐的看法。这些看法是负面的，仿佛是在反对大多数希腊人的神秘态度。菲洛德谟斯(Philodemus)写道："德谟克利特不仅是昔日所有哲学家当中最有科学头脑的人，而且也积极从事历史研究，他说音乐是新近发展出来的，并为此而论证说，音乐不是必需的产物，而是奢侈的产物。"[11]这意味着：首先，按照德谟克利特的说法，音乐不是人的原始活动；其次，音乐的产生不是出于必需，而是出于奢侈。用当时的语言可以说，音乐不是自然的产物，而是人的发明。德谟克利特的亲传弟子和后来的门徒都坚定地捍卫这种与希腊传统直接冲突的严肃的音乐观。

8. 尺度、心和朴素。曾长期处于希腊思想前沿的"正确尺度"学说亦可见于德谟克利特。在这方面，甚至连诗人与严肃的哲学家也有一致的看法，因为这是希腊人的共同学说。和其他希腊人

一样，德谟克利特也看重包括艺术和美在内的一切人类活动和产物中的适度。[12]但在这里，他同样赋予了自己的想法一种享乐主义色彩，这是其哲学的典型特征："任何人如果逾越了尺度，最让人愉悦的东西也会变成最让人不悦的。"[13]

流传下来的德谟克利特著作残篇证明了其态度的广泛性。他既承认精神美，也承认身体美。他写道，若无理智要素，则身体美仅仅是动物性的美。[14]在美中，他承认除了理性要素，还有一种情感要素。他认为，如果美只吸引感官或心灵，而不吸引情感，那么美就是不完整的，正如他所说，是"没有心的"。[15]

这些残篇还使我们对他的品味有所了解。其中一份残篇说："装饰朴素是美的。"然而，这不仅是他自己的品味，也是这一时期的品味。德谟克利特的这份残篇可以作为古典时期希腊艺术的一则箴言。[16]

9. 总结。虽然德谟克利特的著作已经失传，只有个别残篇留存下来，但由于后世作者的引用和总结，我们仍然可能对其美学观点有一个大致的了解：(1)他持一种经验论和唯物论的立场，这首先表现在他关心的是艺术理论而不是美；(2)就艺术而言，他更感兴趣的是描述而非规定，是事实的确立而非概念的形成；(3)他认为艺术是人的自然能力的产物。他确信，艺术的产生并不依赖于神圣灵感，自然是艺术的模型，愉悦是艺术的目的。而且这适用于所有艺术，包括被希腊人视为独特艺术的音乐。

德谟克利特在美学中所持的立场很新颖，不同于古风时期诗 93
人和一般人所持的立场。它也不同于毕达哥拉斯学派的立场，因为它既不数学，也不神秘。它是启蒙的表现，在美学史上还是第一次。但几乎与此同时，智者学派将会揭示启蒙的另一方面。德谟克利特谨慎克制的美学倾向于回避一般理论，而智者学派则提出了极简主义艺术理论。

* * *

D. 德谟克利特的原文

艺术与自然

[1]……在一些非常重要的事情上，我们是[动物的]学生：向蜘蛛学习编织和缝补，向燕子学习盖房子，向音色甜美的天鹅和夜莺摹仿歌唱。

——DEMOCRITUS(Plutarch, De sollert. anim. 20, 974 A)

[2]人们不懂得如何通过看得见的东西来推断看不见的东西。因为他们不知道，他们使用的艺术就像人的自然。

——HERACLITEAN SCHOOL(Hippocrates, De victu Ⅰ 11)

[3]在美这方面有自然天赋的人懂得并追求美。

——DEMOCRITUS(Democrates, Sent. 22; frg. B 56 Diels)

艺术的乐趣

[4]静观美的作品可以产生巨大的愉悦。

——DEMOCRITUS(Stobaeus, Flor. Ⅲ 3, 46; frg. B 194 Diels)

灵感

[5]我常听说(从德谟克利特和柏拉图的著作中)，一个不被激

情点燃、不近乎迷狂的人不可能是好诗人。

——DEMOCRITUS(Cicero,De orat. Ⅱ 46,194)

[6]德谟克利特说,不陷入迷狂的人不可能是伟大的诗人。柏 94
拉图也说过同样的话。

——DEMOCRITUS(Cicero,De divin. Ⅰ 38,80)

[7]德谟克利特认为,天赋是比低劣的艺术更大的恩惠,神志清醒的诗人是到不了赫利孔山的。

——DEMOCRITUS(Horace,De art. poët. 295)

[8]诗人带着神灵感应和神圣灵感所写的东西是最美的。

——DEMOCRITUS(Clement of Alex., Strom. Ⅵ 168; frg. B 18 Diels)

视觉变形

[9]当埃斯库罗斯正在创作一部悲剧时,雅典的阿伽塔尔科斯负责该剧的舞台布景,并且写了关于它的解说。根据他的说法,德谟克利特和阿那克萨戈拉也论述了同样的主题,他们表明,如果为眼睛的向外扫视和半径的投影取一个固定的中心,则必须使这些线条符合自然法则,使得从一个不确定的对象、不确定的形象,可以在舞台布景中呈现出建筑物的外观,还表明在垂直面和平面上绘出的东西为何看起来一部分凹进去、另一部分凸出来。

——DEMOCRITUS ET ANAXAGORAS(Vitruvius, De architectura Ⅶ pr. 11)

原色

[10]他说，简单的颜色有四种。

——DEMOCRITUS(Theophrastus，De sens. 73；frg. B 135 Diels^{3}，46)

恩培多克勒认为，颜色是对应于眼睛孔道的东西：对应于元素的数目，有四种颜色：白色、黑色、红色和黄色。

——EMPEDOCLES(Aëtius，Plac. Ⅰ 15，3；frg. A 92 Diels)

95

音乐

[11]德谟克利特不仅是昔日所有哲学家当中最有科学头脑的人，而且也积极从事历史研究，他说音乐是新近发展出来的，并为此而论证说，音乐不是必需的产物，而是奢侈的产物。

——DEMOCRITUS(Philodemus，De musica，Kemke 108，29)

适度

[12]在我看来，在所有事物中，均衡都是美的，过度和不足都是不美的。

——DEMOCRITUS(Democrates，Sent. 68；frg. B 102 Diels)

[13]任何人如果逾越了尺度，最让人愉悦的东西也会变成最让人不悦的。

——DEMOCRITUS(Stobaeus，Flor. Ⅲ 17，38；frg. B 23 Diels)

理智美

[14]若无理智存在，则身体美[仅仅]是动物性的美。

——DEMOCRITUS(Democrates，Sent. 71；frg. B 105 Diels)

美与情感

[15]因奢华的衣着和装饰而惹人注目的图像是没有心的。

——DEMOCRITUS(Stobaeus，Flor. Ⅲ 4，69；frg. B 195 Diels)

朴素之美

[16]装饰朴素也是美的。

——DEMOCRITUS(Stobaeus，Flor.
Ⅳ 23，38；frg. B 274 Diels)

第七章　智者学派和苏格拉底的美学

一

1. 智者学派。公元前 5 世纪中叶，希腊人的科学研究已经超出了自然最初对他们的限制，逐渐包括了人的活动和产物。这一
96 变化的主要推动者是雅典的智者学派(Sophists)。这群人以教导成人为己任，是职业的社会哲学家。[①] 他们当中最有哲学头脑的是普罗泰戈拉(前 481—前 411?)，智者学派的主要思想都来源于他。高尔吉亚(Gorgias)也提出了类似的观点，他并非职业智者，但与智者学派的思想有共同之处，职业演说家伊索克拉底也是如此。[②]

智者学派主要关心道德、法律和宗教问题，但也关心艺术问题。他们的研究不仅可以通过其主题分辨出来，而且可以通过他们处理这些主题的经验方式分辨出来。如果说智者学派活动的第一个特征是哲学兴趣从自然转向了人类文化，即转向了哲学的人

---

① M. Untersteiner, *Sofisti, testimonianze e frammenti* (1949).

② E. Mikkola, *Isokrates, seine Anschauungen im Lichte seiner Schriften* (Helsinki, 1954).

化，那么第二个特征就是从一般的断言转向了更具体的观察，转向了哲学的**具体化**。其活动的第三个特征是，他们的研究结果是**相对主义**的：既然把人的产物包括在研究之中，他们就不能忽视一个事实，即这些产物是相对的，依赖于许多因素。这种相对主义也表现在其艺术和美的理论中，在那里他们开创了一种相对主义潮流。

智者学派尤其是其领袖普罗泰戈拉的著作，只有几份残篇留存下来。流传至今的唯一篇幅稍长的著作是一位不知名的智者写的《对言集》(*Dialexeis* 或 *Dissoi logoi*)。我们还拥有高尔吉亚的一部关于艺术的较长文本——《海伦颂》(*The Defence of Helen*)。我们知道伊索克拉底对演说术的看法。柏拉图对话中关于智者辩论的部分也可作为智者学派美学观点的资料来源。

智者学派兴趣的本质决定了他们的观点包含了艺术理论，而不包含美的理论。在这个领域，他们提出了大多新颖而且往往意义重大的许多概念区分，比如艺术与自然、有用的艺术与令人愉悦的艺术、形式与内容、天赋与教育，等等。他们也提出了自己的美与艺术的理论：一种相对主义的美的理论和一种幻觉论的艺术理论。

2. 自然与艺术。毫无疑问，普罗泰戈拉本人提出了艺术、自然和偶然(chance)等概念之间的对立。[1]就“艺术”广义的希腊意义而言，这种对立涵盖了整个艺术范围，也就是说，它不仅包括优美艺术。将艺术概念与自然概念加以对照是很自然的，因为艺术被视为人的产物，而自然则独立于人存在。但只有将艺术与偶然加以对照，艺术概念的完整含义才能显示出来。因为并非人的任何产物都是艺术作品；艺术作品不是偶然创造的，而是按照一般原

97 则有意完成的。对于希腊艺术观念来说，第二个区分同样重要：在他们看来，艺术是排除了任意性和偶然性的目的性活动的产物。智者学派认为偶然在自然之中而不在艺术之中。根据柏拉图的一篇对话，普罗泰戈拉将自然与偶然等同，将自然与艺术对立，并通过这种双重关系来定义艺术。

3. 有用的艺术与令人愉悦的艺术。智者学派还使用了另一个有意义的对比，即愉悦与功用的对比，并把它运用于艺术。智者阿尔西达马斯（Alcidamas）说，[2]雕像带给我们愉悦，但却没有用处。另一位智者也就诗歌说了同样的话。还有一些智者认为："诗人写作……是为了给人带来愉悦。"[3]

观点接近智者学派的演说家伊索克拉底接受了这一对立，并且区分了人类产物的两种类型：有用的和令人愉悦的。[4]这是一种自然区分（它的起源可见于诗人塞奥格尼斯和西蒙尼德斯以及后来的索福克勒斯），但正是智者学派将它用于艺术。这两种艺术类型（即有用的艺术和令人愉悦的艺术）之间的直接区分可以用作一种权宜方式，将（令人愉悦的）优美艺术从大量（有用的）艺术中区分出来。但这种观念在希腊人当中暂时还没有多少回应。

4. 对美的享乐主义定义。然而，智者学派还以另一种方式运用了愉悦概念：他们用愉悦来定义美。以下关于美的定义很可能来自他们："美就是通过听觉和视觉让人愉悦的东西。"[5]这是智者学派所坚持的感官主义和享乐主义的美学表达。这朝着缩小美的观念和区分出审美意义上的美迈出了一步，因为它不适用于道德意义上的美。柏拉图和亚里士多德都提到了这个定义，并且拒斥了它；虽然他们没有给出它的来源，但除了智者，谁会这样想呢？

因此可以认为，智者学派最早提出了一种关于美和艺术的享乐主义观念。[6]

5. 相对主义的美的学说。和美与艺术的享乐主义观念一样，对美与艺术的相对性的信念同样源于智者的一般假设。由于他们把法律、政治制度和宗教看成相对的和约定的，所以他们以类似的方式来看待艺术是非常自然的。由于他们把善和真看成相对的，所以他们以类似的方式来看待美是非常自然的。这其实是其基本信念——“人是万物的尺度”——的一个推论。那部《对言集》讨论了这个问题：这本小书的整个第二部分都在讨论“美与丑”。[7]这里举例说明了美的相对性：女人化妆打扮是美的，而男人这样做却是丑的；纹身在色雷斯被视为一种“装饰”，而在其他地区却是对罪犯的惩罚。

这种关于艺术与美的相对性学说与智者学派的一般哲学密切
相关，但这并非他们所独有。它也出现在最早的哲学家之一克塞 98
诺芬尼的作品中。他写道：“假如牛、马和狮子有手，并且能像人一样用手作画和塑像，它们就会各自照着自己的模样，马画出和塑出马形的神像，狮子画出和塑出狮形的神像了。”[8]克塞诺芬尼的这些话主要在抨击宗教的绝对性，但也是在表达一种关于艺术相对性的信念。

具有哲学头脑的戏剧家埃庇卡摩斯也写道，难怪我们会欣赏自己，自认为身材俊俏。“因为狗在狗看来，牛在牛看来，……甚至猪在猪看来，都显得非常俊俏。”[9]这份残篇包含着某种超出通常的审美相对主义的东西：它体现了普罗泰戈拉的认识论论题——“人是万物的尺度”——在美学上的对应。埃庇卡摩斯说得不够简洁，但更为一般，即对于任一物种来说，美的尺度都是它所属的那个物种。

6. 合宜(suitability)。公元前5世纪的一位思想家，可能是普罗泰戈拉，由美的多样性得出了美是相对的这一结论，而另一位思想家，即高尔吉亚或苏格拉底，则得出了另一个结论：一个事物适合于它的目的、本性、时间和条件时，即当它合宜(希腊人后来称之为“*prepon*”)时，是美的。事实上，美就是合宜，这是公元前5世纪的新观点。和相对主义者的结论一样，这个结论针对的乃是希腊人原初的美学立场。前一结论攻击了它的绝对主义，后一结论则攻击了它的普遍主义。早期希腊人倾向于认为，如果事实证明某种形式对一个事物是美的，那么它对其他事物也是美的，然而现在，审美合宜原则使人必须认为，每一个美的事物都以自己的方式是美的。

“合宜”和审美个体主义的学说赢得了希腊人的认可。从那时起，他们的美学沿着两条对立的线索发展。一条线索认为，美依赖于符合永恒的法则，另一条线索则认为，美依赖于适合各自的条件。

7. 形式与内容。在柏拉图的对话《普罗泰戈拉篇》中，普罗泰戈拉说，在荷马、赫西俄德和西蒙尼德斯的诗歌中，语词仅仅是智慧的载体，智慧才是诗歌的固有主题。由此可以看出，这位重要智者否认诗歌有任何美学意义，因为他认为，诗歌的真正意义在于智慧，即诗歌的认知方面。但可以怀疑，正如他惯常所做的那样，这里柏拉图是借他人之口来表达自己的思想，因为我们从其他资料得知，智者学派恰恰持有完全相反的观点，他们认为，诗句本身和语词的韵律是诗歌的基本要素。像高尔吉亚和伊索克拉底这样接近智者学派的作者肯定持有这一观点。[10]也许智者学派把这两种观点结合了起来:两者都符合他们的立场,而且最终能够令人满意地结合在一起。无论如何,他们讨论了诗歌的本质是语词的声音还是语词所包含的智慧这个问题。若以一种更现代的方式来表 99
述,也就是用当时希腊人所不具备的术语来提出这个重要的问题,那么可以说,他们讨论了诗歌的本质要素是形式还是内容。他们也许不确定应当怎样回答,但在这里,提出问题与回答问题同样重要。

8. 天赋与教育。智者学派讨论的另一个问题是,对于一个艺术家来说,是天赋更重要,还是教育更重要。阿尔西达马斯区分了这两种要素,但没有判定何者更重要。伊索克拉底认为天赋更重要,[11]应当加以训练。[12]普罗泰戈拉则认为艺术和训练都是必需的,[13]没有训练的艺术和没有艺术的训练都是毫无价值的。[14]这个问题在当时得到了讨论,但——和形式与内容的问题一样——只是讨论了而没有解决。

9. 高尔吉亚的学说:幻觉论(illusionism)。高尔吉亚是一位职业修辞学家,在思想上接近智者学派,他是第一位在美学史上占有一席之地的修辞学家。在哲学上,他与埃利亚学派(Eleatic school)有关,他把这个学派极端的悖论思维方式与智者学派的相对主义结合在一起。他的三个著名的本体论-认识论论题是:无物存在;即使有物存在,我们也不能认识它;即使我们认识它,也无法告诉别人。然而,他的主要美学论题似乎与他的第三个认识论论题完全对立。

这个论题在《海伦颂》中得到了详细阐述,它相当于说,一切事物都可以用语词来表达。[15] 语词可以使听者确信任何事物,即使该事物并不存在。语词是一位"强大的统治者",具有魔法般的力量。有的语词让人悲伤,有的让人喜悦,有的让人恐惧,有的让人勇敢。通过语词,剧场观众时而惊恐,时而怜悯,时而钦佩,时而悲伤,并能设身处地地体验别人的问题。① 语词可以戕害灵魂,就像某些物质可以戕害身体一样。语词能使灵魂入迷,为之施予魔法和符咒(*goeteia*)。语词欺骗灵魂,使之进入一种错觉或幻觉状态。② 希腊人把这种欺骗、错觉和幻觉的状态称为"*apate*"[欺骗]。③ 它在戏剧中特别有帮助;因此,高尔吉亚在谈到悲剧时说:"它是一种欺骗,在其中欺骗者比不欺骗者更诚实,受骗者比不受骗者更聪明。"[16]

这种幻觉论或欺骗论(apatetic,从这个术语的词源上说)在各
100 个方面都像现代理论,然而却是古人的发明。我们不仅可以在《对言集》[17]和《论养生》(*Peridiaites*)[18]等匿名流传下来的智者学派的著作中找到它,而且可以在波利比奥斯(Polybius)[19]、贺拉斯和爱比克泰德(Epictetus)的著作中听到它的回响。不过,它的创始人是高尔吉亚。

---

① E. Howard,"Eine vorplatonische Kunsttheorie",*Hermes*,LIV(1919).

② M. Pohlenz,"Die Anfänge der griechischen Poetik",*Nachrichten v.d. Königl. Gesellschaft der Wissenschaften zu Göttingen*(1920). O. Immisch,*Gorgiae Helena*(1927).

③ Q. Cataudella,"Sopra alcuni concetti della poetica antica",I."ἀπάτη",*Rivista di filologia classica*,IX,N. S.(1931). S. W. Melikova-Tolstoi,"Μίμησις und ἀπάτη bei Gorgias-Platon, Aristoteles",*Recueil Gebeler*(1926).

高尔吉亚将其理论主要应用于悲剧和喜剧，但也应用于演说。更重要的是，他似乎在视觉艺术特别是绘画中也察觉到一种类似的现象，他写道："画家由多种颜色和多个身体创作出一个身体、一个形态，从而悦人眼目。"这一评论可能与雅典绘画有关，特别是与舞台布景及其印象主义、幻觉论和有意变形有关，这些也引起了德谟克利特和阿那克萨戈拉等当时哲学家的注意。

欺骗论符合智者学派关于美和艺术的看法以及他们的感觉主义、享乐主义、相对主义和主观主义。另一方面，这种立场又与毕达哥拉斯学派的客观主义和理性主义观点截然相反。这是早期美学的重大对立。

古典时期希腊人所创造的艺术，特别是他们对理想形式的追求，证明当时的艺术家更接近于毕达哥拉斯学派，如果他们的理论来自哲学，那一定是来自毕达哥拉斯学派的哲学。据我们了解，当时的公众并不同情智者学派。智者派持主观主义，是少数，他们构成了反对派，提出的新观点并未在古希腊的广大公众中立即引起反响。

智者学派在美学上的成就相当可观，特别是如果把高尔吉亚也算作其中一员的话。它们包括：1. 对美的定义；2. 对艺术的定义（通过将艺术与自然和偶然进行对比）；3. 关于艺术的目的和效果的相关评论；4. 第一次尝试区分出狭义的、严格审美意义上的美和艺术。但他们的对手苏格拉底的成就也毫不逊色。

二

10. 作为美学家的苏格拉底。确立苏格拉底的观点绝非易事,公认的困难在于,他本人没有写任何东西,而写他的那些人,比如色诺芬和柏拉图,对他的观点给出了相互矛盾的说法。不过就其美学思想而言,这个问题就不那么尖锐了,因为这里我们只有一个资料来源,那就是色诺芬的《回忆苏格拉底》(*Memorabilia*,第三卷,第 9 章和第 10 章)。柏拉图借苏格拉底之口对美的论述很可能是柏拉图自己的观点,而一切都表明,色诺芬所记录的与艺术家的交谈是真实的。

苏格拉底(前 469—前 399)提出的人本主义问题与智者学派提出的问题类似,但采取的立场有所不同。在逻辑学和伦理学方面,智者学派是相对主义者,而苏格拉底却反对相对主义;但在美
101 学方面却并非如此。苏格拉底关于生活的基本假设不允许他否认绝对的善和绝对真理,但并不妨碍他承认艺术中的相对主义要素。苏格拉底在伦理学上反对智者学派,但在美学上却并非如此。恰恰相反,在美学上,他们的观点和想法有相似的进路。

苏格拉底主要以他的伦理学和逻辑学而闻名,但在美学史上也应有一席之地。色诺芬所传达的他的艺术思想新颖、公正且意义重大。但如果像一些人所说,这些思想不是他自己的,而仅仅是色诺芬归于他的,情况又当如何呢?那样一来,作者身份将会改变,但这些思想产生于公元前 5、6 世纪之交的雅典仍然是事实,这个事实在美学史上极为重要。

11. 再现的艺术。根据色诺芬的记录,苏格拉底首先试图确立艺术家、画家或雕塑家作品的目的。在此过程中,他解释了像绘画或雕塑这样的艺术如何不同于其他人类努力,或者用现代术语来说,使“优美艺术”区别于其他艺术的特征是什么。这无疑是沿

着这些思路进行思考的最早尝试之一。苏格拉底的解释是，其他艺术，比如铁匠或鞋匠的艺术，制造的是自然所不制造的东西，而绘画和雕塑则重复和摹仿自然制造的那些东西。也就是说，他认为绘画和雕塑之所以区别于其他艺术，是因为它们具有一种摹仿性和再现性。[20]“当然，绘画是对我们看到的东西的再现，”苏格拉底对画家帕拉修斯说。他的这些说法提出了艺术摹仿自然的理论。对希腊人来说，这个想法很自然，因为它与希腊人相信整个心灵是被动的不谋而合。因此，它被接受下来，并且成为最早的伟大美学体系即柏拉图和亚里士多德的美学体系的基础。苏格拉底与帕拉修斯的交谈表明了这种观点最初是如何产生的：在交谈中，哲学家和艺术家仍然使用一套尚未确定的术语和语词（*eikasia*，*apeikasia*，*apsomoiosis*，*ekmimesis* 和 *apomimesis*）来表示“再现”；后来被接受的名词形式“*mimesis*”尚未得到采用。

12. 苏格拉底的学说：艺术中的理想化。苏格拉底关于艺术的第二种观念与第一种有关联。他对帕拉修斯说：“你希望再现一个毫无缺陷的人体形象，由于很难找到毫无缺陷的形体，你便找来许多模特，从每一个人身上选取最好的部分，以这种方式形成一个理想的整体。”他的这些说法提出了通过艺术将自然理想化的理论，这补充了艺术再现自然的理论。艺术的再现观念自从在希腊开始产生，就一直包含着这一保留和补充。它不仅得到了哲学家的认可，也得到了艺术家的认可，不仅在理论上有意义，在艺术实践上也有意义。“我们的确是像你说的那样做的，”帕拉修斯同意苏格拉底的看法。希腊人的古典艺术再现了现实，但包含着一种理想化的要素。因此在希腊人心中，艺术作为理想化和选择的理 102

论与艺术作为再现的理论并不冲突，因为后者为理想化留出了余地。然而在苏格拉底和其他希腊人那里，选择性地摹仿自然仍然是一种摹仿。

苏格拉底的第二个论题在希腊人那里得到的认可不亚于第一个论题。后来的古代作者经常对它加以扩充。他们认为，将自然理想化的最佳途径就是选择和增加自然本身的美。他们通常会用画家宙克西斯的故事来说明这一点。为了给克罗顿的赫拉神庙画一幅海伦肖像，宙克西斯从这座城邦众多最美的女孩中挑选了五个模特。由于这个论题对苏格拉底来说非常典型，所以称它为苏格拉底的学说是合理的。

13. 精神美。他的第三个美学论题（这里他特别想到了雕塑）是，艺术不仅再现身体，而且也再现灵魂，“这是最有趣、最吸引人、最美妙的事”。帕拉修斯在与苏格拉底的一次谈话中（同样由色诺芬记述）先是表达了对这些命题的怀疑，想知道它们是否超出了艺术的可能性，因为灵魂既没有比例也没有颜色，而这些正是艺术所依赖的东西。然而，他最终被苏格拉底的论证说服，同意在雕像中，眼睛最能表现灵魂：无论是友善还是敌意，无论是沉醉于成功还是身陷于不幸；它可以表现“高尚和宽宏、卑鄙和下贱、克制和智慧、无礼和粗鲁”。这是对纯粹再现的艺术观念的第二次修正。这是一种新的观念，虽然在当时的艺术中不无根据，但并没有被希腊人立即接受。不难看出它与雕塑家斯科帕斯（Scopas）和普拉克西特列斯（Praxiteles）的活动的关联，他们开始制作更富于个性的雕像，特别是使眼睛富于个人表情。

苏格拉底关于精神美的观念标志着对纯粹形式主义的毕达哥

拉斯学派美的观念的背离。在毕达哥拉斯学派那里，美依赖于**比例**，而在苏格拉底这里，美还依赖于灵魂的**表现**。相比于在宇宙而不是人中寻找美的毕达哥拉斯学派的观念，这种观念使美与人更加紧密地结合在一起。精神美的概念直到希腊文化的古典时期才出现。在后来的希腊美学体系中，这两个概念——形式美和精神美——变得同样强大和有生命力。

14. 美与合目的。苏格拉底关于美的其他观念保存在色诺芬记录的与阿里斯提普斯（Aristippus）的对话中。关于是否知道任何美的东西，苏格拉底回答阿里斯提普斯说，美的事物千差万别，没有任何两个是相似的。美的赛跑者不像美的摔跤手，美的盾牌不像美的标枪，因为盾牌能提供好的防御时是美的，标枪能迅速投掷时是美的。每一个事物在很好地服务于它的目的时是美的："如果不合目的，即使金盾也是丑的，如果合目的，即使粪筐也是美的。""因为一切事物都相对于它们适合的那些目的是好的和美的， 103
相对于它们不适合的那些目的是坏的和丑的。"[21]

苏格拉底在一直在谈论好的这些话中谈到了美。当阿里斯提普斯提醒他这一点时，他回答说，凡是好的东西也必定是美的。在希腊人看来，这种等同是很自然的，因为在他们看来，一个事物如果能发挥其功能，那就是好的，如果能引起人们的赞叹，那就是美的。苏格拉底确信，只有发挥功能的东西才值得赞叹。一个事物的美在于合目的，苏格拉底将这种观点特别应用于建筑。"如果一所房子的主人在任何时候都能感到这是他最舒适的住处，是其财产最安全的庇护所，那么就有理由把这所房子称作最舒适和最美的，无论其中的绘画和雕塑是什么样子。"

苏格拉底的论点听起来和智者学派一样相对主义，但有一个根本区别。他认为盾牌在适合它的目的时是美的，而智者学派则认为，它在符合看它的人的品味时才是美的。苏格拉底的观点是功能性的，而智者学派的观点则是相对主义的和主观的。

15. 匀称(eurhythmy)。在苏格拉底与盔甲制造者皮斯提阿斯(Pistias)的对话中出现了一个同样重要的概念。皮斯提阿斯说，适合穿戴者身体的盔甲具有好的比例。但如果穿戴者的身体比例不好，盔甲又该如何呢？或者用当时的语言来说，如何为一个体态不匀称的人制作匀称的盔甲呢？在这种情况下，盔甲制造者是应当也考虑合身，还是不管合身与否，只管寻求好的比例呢？皮斯提阿斯认为在这种情况下，盔甲也应做得合身，因为它的好比例恰恰取决于合身。这里有一个悖论，其解决方案大概在于，适用于盔甲的好比例的原则不同于适用于人体的好比例的原则。但苏格拉底在提出的解决方案中又引入了另一个有效区分：皮斯提阿斯所说的并不是本身美的比例(*eurhythmon kat heauton*)，而是对某个特定的人来说可能美的比例。这里存在着事物本身的美和它对于使用者的美(*eurhythmon pros ton chromenon*)之间的区分。[22] 这种区分是对他与阿里斯提普斯的谈话的扩展和更正：那次谈话假设匀称只有一种，但事实上匀称有两种：两种好的比例。其中只有一种美在于合宜和合目的。

苏格拉底的这种区分对于美学无疑具有重要意义，它被希腊以及后来罗马的许多作者所接受。苏格拉底把合目的的美称为“*harmotton*”(与“*harmonia*”同源)，后来的希腊人称之为“*prepon*”。罗马人把这个词译成了“*decorum*”或“*aptum*”，并且

区分了两种类型的美："*pulchrum*"和"*decorum*"，前者指事物因其 104
形式而美，后者则指事物因其目的和功用而美。

苏格拉底的美学词汇已经包含了后来的希腊人广泛使用的一些术语，其中包括"韵律"(rhythm)及其派生词。他会说，好的比例的典型特征是"尺度和韵律"。他把好的比例称为"匀称"(eurhythmical)，把不好的比例称为"不匀称"(arhythmical)。希腊人渐渐把"匀称"一词连同"和谐"和"比例"当成了描述美的主要术语，这里的美是指狭义的、特别是审美意义上的美。

苏格拉底对艺术的尝试性分析与智者学派的分析很类似。如果说他们在其他哲学领域代表两个敌对阵营，那么在美学和艺术的观念上却没有重大分歧。

16. 色诺芬。关于苏格拉底的美学，我们知道的这些内容都来自他的学生色诺芬。色诺芬本人也对类似的主题发表过看法，甚至沿着相似的思路。但相似只是表面的，因为色诺芬对艺术和审美意义上的美其实并不感兴趣。在《会饮》(*Symposium*)中，他的确按照他的老师苏格拉底的看法承认，事物的美取决于它们是否合目的。动物和人的身体的美在于自然恰当地构造了它们，[23]但他提供了一些令人惊讶的例子来支持自己的论点。他写道，凸眼最美，因为它们最适合看东西，大嘴唇最好，因为它们最适合吃东西，所以长着凸眼大嘴的苏格拉底比以美貌闻名的克里托布洛斯(Critobulus)更美。不过，如果我们假设色诺芬是在和"有用"同义的旧的希腊文意义上使用"美"这个词，这个特别的例子就不再显得悖谬了。

然而在《家政学》(*Oeconomicus*)中，他提出在建造房屋时要维护"秩序",还说有秩序的事物"值得观看和聆听"。[24]此时,他既在日常实用意义上又在美学意义上使用了这个词。

* * *

E. 智者学派和关于苏格拉底的原文

自然与艺术

[1]他们说,最伟大、最美好的事物是自然和偶然的作品,次一些的是艺术的作品。

——SOPHISTS(Plato,Leges Ⅹ 889 A)

艺术给人愉悦

[2][雕像]是对真实身体的摹仿;它们给观者带来愉悦,但没有任何实用目的。

——ALCIDAMAS,Oratio de sophistis 10

105 [3]他们援求既无正义亦无非正义的艺术,因为诗人写作不是为了真理,而是为了给人带来愉悦。

——DIALEXEIS 3,17

[4]无论是用来产生生活必需品的艺术,还是用来带给我们愉悦的艺术,她[雅典人]要么将其发明出来,要么打上了赞许的印记,然后让世人享用它们。

——ISOCRATES,Panegyricus 40

［5］美就是通过听觉和视觉让人愉悦的东西。

——SOPHISTS(Plato, Hippias maior 298 A)

［6］画家由许多颜色和身体创造一个身体和一个形状，给眼睛带来了愉悦；制作人像和神像给人带来视觉上的愉悦。

——GORGIAS, Helena 18(frg. B 11 Diels)

美的相对性

［7］如果让所有人把他们认为丑的所有东西扔到一堆，再从这堆东西里取走他们认为美的所有东西，我相信不会有什么东西剩下来，因为每个人的观点都不同。有诗为证：

“你若好好想一想，就会看到支配凡人的是另一条法则。没有什么东西是完全美或完全丑的；抓住和区分它们的只是‘合适的时机’(*kairos*)，合适的时机使某些东西成为丑的、某些东西成为美的。”

总之，一切事物皆因合适的时机而美，皆因缺少合适的时机而丑。

——DIALEXEIS 2,8

［8］假如牛、马和狮子有手，并且能像人一样用手作画和塑像， 106
它们就会各自照着自己的模样，马画出和塑出马形的神像，狮子画出和塑出狮形的神像了。

——XENOPHANES(Clement of Alex., Strom. Ⅴ 110; frg. B 15 Diels)

［9］我们谈论这些东西，自娱自乐，认为自己天赋异禀，这没什么了不起。因为狗在狗看来，牛在牛看来，驴在驴看来，甚至猪在猪看来，都显得非常俊俏。

——EPICHARMUS(Laërt. Diog. Ⅲ 16; frg. B 5 Diels)

韵律

[10]此外，诗人们还以格律和韵律创作了他们的所有作品，而演说家则不具有任何这类长处。这些东西是如此有魅力，以至于诗人即使在风格和思想上有缺陷，通过韵律与和谐的魔力，也仍然能使他们的听众着迷。

——ISOCRATES，Euagoras 10

……凭借着韵律的流动和优雅多样的风格……他们可以使其演说更讨人喜欢，同时也更让人信服。

——ISOCRATES，Philippus 27

天赋与训练

[11]这些说法适用于所有艺术……天赋是最重要的，比其他一切都重要。

——ISOCRATES，De permutatione 189

[12]为此，学生不仅要有必需的天赋，还要学习不同种类的演说，并通过实际使用训练自己。

——ISOCRATES，Contra sophistas 17

[13]教育需要禀赋和训练。

——PROTAGORAS(Cramer，Anecd. Par. Ⅰ 171)

107 [14][他说，]没有训练的艺术和没有艺术的训练都是毫无价值的。

——PROTAGORAS(Stobaeus，Flor. Ⅲ 29,80)

艺术与欺骗

[15]语词是一种伟大的力量，它可以通过最小、最不可见的形式来完成最神圣的作品；因为它可以制止恐惧、消除悲伤、带来愉悦、加深怜悯。我现在要证明这一点，需要将它展示给听者。

所有诗歌都可以被称为有格律的言语。听者会因恐惧而战栗，为怜悯而落泪，心怀悲伤地渴望和期盼；他人的好运和厄运所唤起的情感，受语词影响的灵魂感同身受。现在，让我从这个论点转到另一个论点。

赋有灵感的咒语可以产生愉悦和避免悲伤；因为咒语中的力量与灵魂中的感觉结合在一起，凭借其巫术进行抚慰、劝说和输导。两种类型的巫术和魔法被发明出来，它们是灵魂中的错误和心灵中的欺骗。

——GORGIAS，Helena 8(frg. B Ⅱ Diels)

[16]借助于传说和情感，悲剧制造一种欺骗，在其中欺骗者比不欺骗者更诚实，受骗者比不受骗者更聪明。

——GORGIAS(Plutarch，De glor. Ath. 5，348 c; frg. B 23 Diels)

[17]在悲剧和绘画中，最善于通过创造与真实事物相似的事物而导致错误的人才是最好的。

——DIALEXEIS 3，10

[18]演员的艺术欺骗那些懂得这门艺术的人。他们口是心非；他们出场又下场，是同一批人又不是同一批人。

——HERACLITUS(Hippocrates，De victu Ⅰ 24)

108 [19]我们决不能相信埃福罗斯(Ephorus)在其《历史》序言中所作的和他完全不相称的草率断言,他说引入音乐是为了欺骗和引起错觉。

——EPHORUS OF CYME(Polybius Ⅳ 20)

再现的艺术

[20]一天,他走进画家帕拉修斯的家,谈话间问道:"帕拉修斯,难道绘画不是对我们看到的东西的一种再现吗? 无论如何,你们画家用你们的颜色来再现和复制或高或低、或明或暗、或硬或软、粗糙或光滑、年轻或古老的各种形体。"

"的确如此。"

"你希望再现一个毫无缺陷的人体形象,由于很难找到毫无缺陷的形体,你便找来许多模特,从每个人身上选取最好的部分,以这种方式形成一个理想的整体。"

"我们的做法的确如你所说,"帕拉修斯答道。

"那么,你们是不是也复制灵魂的特性,即那种最扣人心弦、最令人喜悦、最亲切友好、最可爱迷人的特性呢? 还是说它根本不可能摹仿?"

"哦,不行,苏格拉底,一个人怎么可能摹仿那种既没有形状、又没有颜色、也没有你刚才提到的任何性质、甚至还看不见的东西呢?"

"那么,人是否常常通过神情来表达喜爱和厌恶的情感呢?"

"我想是可以的。"

"那么,这种神情是否可以在眼睛里得到摹仿?"

“毫无疑问。”

“你是否认为，朋友们的快乐和痛苦会在人们脸上产生同样的表情，无论这些人是否真的关心他们？”

“当然不是，他们会为朋友的快乐而高兴，为朋友的痛苦而难过。”

“那么，能否把这些表情也再现出来呢？”

“当然可以。”

“而且，高尚和宽宏、卑鄙和下贱、克制和智慧、无礼和粗鲁，都 109
会通过他们的神情举止反映出来，不论他们是静止的还是活动的。”

“你说得对。”

“这样一来，这些也都是可以摹仿的，不是吗？”

“毫无疑问。”

——XENOPHON，Commentarii Ⅲ 10，1

美与适合

[21]阿里斯提普斯又问他是否知道有什么美的东西。[苏格拉底]回答：“知道，美的东西有很多。”

“那么，它们都彼此相像吗？”

“正相反，有些东西极不相像。”

“可是，一个不像美的东西怎么可能是美的呢？”

“原因当然在于，美的摔跤者不像美的赛跑者，因防御而美的盾牌不像因迅猛投掷而美的标枪。”

“这和我问你是否知道有什么好的东西时的回答是一样的。”

“难道你认为好是一回事，美是另一回事吗？难道你不知道，相对于同样的事物，所有事物都既美又好吗？首先，德性就不是对某些东西是好的而对另一些东西是美的。同样，相对于同样的事物，人也被称为‘既美又好’：正是相对于同样的事物，人的身体才显得既美又好，人所使用的所有其他东西，相对于它们所适用的事物才被认为既美又好”。

“那么，一个粪筐也是美的了？”

“当然，而且，即使是一个金盾也可能是丑的，如果对于各自的特定用处而言，粪筐制作得好而金盾制作不好的话。”

“你是说，同样的事物既美又丑吗？”

“的确，我是这么说——既好又不好。……对赛跑来说是美的东西，对摔跤来说往往是丑的，而对摔跤来说是美的东西，对赛跑来说往往是丑的。因为一切事物都相对于它们适合的那些目的是
110 好的和美的，相对于它们不适合的那些目的是坏的和丑的。”

——XENOPHON，Commentarii Ⅲ 8，4

相对的美

[22]“请告诉我，皮斯提阿斯，”他又说，“你的胸甲既不比别人造的更结实，也不比别人造的更费工，为什么你要卖得比别人贵呢？”

“因为我造的胸甲比例要更好，苏格拉底。”

“那么当你要高价时，怎么显示它们的比例呢？靠重量还是靠尺寸？因为我想，如果要让它们合身的话，你不会把它们造得一样重或一样大小。”

“合身？噢，当然了。胸甲要是不合身有什么用！”

“那么，人们的身体难道不是有的合比例、有的不合比例吗？”

“的确是这样。”

“那么，要让一副胸甲适合一个不合比例的身体，你怎么把它造的合比例呢？”

“通过把它造得合身；因为它如果合身，就会合比例。”

“显然，你所说的合比例不是绝对的，而是相对于穿胸甲的人而言……”

——XENOPHON，Commentarii Ⅲ 10，10

美的范围

[23]“那么，你认为美只存在于人身上，还是也存在于其他对象？”

克里托布洛斯：“我相信，美也同样存在于马、牛或任何数量的无生命事物上。我知道，无论如何，一面盾牌、一把剑或一根长矛都可能是美的。”

苏格拉底：“所有这些事物如何可能既完全不相像，又都是美的？”

克里托布洛斯：“如果它们能够很好地发挥各自的功能，或者能够天然服务于我们的需求，它们就既美又好。”

——XENOPHON，Convivium Ⅴ，3

秩序 111

[24]没有什么东西比秩序最为方便和有用。例如，歌舞队是

人的组合;然而当其成员随意行事时,它就会变得彻底混乱,观看起来毫无乐趣可言;而当他们以一种有序的方式表演和歌唱时,就立刻显得值得观看和聆听了。

——XENOPHON,Oeconomicus Ⅷ,3

第八章　对柏拉图之前美学的评价

如果对毕达哥拉斯学派、赫拉克利特和德谟克利特以及智者学派、高尔吉亚和苏格拉底的美学成就作一总结，我们就会看到，美学在公元前5世纪取得了相当大的进展。虽然这些哲学家属于不同的学派，但他们有共同的美学学说，至少对类似的问题表现出兴趣。讨论和谐的不仅有意大利的毕达哥拉斯学派，还有以弗所的赫拉克利特，德谟克利特也写过一部关于和谐的著作。尺度不仅是毕达哥拉斯学派美学的基本概念，也是赫拉克利特和德谟克利特的基本概念。另一个概念，即秩序，出现在苏格拉底和色诺芬那里。恩培多克勒和德谟克利特都关心原色。和德谟克利特一样，阿那克萨戈拉和阿伽塔尔科斯也研究了透视所引起的变形。德谟克利特和苏格拉底都在身体美中寻求精神的表现。苏格拉底和高尔吉亚都谈到了现实在艺术中的理想化。讨论美的相对性这一主题的不仅有智者，还有埃利亚学派的克塞诺芬尼和具有哲学头脑的戏剧家埃庇卡摩斯。有几位智者对艺术与美的关系以及愉悦与功用的关系发表了看法。智者学派和德谟克利特都讨论了天赋与艺术的关系。规范虽然是艺术家主要感兴趣的话题，但也引起了哲学家的兴趣。当时的存在论和知识论正在被最深刻的矛盾所撕裂，而在美学领域却形成了很大程度的共识。

公元前5世纪的哲学家所讨论的问题远远超出了更早的时候由诗人提出的任何问题。但有一条线索将诗人相信由缪斯女神所引领与德谟克利特的灵感论联系起来；赫西俄德和品达关于诗中真理的论述与哲学家的摹仿论和欺骗论相联系，这些诗人关于诗歌效果的论述与高尔吉亚关于诗歌诱惑魅力的信念也不无相似。柏拉图之前的早期美学并不只是观念的万花筒，它在理论上有某种一致性，在发展上有某种连续性。

112 由此产生了至少**三种关于美的理论**：毕达哥拉斯学派的数学理论（美依赖于尺度、比例、秩序和和谐）；智者学派的主观主义理论（美依赖于耳目的愉悦）；苏格拉底的功能理论（美在于事物适合它们所要执行的任务）。在这个早期阶段，美学家们已经把身体美与精神美对立起来，把绝对美与相对美对立起来。毕达哥拉斯学派提出了一种绝对主义理论，智者学派则提出了一种相对主义理论。

希腊人早期的美学思想还包括**三种关于审美经验的理论**：毕达哥拉斯学派的净化论、高尔吉亚的幻觉论和苏格拉底的摹仿论。根据第一种理论，审美经验是心灵净化的结果；根据第二种理论，审美经验源于心灵中产生了一种幻觉；而第三种理论则声称，当艺术家的产物与其自然模型之间的相似性被发现时，审美经验就产生了。

柏拉图之前的哲学家对**艺术**的看法也同样引人注目。智者学派在解释艺术时，将艺术与偶然进行对比，并把“悦人耳目”的艺术与有用的艺术对立起来。苏格拉底形成了这样一种观念：艺术再现了现实，但将现实理想化了。人们也开始讨论艺术作品的形式与内容之间、天赋与教育之间的正确关系是什么。

这个早期阶段也见证了**关于艺术家的各种观念**的发展。艺术家有时被认为要表现性格，有时被认为（根据毕达哥拉斯学派的说法，艺术家是一种科学家）要发现自然法则。一些智者把艺术家看成改变自然的行动者，而高尔吉亚则把艺术家看成制造幻觉和魅力的魔法师。值得注意的是，在这个早期阶段，艺术作为对现实的再现，这种似乎简单的自然主义艺术理论较少得到关注。美和艺术这两个领域仍然彼此独立，其融合是逐渐而缓慢的。

前柏拉图时期的研究所关注的与其说是一般艺术，不如说是雕塑（苏格拉底）、绘画（德谟克利特）和悲剧（高尔吉亚）。但在这些较为狭窄的领域，他们找到了适用于整个美与艺术领域的解答。

艺术家作为情感表现者，这一观念起源于舞蹈理论，作为现实再现者的观念起源于视觉艺术，作为科学家的观念起源于音乐，作为魔法师的观念起源于诗歌。

第九章　柏拉图的美学

1. 柏拉图的美学著作。著名希腊哲学史家策勒(Zeller)曾说,古典时期伟大的雅典哲学家柏拉图(前427—前347)并未提到
113 美学,也没有讨论过艺术理论。这样说固然不错,但前提是可以说,他的前人和同时代人也没有讨论过美学。也就是说,柏拉图并没有对美学的问题和假设进行系统汇编,但他的著作却讨论了所有美学问题。他在美学领域有非常广泛的兴趣、能力和原创思想。他一次次地回到美与艺术的问题,尤其是在他的两部伟大作品——《理想国》和《法律篇》中。在《会饮篇》中,他阐述了一种关于美的理念论,在《伊安篇》中,他阐述了一种关于诗歌的精神主义(spiritualist)理论;在《菲利布篇》中,他分析了审美经验。在《大希庇阿斯篇》(其真实性一直遭到不公正的怀疑)中,他展示了对美进行定义的困难。

没有哪位哲学家比柏拉图涉猎范围更广:他是美学家、形而上学家、逻辑学家和伦理学大师。在他那里,美学问题与其他问题,特别是形而上学和伦理学问题交织在一起。他的形而上学和伦理学理论影响了他的美学理论;其理念论的存在论和先验论的知识论反映在其美的概念中,其精神主义的人论和道德主义的生活论则反映在其艺术概念中。

美与艺术的概念第一次被引入一个伟大的哲学体系。这一体系是理念论的、精神主义的和道德主义的。只有结合柏拉图关于理念、灵魂和理想国的理论才能理解他的美学。但独立于他的体系，柏拉图的作品也包含着一些关于美学的思考，尽管这些思考主要是以影射、概要、暗示和比喻的形式出现的。

柏拉图的工作绵延半个世纪，在持续寻求更好的解决方案的过程中，他曾多次改变自己的看法。其美学思想也随之摇摆，使他对艺术有了不同的理解和评价。尽管如此，其思想中反复出现的某些特征使我们有可能把柏拉图的美学呈现为一个统一体。

2. 美的概念。柏拉图在《会饮篇》中写道："如果有什么东西值得我们为之而活，那就是对美的静观。"整篇对话都把美当作最高价值进行热情赞颂。这种赞颂无疑是已知文献中最早的。

但在赞颂美时，柏拉图所赞颂的东西与我们今天对这个术语的理解有所不同。在他和一般希腊人看来，形状、颜色和旋律仅仅是全部范围的美的一部分。在这个术语中，他们不仅包括了物理对象，还包括了心理的和社会的对象，比如性格和政治制度，德性和真理，等等；不仅包括给视觉和听觉带来愉悦的东西，还包括令人赞叹以及让人愉悦、欣赏和享受的一切事物。

在《大希庇阿斯篇》中，柏拉图试图定义这个概念。两位主角苏格拉底和智者希庇阿斯都试图澄清美的本质。他们最先给出的例子——美丽的女孩、马、乐器和瓶饰——似乎暗示，他们关心的 114
是狭义的、纯粹审美意义上的美。对话的后续章节也讨论了美丽的人、多彩的图案、图画、旋律和雕塑。不过，例子是无法穷尽的。苏格拉底和希庇阿斯还考虑了美的职业、美的法律以及政治和国家中的美。他们连同“美的身体”提到了“美的法律”。功利的希庇阿斯深信，“最美的东西莫过于发财、身体健康、在希腊人中赢得名声和延年益寿”，而道德家苏格拉底则认为，“在所有事物中智慧最美”。

在其他对话中，柏拉图也表达了类似的美的观念。他不仅提到了女人之美、阿佛洛狄特之美，还提到了正义和审慎之美、良好习俗之美、学问和德性之美以及灵魂之美。因此，柏拉图的美的概念无疑非常广泛。他所说的“美”不仅包括我们所谓的“审美”价值，还包括道德和认知方面的价值。事实上，他的美的概念与一种广义理解的善的概念并无多少区别。事实上，柏拉图对这两个术语作了互换使用。其《会饮篇》的副标题是“论善”，而讨论的却是美。其中关于美的观念的论述与他在其他对话中关于善的观念的论述是一致的。

这并非柏拉图个人的观点，而是古人普遍接受的观点。他们对美的兴趣和现代人一样强烈，但在含义上略有不同。在现代，美的概念通常仅限于审美价值。然而在古代，这个概念要更为宽泛，它把相对而言没有什么相似性的东西汇集在一起。在需要作更精确的表述时，这样一个宽泛的概念并非特别有用；另一方面，它有助于表述哲学美学非常一般的观念。

因此，当我们在《会饮篇》中读到柏拉图对美的赞颂时，必须记住，他所赞颂的并不仅仅是审美意义上的形式之美。柏拉图的“美是唯一值得为之而活的东西”这句话在现代常常被援引，无论何时，只要试图赋予审美价值以优先性，就会这样引用。然而，这恰恰是柏拉图没有做的。他欣赏真与善之美要甚于审美意义上的美。在这种情况下，后世利用的更多是他的权威而不是其实际想法。

3. 真、善、美。柏拉图是著名三元组“真、善、美”的创始人，它集中体现了人的最高价值。他把美置于与其他最高价值相同的层次，而不是高于它们。柏拉图曾经数次提到这个三元组：在《斐德若篇》[1]中，以及以稍微不同的形式在《菲利布篇》中。后世继续援引这个三元组，尽管是在不同的意义上。在柏拉图那里，提到真、善、美的文字之后通常总是跟着“和所有类似的事物”这一短语，这表明他并不认为这个三元组是完整的概括。更重要的是，在这一
语境下，“美”具有希腊含义，它并不完全是审美意义上的。柏拉图 115
的三元组被后世所采用，但比他设想的更强调审美价值。

4. 反对对美的享乐主义理解和功能主义理解。柏拉图肯定重视美，但他是如何理解美的呢？在《大希庇阿斯篇》中，他考察了美的五种定义：美是合宜(suitability)，美是效力(efficacy)，美是功用(也就是某种能够有效地促进善的东西)，美是耳目的愉悦，以及美是令人愉悦的功用。这些定义实际上可以归结为两种：美是**合宜**(因为效力和功用可以被视为合宜的变体)，以及美是**耳目的愉悦**。

柏拉图对这些定义持什么态度呢？在其早期对话《高尔吉亚篇》中，他似乎倾向于同时接受这两种定义，因为他写道，一个形体的美要么取决于它对自己的目的有用，要么取决于它看起来令人愉悦。[2]第欧根尼·拉尔修确证了这一点，他说柏拉图认为，美要么取决于它的合目的和功用，要么取决于其形状的悦目。[3]然而，这种说法到目前为止并不准确，因为柏拉图虽然考虑了这两种定

义，但并没有接受其中任何一种。

(1) 这两种定义在柏拉图之前的哲学中都使用过。第一种定义——“美是合宜”——属于苏格拉底。讨论它的时候，柏拉图列出了苏格拉底使用过的例子，并仿效他重复指出，有些身体“对赛跑来说是美的”，而另一些身体“对摔跤来说是美的”。苏格拉底用这样的话来说明他的观点：合宜的粪筐要比不能用来防御的金盾更美，而柏拉图则认为，木勺因为更合宜而比金勺更美。

针对这种定义，柏拉图提出了两点反驳：首先，合宜的东西是一种达到善的目的的手段，它们本身并不一定是善的，而美总是善的。柏拉图把这当成一条公理，而不接受任何与之不符的定义；其次，在美的身体、形状、颜色和声音中，确实有一些是因其合宜而被我们重视的，但也有一些是因其自身而被重视的，它们并不包含在苏格拉底的定义中。事实上，苏格拉底本人的确区分了本身就美的事物和因其合宜而美的事物。

(2) 第二种定义源自智者学派，即美就是“通过听觉和视觉让人愉悦的东西”。[4]这也遭到了柏拉图的拒斥。不能用视觉方式来定义美，因为存在着对于耳朵而言的美。也不能用听觉方式来定义美，因为也存在着对于眼睛而言的美。智者学派的定义声称，美是对于眼睛和耳朵共同的某种东西，但对这种共有的东西是什么却只字未提。

智者学派的定义缩小了希腊的美的概念，将它限定于外观和
116 形式的美。然而，柏拉图坚持之前的希腊观念，认为美是任何引起赞叹的事物。不能把美限定为对于眼睛和耳朵的美。它还包括智慧、德性、高尚的行为和良好的法律。

5. 对美的客观理解。柏拉图之所以谴责智者学派的定义，还因为它对美作了主观解释：引起愉悦的并非美的事物的一种客观属性，而是对这些事物的主观反应。他写道："我不关心对人来说什么东西显得美，而只关心美是什么。"在这方面，他并非创新者，而是传统希腊看法的追随者；代表新的反传统观点的是智者学派。

柏拉图对美的理解在许多方面都不同于智者学派。他说：首先，美并不限于感觉对象；其次，美是一种客观属性，是美的事物所固有的属性，而不是人对美的主观反应；第三，对美的检验是一种天生的美感，而不是短暂的愉悦感；第四，并非我们喜欢的一切事物都真的美。

在《理想国》中，柏拉图把热爱真正的美的人与那些耽于声色，从声音、颜色和形状中获得愉悦的人进行了对比。[5]他可能第一次在真正的美与表面的美之间做出了重要区分。柏拉图做到这一点并不奇怪，他还区分了真正的德性和表面的德性。

柏拉图打破了"被喜欢的东西就是美的"这样一条原则，这一突破产生了深远的影响。一方面，它为美学批评以及区分恰当的与不恰当的审美判断铺平了道路；另一方面，它为思索"真正的"美之本质开辟了道路，并促使许多美学家远离了经验研究。因此可以认为，柏拉图既是艺术批评的创始人，又是美学思辨的创始人。

在《大希庇阿斯篇》中，柏拉图拒绝接受所有公认的美的定义，但并未发现一个更好的定义；他后来的著作也没有提出一个正式的定义。事实上，他使用了两个概念：一个源于毕达哥拉斯学派，另一个是他自己的。柏拉图自己的概念是在他成熟时期的对话《理想国》和《会饮篇》中提出来的，但在最后的著作《法律篇》中，他采用了毕达哥拉斯学派的概念。

6. 美作为秩序和尺度。根据柏拉图采用和发展的毕达哥拉斯学派的概念，美的本质在于秩序（*taxis*）、尺度、比例（*symmetria*）、协调和和谐。也就是说，美首先被理解为一种依赖于各个部分之间安排（排列、和谐）的属性，其次被理解为一种能用数（尺度、比例）来表达的数值属性。

柏拉图在《菲利布篇》的结尾说："尺度和比例是……美与善。"[6]这篇对话认为，和一切善的本质一样，美的本质在于尺度和比例。同样的想法亦见于另一篇对话《智者篇》，它以一种否定的说法为之作了补充，其大意是，"不成比例……总是丑的"。[7]在晚
117 期作品《蒂迈欧篇》中，柏拉图也谈到了美与尺度之间的关联，并且笼统地宣称："一切善的事物都是美的，善的事物不可能缺少比例。"[8]他解释说，尺度决定了事物的美，因为尺度赋予事物以统一性。[9]《政治家篇》则清楚地表明，在某些情况下，应把"尺度"理解为数，而在另一些情况下，应把"尺度"理解为适度和合宜。[10]

毕达哥拉斯学派的这种尺度和比例学说在柏拉图的哲学中出现得相对较晚，然而一旦出现，它就成了柏拉图哲学的永恒特征。它为出现在柏拉图晚年的伟大著作《法律篇》中的柏拉图美学提供了决定性的说明。柏拉图认为，美感与秩序感、尺度感、比例感、和谐感类似，是人所特有的，[11]是人"与诸神的关系"的一种表现。他对艺术的理解也建立在这种基础上。他赞叹埃及人，因为埃及人懂得，秩序和尺度在艺术中最重要，一旦发现合适的尺度，就应当遵守它，而不是寻求新的形式。他谴责当时的雅典艺术抛弃了尺度，而屈从于"无序愉悦"的诱惑。他把基于尺度的好艺术与依

赖于人们的感官和情感反应的坏艺术进行了对比。他责备当时的音乐家把耳朵的判断力置于心灵的判断力之上。他说，感官的判断力是美和艺术不恰当的评判标准。

柏拉图不仅声称美是恰当的尺度，而且还试图发现这种尺度是什么。在《美诺篇》中，他挑选出两个正方形，其中一个正方形的边长等于另一个正方形对角线的一半。他似乎认为这是理想的比例。许多个世纪以来，建筑师们一直把柏拉图的话当作权威，并把他们的建筑物建立在这种关系的基础上。

在《蒂迈欧篇》中，柏拉图又挑选出其他一些比例。他利用了当时数学家的观点，认为只存在五种规则的三维立体，这些立体因其规则性而是“完美的形体”。他赋予了这五种具有最完美比例的立体以宇宙论意义，认为世界建立在它们的基础之上，因为神在构造世界时不可能运用不完美的比例。他还把这些比例引入了艺术。他特别引入了等边三角形和毕达哥拉斯三角形，并把这些三角形视为那些完美立体的组成部分。他认为，只有这些完美的形式才真正是美的。由于柏拉图的缘故，《美诺篇》中的正方形和《蒂迈欧篇》中的三角形都成了艺术家尤其是建筑师的理想；若干个世纪以来，希腊、罗马以及后来中世纪的建筑都是按照三角形和正方形的原则设计的。就这样，几何学提供了美学的基础。

在关于尺度、秩序和比例的美学理论中，柏拉图绝没有提倡形式主义。他固然允许形式在美和艺术中扮演一个决定性的角色，但这里所理解的形式仅仅是“各个部分之间的安排”，而不是“事物的外观”。他称赞外观之美，但也称赞内容之美。他强调了它们之 118
间的关系：“无论是谁，只要舞跳得美、歌唱得美，他就跳出和唱出了美的东西。”

7. 美的理念。柏拉图中年所倡导的另一个美的概念源于其精神主义和理念论的哲学信念。他不仅承认身体的存在，而且承认灵魂的存在，不仅承认感觉现象的存在，而且承认永恒理念的存在。对柏拉图来说，灵魂比身体更完美，理念比身体或灵魂更完美。由这些信念产生了某些与美学相关的推论。柏拉图认为，美并非局限于身体，而且也是灵魂和理念的典型特征，灵魂和理念的美高于身体的美。柏拉图的哲学前提使美得以精神化和理念化，从而使美学从经验转向了构造。

柏拉图并不否认人们从美的形体中获得愉悦，但他认为思想和行动比形体更美。精神美是一种更高的美，虽然不是最高的。最高的美存在于“理念”中，只有“理念”才是“纯粹的美”。当一个人成功地做成某件美事时，他是在以美的理念为榜样。[12]如果身体和灵魂是美的，那是因为它们与美的理念相似。[13]它们的美是短暂的，只有美的理念是永恒的：“当你感知到它时，金子、钻石以及最美的男孩和少年都不能与之相比。”

在《会饮篇》中，[14]柏拉图用最高的言辞来描述永恒的美：不生不灭、不增不减。它不是在这一点美，在另一点丑；在此时美，在彼时不美；在此方面美，在彼方面丑；也不是因人而异，对某些人美，对另一些人丑。这种美也不会表现为脸、手或身体某一部分的美。它既不是话语，也不是知识。它不包含在任何别的事物中，例如动物、大地、天空之类的事物；它是绝对的、自存的、简单的、永恒的，所有其他有生有灭的美的事物都分有它，而它却不因之有所增减变化。

当柏拉图认为美的理念超出了所有理解时，他背离了希腊人的信念。这是他个人的概念，它不仅是一种新奇的东西，而且标志着一场革命。它把美提升到超越的层面。

这场革命有三个方面：首先是希腊宽泛的美的概念被进一步扩宽，现在也包括超越经验的抽象对象；其次是引入了一种新的评价：现实的美现在因为理想的美而遭到贬低；第三是引入了一种新的美的衡量标准：现实事物的美的衡量标准现在依赖于现实事物与美的理念的距离或接近程度。

到目前为止，哲学家们已经提出了美的三种衡量标准。智者学派的衡量标准是主观的审美经验，在于它所包含的愉悦程度。
对于毕达哥拉斯学派来说，衡量标准是客观的规则性与和谐。苏 119
格拉底认为，美的衡量标准在于事物在多大程度上与它所要完成的任务相一致。现在柏拉图提出了第四种衡量标准，即我们心中拥有的完美的美的理念，我们正是据此来衡量事物的美。作为美的衡量标准，与理念的一致无疑不同于美的事物所给予的愉悦、所具有的形式或所要完成的任务。

柏拉图的概念与智者学派的概念形成了鲜明对比，也不符合苏格拉底的观点。但它确实符合毕达哥拉斯学派的概念；事实上，两者甚至是互补的，因为若非基于规则性与和谐，美的理念又基于什么呢？到了晚年，柏拉图对毕达哥拉斯学派概念的强调甚至超出了对他自己概念的强调。因此，他留给后世的不仅有形而上学的美学，还有数学的美学。

柏拉图的哲学观点为他的美学赋予了一种**理念论**色彩，但也赋予了一种**道德主义**色彩。希腊人既欣赏审美意义上的美，也欣赏道德意义上的美;但在古典时期,他们特别被可见世界的美,被戏剧表演、雕塑、神庙、音乐和舞蹈所吸引。在柏拉图那里,道德意义上的美占据了主导地位。他虽然也认为善与美有紧密关联,但却颠倒了强调重点。对于一般希腊人来说,最确定的事实是,存在着美的事物,因此它们是善的。而对于柏拉图则恰恰相反,最确定的事实是,存在着善的事物,因此它们引起了赞叹,被认为是美的。

8. 宏大的美和适度的美;相对的美和绝对的美。柏拉图是一位艺术家和艺术爱好者,但也是一位不信任艺术的哲学家。他关于美和艺术的**一般**概念源于他的哲学,而许多**具体**的观点、思想、分析和区分则源于他的艺术才华和鉴赏力。

在《法律篇》中,柏拉图区分了宏大的(*megaloprepes*)艺术和适度的(*cosmion*)艺术,严肃的艺术和轻松的艺术。他在诗歌和戏剧以及音乐和舞蹈中看到了这种二元性。他的这种区分成为在18世纪变得重要的崇高与美的区分的起源。[15]

在我们这个时代,柏拉图的另一个区分似乎更为重要和现代。在《菲利布篇》中,他区分了现实事物(及其在绘画中的再现)的美与直线、圆、平面和立体等抽象形式的美。[16]他认为前一种美是相对的,只有第二种美才“永远是美的且本身就是美的”。他偏爱简单抽象的形状之美和纯色之美,他认为这些东西本身就是“美的和令人愉悦的”。可以假设,他若是知道抽象艺术,应该会表示赞成。他对待视觉艺术的态度类似于毕达哥拉斯学派对待音乐的态度。
120 他认为,美而简单的形状、颜色和声音给人一种特殊的愉悦。[17]这些愉悦之所以特殊,是因为其中不夹杂痛苦。由此可以区分审美经验和其他经验。

柏拉图的这些具体观点，甚至是最为深刻和重要的观点，远不及他一般的艺术概念影响大。这一概念尽管要比那些具体观点更值得怀疑，但对接下来的数个世纪产生了深远的影响，事实证明是他真正的美学遗产。

9. 艺术的概念；诗歌与艺术。柏拉图的艺术理论和美的理论之间联系极为松散。他认为最大的美不在艺术中，而在宇宙中。他使用的是包含工艺在内的广义的希腊艺术概念；对柏拉图和其他希腊人来说，不仅绘画或音乐是艺术，人有目的、有技能地生产的一切都是艺术。他说，人之所以会发现艺术，是因为自然没有给人提供足够的必需品，而人需要保护。说这些话时，柏拉图想到的当然是编织和建筑，而不是绘画和雕塑。

柏拉图的艺术概念包括工艺，但似乎不包括诗歌，他认为诗歌关乎灵感而不关乎技艺。他发展了希腊人对诗歌的看法，认为诗歌是预言性和非理性的。他在《伊安篇》中写道："我们赞叹的这些伟大诗歌的作者们并非通过任何艺术的规则而达到卓越，而是在一种灵感状态下发出美妙的诗韵，他们仿佛被一种不属于他们自己的精神所控制……在一种神圣的迷狂状态下[进行创造]。"[18]"诗人……是神明的诠释者，每一位诗人都被某位神明所控制。"[19]在《斐德若篇》中，柏拉图也把**诗歌**称为一种崇高的**迷狂**(*mania*)。当缪斯女神带来灵感时，"灵魂中充满了诗歌和其他形式的艺术创造"。"但如果有人来到诗歌的大门前而没有缪斯女神的迷狂，以为只有技艺才能使他成为一个好诗人，那么他和他神志清醒的作品将被迷狂的诗歌所击败。"[20]这句话强调了灵感与技艺的重要对立。把诗歌归于灵感的人并非只有柏拉图，德谟克利特也是这样认为的。理念论者柏拉图和唯物论者德谟克利特都认为诗歌在心理上是异乎寻常的。认为灵感只在诗歌中起作用，并把艺术与工艺归为一类，是早期的典型特征。

柏拉图在强调诗歌与艺术的对比方面走得最远，但与此同时，他本人也暗中破坏了这种对比。他曾指出，并非所有诗歌都是灵感，因为有些作者因循常规。既有“迷狂的”诗歌产生于诗人的出神，[21]也有“技艺的”诗歌产生于写作技巧。这两种诗歌的价值并不相同：柏拉图把第一种诗歌看成人最高级的活动，而把第二种诗歌看成与其他艺术无异的艺术。在《斐德若篇》给出的人的等级中，他为诗人指定了两个不同的位置：有些诗人地位低下，与工匠和农夫为伍，而另一些“被缪斯选中的”诗人则与哲学家并列，地位最高。同样，在《会饮篇》中，他将吟唱诗人，即在神与人之间进行
121 调解的“神圣的人”，与“那些了解某种艺术或工艺的人”及单纯的“工匠”进行了对比。他意识到，这种吟唱诗人-工匠的二元性存在于诗人当中，却不存在于艺术家当中；因为在他看来，画家和雕塑家不过是工匠罢了。

10. 艺术的划分；摹仿的艺术。既包括绘画和雕塑，也包括编织和制鞋的广泛艺术领域需要分类。柏拉图曾做过多次尝试。在《理想国》中，他将艺术分为三类：[22]利用事物的艺术、生产事物的艺术和摹仿事物的艺术。一个类似但更为复杂的划分出现在《智者篇》中，[23]在那里他区分了“获取的艺术”（ctetics），即利用存在于自然之中的东西的艺术，和“创制的艺术”（poetics），即生产自然所缺乏的东西的艺术（“poetics”一词在这里是广义的，而不限于这个词所指的“诗学”）。获取的艺术包括打猎和钓鱼等艺术。创制

的艺术则被进一步细分为直接服务于人的艺术、间接服务于人的艺术（制造工具）和摹仿的艺术。

在这一美学分类中，最重要的是把复制事物的艺术与生产事物的艺术分开，即区分**摹仿的**（imitative）艺术和**创制的**（productive）艺术。但柏拉图既没有列出摹仿的艺术的清单，也没有精确地定义这个术语，所以"摹仿的"艺术的范围仍然是不固定的。他有时会将诗歌与摹仿的艺术进行对比，有时又会把诗歌包括进去；在《会饮篇》中，他把音乐包括在诗歌中，而在《理想国》中，他又把诗歌包括在音乐中。他只是朝着一种摹仿的艺术的理论迈出了第一步。

尽管如此，柏拉图仍然对这一理论的发展产生了决定性的影响。对于早期希腊人来说，艺术摹仿或再现现实的观念当然并不陌生。他们很容易意识到，《奥德赛》再现了奥德修斯的冒险，卫城的雕像再现了人体；但对于艺术的这种功能，他们并没有表现出多大兴趣。他们思考更多的是像音乐和舞蹈这样表现了某种东西的艺术。但即使是雕塑和绘画这类再现的艺术，希腊人感兴趣的也是艺术不同于现实这一事实，正如高尔吉亚所说，艺术制造了幻觉。之所以对再现的艺术缺乏兴趣，也许可以解释为，在公元前5世纪中叶之前，希腊的视觉艺术与现实几乎毫无相似之处，对人物形体的再现更多是几何的而不是现实的。除了色诺芬记载的苏格拉底与帕拉修斯的谈话，我们很难在柏拉图之前的作者那里找到通过艺术来再现现实的内容。

用来表示艺术再现的术语并不固定。在其对话中，苏格拉底使用了各种术语，其中一些与"摹仿"（*mimesis*）接近，但从未包括"摹仿"一词本身，这一时期的希腊人用这个词来指性格表现和扮

演角色，而不是摹仿现实。“摹仿”一词被用来描述与音乐和舞蹈
122 相关的祭礼活动，但不被用来描述视觉艺术。德谟克利特和赫拉克利特学派用这个词来指“遵循自然”，但不是在“重复事物外观”的意义上。是柏拉图第一次将它旧词新用。

在柏拉图的时代，雕塑抛弃了几何风格，开始描绘现实的活人，绘画也显示出类似的变化。柏拉图指出，“服务于缪斯”的艺术把对现实的再现变成了一个活跃的议题。他用旧的“*mimesis*”一词来指这种新的现象，在此过程中，他不可避免地改变了这个词的含义。他继续把它用于音乐[24]和舞蹈[25]，但也把它用于视觉艺术[26]，尽管这要等到《理想国》第十卷。他仍然用这个词来表示对性格和情感的再现，但也用它来表示对事物外观的再现。起初，他遵循传统，只把艺术家本人充当工具的那些艺术称为“摹仿的”，[27]比如演员或舞者；但后来他又把这个术语扩展到也包括其他艺术。在《理想国》中，他把“摹仿的”诗歌限定于主人公自己言说的诗歌，比如悲剧；而在《法律篇》中，他把这个术语扩展到也包括史诗，在史诗中，主人公由诗人进行描述。在《法律篇》中，所有“音乐的”(musical)艺术，即服务于缪斯的艺术，都被称为“再现的和摹仿的”。

柏拉图关心艺术再现现实的真实性。在《克拉底鲁篇》中，他写道，忠实的摹本是多余的，因为它只是原作的复制品。但另一方面，不忠实的摹仿是谎言。因此，柏拉图怀疑摹仿在艺术中是否可取。[28]

11. 制造形象的艺术。画家或雕塑家在“摹仿”一个人时，当然不是制造出另一个与之相似的人，而是只制造出他的**形象**；人的

形象与真人属于不同种类。除了相似性，它还有其他属性。柏拉图意识到了这一点，因此他的“摹仿”概念有两个方面：首先，艺术家制造出现实的一个形象；其次，这个形象是不真实的。[29]作为“摹仿”的艺术作品是“幻象”。柏拉图将制造形象和幻象的“摹仿的艺术”与那些“制造事物”的艺术进行对比。在他看来，摹仿的艺术，即绘画和雕塑、诗歌和音乐，其本质特征不仅在于摹仿性，而且在于其产物的**不真实性**。

在《智者篇》中，柏拉图把艺术分为生产事物（器皿或器具）的艺术和只产生形象的艺术，然后又把后者分为在描绘事物时保持其固有比例和颜色的艺术和改变其固有比例和颜色的艺术。[30]事实上，这第二类艺术并非由“摹仿”所组成，而是由“幻觉”所组成。在引入这一划分时，柏拉图受到了当时的艺术及其幻觉论以及故意改变形状和颜色的影响。他写道：“今天，艺术家们不去考虑真理，只把**看起来**美、而不是**真正**美的比例赋予他们的作品。”他写道，幻觉论绘画尝试“奇迹”和“巫术”，是“欺骗”的艺术。柏拉图在其中察觉到高尔吉亚察觉到的相同属性，但高尔吉亚很欣赏这种诱人的魔法，而柏拉图却认为这是一种偏离和恶行。促使柏拉图对艺术作出负面论述的乃是艺术的幻觉论，而不是艺术的再现性。但他并不认为幻觉论对于艺术必不可少；恰恰相反，他认为艺术摆 123
脱了幻觉论就能发挥其固有功能。

12. 艺术的功能：道德功用与确当（rightness）。那么，柏拉图认为什么才是艺术的功能呢？它的第一个功能是功用。柏拉图指的是**道德**功用，只有道德功用才是真正的功用。艺术必须是塑造品格和形成理想国的一种手段。

其次也是最重要的，为了发挥功能，艺术必须遵循支配世界的法则，必须洞穿宇宙的神圣计划，并据此来塑造事物。因此，真实或“确当”(*orthotes*)[31]是艺术的第二个基本功能。它产生的东西一定“合适、准确、公正、没有偏离”。与支配世界的法则的任何偏离都是过失和错误。

只有计算和尺度才能保证艺术是确当的：柏拉图艺术理论的这个组成部分乃是毕达哥拉斯学派的遗产。只有运用计算和尺度的艺术(与单纯以经验和直觉为指导的艺术不同)才能可靠地履行其功能。建筑就是一个例子。艺术作品的“确当”首先依赖于各个部分的恰当安排、一种内在秩序和良好结构。它必须有恰当的“开始、中间和结束”，类似于一个生物或有机体，不能没有“头或脚；它的中间和肢端必须相互配合并与整体相配合”。[32]只有正确地再现每一部分，画家才能创造出美的整体。[33]为此，艺术家必须了解和运用支配世界的永恒法则。

于是，好艺术的标准就是：遵循世界法则意义上的“确当”，以及能够形成道德品格意义上的“功用”。在艺术中，愉悦充其量只是一种补充，而不像智者学派所宣称的那样是艺术的目标和价值标准。以让人愉悦为目标的艺术是坏艺术。既然艺术的标准在于确当，那么指导原则就必须是理性而不是情感。

那美呢？柏拉图本人就是一个地地道道的艺术家，不可能意识不到艺术中的美，但他的哲学提出了不同的要求。他虽然眼光敏锐，但正如有人指出的，“他内在的眼睛逐渐遮蔽了外在的视觉”。他固然写道，对缪斯女神的侍奉应当“终止于……对美的爱”。[34]但他说的乃是广义的“美”，主要包括道德意义上的美。如此理解的美与道德功用和确当并无不同。

然而，一件艺术作品的**内在**真实性难道不是其价值的衡量标准吗？柏拉图的《理想国》中有这样一句话："假如一位画家画了一个理想的完美形体，一切的一切都已画得恰到好处，只是还不能表明和这个形体一样美的一个人可能存在，你会认为他是更糟糕的画家吗？"[35]这句话似乎在说，一件艺术作品的价值取决于它的内 124
在真实性，而不是任何外在真实性。它被认为表明，柏拉图承认有一种特定的"艺术真实性"。然而对于这种观念，柏拉图可能只是略有暗示：他提过一次就再也不提了。事实上，他的整个艺术理论与一种独特的艺术真实性的观念是不相容的：他将字面理解的真实性和符合艺术所描绘的事物这一标准坚定不移地应用于艺术。他的格言是，艺术应当以事物固有的内在比例来描绘事物，否则就是不真实的，而不真实的艺术就是坏的艺术。因此，他谴责当时的印象主义绘画，因为这种绘画改变了事物的比例和颜色，尽管它使观者**看到了固有的**比例和颜色。

柏拉图的观点是，艺术**不**应享有自主性，甚至应当双重地非自主：相对于它所要再现的现实存在，以及相对于它所要服务的道德秩序。

因此，我们的结论是，柏拉图向艺术提出了两项要求：它应当按照宇宙法则来塑造自己的作品，应当按照善的理念来塑造品格。由此，好艺术只可能有两个标准：确当和道德功用。

艺术果真能满足这些理想要求吗？柏拉图认为能，在早期希腊人的古风艺术尤其是埃及人的艺术中，它都已经做到了。

13. 受谴责的艺术。然而对于当时的艺术，柏拉图持谴责态度。他不赞成这种艺术，因为它以新奇和变化为目的，产生幻觉和扭曲的比例。他旨在使艺术不被主观主义和虚假所压垮。柏拉图对当时艺术的批评极具一般性，以至于他似乎成了所有艺术的敌人。

更确切地说，柏拉图之所以对艺术做出负面评价，是因为他认为艺术没有满足他的两个标准中的任何一个。艺术既不确当也无功用：首先，艺术错误地描绘了现实；其次，它败坏了人。它使事物变形，即使偶尔未使事物变形，也只是再现了事物的表面和外表。按照柏拉图的说法，现实的可感外表不仅肤浅，而且是一种错误的形象。[36-40]

根据柏拉图的哲学，艺术之所以败坏人，是因为艺术作用于情感，而且在人应当只受理性引导时激起情感。通过影响情感，艺术削弱了品格，麻痹了人的道德警惕性和社会警惕性。柏拉图反对艺术的第一个论证主要针对视觉艺术，第二个论证主要针对诗歌和音乐。

柏拉图反对艺术的第一个论证出自一种知识论和形而上学，第二个论证出自伦理学。他并没有从美学中引出任何论证。这并非第一次从道德角度来评判和谴责诗歌。阿里斯托芬在柏拉图之
125 前已经这样做了。然而，是柏拉图第一次将这种观点引入了一般的艺术哲学。他挑起了艺术哲学与艺术本身之间的分裂。这可能是欧洲历史上第一次这样的分裂。柏拉图之前理论家的观点符合当时的艺术实践，而柏拉图希望艺术符合**他的**观点。他**规定了**艺术应该是什么样子。他的规定恰好与当时艺术的方向背道而驰。分裂是不可避免的。

他对当时的艺术感到不满，希望艺术能恪守传统。他被称为“第一位古典主义者”，因为他是已知最早倡导回到过去的艺术的思想家。

柏拉图的论证说服力有限，没能让希腊艺术家信服。他们不去理会柏拉图，而是继续独立发展自己的艺术。柏拉图的论证基于其个人假设，即事物的可感性质并不符合存在者的真实性质，产生艺术和教育公民只有**一种**正确方法。他的批评并**不是**对艺术的**美学**评价，充其量只是从一种认知和道德的观点来证明艺术有害罢了。然而，在柏拉图看来，较低的价值必须完全从属于更高的价值，而美低于真和善。此外，他的论证并未谴责整个艺术，因为并非每一种艺术都会使现实变形，也并非每一种艺术都会削弱品格。他的论证只会让那些接受其以下格言的人感兴趣，即艺术应当严格服从客观真理，应当符合理性，应当接近理念世界。柏拉图本人并不总是遵从自己的论证。他的对话中包含着赞扬艺术的段落，并宣称诗人是“诸神的诠释者”。

然而，柏拉图对艺术的最终判断是负面的。即使不谴责艺术，柏拉图也会贬低艺术。他在《政治家篇》中写道：“所有摹仿的艺术都只是玩物(*paignia*)；它们不包含任何严肃的东西，仅仅是娱乐罢了。”摹仿只是一种游戏，尽管无疑很迷人。它是一种使人脱离崇高职责的轻浮活动。柏拉图将画家的艺术与医药、农业、体操、政治等“严肃的”艺术相对照，前者使用的是形象而非真实事物，后者则“与自然合作”。最能刻画柏拉图立场的也许是，他认为艺术是一种游戏，而美是一件非常严肃和困难的事：*chalepa ta kala*。

然而，柏拉图不仅指出了艺术的缺点，而且力图弥补这些缺点。他认为这些缺点并非不可避免。有坏的艺术,但也可以有好的艺术。好的艺术需要指导和控制。柏拉图谈到了"有说服力的诗人"。[41]他想阻止音乐中新的观念和革命,担心这些剧变会引发
126 社会和政治的动荡。[42]他要求立法者"劝告(如果劝告无效就强迫)诗人按照应有的方式从事创作"。[43]虽称艺术为"玩物",但他必定觉察到了艺术的力量,因为他写道:"音乐风格的改变永远伴随着政治法律的革命。"

14. 哲学与艺术的冲突。柏拉图喜欢艺术,与许多艺术家都有联系。他画画和作诗,他自己的对话就是艺术作品。但尽管如此,柏拉图还是对艺术做出了负面评价。认真考察就会发现,柏拉图对艺术的负面态度似乎并非只是出于其个人观点,而是反映了希腊思维以及哲学与诗歌之间"古已有之的冲突"。[44]这种冲突源于要求希腊诗歌按照与哲学相同的方式来教导民众。希腊人对诸神的看法来自荷马和赫西俄德,对人的命运的看法则来自埃斯库罗斯。对于诗人为何应受尊重这个问题,阿里斯托芬回答说:"因为他们所提供的**教导**。"

哲学一出现,与诗歌发生冲突就不可避免。持相对主义观点的哲学家也许会容忍诗歌作为另一种知识来源,但相信真理唯一的柏拉图却不然。他确信只有哲学才能接近真理。他在《申辩篇》中写道:"诗人就像先知和预言家,他们并不知道自己说的是什么;但我也观察到,他们凭借自己的诗歌,在一些事情上明明一无所知却自认为很懂。"这便是科学与诗歌之间的一种冲突,艺术作为诗歌的天然盟友也卷入其中。

15. 总结。非常简要地说,柏拉图在美学主题上有如下立场。

世界是按照永恒的形式构建的，受恒常法则的支配，世界在秩序和尺度上是完美的。每一个事物都是这种秩序的一部分，它的美就寓于其中。心灵能够理解这种美，而感官只能记录它遥远、隐约和偶然的反映。

因此，艺术家要做的事情只有一件，那就是发现和再现不同事物独特的完美形状。与它们的任何偏离都是一种错误、欺骗和恶行；许多艺术家都有过错，因为他们只制造幻觉。艺术的功能在理论上是高尚和有用的，在实践上却是犯错和有害的。

关于美和艺术，从未出现过比柏拉图更为极端的说法：美是现实的属性，而不是人发明的属性；艺术只能建立在知识的基础上；自由、个性、原创性或创造性在艺术中没有位置；与现实的完美性相比，艺术的可能性是微不足道的。

这一学说的来源很清楚。柏拉图把它建立在毕达哥拉斯学派宇宙论信念的基础上，即世界有一种数学的秩序与和谐。他将这一理论与苏格拉底的理论（道德价值是最高的）和阿里斯托芬的理论（艺术应受道德的指导）结合起来。毕达哥拉斯学派和苏格拉底都没有设想过柏拉图从他们的理论中得出的结论。正是柏拉图开创了对美的理念论解释以及对艺术的摹仿论和道德论解释。这两
种解释都基于他的形而上学观点，与之一荣俱荣、一损俱损。 127

柏拉图的观点似乎颇为孤立，他那超验的美的概念与欣赏这个世界内在的美的古典时期似乎格格不入。他与同时代持相对主义见解的智者学派形成了鲜明对比。他是形而上学家和精神主义者，而智者则是启蒙的先锋。然而，古典时期希腊文化的典型特征是多样化；它既有道德主义态度，又有审美态度；既产生了理念论

的意识形态，又产生了启蒙的意识形态。智者学派代表意识形态的一极，柏拉图则代表另一极。

* * *

F. 柏拉图的原文

美、真、善

[1]神性是美的、智慧的和善的，具有各种诸如此类的优点。

——PLATO，Phaedrus 246 E

美、功用、愉悦

[2]当你把某些事物，比如身体、颜色、图形、声音、习俗，称为美的时候，你心里一定有某种标准。例如首先，你把美的身体称为美的，要么因为它对某个特定的目的有用，要么因为它能使看到它的人感到愉悦。

——PLATO，Gorgias 474 D

美的三重概念

[3]美有三个部分。第一部分是赞扬的对象，比如看起来美的形式。另一部分是有用的东西，比如工具、房子等对于使用来说是美的东西。此外，还有一些与风俗和职业有关的东西因为有益而是美的。于是，一种美在于被赞扬，另一种美在于有用，第三种美在于所带来的益处。

——LAERTIUS DIOGENES Ⅲ，55(On Plato)

悦人耳目的美

[4]如果我们说，凡是让我们感到愉悦的东西——我并不是说包括所有愉悦，而仅指我们通过听觉和视觉而感到愉悦的东西——就是美的，那么我们应当如何进行论战呢？的确，美的人、 128
一切装饰物、图画、雕塑，如果是美的，我们一看到就会感到愉悦；美的声音、整个音乐和谈话、想象的故事，也有同样的效果。……美就是通过听觉和视觉让人愉悦的东西。

——PLATO，Hippias maior 297 E

真正的美

[5]一种人是视觉和声音的爱好者，喜欢美丽的声调、色彩、形状以及一切由其组成的艺术作品；但他们的思想无法看到和喜爱美本身。

——PLATO，Respublica 476 B

美与尺度

[6]尺度和比例在任何地方都等同于美和善。……如果我们不能借助于一个理念来把握善，那么我们就借助于三个理念——美、比例和真——来把握善。

——PLATO，Philebus 64 E

[7]畸形无非是不成比例，看起来总是丑的。

——PLATO，Sophista 228 A

[8]一切善的事物都是美的，而美的事物不可能缺少比例。就有生命的东西而言，这种比例也是必不可少的。……最重要的莫过于灵魂本身与身体本身之间的成比例或不成比例。

——PLATO，Timaeus 87 C

[9]如果没有第三样东西，就不可能把这两样东西[指火和土]完美地结合起来；它们之间必须有一条纽带将其连在一起。最完美的纽带能将它自身与它所结合之物最彻底地合而为一，而比例最能实现这一点。

——PLATO，Timaeus 31 C

129 [10]我们显然应当按照之前所述把度量的技艺分成两部分。一部分技艺相对于对立面来度量事物的数目、长度、深度、宽度和厚度，另一部分技艺则相对于适度、恰当、对立、需要以及处于两极之间的所有其他标准来度量事物。

——PLATO，Politicus 284 E

人、和谐和节奏

[11]动物在这些运动中基本上感知不到有序或无序，没有我们所谓的节奏感或旋律感。但我们人就不一样了，诸神……赐予我们感知和享受节奏与旋律的能力。

——PLATO，Leges 653 E

美的观念

[12]当造物主凝视那永恒同一者、把它当作模型来构造形式和性质时，由此构造的事物必然总是美的；若他所凝视的东西是生成者，所

采用的模型也是生成者，则他的作品就不是美的。

——PLATO，Timaeus 28 A

[13]如果这个宇宙是美的，其创造者是善的，则他所凝视的显然是那永恒者。

——PLATO，Timaeus 29 A

[14]一个人如果随着向导，学习爱情的深密教义，顺着正确次序，逐一静观个别的美的事物，直到对爱情学问登峰造极了，他就会突然看到一种奇妙无比的美。他的以往一切辛苦探求都是为着这个最终目的。这种美是永恒的，不生不灭、不增不减。它不是在这一点美，在另一点丑；在此时美，在彼时不美；在此方面美，在彼 130
方面丑；也不是因人而异，对某些人美，对另一些人丑。这种美也不会表现为脸、手或身体某一部分的美。它既不是话语，也不是知识。它不包含在任何别的事物中，例如动物、大地、天空之类的事物；它是绝对的、自存的、简单的、永恒的，所有其他有生有灭的美的事物都分有它，而它却不因之有所增减变化。就这样，一个人从世间的这些事物出发，由于对美少年的爱有正确的观念，逐渐循阶上升，一直到静观我所说的这种美，他对于爱情的深密教义就算近于登峰造极了。这便是参悟爱情道理的正确道路，自己走也好，由向导引着走也好。先从世间个别的美的事物开始，逐渐提升到最高境界的美，仿佛升梯，逐步上进，从一个美的形体到两个美的形体，从两个美的形体到所有美的形体，再从美的形体到美的行为制度，从美的行为制度到美的学问知识，最后再从各种美的学问知识一直到只以美本身为对象的那种学问，彻悟美的本体。……对美本身的静观是一个人最值得过的生活，其他一切都无

法与之相比。

——PLATO,Convivium 210 E-211 D

宏大的美和适度的美

[15]我们还必须粗略地区分两种类型的歌:适合女性的歌和适合男性的歌,因此,我们必须给这两种歌提供恰当的音阶和节奏。……所以,我们还必须在这些方面进行立法,至少以一般的概要方式。……因此,我们会把庄严勇武的歌称为男性的,而我们的法律和理论传统上认为,秩序和纯洁专属于女性。

——PLATO,Leges 802 D

绝对的美和相对的美

131 [16]我的意思初看起来肯定不太清楚,我必须努力使它清楚起来。当我说美的形式时,我力图表达的并非大多数人所理解的动物或绘画的美,而是直线和圆以及用尺、规、矩画直线和圆所形成的平面形和立体形;你也许可以理解。我断言这些事物的美不像其他事物那样是相对的,它们凭借本性就总是绝对美的,并且给出特殊的愉悦。……这些颜色也具有这种美并产生这种性质的愉悦。

——PLATO,Philebus 51 B

审美的愉悦

[17]普罗塔科斯:但是,苏格拉底,我们应当认为什么样的愉悦才是真正的愉悦呢?

苏格拉底:真正的愉悦源自所谓美的颜色或形式,大都源自气味和声音，简而言之，真正的愉悦源于这样一些东西，缺少它们时我们感觉不到，也不感到痛苦，而它们提供的满足却能被感觉到，令人愉悦且不夹杂痛苦。

——PLATO，Philebus 51 A

缪斯的迷狂

[18]我们赞叹的这些伟大诗歌的作者们并非通过任何艺术的规则而达到卓越，而是在一种灵感状态下发出美妙的诗韵，他们仿佛被一种不属于他们自己的精神所控制，将其优美诗句说了出来。例如，抒情诗人就是在一种神圣的迷狂状态下创造出了那些令人赞叹的诗歌。倘若不具有灵感，仿佛处于迷狂状态，或者还有理性存在时，[一个诗人就不可能]创作出任何可以被称为诗的东西。

——PLATO，Io 533 E

[19]神似乎有意要剥夺所有诗人、预言家和占卜者的全部理
性和理解力，更多是把他们当作代言人和诠释者；我们这些听众承
认，写出优美诗句的那些人是迷狂的，是受神的启示对我们言说
的。……于是在我看来，神毫无疑问地证明，那些卓越的诗歌不是 132
人的作品，而是神的作品。诗人是神明的诠释者，每一位诗人都被
某位神明所控制。

——PLATO，Io 534 C

[20]但如果有人没有缪斯的迷狂而来到诗歌门前，以为单凭技艺就能使他成为一个好诗人，那么他和他神志清醒的作品遇到迷狂的诗歌时将会黯然无光。你瞧，我们在哪里都找不到他们的位置。

——PLATO，Phaedrus 245 A

理想的美

[21]请注意,以上讨论所涉及的都是迷狂的第四种形式。……有这种迷狂的人一看到尘世的美,就回忆起上界真正的美,他的羽翼就开始生长,急于高飞远走,可是心有余而力不足,只能像鸟儿一样,昂首向高处凝望,把下界的一切置之度外,因此被人称为迷狂。在所有形式的迷狂中,这是最好的一种。

——PLATO,Phaedrus 249 D

艺术的分类

[22]有三种涉及任何事物的艺术——使用事物的艺术、制作事物的艺术和再现事物的艺术。

——PLATO,Respublica 601 D

[23]一般来说,有两种艺术……农艺、畜牧和与组合或铸造事物(我们称之为器具)有关的艺术,以及摹仿的艺术,所有这些都可以用一个名字来恰当地称呼。

——PLATO,Sophista 219 A

摹仿的艺术

[24]我们曾经说过,节奏和音乐总体上是一种再现,用来表达形形色色的人的情绪。

——PLATO,Leges 798 D

133 [25]歌舞队的表演是对带有各种行为和情况的风俗习惯的摹仿呈现,表演者根据人物的塑造和摹仿进行扮演。因此,有些人觉得……歌舞队的歌词、旋律或其他表现符合自己的品味，就必定能享受……表演。

——PLATO，Leges 655 D

[26]我们也能把画家称为这类东西的创造者或制造者吗？

肯定不能……

我觉得，如果我们把画家叫做那两种人所造的东西的摹仿者，应该是最合适的。……

悲剧诗人也是再现事物的艺术家。

——PLATO，Respublica 597 D

[27]那么，让我们再次把这种奇妙的艺术分为两类。……一种是通过工具产生的，而在另一种艺术中，幻象的生产者把自己当作工具。……任何人通过把自己用作工具、使自己的形体或声音与你们相似时，这种奇妙的艺术就叫做摹仿。

——PLATO，Sophista 267 A

[28]诗歌在摹仿这些情感时对我们所起的作用也是这样的。在我们应当让这些情感干枯而死时，诗歌却给它们浇水施肥。在我们应当统治情感，以便可以生活得更美好更幸福而不是更坏更可悲时，诗歌却让它们确立起了对我们的统治。

——PLATO，Respublica 606 D

摹仿

[29]摹仿的艺术所产生的是形象，……而不是现实事物。

——PLATO，Sophista 265 B

[30]客人：我认为摹仿的艺术也应分成两类……我把制造似

像(likeness)的艺术看成摹仿的一部分。一般来说，只要有人在
134 长、宽、高上都遵循原物比例，并且给它的每一个部分都着上恰当的颜色，从而产生摹仿，都属于这种情况。

泰阿泰德：是这样，但所有摹仿者不都试图这样做吗？

客人：那些制作大型雕塑或绘画作品的人就不是这样。因为如果他们复制美的形式的真实比例，那么正如你所知，上部就会显得比实际更小，下部就会显得比实际更大，因为上部离观者远，下部离观者近。……因此，艺术家们不去考虑真理，只把看起来美，而不是实际存在的比例赋予他们的作品。

泰阿泰德：确实如此。

客人：那么，我们完全可以把与之不同但又相似的东西称为一个似像，不是吗？

泰阿泰德：可以。

客人：那么，可以用我们之前的称呼，把与这些事物相关的那部分摹仿称为制造似像的艺术吗？

泰阿泰德：可以这样称呼。

客人：那么，一些东西因为从不恰当的位置去看而显得像是美的，而如果恰当地去看，它们甚至不可能是相像的东西，对于这些东西，我们应该称之为什么呢？由于它们只是显得相似而实际上并不相似，我们难道不应称之为幻象吗？

泰阿泰德：当然应该。

客人：对于这种制造幻象而不是制造似像的艺术，我们所能给予的最正确的名字应是“幻觉的艺术”，不是吗？

泰阿泰德：确实如此。

客人：那么，这就是制造形象的艺术的两种形式，我指的是制造似像的艺术和幻觉的艺术。

泰阿泰德：你说的对。

——PLATO，Sophista 235 D—236 C

确当

[31]任何器具、生物或行为的至善、美或确当难道不是与自然 135
制造它或设计它的用途有关吗？

——PLATO，Respublica 601 D

[32]任何文章的结构都必类似于一个活物，有它自己的身体，不能没有头或脚；它的中间和肢端必须相互配合并与整体相配合。

——PLATO，Phaedrus 264 C

[33]你别指望我们会把眼睛画得这么漂亮，以至于看上去根本不像眼睛。所有部分都是如此：只有给每个部分赋予恰当的颜色，我们才能创造美的整体。

——PLATO，Respublica 420 D

艺术与美

[34]我们关于诗歌和音乐教育的讨论可以到此结束了吧？在这里结束是很恰当的，这种教育应当终止于对美的爱。

——PLATO，Respublica 403 C

不一定摹仿的艺术

[35]假如一位画家画了一个理想的完美形体，一切的一切都

已画得恰到好处，只是还不能表明和这个形体一样美的一个人可能存在，你会认为他是个更糟糕的画家吗？

——PLATO，Respublica 472 D

作为娱乐的艺术

[36][关于]装饰、绘画以及纯粹为了我们的愉悦而用绘画和音乐创造的所有摹仿，全都可以恰当地用一个名称来表示，……我们称之为玩物。……因此这个名称可以用来指称这一类的所有成员；因为它们都不具有任何严肃的目的，而仅供人玩赏。

——PLATO，Politicus 288 C

136 ## 对艺术的谴责

[37]例如一张床，你从不同的角度看它，从侧面或从前面或从别的角度看它，它都异于本身吗？或者，它只是样子显得不同，事实上完全没有什么不同？

只是样子显得不同。

问题就在这里。绘画旨在复制任何现实的事物本身，还是它看起来的样子呢？换句话说，它再现的是现实还是外表呢？

是外表。

因此，再现的艺术与现实还离得远呢。

——PLATO，Respublica 598 A

[38]绘画和艺术作品一般都远离现实，我们本性中那个能够理解艺术并对艺术作出反应的要素也同样远离智慧。摹仿术乃是低贱的父母所生的低贱的孩子。这个道理不仅适用于视觉艺术，

而且也适用于耳朵听的艺术，即我们所谓的诗歌。

——PLATO，Respublica 603 A

[39]出于这种考虑，我们可以正当地将诗人与画家并列，因为诗人在两个方面与画家相似：他的创作真实性和现实性很低，而且他的创作不是诉诸灵魂的最高部分，而是诉诸灵魂同样低劣的部分。因此我们完全有理由拒绝让诗人进入一个井然有序的城邦，因为他会激发和培育灵魂中有可能破坏理性的部分，这就像把一个城邦权力交给坏人，而把好人消灭掉一样。我们同样要说，摹仿的诗也是在个体心灵中建立起一种恶劣的政体，去取悦那个不能分辨大小，把同一事物一会儿说成大、一会儿说成小的无理性部分；他是一个形象制造者，这些形象是远离真实的幻象。

——PLATO，Respublica 605 A

[40]所以他们说，一切最伟大和最美好的事物显然都是自然 137
和偶然的产物，只有无甚价值的事物才是艺术的产物。艺术从自然手中接过已经形成的伟大的原始作品，然后构造和形成更无价值的东西，这就是我们称之为“假的”原因。……作为这些动因后续的、晚生的产物，艺术本身就像艺术的创造者一样不能经久；艺术随后又产生了一些本身不具有真实本质的玩物，这些玩物和艺术本身一样是些虚幻的形象，比如绘画、音乐等类似的艺术所产生的那些幻象。如果说它们是某些的确产生有真正价值的东西的艺术，那它们就是医学、耕作、体育等辅助自然的艺术。

——PLATO，Leges 889 A

对艺术的控制

[41]我们要不要监督诗人，强迫他们在诗篇里培植良好品格

的形象，否则我们宁可不要有什么诗篇？

——PLATO，Respublica 401 B

[42]因此简而言之，城邦的监护者们必须极力防止这个规则受到损害，不让体育和音乐教育翻新，违犯既定的秩序。……不应称赞这样的创新，也不应这样来理解诗人。因为在音乐中引入新的风格是一件有可能危及整个城邦的事，必须预先防止。音乐风格的重大改变必然伴随着政治礼法的重大改变。

——PLATO，Respublica 424 B

[43]真正的立法者同样会劝告（如果劝告无效就强迫）诗人按照应有的方式从事创作，用他那高尚精美的诗句和节奏旋律来再现纯粹、勇敢、善良的人。

138 克利尼亚：天哪！先生，你真的认为在今天的其他城邦，诗歌就是这样创作的吗？据我所知，除了在本地，或者在斯巴达，并不存在你所赞扬的这种做法；而在其他地方，我注意到舞蹈和音乐方面有无数创新在不断发生变化。引起这些变化的并非法律，而是某种远非固定和永久的、不受控制的品味，它从未显示出任何恒常不变，这和你所说的埃及的情况完全不同。

——PLATO，Leges 660 A

艺术与哲学

[44]哲学与诗歌之间的冲突古已有之。……我们会很高兴接纳诗歌，因为我们自己也能感受到它的魅力。但背叛我们认为的真理是有罪的。

——PLATO，Respublica 607 B

第十章　亚里士多德的美学

1. 亚里士多德的美学著作。古代书目列出了伟大的亚里士多德(前384—前323)关于艺术理论的几篇论文:《论诗人》(*On Poets*)、《荷马问题》(*Homeric Questions*)、《论美》(*On Beauty*)、《论音乐》(*On Music*)和《关于诗学的问题》(*Questions Concerning Poetics*)。不过,这几篇论文均已失传,只有《诗学》(*Poetics*)留存至今,但即使是《诗学》可能也是不完整的。古代书目提到了两本书,但只有一本留存下来,它篇幅很短,除了一个概括性的介绍,只包含一种悲剧理论。

尽管留给我们的遗产并不完整,但亚里士多德的《诗学》在美学史上仍然占有特殊的地位。它是现存最古老的长篇论著,这部专业论著讨论情节和诗歌语言的非常专门的问题,但也包含着对美学的一般评论。它可能打算作为一系列讲座发表,也可能是另一篇已经失传的论文的草稿。《诗学》在亚里士多德生前并未发表。

除了《诗学》,亚里士多德还在讨论其他主题的著作中评论了美学。最多的评论可见于《修辞学》(*Rhetoric*)第三卷和《政治学》(*Politics*)第八卷,前者讨论了风格问题,而在后者的第三章到第七章,亚里士多德在拟定教育纲领时阐述了他对音乐的看法。《政治学》的第一卷和第三卷也涉及美学问题。《问题集》(*Problems*)的一些章节专门讨论音乐美学。然而,这部著作并非亚里士多德本人所写,而是他的弟子写的。在《物理学》(*Physics*)和《形而上学》(*Metaphysics*)中,他关于美与艺术的论述大多散见于零星的
139 句子,但意义重大。两部伦理学著作,尤其是《优德谟伦理学》(*Eudemian Ethics*),论及了审美经验。

在亚里士多德的美学著作中,具体的专门讨论支配着一般哲学讨论。它们讨论悲剧或音乐,而不是一般地讨论美或诗歌。尽管如此,当时只被亚里士多德用于悲剧或音乐的一些论点,后来被证明是适用于整个艺术的一般真理。

2. 先驱。亚里士多德在美学研究上的先驱一方面是哲学家(高尔吉亚、德谟克利特和柏拉图),另一方面是艺术家(他们制定了研究其艺术对象的规则)。但在亚里士多德之前,没有人如此系统地研究过美学。正是亚里士多德引导美学(用康德的话说)走上了一条知识的康庄大道。一门科学的发展是一个持续的过程,将某一特定时间指定为这门科学的起点是危险的。不过,美学史可以分为“史前史”和“历史”。也许可以把亚里士多德定位于这两者之间,因为他用一门连贯的学科取代了有些松散的探究。

亚里士多德最亲近也最重要的先驱和导师是柏拉图,他们的观点有某些相似之处是很自然的。甚至有人说,亚里士多德的美学中没有任何东西不见于柏拉图。事实并非如此。亚里士多德打破了作为柏拉图美学基础的形而上学框架。他将柏拉图的美学思想系统化并且作了部分改变,并且在一定程度上发展了柏拉图仅仅作了暗示和概述的东西。

亚里士多德将其美学思想建立在他的国家和他那个时代的诗歌和艺术(索福克勒斯和欧里庇得斯的诗歌,波利格诺托斯和宙克西斯的绘画)的基础上。然而,他最尊敬的雕塑家菲迪亚斯和波利克里托斯都属于比亚里士多德稍早的一代。他评价最高的伟大画家以及他的《诗学》所基于的伟大悲剧家也是如此。因此,亚里士多德的美学受到了当时已被普遍接受的艺术的影响。柏拉图所了解的也是同样的艺术和诗歌,但亚里士多德对它们的态度不同于柏拉图。柏拉图谴责艺术和诗歌,因为它们不符合其意识形态,而亚里士多德则让自己的美学与业已确立的实践相一致。

3. 艺术概念。美学研究要么以美的概念为中心,要么以艺术概念为中心。虽然柏拉图赋予了美的概念以优先性,但根据策勒的说法,亚里士多德"在其《诗学》开篇就把美的概念置于一边,着手对艺术进行研究"。对亚里士多德而言,较为明确具体的艺术事实要比非常模糊的美的概念更有吸引力。

亚里士多德的艺术概念——"*techne*"——并不是新的。然而,他虽然采用了当时普遍使用的概念,但却作了精确的定义。艺术首先被刻画为一种**人类**活动。亚里士多德是这样表述这条原则的:"从艺术中产生的事物,其形式在艺术家的灵魂中",[1]"其动力 140
因在制造者之中,而不在它自身之中"。[2]因此,艺术的产物可以"存在或不存在",而自然产物的产生则是出于必然。

更确切地说,人类活动属于三个不同领域:它们或为研究,或为行动,或为生产。作为生产的艺术不同于研究和行动,这主要是因为艺术留下了产物。一幅画是绘画的产物,一尊雕像是雕塑的产物。更具体地说,所有艺术都是生产,但并非所有生产都是艺术。根据亚里士多德的表述，只有当"生产是有意识的并且基于知识"时，生产才是艺术。因此，艺术所属的**属**(*genus*)是**生产**，其**种差**(*differentia*)在于它以知识和一般规则为基础。由于这种知识使用规则，也可以把艺术定义为有意识的生产。根据这个定义，仅仅基于本能、经验或实践的生产**不是**艺术，因为它缺乏规则，且并非有意识地运用手段来达到目的。只有了解生产的手段和目的的人才精通艺术。因此，艺术并不限于后来所谓的优美艺术。亚里士多德的这个艺术概念与希腊传统是一致的。它获得了经典地位，流传了数个世纪。

被亚里士多德称为"艺术"的不仅是生产本身，而且还有生产的**能力**。艺术家的能力基于**知识**和对生产规则的熟悉，由于这种知识是生产的基础，所以亚里士多德也把这种知识称为"艺术"。后来这个词也被用来指艺术家活动的**产物**，但亚里士多德并未在这个意义上使用它。生产、生产能力、生产所需的知识、生产出来的东西，所有这些都被联系在一起，"艺术"一词的含义很容易从一个转移到另一个。希腊词"*techne*"的模糊性被拉丁词"*ars*"和现代语言中的对应词所继承。然而对亚里士多德来说，"*techne*"主要指生产者的能力，中世纪的"*ars*"主要指生产者的知识，而现代的"art"则主要指生产者的产物。

亚里士多德的艺术概念有几个典型特征：(1)首先，他对于艺术作了动态解释。他熟悉生物学研究，作为生物有机体的研究者，他在自然中看到的往往是过程而不是对象。他的艺术概念同样是动态的，强调的是生产而不是最终产物。(2)他还强调艺术中的理智因素，强调必要的知识和推理。任何艺术都有一般规则。他写道："当从由经验获得的许多看法中产生出关于某一类对象的普遍判断时，艺术就出现了。"[3] (3)他还把艺术构想为一种心理-物理过程；艺术虽然起源于艺术家的心灵，却被导向一个自然产物；(4)亚里士多德把艺术与自然对立起来，但未作明确区分，因为两者都追求自己的目的。艺术与自然的合目的性将它们联系在一起。[3a]

亚里士多德把艺术定义为一种能力，从而使艺术与科学融合 141
起来。诚然，他的确建立了一个原则来区分两者，声称科学与存在(being)有关，而艺术与生成(becoming)有关。[4]但与他关于艺术是一种能力和知识的概念相比，这个原则不那么有影响。这个概念模糊了艺术与科学的区分，因为在古代和中世纪，几何学和天文学被归于艺术。

亚里士多德的艺术概念流传了近两千年。直到现代，它才发生变化，而且是根本性的变化。首先，"艺术"获得了更为狭窄的"优美艺术"的含义；其次，艺术逐渐被视为一种产物，而不是能力或活动；第三，艺术的知识和规则不再像在古代那样得到强调。

亚里士多德方法的一个显著特征是他并不局限于一般的演绎，而是也研究特殊的现象，试图探究它们所有的要素、成分和变体。这是他研究艺术理论的方法。虽然他的详细分析属于艺术理论的历史，而不是一般美学的历史，但我们至少应当引用两个例子，即艺术与材料的关系，以及艺术的条件。

(1) 材料对艺术来说总是必需的，但有不同的使用方式。亚里士多德区分了五种：[5]艺术或者改变材料的形状(比如铸造青铜雕像)，或者增加材料，或者移除材料(比如雕刻石头雕像)，或者组合材料(比如在建筑中)，或者改变材料的性质。

(2) 对亚里士多德来说,知识、技能和天赋是艺术的三个主要条件。艺术所要求的知识必须是一般的,而且包括行为规则。艺术家所需的技能是通过实践获得的。和大多数希腊人一样,亚里士多德也把实践看成艺术的一个本质要素,认为艺术可以而且应当被学习。但如果没有天赋,学习帮助不大,因为天赋也是艺术的一个同样本质的要素。就这样,由于认识到技能和天赋在艺术中的重要性,亚里士多德对知识和一般规则的强调有所缓和。

4. 摹仿的艺术。亚里士多德是一位分类大师。然而,在对艺术进行分类时,他并没有提出似乎是美学史上最重要的区分,即区分出后来所谓的"优美艺术"。他从未提到"优美艺术",不过必须指出,凭借另一个名称,他接近了后来"优美艺术"与"工艺"的分离。

那么,亚里士多德是如何划分艺术的呢?他不认同智者学派把艺术分为有用的和令人愉悦的两种,因为像诗歌、雕塑或音乐这样的艺术既有用又令人愉悦。它们既不完全是有用的,也不完全是令人愉悦的。在他的艺术分类中,他发展了柏拉图的思想,首先指出了艺术与自然之间的关系。在一个著名的表述中,他说艺术
142 要么**补充**自然无法做到的东西,要么**摹仿**自然已经做到的东西。[6]
他称后者为"摹仿的艺术",其中包括绘画、雕塑、诗歌和部分程度的音乐,即后来被称为"优美艺术"的那些艺术。

亚里士多德认为这些艺术的本质特征在于摹仿。摹仿不仅是它们的手段,也是它们的目的。画家或诗人摹仿现实并不只是为了创造出美的作品,他的目的本身就是摹仿。亚里士多德坚持认为,正是"摹仿"(*mimesis*)本身使诗人成为诗人。他甚至说:"诗人

应当尽可能少地用自己的身份说话，因为那样一来他就不再是摹仿者了。”[7]“摹仿”是亚里士多德理论最重要的概念之一。他对艺术的划分和对个别艺术的定义便以此为基础。亚里士多德对悲剧的定义就是这方面的一个典型例子。他确信，摹仿是人的一种自然活动，基于一种天生的倾向，因此是其行为的原因，并能使其获得满足。这便解释了为什么艺术摹仿的即使是自然之中令人不悦的事物，也能唤起愉悦。

5. 艺术中的摹仿概念。亚里士多德所说的“摹仿”是什么意思呢？他从未给这个词下定义。但他的作品中隐含着一个定义：他显然不是指忠实的复制。首先，他坚持认为，在摹仿中，艺术家不仅可以如实地呈现现实，而且可以更丑或更美地呈现现实。艺术家对人的再现既可以完全和现实生活中一样，也可以比实际更坏或更好。亚里士多德指出，在绘画中，波利格诺托斯把人描绘得比实际更高尚，泡宋(Pauson)把人描绘得不那么高尚，狄奥尼修斯则把人描绘得和生活中一样。[8]在另一段话中，他写道，既然诗人和画家或任何其他艺术家一样是摹仿者，那么他必须从三种摹仿事物的方式中选择一种：“按照事物过去或现在的样子，……按照事物被说成或认为的样子，或者……按照事物应当的样子。”[9]亚里士多德还引用了索福克勒斯的话，索福克勒斯说他按照应当的样子来呈现人，而欧里庇得斯则按照实际的样子来呈现人。亚里士多德认为，宙克西斯被不合理地指责，因其想让他的画比他的模特更完美。正如苏格拉底所说，一幅画如果把自然分散的魅力聚集在一起，就可能比自然更美。[10]亚里士多德写道，不可能有人像宙克西斯画的一样，宙克西斯美化了他们；但他有权这样做，因为

“理想类型必须超越现实”。[11]艺术可以把事物呈现得比实际更好(或更坏),这与复制是不同的。

其次,亚里士多德的摹仿理论也背离了自然主义,因为它要求艺术只呈现那些有一般意义即典型的事物和事件。亚里士多德的一句著名格言说,诗歌比历史更富有哲理、更深刻,因为诗歌呈现一般的东西,而历史呈现个别的东西。[12]

第三,亚里士多德认为,艺术必须表现必然的事物和事件。“诗人的职责不是描述实际发生的事情,而是描述可能发生的事情,这取决于可能性和必然性。”另一方面,艺术家有权在作品中引入甚至不可能的东西,如果他设定的目标有此要求的话。亚里士
143 多德主要把摹仿概念用于悲剧,悲剧中有许多神话英雄,而且发生在人界与神界之间。这里几乎不可能有再现现实的问题。

第四,艺术作品中重要的不是特定的事物和事件、颜色和形状,而是它们的构成与和谐。亚里士多德写道:“用最美的颜色胡乱涂抹而成的画所带来的愉悦,反而不如在白色底子上勾出来的素描肖像画。”[13]这也适用于悲剧。在《政治学》中,他写道:“画家不会把动物的脚画的大得不成比例,即使这只脚特别美,……歌舞队教练也不会允许一个比全队唱得更洪亮、更优美的人成为歌舞队的一员。”[14]在艺术作品中,重要的并非艺术家所摹仿的特定对象,而是他由此构成的新的整体。

所有这些都表明,我们不能按照摹仿的现代意义对亚里士多德的“摹仿”(*mimesis*)概念作字面理解。他大多是联系悲剧理论来谈论“摹仿”,并将其视为“摹仿者”(mime)即演员的活动。假装伪装、创造虚构并且表演这些虚构是这种活动的本质,尽管它也可

以借鉴现实，把现实用作模型。

亚里士多德的许多说法都表明，他就是在这个意义上来实际理解"摹仿"的。首先，他曾指出，艺术可以表现不可能的事物。亚里士多德说，诗歌可以包含不可能的事物，"如果这些事物对其目标来说是必需的"。因此，目标必定不同于对现实的再现。他还在其他地方说，在艺术中，貌似可信的不可能之事要比难以置信的可能之事更可取。[15]第二，在讨论"摹仿的样式"时，亚里士多德挑选出节奏、旋律和语言，[16]也就是使诗歌区别于现实的三种东西。[16]第三，亚里士多德虽然把诗人称为摹仿者，但认为诗人是创造者。他写道："即使他碰巧选取了一个历史主题，他也仍然是一位诗人。"[17]他认为艺术家的活动类似于诗人。他把这种"摹仿"活动看成创造，看成艺术家的一种发明。艺术家可以借鉴现实，但如果创作出的作品令人信服，并且是可能的，则他无须这样做。

亚里士多德的《诗学》结束了希腊摹仿概念和"摹仿"一词的复杂历史。让我们回想一下，对于毕达哥拉斯学派来说，"摹仿"意指对内在"性格"的表达，其主要领域是音乐。根据德谟克利特的说法，"摹仿"意指师法自然的运作，而且适用于所有艺术，而不只适用于摹仿的艺术。然而，正是通过柏拉图，"摹仿"才开始意指在诗歌、绘画和雕塑中摹仿外在事物。毕达哥拉斯学派在演员摹仿的意义上来理解"摹仿"，德谟克利特在学生摹仿老师的意义上来理解"摹仿"，只有柏拉图才在复制者摹仿模型的意义上来理解"摹仿"。柏拉图对这个词的理解影响了亚里士多德，这可见于亚里士多德所说的：摹仿之所以令我们愉悦，是因为我们认出了它的原 144
型。[18]然而总体上，亚里士多德始终忠实于摹仿的旧义，也就是把它看成对性格的表达和呈现。对他来说，史诗和悲剧、诗歌和戏剧，在与音乐同样的意义上是摹仿的。与现代思想家不同，他对摹仿的理解有两个方面："摹仿"一方面是对现实的再现，另一方面是对现实的自由表达。谈到"摹仿"时，柏拉图想到的是第一个含义，毕达哥拉斯学派想到的是第二个含义，而亚里士多德则同时想到两者。

摹仿的艺术与其他艺术在什么方面有所不同？或者更具体地说，诗歌在什么方面不同于非诗歌？如果两者都使用相似的语言，一首诗又如何会有别于一部论著呢？高尔吉亚曾经回答过这个问题，他说，两者的差异在于诗歌的格律形式。但亚里士多德知道，格律形式不会把一部科学论著变成诗歌。因此，他给出了不同的答案：诗歌的不同之处在于它进行"摹仿"。他这话的意思是，诗歌的本质特征在于表达和表现。它既是情感的表达，也是现实的再现；不过这里所说的再现仅仅是一种手段，可以作各种处理，从忠实的重复到非常自由的调整。

现代美学家也许会问，摹仿的艺术与形式和内容的关系是什么呢？这些艺术与被摹仿者有关，还是与如何进行摹仿有关？亚里士多德可能会认为这个问题提得不当。他写道，"诗人应当创造情节而不是诗句"，换句话说，诗歌与**内容**有关；但他也把诗歌描述成措辞、节奏和旋律，这些构成了诗歌的**形式**。他和大多数希腊人从未想到，形式与内容之间可能存在冲突，也许要在两者之间做出选择。[19]他并没有在它们之间做出区分。

6. 艺术与诗歌。亚里士多德认为下列艺术是"摹仿的"：史诗和悲剧，喜剧和酒神颂歌，长笛和西塔拉琴演奏。今天，我们会把这些径直称为诗歌和音乐。但亚里士多德缺乏这些更一般的术语，因此做了更详细的列举。尽管其概念工具远远超出了前人，但他仍然缺少很多东西。他本人也注意到，他并没有一个足以涵盖整个文学艺术的术语。在希腊语中，“诗人”一词要么意指任何制造者（按照词源），要么仅指诗歌的制造者，而不包括散文作者。由于概念的这种不充分，亚里士多德不得不分别列举悲剧、喜剧、史诗、酒神颂歌，等等。他还缺乏用来表述音乐和视觉艺术的通用术语，于是不得不分别列出它们的具体情况。视觉艺术不如诗歌和音乐适合亚里士多德的摹仿艺术概念，但事实证明相似性是足够的。亚里士多德在《诗学》开篇列出的摹仿艺术并不包括绘画或雕塑，但他的其他著作表明，他认为它们属于同一范畴。根据他的说 145
法，摹仿的艺术包括诗歌、音乐和视觉艺术。

关于亚里士多德的分类，最重要的一点是，他改变了希腊人业已确立的艺术与诗歌的分离。它们之所以分离，是因为艺术是生产，而诗歌是预言。亚里士多德将诗歌与艺术整合在一起。甚至连柏拉图也没有把诗歌算作艺术，因为他认为艺术源于技能，而诗歌源于“神圣的迷狂”。然而，亚里士多德并不相信“神圣的迷狂”，甚至在诗歌中也不能容忍它。他认为诗歌“涉及天赋，而不涉及迷狂”。和其他任何好的艺术一样，好的诗歌也要通过天赋、技能和训练而产生，而且和其他艺术一样要服从规则。正因如此，诗歌可以是一项科学研究的主题：这项研究被称为“诗学”。

就这样，亚里士多德得以将诗歌与视觉艺术结合起来。他使两者有可能被纳入单一的艺术概念之下，或者更确切地说，纳入摹仿艺术的概念之下。诗歌与艺术（灵感与技能）的旧有对立被亚里士多德归结为两种类型的诗人和艺术家的区分：受技能引导的人，以及在灵感的控制下写作的人。亚里士多德往往倾向于前者，因为后者很容易失去对其作品的控制。[20]

7. 诸艺术之间的差异。亚里士多德以一种古典的方式确认了不同类型的摹仿艺术。他表明，它们之间的差异或者源于使用的手段，或者源于它们的对象，或者源于它们的"摹仿"方法。

（1）节奏、言语和旋律是诗歌和音乐使用的**手段**，这些手段要么一起使用，要么分开使用。例如器乐使用旋律和节奏，舞蹈使用节奏而不使用旋律，舞蹈通过身体有节奏的运动来描绘性格、情感和行为，而悲剧、喜剧和酒神颂歌等艺术则使用所有这三种手段。

（2）就摹仿的**对象**而言，对亚里士多德来说最重要的划分我们已经提到过，即有些艺术按照通常的样子来描绘人，另一些艺术则把人描绘得比实际更坏或更好。然而在亚里士多德的时代，描绘普通人的艺术是如此无足轻重，以至于他只把艺术分为两种极端类型：高尚的和庸俗的，分别由悲剧和喜剧来代表。

（3）就文学艺术所特有的摹仿**方法**而言，亚里士多德强调两种：作者要么直接言说，要么让他的主人公来言说。他认为这种二元性分别以**史诗**和**戏剧**艺术为代表。

8. 通过艺术来净化。亚里士多德对摹仿艺术的看法在他著名的悲剧定义中得到了简洁的表述："悲剧是对一个严肃、完整、有一定长度的行动的摹仿；它使用美化的语言，分用各种艺术装饰于
146 剧中各部；它以行为的人来表演而不作叙事；通过怜悯和恐惧使这些情感得到恰当的净化。"[21]我们可以区分出这个定义中的八个要素。（1）悲剧是摹仿的描绘。（2）使用言语，（3）使用修饰的言

语，(4)其对象是严肃的行动，(5)通过行动者的言辞来摹仿，(6)必须有一定的长度，(7)激起怜悯和恐惧，(8)使这些情感得以净化。

亚里士多德的《诗学》还包含一种喜剧理论，但这个部分没有流传下来。然而，中世纪早期的一份手稿，即公元10世纪所谓的《喜剧论纲》(*Tractatus Coislinianus*)，[①]包含着一个喜剧定义，它对应和来源于亚里士多德的悲剧定义。其要点如下："喜剧是对一种滑稽和不完美的行动的摹仿描绘……通过愉悦和欢笑来净化这些激情。"

这些定义的某些要素只涉及诗学，而"净化"(*katharsis*)和"摹仿"(*mimesis*)则在美学中有普遍应用，因为它们定义了艺术的目的和效果。然而，亚里士多德在他的定义中只是简要而模糊地提到了"净化"，而且再也没有回到它。他对这个重要事项的贫乏论述引起了广泛的争论。

争论的主要焦点始终是，亚里士多德所说的"净化"是指情感**的**净化，还是指从心灵中**清除**那些情感？他指的是情感的升华还是情感的宣泄，是情感的改进还是从情感中解脱出来？很长时间以来，人们接受的一直是第一种解释，但今天历史学家们却一致认为，"净化"的第二种含义才是《诗学》中的原意。亚里士多德并非是指悲剧使观众的情感变得崇高和完美，而是指宣泄这些情感。通过悲剧，观众摆脱了那些使他烦恼的情感，获得了内心的平静。

① 《喜剧论纲》是亚里士多德《诗学》的一份纲要，它基于一个比我们已知文本更完整的文本，但其中包含着一些伪托亚里士多德的段落。它对喜剧的定义就是这样一种后来的工作，模仿了亚里士多德对悲剧的定义，但在《喜剧论纲》的编者看来，它构造得很拙劣(*inscite*)。G. Kaibel, *Comicorum Graecorum fragmenta*, Ⅰ, 50.

只有这种解释才有历史根据。

历史学家还争论亚里士多德的“净化”概念来自宗教仪式还是来自医学。毫无疑问，亚里士多德本人对医学有强烈的兴趣；然而，他的“净化”和“摹仿”概念，以及他关于净化和摹仿的观点，却源于宗教仪式和毕达哥拉斯学派的观点。亚里士多德接受了一个传统学说，并赋予它一种不同的解释：他把情感的净化看成宣泄，看成一种自然的心理生理过程。

根据俄耳甫斯教和毕达哥拉斯学派的观点，“净化”由音乐引起。亚里士多德赞同这一观点。他把音乐的调式分为道德的、实用的和灵感的(enthusiastic)三种，并认为最后一种调式具有释放情感和净化灵魂的能力。但他首先在诗歌中注意到“净化”在起作
147 用。然而，他从未声称视觉艺术可以产生类似的结果。对他来说，“净化”是某些(但并非全部)摹仿艺术的一种效果。他在“摹仿的艺术”中区分出一组“净化的”艺术，并把诗歌、音乐和舞蹈列入这一组。视觉艺术则构成了另一组。

9. 艺术的目的。我们用“目的”来意指艺术家的**意图**或其作品的**效果**。也许可以说，亚里士多德并不认为艺术具有第一种意义上的目的，因为“摹仿”是一种自然的人类冲动，它本身就是一种不服务于其他目的的目的。然而在第二种意义上，艺术的目的不是一个，而是许多个。

毕达哥拉斯学派将艺术视为“净化”；智者学派则持一种享乐主义观点；柏拉图认为，艺术可以而且应该是道德主义的；而亚里士多德则以一种典型的调和的、多元论的方式认为，所有这些解答都有一定道理。艺术不仅带来了情感的净化，而且提供了愉悦和

娱乐。它有助于道德的完善,也会唤起情感。他写道:“诗歌的目的是使事物更加动人。”然而,诗歌的影响要更为深远。

亚里士多德认为,艺术有助于实现人的最高目标,即**幸福**。这是通过他所谓的“闲暇”(*schole*)来实现的。[22]亚里士多德想到的是这样一种生活,在这种生活中,人摆脱了世俗的烦恼和乏味的生活需求,可以致力于那些真正值得做的事物,这些事物不仅是生活的手段,而且也是生活的目的。不应把闲暇浪费在日常娱乐上,而应花在将愉悦与道德美结合起来的心灵培育(*diagoge*)——高尚的娱乐——上。有学问的人的活动就属于这个范畴:哲学和纯粹的知识并非生活的必需,而是闲暇的一部分和最高尚的娱乐。这同样适用于艺术,艺术也适合于闲暇,也能达到被我们称为幸福的那种完全令人满意的生活状态。[23]

尽管亚里士多德看到了艺术与自然之间的各种相似之处,但他意识到,艺术与自然分别带来了不同的愉悦。主要原因在于,在自然中,作用于我们的是物体本身,而在艺术(再现的艺术)中,作用于我们的是物体的似像(likenesses,*eikones*)。从似像中获得的愉悦不仅源于我们对似像与原物之间相似性的认识,而且也源于我们对画家或雕塑家的艺术技能的鉴赏。[24]

是否应该教孩子音乐,这个问题给亚里士多德造成了极大困难。在思考这个问题的一章中,他指出了艺术的多重目的和效果。对音乐教学的不同看法会导出不同的结论。亚里士多德尚未确定,一个可以选择自己职业的人是应该亲自演奏,还是应该听专业人士演奏。[25-25a]虽然他认识到音乐的价值,但和所有希腊人一样,他鄙视对音乐的专业演奏。他的解决办法是一种折中。他认为, 148

一个人应当在早年研学音乐，但把后来的演奏留给专业人士去做。与早期片面的音乐观不同，亚里士多德的观点基于一种信念，即音乐的目的不止一个。[26]他认为，音乐有助于情感的净化和治疗，有助于道德的提高、心灵的教育、放松、日常的娱乐消遣，最后但并非最不重要的是，有助于闲暇。就这样，音乐促进了一种值得过的幸福生活。

虽然亚里士多德认识到愉悦是艺术的一个重要要素，但他并不同意智者学派的看法，即艺术的效果仅限于愉悦。艺术所提供的愉悦是各种各样的——情感的宣泄，巧妙的摹仿，卓越的手法，美妙的色彩和声音。这些愉悦既是感觉的，也是理智的。由于每一种艺术"都创造它所固有的那种愉悦"，所以所产生的愉悦类型取决于艺术的类型。理智的愉悦在诗歌中占主导地位，而感觉的愉悦在音乐和视觉艺术中占主导地位。人不仅从适合自己的事物中获得愉悦，而且从本身就值得爱的事物中获得愉悦。

亚里士多德仿照柏拉图区分了两种类型的美——"伟大的"和"令人愉悦的"。他认为，第二种美除愉悦之外并无其他目的。他在艺术中也注意到同样的二元性。并非所有艺术都是伟大的，艺术可以好而不伟大。

10. 艺术的自主性和艺术真理。亚里士多德认为艺术是重要和严肃的事情，而不是柏拉图所认为的玩物。与柏拉图相比，他在其中看到了更多的精神要素。

亚里士多德区分了四种类型的生活，它们分别致力于纵情享受、获得利益、政治和静观。他并没有单独列出艺术生活，但显然将它包括在"理论"(*theoria*)的含义之内。希腊的"理论"概念或静观生活的概念既包括哲学家和科学家的生活，也包括艺术家和诗人的生活。亚里士多德认为艺术生活（在艺术享受的被动意义上）并不能独立地满足人的生存，因此没有把艺术生活看成一种独立的生活方式。然而，艺术生活可能是上述四种类型中任何一种的组成部分。

与大多数希腊人尤其是柏拉图相反，亚里士多德承认，艺术尤其是诗歌是自主的，它以两种方式是如此：既相对于道德法则又相对于自然法则，既相对于德性又相对于真理。

首先，他写道，诗歌和政治适用不同的正确标准。[27]对亚里士多德来说，政治中的规则是道德规则。这表明，亚里士多德认为艺术的诗性真理不同于道德真理。其次，诗歌"即使在有错时也可能是对的"，也就是说，尽管诗歌在涉及现实时（通过不忠实地再现现实）可能会出错，但它本身可能是正确的。他在另一处写道："被批评未按照真理呈现某物的诗人可以回答说，他仍然以适当的方式再现了它"。倘若他给出了不正确或不可能的描述，比如一匹马同时抬起了两条右腿，他所犯的"错误并不涉及诗歌艺术的本质"。149
这句话说明，亚里士多德认为存在着两种谬误和两种真理，换句话说，**艺术真理**不同于**认知真理**。过去的历史学家都到柏拉图那里去寻找艺术真理的概念，但实际上根本没有。恰恰相反，它可见于亚里士多德。

亚里士多德在他的一部逻辑论著中作了一个更加引人注目的陈述。"并非所有命题都是判断，"他写道，"只有那些自身有真假的命题才是判断。例如，对一种愿望的表达是一个句子，但它既不真也不假。"他还说，这种言语形式"严格说来更属于修辞学或诗学的领域”。[28]这里的观点似乎是，诗歌涉及这样一些命题，从认知的角度看，它们既不真也不假，其功能并非认知。音乐艺术和视觉艺术则与真假更无关系，因为它们不使用命题。因此，我们不能在认知意义上谈论艺术的正确与错误、真与假。

11. 艺术的标准。亚里士多德写道，人们可以在五种情况下批评诗歌作品。可以说它(1)在题材上是不可能的，(2)违反理性(*alogos*)，(3)有害的，(4)矛盾的，或(5)违反艺术规则。这五种批评似乎可以归结为三种：(1)与理性不相容，(2)与道德法则不相容，(3)与艺术法则不相容。亚里士多德只把这些批评用于诗歌作品，但它们也适用于所有艺术作品。

上述三种批评对应于判断艺术作品价值的三个标准：**逻辑**标准、**伦理**标准和**艺术**标准。艺术作品应当符合逻辑规范、道德规范以及它自身的艺术规范。这种立场要求应当遵守逻辑规范和道德规范，但同时也假定每一种艺术都要服从其特殊规范。摹仿艺术的特殊原则包含着使它有说服力和打动人所需的一切。

然而在亚里士多德看来，艺术的这三个标准并不具有同等的价值。他认为，逻辑标准在艺术中是相对的，只有审美标准才是绝对的。亚里士多德认为艺术的要求在所有情况下都应得到满足，而逻辑的要求只有在不与艺术的要求相矛盾的情况下才应得到满足。描绘某个不可能的事物是错误的，但若出于作品目的的需要，那么这样一个错误就是合理的。他写道，最好不要在诗歌作品中犯逻辑错误，但又补充说，“如果这是可能的”。这是所有古典美学中关于艺术的自主性这一主题最极端的说法。

亚里士多德认为艺术在两种意义上是**普遍的**：首先，艺术处理一般问题，其次，艺术以一种人人都能理解的方式来处理这些问题。柏拉图对艺术也有类似的要求，但认为艺术不能满足这些要求，而只能对个别事物产生个别的解释。另一方面，亚里士多德之所以重视艺术，则是因为他深信艺术可以具有一般意义，而不仅仅 150
是艺术家的个人看法。尽管科学的功能不同于艺术的功能，但两者因其普遍性而相互联系。

由于艺术的普遍性，艺术可以而且应当服从规则。然而，规则不能代替有经验的个人的判断。这样的判断必须在道德行为中加以考虑，在艺术中更是如此。并非所有人都是合适的艺术评判者，只有精于此道的人才是如此。亚里士多德指出，艺术家过分考虑大众的品味是错误的。

亚里士多德区分了对待艺术的三种可能态度：他是在一次讨论医术时这样做的，但他的区分适用于所有艺术，包括“摹仿的”艺术。在艺术中，一个人是工匠，另一个人是艺术家，第三个人则是鉴赏家。[29]这一评论的引人注目之处在于，它既区分了艺术家和工匠，又认识到专门知识关乎对艺术的理解。

亚里士多德并未强调艺术中的美，不过在讨论诗歌的起源[30]时，他坚持认为，诗歌产生于人性中两个内在的原因：“自幼便内在于人的”摹仿，以及“一种和谐感和节奏感”。亚里士多德所说的“和谐感和节奏感”后来被称为美感。他本人并没有这样表达，因为在希腊语中，“美”这个词的含义太笼统了。他也没有谈论艺术中的创造性，因为希腊人还不知道这个词和这个概念。然而，亚里士多德对艺术起源的评论表明，他将艺术与两个概念联系在一起：**创造性**和**美**。他所说的“摹仿”是创造性，他所说的“和谐和节奏”

则是美。

12. 美的概念。亚里士多德的艺术理论在美学史上久负盛名。然而,他关于美的理论却模糊不清,因为他对这个问题的评论偶然而简略,历史学家不得不从零碎的参考资料中重建整个理论。

亚里士多德对美的定义出现在《修辞学》中。这个相当复杂的美的定义[31]可以简化如下:美就是本身**有价值**并且同时**令人愉悦的**东西。因此,亚里士多德对美的定义基于美的两种属性。首先,他认为美的价值在于它本身,而不在于它的效果。其次,他把美解释成令人愉悦的东西,也就是说,美不仅具有价值,而且会因此引起享受或赞赏。第一种属性("本身有价值")构成了美的"属",第二种属性("让人愉悦")构成了美的"种差"。亚里士多德的定义符合通常接受的希腊的美的观念。然而,亚里士多德对美的观念做了他对艺术观念所做的事情:他把一种较为松散的观念变成了一个概念,用一个定义取代了以前的直觉理解。亚里士多德的美的定义比其现代概念更具包容性。就其普遍性而言,它仍然是传统希腊的。它包括审美意义上的美,但并不局限于此。这便解释了为什么这个定义没有提及外观或形式,而只提及了价值和愉悦。

151 亚里士多德的思想也可以这样表述:所有美都是善,但并非所有善都是美;所有美都是愉悦,但并非所有愉悦都是美;只有既是善又是愉悦的东西才是美。难怪亚里士多德对美这么推崇。

美与愉悦有关,但不同于功用,因为美的价值是内在的,而功用的价值则来自结果。[32-33]亚里士多德写道,某些人类行为旨在实现有用的东西,而另一些行为则完全是为了美。人们为了和平而战斗,为了休息而工作;他们寻求必要和不可或缺的东西,但最终是为了美而行动。他补充说:“人必须做必要和有用之事,但美比这些更高。”

13. 秩序、比例和尺寸。 亚里士多德关于美的定义中必须包含哪些性质呢?对于这个问题,亚里士多德提供了各种回答,但最常见的回答是古老的毕达哥拉斯主义–柏拉图主义的。

无论在《诗学》[34]中还是在《政治学》中,他都写道,美依赖于“*taxis*”和“*megethos*”。第一个词可以翻译为“秩序”,第二个词可以翻译为“尺寸”。在《形而上学》中,他增加了美的第三个一般属性,他写道,美也依赖于“*symmetria*”(比例)。[35]于是,根据亚里士多德的说法,美依赖于尺寸、秩序和比例。但他往往把比例等同于秩序,只留下美的两个主要属性:秩序(或比例)和尺寸。

(1) 他所说的**秩序**,或者说最合适的安排,后来通常被称为“形式”。虽然是亚里士多德把“形式”一词引入了科学,但他并没有把它用于美学,因为他所谓的形式是指概念上的形式,也就是事物的本质,而不是各个部分的排列。直到后来,这个词的含义才有所变化,可以被引入美学,甚至成了美学的基本词汇。通过把旧的秩序和比例概念等同于**适度**(moderation),亚里士多德赋予这些概念一种全新的含义。早期的希腊哲学家都知道这个概念,但他们把它用于道德领域,而亚里士多德则把它用于美。

亚里士多德建立在秩序和比例概念基础上的美的理论具有一种毕达哥拉斯学派的色彩。这并不奇怪:毕达哥拉斯学派的哲学经由柏拉图到达他那里。它比智者学派的哲学更适合亚里士多德,[36]尽管智者学派的哲学在当时同样流行。亚里士多德甚至想到把毕达哥拉斯学派关于声音和谐的数学解释进行扩展,以包括颜色的和谐。

然而,亚里士多德的观点并不是真正毕达哥拉斯学派的。他为比例学说补充了合宜(suitability)学说,并强调后者。他主张,如果某些比例能使事物变美,那么这并非因为这些比例自身是完美的,而是因为它们是合宜的,符合事物的本性。比例学说是毕达
152 哥拉斯学派的,而合宜学说则来自苏格拉底。尽管亚里士多德关于秩序和比例的著作带有毕达哥拉斯学派的味道,但其本质含义更接近苏格拉底。

(2) 美依赖于**尺寸**这种观点是亚里士多德自己的。他所谓的"尺寸"是指适合给定对象的合适的大小或尺寸。他认为,较大的对象比较小的对象更让人愉悦。他写道,身材矮小的人也许有魅力,但并不美。[37] 另一方面,他认为对象如果太大也不可能美,这是人的知觉本性的结果。

14. 美与可感知性(perceptibility)。亚里士多德更为个人的信条是:只有容易感知的东西才可能是美的。当他在《形而上学》中讨论是什么属性决定了一个对象的美时,除了秩序和比例,他还提到了**限度**(*horismenon*)。只有尺寸有限的对象才能被舒适地感知,并能取悦感官和心灵。在《诗学》和《修辞学》中,他使用了一个特别的词"*eusynopton*",意思是可以被眼睛很好地把握的东西。[38] 它适用于各种美,既适用于可见对象的美,也适用于诗歌的美。"正如物体和生物要想是美的,必须具有合适的尺寸,一眼看去就很容易把握,同样,悲剧情节的长度也必须恰到好处,使之能在记忆中保留下来。"任何对象要想让人愉悦,都必须适合感官、想象和记忆的能力。19 世纪的亚里士多德主义者特伦德伦堡

(Trendelenburg)甚至坚持认为,亚里士多德引入了这个新的可感知性概念来取代之前的基本美学概念——比例。这一论点太过笼统。亚里士多德除了可感知性也保留了比例——除了美的主观条件也保留了美的客观条件。不过,他把美学的重点从关注被感知事物的属性转移到了关注感知的属性。

可感知性是艺术作品中**统一性**的一个条件。和大多数希腊人一样,亚里士多德确信,统一性是艺术中最大满足感的来源。他不仅在其悲剧理论中强调统一性,而且在关于视觉艺术的观点中也强调统一性。在亚里士多德的艺术理论中,只有这个要素能够直到现代仍然具有强大的影响力。

15. 美的范围和特征。亚里士多德认为美的范围非常广,包括神和人,人的身体和社会身体,事物和行为,地界的自然和艺术。他关于美在两者之间如何分配的观点是典型希腊式的。首先,他并不认为艺术对美有特权;事实上,他在自然之中看到了美,因为一切自然物都有适当的比例和尺寸,而人,艺术的创造者,却很容易出错。其次,他在孤立的对象而不是复杂的整体中看到了美。他谈到人体之美,却从未谈到风景之美。这可能与希腊人认为美源于比例与和谐有关,这两者在风景中要比在单个生物、雕像或建
筑中更难找到。这也表现了一种特殊的品味。浪漫主义者偏爱风 153
景的排列布置,而古典时期的人士则偏爱孤立的对象,这些对象的界限更清楚地显示了其比例、尺度和统一性。

亚里士多德强调美是各种各样和易变的。例如,一个人的美依赖于他的年龄。年轻人的美和成年人的美是不同的,而老年人的美又是另一个样子。[38a] 如果美存在于合适的形态中,情况就只

可能如此。这绝不是一种相对主义观点。和大多数希腊人一样，亚里士多德认为美是某些事物的一种内在属性。他写道，艺术作品的价值(*to eu*)在于其自身："只要具有某种性质，便具有了这种善。"[39]

我们为什么要重视美呢？亚里士多德的著作没有明确回答这个问题。但希腊哲学家的传记作者第欧根尼·拉尔修记录了亚里士多德的以下说法：只有盲人才会问，我们为什么要试图亲近美的事物。[40]这句话的含义是不言而喻的。由于美(根据定义)既包括愉悦又包括善，所以它必定会被欣赏。任何解释都是不必要的。因此，亚里士多德没有反复解释这一点。他比其他哲学家更清楚地注意到，那些能够而且应该得到证明和解释的命题不同于那些不证自明的或显示了证明和解释之限度的命题。他毫不怀疑，美的价值是不证自明的。

16. 审美经验。亚里士多德著作中对美的提及大都不仅涉及审美意义上的美，而且涉及更广的希腊意义上的美。亚里士多德并无单独的术语来表达审美意义上的美。不过，当他在《伦理学》中写到因看见人、动物、雕像、颜色、形状之美，听到歌唱和器乐的声音，观看演员表演，以及闻到花果和熏香的芬芳而感到愉悦时，[41]他无疑想到了这个概念。他还明确地说，这种愉悦是和谐与美所引起的。

不是在《诗学》中，而是在《伦理学》中，特别是在《优德谟伦理学》中，[42]亚里士多德描述了审美经验的特征，尽管在这里他依然没有表示这种观念的专门术语。他指的是：(1)一种极度愉悦的状态。(2)一种被动状态。经验到它的人会觉得自己仿佛被咒语镇住了，宛如一个“被海妖迷住”的人。(3)这种经验也许力量适度，但即使过度，也不会有人反对。(4)这是一种专属于人的经验。其他生物的愉悦来自味觉和触觉，而不是来自视觉和听觉及其和谐。(5)这种经验来源于感官，但并不依赖于感官的敏锐性，因为其他生物的感官比人的感官更敏锐。(6)它的愉悦来自感觉本身，而不是来自我们今天所说的由感觉所生的联想。例如，我们喜欢花香是“因为花香本身”，喜欢酒菜的香味则是因为它们使吃喝变得愉悦。眼睛和耳朵的愉悦也有一种类似的二元性。这一分析表明，虽 154
然亚里士多德没有用一个术语来指称，但他意识到了“审美”经验。

17. 总结。(1)亚里士多德大大推进了艺术理论。他关于美和艺术的一些思想是对旧思想的重新表述，另一些则是原创性的。属于前一类的有美和艺术的定义，把艺术分为再现的和生产的，以及摹仿、净化情感、适当比例等概念。

属于后一类的有以下原则：a. 认识到艺术的各种来源：艺术既产生于和谐，又产生于摹仿。b. 认识到艺术的各种目的，并把有价值地度过人的闲暇称为最重要的目的。c. 与希腊传统相反，把诗歌归于艺术。d. 将摹仿的艺术与其他艺术分离开来。e. 捍卫艺术相对于道德和真理的自主性。(这与古代的主导观点背道而驰。) f. 认为美依赖于比例、秩序和良好的安排，以及美依赖于“可感知性”，即依赖于在视觉或记忆中把握美的对象的能力。g. 断言美和艺术的价值是内在的。h. 接近了“审美意义上的美”的概念。

亚里士多德的这些原则不仅在他那个时代是新的，而且就其内容而非表述而言，在我们看来也是现代的，尤其是与美的主观要素、艺术的自主性、艺术的内在真理以及特定的审美经验有关的原则。

在为后来的“优美艺术”概念做准备的评论中，亚里士多德对美学做出了重大贡献。他把“摹仿的”艺术区分出来，专门指这样一些艺术：它们以一种普遍、和谐、动人和令人满意的方式自由地表现生活，并用现实提供的材料重新创造生活。

(2) 以下思想支配着亚里士多德的美学：摹仿作为艺术的功能，净化情感作为艺术的结果，适当的比例作为美的来源。其中有些思想是继承的，有些是原创的。亚里士多德比前人更为系统地讨论了它们，而且提出了一种原创性的解释。他从主动意义上解释“摹仿”，从生物学角度解释“净化”，并把尺度解释为适度。他还建立了一套统一的艺术理论，在其中，诗歌具有与视觉艺术和音乐同等的地位。他不仅考察了艺术的一般属性，而且考察了艺术的各种特殊形式。最重要的是，他准确地表达和定义了在此之前只是模模糊糊感觉到的东西。

亚里士多德从柏拉图那里继承了他的大部分问题、观点和原则，然而在此过程中，他赋予它们一种经验的、分析的含义，并把柏拉图模糊的暗示变成了明确的命题。他在兴趣上不同于柏拉图：他对艺术的关注要多于对美的关注，得出的结论也不同于这位伟
155 大前辈。与柏拉图不同，亚里士多德没有谴责艺术。他的美学并未利用“美的理念”，而且缺乏柏拉图在理智和道德上的极端主义。这两位美学家的共同点如此之多，差异又如此之大，以至于对他们的关系可以得出极为矛盾的结论。例如，芬斯勒(Finsler)认为，亚里士多德的一切都归功于柏拉图，而古德曼(Gudeman)却认为，亚里士多德未从柏拉图那里得到任何东西。

(3) 除亚里士多德以外，早期思想家的留存似乎依赖于他们作品的极端性和悖谬性。亚里士多德也许是唯一留存下来的既不极端也不悖谬的古代美学家。相比之下，他的作品温和而合理。在这个意义上，亚里士多德并不是一个语出惊人的思想家。或可说，他是那个时期唯一有节制的思想家，所谓有节制，是指他极为谨慎和公正。

可以说，《诗学》的某些部分“形成了一个论据严谨的结构，其中没有什么东西可以质疑，事实上也从未有人质疑过其中任何东西”(芬斯勒)。在争论不休的思想史上，这种状况是异乎寻常的。

(4) 亚里士多德的影响非常广泛。有人曾不无道理地说，我们可以从他对别人思想的影响中，而不是从他自己作品的残篇中更多地了解他。随着时间的推移，亚里士多德艺术理论的主要原则变得广为人知，以至于似乎显而易见，激不起什么兴趣。然而，他的思想是如此丰富，以至于尽管极为流行，但仍有许多观念几乎未被注意。它们被重新发现时，显得是那样新鲜和卓越。

柏拉图影响最大的是美的哲学，而亚里士多德影响最大的则是他对艺术的研究，尤其是通过他的《诗学》。在古代晚期和中世纪，柏拉图比亚里士多德更有影响。到了现代，情况有所改观。亚里士多德的大多数思想都对艺术理论和艺术本身的发展有积极影响。然而，有一点产生了消极影响。这部分归因于亚里士多德本人，部分归因于数个世纪之后接受他的想法的那些人。亚里士多德确信，任何发展都有其终点，艺术和诗歌的发展也不例外。他把希腊史诗和悲剧视为权威性的杰作，并把基于它们提出的理论看成普遍有效和永远有效的。这使得他后来的追随者们设想存在着永恒不变的艺术形式，从而导致了文学理论乃至文学本身的停滞。

* * *

G. 亚里士多德的原文

艺术概念

[1]……从艺术中产生的事物，其形式在艺术家的灵魂中。

——ARISTOTLE，Metaphysica 1032b 1

156 [2]因此，艺术无非是一种与真实的制作相关的合乎逻各斯的性质。每一种艺术的任务都是产生某个事物，艺术实践就在于研究如何产生某个有可能存在、且其动力因在制造者之中而不在它自身之中的事物。这个条件必须存在，因为艺术与那些出于必然或根据自然而存在或产生的事物无关。

——ARISTOTLE，Ethica Nicomach. 1140a 9

[3]当从由经验获得的许多看法中产生出关于某一类对象的普遍判断时，艺术就出现了。

——ARISTOTLE，Metaphysica 981a 5

艺术与自然的相似

[3a]例如，倘若一座房子是由于自然而产生的，那么它也应该像现在用艺术来建造的一样来产生；倘若由于自然而产生的事物不仅是由于自然而产生，也是由于艺术而产生，那么它们也会像由

于自然而产生一样。于是,一个是为了另一个。

——ARISTOTLE,Physica Ⅱ 8,199

科学与艺术

[4]经验作为整体在灵魂中确立下来即是普遍的。它是与多对应的一,是同等地存在于它们之中的统一体。经验为艺术和科学提供了出发点:在生成的世界中是艺术,在存在的世界中是科学。

——ARISTOTLE,Analytica posteriora 100a 6

艺术及其媒介

[5]在这个绝对的意义上,事物"产生"的过程可以分为:(1)改变形状,比如铸造青铜雕像;或(2)增加,比如生长的事物;或(3)减
少,比如将一块大理石凿成一尊赫尔墨斯雕像;或(4)组合,比如盖 157
房子,或(5)改变材料本身的性质。

——ARISTOTLE,Physica 190b 5

艺术的划分

[6]艺术要么基于自然完成自然无法做到的事情,要么摹仿自然。

——ARISTOTLE,Physica 199a 15

摹仿的艺术

[7]诗人应当尽可能少地用自己的身份说话,因为那样一来他就不再是摹仿者了。

——ARISTOTLE,Poëtica 1460a 7

[8]既然摹仿的对象是行动中的人，而这些人必须是好人或坏人……，我们就必须把人描绘得要么比现实生活中更好，要么比现实生活中更坏，要么和现实生活中一样。在绘画中也是如此，波利格诺托斯把人描绘得比实际更高尚，泡宋把人描绘得不那么高尚，狄奥尼修斯则把人描绘得和生活中一样。……甚至在舞蹈、长笛和里拉琴演奏中也可以发现这种多样性。在散文和不入乐的韵文中也是如此。例如，荷马写的人比实际更好；克勒俄丰(Cleophon)写的人和实际一样；戏拟诗的发明者塔索斯人赫革蒙(Hegemon the Thasian)和《得利阿斯》(Deiliad)的作者尼科卡瑞斯(Nicochares)写的人比实际更坏。……悲剧与喜剧也有同样的差别；因为喜剧旨在把人表现得比实际生活中更坏，而悲剧则旨在把人表现得比实际生活中更好。

——ARISTOTLE，Poëtica 1448a，1

[9]既然诗人和画家或任何其他艺术家一样是摹仿者，所以他必须从三种摹仿事物的方式中选择一种：按照事物过去或现在的样子，按照事物被说成或认为的样子，或者按照事物应当的样子。

——ARISTOTLE，Poëtica 1460b 8

艺术比现实更美

[10]据说，英俊的男人之所以胜过相貌平平的男人，画家的艺
158 术作品之所以胜过实际对象，原因就在于把一些分散的优点集合成了一个整体；因为如果把这些特征分开来看，真人的眼睛要比图画中人的眼睛更美，其他人的其他特征也是如此。

——ARISTOTLE，Politica 1281b 10

[11]宙克西斯画的那样的人不可能有。“是的，”我们说，“但这样画更好，因为画家所画的应比原来的人更美。”

——ARISTOTLE，Poëtica 1461b 12

艺术的必然性与普遍性

[12]诗人的职责不在于叙述已经发生的事，而在于叙述可能发生的事，即按照或然律或必然律可能发生的事。诗人与历史学家的区别不在于一个用韵文、一个用散文写作。希罗多德的作品可以写成韵文，但它仍然是一种历史，有没有韵律都是如此。真正的区别在于，一个叙述已经发生的事情，另一个叙述可能发生的事情。因此，诗歌比历史更富有哲理、更深刻：因为诗歌叙述一般的事，历史叙述个别的事。

——ARISTOTLE，Poëtica 1451a 36

构成在艺术中的作用

[13]类似的事实也出现在绘画中。用最鲜艳的颜色胡乱涂抹而成的画所带来的愉悦，反而不如在白色底子上勾出来的素描肖像画。

——ARISTOTLE，Poëtica 1450a 39

[14]画家不会把动物的脚画的大得不成比例，即使这只脚特别美；造船者也不会让船尾或船的其他某个部分大得不成比例；歌舞队教练也不会允许一个比全队唱得更洪亮、更优美的人成为歌舞队的一员。

——ARISTOTLE，Politica 1284b 8

159 [15]在艺术中,貌似可信的不可能之事要比难以置信的可能之事更可取。

——ARISTOTLE,Poëtica 1461b 11

摹仿的艺术的类型

[16]史诗与悲剧,喜剧与酒神颂歌,以及长笛与里拉琴的大部分音乐,就其一般观念而言都是摹仿的样式,只是在媒介、对象、摹仿的方式或样式三个方面彼此不同。

有些人凭借有意识的艺术或纯粹的习惯,通过颜色和形式的媒介,或通过声音来摹仿和表现各种各样的物体;因此,在上述所有艺术中,摹仿是通过节奏、语言或"和声"产生的,无论是单独地还是组合地。

——ARISTOTLE,Poëtica 1447a 13

摹仿者是创造者

[17]显然,诗人或"创作者"应该是情节的创作者,而不是韵文的创作者;因为他之所以是诗人,是因为他摹仿,而他摹仿的是行动。即使他碰巧选取了一个历史主题,他也仍然是诗人;因为实际发生的某些事件没有理由不符合或然律,成为可能的事,既然相合,他就是这些事件的诗人或创造者。

——ARISTOTLE,Poëtica 1451b 27

[18]再者,既然学习和欣赏是令人愉悦的,那么愉悦就是通过摹仿行为,比如绘画、雕塑、诗歌以及任何熟练的复制来获得的,即使原型并不令人愉悦;因为人的愉悦不在事物本身之中;相反,这里有一个

三段论——"这个就是那个",这样一来,人就学会了某种东西。

——ARISTOTLE,Rhetorica 1371b 4

形式和内容 160

[19]正如利基尼奥斯(Likymnios)所说,一个语词的美或丑要么在于声音,要么在于意义。

——ARISTOTLE,Rhetorica 1405b 6

两种类型的诗人

[20]此外,诗人应该竭力用各种语言方式把它传达出来。受情感支配的人最能使人们相信他们的情感是真实的,因为人们都具有同样的天然倾向;唯有最真实的气愤或忧愁的人,才能激起人们的愤怒或忧郁。因此,诗歌与其说是迷狂的人的事业,不如说是有天才的人的事业;因为前者不正常,后者很灵敏。

——ARISTOTLE,Poëtica 1455a 30

悲剧的定义

[21]悲剧是对一个严肃、完整、有一定长度的行动的摹仿;它使用美化的语言,分用各种艺术装饰于剧中各部;它以行为的人来表演而不作叙事;通过怜悯和恐惧使这些情感得到恰当的净化。

——ARISTOTLE,Poëtica 1449b 24

艺术的效果

[22]我们的前辈把音乐纳入教育,既非因为它必不可少(因为

它不是必需的东西),亦非因为它有用(在阅读和写作对于公民生活的许多事情……有用的意义上)……因此,音乐作为闲暇时的一种消遣方式仍然是有用的,这显然是人们实际引入它的目的,因为他们把音乐看成一种适合自由人的消遣方式。

——ARISTOTLE,Politica 1338a 13

静观

[23]最后,我们完全可以认为,静观活动是唯一因其自身而受
161 到赞扬的活动,因为它除了静观行为以外不产生任何东西,而在实践活动中,我们或多或少总想获得活动以外的某种东西。此外,人们普遍认为,要有幸福,就必须有闲暇;我们忙碌是为了有闲暇,就像我们战斗是为了和平。

——ARISTOTLE,Ethica Nicomach. 1177b 1

观看物体与观看其似像的愉悦

[24]事实上,如果物体的似像吸引人,是因为它们揭示了画家或雕塑家的摹仿技能,而任何有眼睛的人都能辨别原因的自然物本身却没有更让人愉悦,那就奇怪了……自然的每一个造物中都有某种神奇之处。

——ARISTOTLE,De partibus animalium Ⅰ 5

艺术的目的

[25][音乐]能够通过使我们习惯于以正确的方式感受愉悦,从而改善我们的性格。还有第三种可能的观点认为,音乐有助于

我们心灵的培养和道德智慧的成长。

——ARISTOTLE,Politica 1339a 23

如果音乐被用于高雅的享受和娱乐,那么同样的论点也适用;为什么人们需要学习亲自演奏,而不是欣赏别人演奏的音乐?……但我们把职业音乐家称为庸俗的人,事实上我们认为演奏音乐是缺乏男子气概的,除非在喝醉或玩闹时。……我们的第一个问题是,是否应当把音乐包括在教育中,在已经讨论的三种用途中,它的功效是什么?——它是用来娱乐或消遣的吗?把它归在所有这些之下是合理的,而且它似乎分有了所有这些。娱乐是为了放松,放松必然是愉悦的,因为它是治疗辛苦劳动所带来痛苦的一种方法;诚然,娱乐不仅应该是体面的,而且应该是愉悦的,因为 162
幸福源于体面和愉悦;但我们都宣称音乐是最令人愉悦的事物之一,无论是器乐还是器乐与声乐的结合……

——ARISTOTLE,Politica 1339b 4

艺术目的的多重性

[26]另一方面,我们认为,追求音乐不应是为了它能给予的任何单一的利益,而应是为了几种利益。一是教育;二是净化情感……;三是有益于教化,这可能与消遣和放松有关。

——ARISTOTLE,Politica 1341b 38

艺术的自主性

[27]此外,正确的标准在诗歌和政治中并不相同,在诗歌和其他艺术中也不相同。在诗歌艺术本身当中,错误有两种:一种是触

及其本质的错误,另一种是偶然的错误。如果一个诗人选择摹仿某样东西,但由于缺乏能力而错误地摹仿了它,那么这种错误是诗歌固有的。但如果失败是由于错误的选择,例如他把一匹马描绘成两条右腿同时抬起,或者在医学或其他艺术中引入了技术上的错误,那么这个错误并不涉及诗歌艺术的本质。……先谈与诗人自身的艺术有关的问题。如果他描述了不可能的事物,他固然犯了错误;但如果由此便达到了艺术的目的,……也就是说,如果诗歌的这个部分或其他部分的效果因此而变得更加显著,那么这个错误也许是有道理得到辩护的。

——ARISTOTLE,Poëtica 1460b 13

[28]只有那些自身有真假的命题才是判断。例如,对一种愿望的表达是一个句子,但它既不真也不假。……对它们的研究严格说来更属于修辞学或诗学的领域。

——ARISTOTLE,De interpretatione 17a 2

163

工匠、艺术家和鉴赏家

[29][“医生”一词]适用于普通执业者;它也适用于指导治疗过程的专家;它还适用于对医术有某些一般知识的人。最后一种类型的人几乎可见于所有艺术。

——ARISTOTLE,Politica 1282a 3

摹仿艺术的起源

[30]一般来说,诗歌似乎起源于两个原因,每一个原因都深植于我们的本性之中。首先,人自幼就有摹仿的本能,人与其他动物

的一个区别就在于人是最善于摹仿的生物，通过摹仿，他学到了最早的教训；人从被摹仿的事物中总能感受到愉悦。经验事实可以证明这一点。事物本身看上去尽管引起痛感，但惟妙惟肖的图像看上去却能引起我们的愉悦，例如最可鄙的动物和尸体的形态。……因为如果我们碰巧没有见过所摹仿的对象，那么这种愉悦就不是由于摹仿本身，而是由于技巧、着色或其他原因。

——ARISTOTLE，Poëtica 1448b 4

美的定义

[31]道德上的美或高尚，因为自身而令人向往，同时也值得称赞，或者说，其为善，因为是善的而令人愉悦。

——ARISTOTLE，Rhetorica 1366a 33

美与功用

[32]同样，绘画教育的目标是……给他们一双善于观察形态美和体形美的敏锐的眼睛。处处以功用为目的，与高尚而自由的精神是完全不相称的。

——ARISTOTLE，Politica 1338a 40

[33]因此，起首要作用的应当是荣誉，而不是动物的凶残。

——ARISTOTLE，Politica 1338b 29

秩序和尺寸 164

[34]因为美在于尺寸和秩序。由此可知，一个非常小的活物不会是美的，因为我们对它的观看几乎是瞬间的，因此模糊不清，

一个非常大的活物,例如一个1000里长的活物,也不会是美的,因为我们不能对其一览无余,看不到单一整体的效果。正如活物和其他有机结构必须有一定的大小,易于被观看,情节也必须有一定的长度,以便于记忆。

——ARISTOTLE,Poëtica 1450b 38

[35]善与美是不同的,因为善总是蕴含着行动,而美也存在于不动的事物中(那些认为数学完全不涉及美或善的人是错误的)……美的主要种类是秩序、比例和确定,这些东西尤其通过数学表现出来。

——ARISTOTLE,Metaphysica 1078a 31

对感觉论的批评

[36]如果"美"[的定义]是"让视觉或听觉愉悦的事物"……那么同一个东西将既美又不美。……如果一个东西让视觉愉悦但不让听觉愉悦,则它将既美又不美。

——ARISTOTLE,Topica 146a 21

尺寸之美

[37]因为大度意味着大,正如俊美意味着身材修长;身材矮小的人也许有魅力和优雅,但不能说俊美。

——ARISTOTLE,Ethica Nicomach. 1123b 6

美与可感知性

[38]我所说的完全句(period)是指其本身有头有尾且其长度

很容易览视的句子。用这种文体写的东西令人愉悦而易学，令人 165
愉悦是因为它与没有限制的句子相反，而且听者每时每刻都认为自己有所收获，觉得达到了某个终限；而预见不到任何终限也达不到任何终限则是令人不愉的。它之所以易学，则是因为它很容易记忆。原因在于，完全句的文体是有数的，而数是所有事物中最容易记忆的。

——ARISTOTLE，Rhetorica 1409a 35

美的相对性

[38a]健美因年龄而异。

——ARISTOTLE，Rhetorica 1361b 5

艺术和美的价值

[39]艺术作品的善在于其自身。只要具有某种性质，便具有了这种善。

ARISTOTLE，Ethica Nicomach. 1105a 27

[40]有人问我们为什么在美上花那么多时间，此时他说："盲人才会提这样的问题。"

——LAERTIUS DIOGENES(Ⅴ 1,20)(on Aristotle)

审美经验

[41]从观看颜色、形状和图画中获得愉悦的人，谈不上什么节制或放纵，尽管在这些事物上，也有享受愉悦是过度、不及还是适度的稳妥。听觉的愉悦也是如此。一个人可能对音乐或表演产生

极大的兴趣，但没有人会因此而说他放纵。由嗅觉而来的愉悦也是一样，除非是在偶然情况下。如果有人喜欢闻苹果、玫瑰或熏香的气味，我们不会说他放纵。但如果有人喜欢香精或菜肴的气味，我们可能会说他放纵。

——ARISTOTLE，Ethica Nicomach，1118a 2

166 [42]如果一个人看到美的雕像、马或人，或者听人歌唱，茶饭不思，也不想性放纵，而只想看美的对象或听美的音乐，就像那些被海妖的歌声迷住的人一样，则他不会被认为是放纵。节制和放纵只与两种感觉对象有关，那就是味觉和触觉的对象。只有低等动物恰好对这两种感官对象敏感，并且感受到愉悦和痛苦。然而，几乎所有其他感官的愉悦，例如和谐的声音或美，动物都显然是不敏感的；因为很明显，除非是发生了奇迹，它们是不会仅仅因为看到美的对象或听到音乐的声音而受到任何值得一提的影响的。它们对好的或坏的气味也不敏感，尽管它们所有的感官确实比人的灵敏；但即使是它们喜欢的气味，也是那些有令人愉悦的联想的气味，而不是本质上令人愉悦的气味。我所说的并非本质上令人愉悦的气味，而是我们因为期待或回忆而喜欢的那些气味，例如吃喝之物的气味，因为我们喜欢这些气味是因为一种不同的愉悦，那就是吃或喝的愉悦；我所说的本质上令人愉悦的气味，是指诸如花香那样的气味（因此斯特拉托尼科斯[Stratonicus]会简洁地说，花的气味是美的，而吃喝之物的气味是甜的）。

——ARISTOTLE，Ethica Eudem. 1230b 31

第十一章 古典时期的结束

讨论完亚里士多德，我们便走到了古代美学古典时期的尽头。他的美学是对这一时期成就的总结，但在某些重要方面却超越了它，预示了一个新的时代。

古风时期和古典时期的希腊美学不仅不同于我们自己的美学，而且也不同于我们期望在历史的开端处出现的美学。至少在欧洲，希腊人的美学体系最早包含了一种成文的艺术理论，然而它既不简单，也不是后世所认为的自然和原始的东西。

首先，这个体系几乎没有提到美。希腊人几乎完全是在伦理意义而不是审美意义上谈论美的。这是值得注意的，因为这种美学产生于一个创造了如此之多的美的时代和国家，但却认为艺术与善、真、功用的联系比与美的联系更为密切。“优美”艺术的概念尚不存在。

其次，这一理论对通过艺术表现自然几乎不感兴趣。这同样值得注意，因为产生这一理论的时代和国家，其艺术却抛弃了抽象符号而偏爱自然形式。更值得注意的是，它竟然是希腊人的理论，希腊人认为人的心灵是被动的，人所做的一切都不是来自他自己，而是来自一种外在的模型；在一切人类活动中，无论是科学，还是艺术和诗歌，希腊人都把真理视为最重要的要素。在苏格拉底和柏拉图之前，我们很少看到画家、雕塑家和诗人谈论对自然的再现。“摹仿”一词虽然在使用，但它最初是指角色扮演和表演，而不是对外部世界的再现。它适用于舞蹈、音乐和演员的艺术，但不适用于雕塑、绘画和史诗。应用于自然时，它意指摹仿自然的方法而不是自然的外观。根据德谟克利特的说法，人们通过摹仿燕子来学习盖房子，通过摹仿夜莺和天鹅来学习歌唱。

第三，古典理论并没有把艺术与创造性联系起来，这在创造性如此显著的希腊尤其令人好奇。希腊人很少注意他们艺术中的创造性要素，也不重视它。原因在于，他们坚信世界是由永恒的法则支配的，艺术应当发现适合事物的形式，而不是试图发明它们。因此，他们虽然把许多新事物引入了艺术，却不重视艺术中的新颖性。他们认为，在艺术（和一般生活）中，任何好的、恰当的东西都是永恒的；因此，采用新的、特异的、原创的形式，标志着艺术误入了歧途。

第四，从毕达哥拉斯学派的思想开始，希腊艺术理论就是一种数学理论。它也渗透到视觉艺术中。以波利克里托斯为代表的雕塑家们为自己设定的任务是发现人体的“规范”，或者说人体比例的数学公式。尤其值得注意的是，这种美学恰恰产生于希腊艺术从几何形式过渡到有机形式的时候。

直到从希腊文化过渡到希腊化文化之后，古典美学的信条才开始让位于接近我们今天美学的新信条。正是在那时，艺术中的创造性观念才得到强调，艺术与美的联系才渐渐被理解。还有其他一些变化：艺术理论的重点从思想转向了想象，从经验转向了观念，从规则转向了艺术家的个人能力。

第三编　希腊化时期的美学 168

第一章　希腊化时期

1. 分界线。从公元前3世纪初至公元3世纪末的六个世纪里,发生了极其重大的政治事件。希腊解体了,亚历山大大帝逝世后相互竞争的继业者们(Diadochi)的王国兴衰更替,西罗马帝国形成,取得霸权又开始崩溃。世界的经济、政治和文化结构发生了翻天覆地的变化。但美和艺术的观念遇到的情况却完全不同。在此期间,它们没有发生任何重大变化。最初在雅典、然后在亚历山大里亚用希腊语表述的思想,六个世纪之后在罗马仍以拉丁语得到维持,只发生了较小的变化。因此,这六个世纪可以看作美学史上单独的一个篇章,尽管它涵盖了经济史和政治史上的两个伟大时期:公元前最后三个世纪的希腊化时期和公元后最初几个世纪的罗马帝国时期。

2. 继业者们的王国。将希腊化(Hellenistic)文化与希腊(Hellenic)文化进行对比是很常见的。"Hellenic"这个名称是指希腊人在相对孤立的生活中逐渐形成的文化,此时希腊人既没有显著地影响其他国家,也没有受到其他国家的影响。当时他们的文化是一致的、纯粹的,但范围有限。而"Hellenistic"则指从公元前3世纪开始传播到其他国家的希腊人的文化。在此过程中，这种文化扩展到了更大的范围，但失去了一致性。亚历山大大帝的统治标志着希腊时期与希腊化时期的分界线，“希腊化”始于亚历山大大帝。

昔日的希腊现在是一个弱小的国家，尤其是与亚历山大大帝和继业者们的王国相比。它不再是重要的文化中心或政治力量，并迅速缩小为一个贫穷而偏远的省份。它仍然由许多小城邦所组成，这些城邦试图通过建立像埃托利亚同盟(Aetolian league)或亚该亚同盟(Achaean league)那样的同盟来拯救自己。起初，这个政治上弱小的国家的思想生活仍然很有活力，至少在雅典是这样。琉善(Lucian)说：“雅典弥漫着一种浓厚的哲学氛围，最适合那些善于思考的人生活。”思想从这里辐射出去，先是到达继业者们的各个国家，而后又到达罗马帝国。然而，希腊没能经受住思想和政治上的长期竞争，最后让位给了继业者们的各个国家。

169 继业者们有四大王国。相对而言，其中始终掌握在安提柯王朝(Antigonus)继承人手中的马其顿在文化上是最不重要的，最重要的是托勒密的继承者统治下的埃及，其都城在亚历山大里亚。在塞琉西王国(Seleucids)统治下以安提奥克(Antioch)为都城的叙利亚也很重要。同样，后来兴起的阿塔利王朝(Attalids)统治下的帕加马王国(Pergamum)在文化领域也有很大的潜力和抱负。

在希腊化时期，早在公元前3世纪，生活方式就已经发生了方方面面的变化。由广大领土和数百万人口组成的专制君主政体国家取代了典型的雅典民主共和政体——小的希腊城邦(*polis*)。这必然会对艺术产生影响，艺术不再是民众的日用品，而是宫廷和统治阶层的日用品。希腊民主共和政体的贫乏资源与希腊化时期君主政体的没有可比性。从经济角度看，亚历山大大帝对东方的征服堪比发现美洲。波斯人的巨大财富和广阔的肥沃土地被征服，贸易达到空前规模。船上满载着奢侈品和基本用品——紫袍、丝绸、玻璃、青铜、象牙、细木和宝石。当时对典礼的描述谈到了对财富和无数金银细软的展示。希腊化时期的奢华与希腊时期的节俭形成了巨大反差。这种反差在艺术和整个文化中都可以看到。埃及、叙利亚或帕加马的来自地产、垄断和税收的王室财富，可以支持科学和艺术方面巨大的文化设施。艺术获得了空前的物质价值：普林尼提到，希腊化时期的国王和富人曾为绘画一掷千金。

3. 希腊移民。昔日的希腊被战争蹂躏，人口减少，古老的城市和神庙沦为废墟。希腊人在本国找不到用武之地，便移民到继业者的国家。在那里，他们虽然人数不多，但却是多语种和多种族人口中最为活跃和最有文化的一部分。在希腊移民中，既有备受追捧和享有特权的文人、艺术家和科学家，也有商人和实业家，他们以希腊人的勤勉和热情胜过了冷漠的东方民族。他们的繁荣兴旺和地位完全归功于辛勤劳动和主动性，因为在农业和工业中，特别是在埃及，奴隶很少得到利用。这些希腊移民把希腊的语言和文化在广大地区传播开来，已知的世界变成了希腊化的，尽管没有变成希腊的。这些雅典人和底比斯人一旦离开他们在雅典或底比斯的小家园，就成了地道的希腊人。他们摆脱了自己的地域特征，转向了希腊的普遍主义，这表现为区域方言的消失并且被一种泛希腊的通用语言（*koiné*）所取代。古希腊是一个依靠自己资源的 170
封闭国家，而希腊化的世界却见证了影响、人才、习俗和文化的交流。希腊品味影响了东方人，然而在此过程中，东方品味也在希腊人身上留下了印记。在希腊修辞中，亚洲风格与雅典风格并驾齐驱。随着亚历山大大帝的征服，希腊化的浪潮接踵而至，但 150 年后又出现了类似的东方化浪潮以及对东方品味和偏好的顺服。

4. 罗马。与此同时，在西方，共和制的罗马是在完全不同的基础上发展起来的。思想追求在那里只占次要地位，罗马人在科学领域所拥有的几乎一切都是从希腊化世界获得的。马其顿和希腊于公元前 146 年最早陷落，埃及则于公元前 30 年最后一个陷落。于是，甚至在公元纪元开始之前，整个“可居住的世界”（*oikoumene*）就被罗马人统一了。

现在，世界历史翻开了新的一页。罗马征服了世界，同时也不再是共和国，而是成了帝国。它取代了不久之前存在的众多首都，成了世界的首都。它在西方而不在东方。拉丁语取代希腊语成为统治者的语言，不久以后也成为文学语言。在拥有广阔领土和巨大的物质财富方面，罗马与希腊化时期的王国相似，但规模更大，因其财富不是来自工业和贸易，而是来自掠夺，在财富分配上也更不平等。

罗马对艺术和美的态度是独特的。[①] 绝大部分人口是奴隶和农奴，他们没有机会享受艺术的好处。许多以军事为职业的罗马人也享受不到，他们在设防的营地和行军中度过了自己的一生。但即使是最富有的人也享受不到艺术，因为他们全神贯注于权力

① H. Jucker, *Vom Verhältnis der Römer zur bildenden Kunst der Griechen* (1950).

和地位的争夺，以至于缺乏培养和享受艺术所必需的东西（正如亚里士多德所教导的那样）：从尘劳俗务中解脱出来的心灵。[①] 尽管生活在帝国统治下的一些自由而富有的罗马人获得了对艺术的热爱，但这仅限于享受而不包括创造。希腊仍然是艺术的发源地和艺术方面的权威，罗马人利用艺术主要是为了装饰他们的住所，或者通过建造剧院和浴室而赢得民众。

罗马人的性格特征和生活条件解释了罗马艺术的某些方面，比如其建筑的巨大规模、装饰的奢华、视觉艺术的现实主义以及装饰罗马的大多数艺术作品的派生性。布克哈特在其《君士坦丁世代》（*Die Zeit Konstantins*）一书中说："古往今来的许多国家都有 171
能力建造巨大的建筑，但当时的罗马永远是独一无二的，因为希腊艺术所激发的对美的热爱将不再与这些物质手段和要被宏伟建筑包围起来的需求联系在一起。"但与此同时，罗马的巨大、雄伟和威武却夹杂着一种依赖和自卑之感。赞扬了希腊人之后，塞内卡（Seneca）又补充说："对我们而言，他们显得如此伟大，因为我们自己是如此渺小。"

罗马的状况也解释了罗马艺术理论和美学理论的某些特征。第一批罗马学者出现在公元 1 世纪，其中一些人关心艺术理论。他们大多是某个狭窄领域（如演说术）的专家，是学者而不是创造者，仍然满足于传承希腊理论家的思想，而不是试图发展它们。维特鲁威和西塞罗也是如此，我们对古代绘画和雕塑思想的了解要

① Ch. Bénard, *L'esthétique d'Aristote* (1887), Part Ⅱ: "L'esthétique d'après Aristote", pp. 159-369.

归功于维特鲁威，西塞罗的作品则为我们提供了关于古代演说术理论和一般艺术理论的知识。

5. 伟大和自由。伪朗吉努斯（Pseudo-Longinus）于公元1世纪写的《论崇高》（*On the Sublime*）是现存的古代美学论著之一，它在最后一章提出了一个问题：为什么那个时代没有产生任何伟大人物。“这使我感到惊讶，无疑也使其他许多人感到惊讶，为什么尽管我们这个世纪造就了具有最强大语言能力和政治能力的人，他们具有敏锐而活跃的天性……，但超出一般水平的真正崇高的人却非常罕见。在这方面，整个世界都非常缺乏。”

伪朗吉努斯作了两方面的解释。首先，他援引一位身份不明的哲学家的话断言，之所以没有伟大人物，是因为生活缺乏自由。“我们这个时代的人从小就在专制下长大。……我们从未啜饮过最美最丰盛的自由之泉。任何专制主义，不论有多么充分的根据，都像一座牢笼和大监狱。”

第二种解释是作者自己的，他认为之所以没有伟大人物，是因为没有内在的自由。人们被激情和欲望、尤其是贪婪和对财富的渴望所征服。“不知餍足的贪婪和对放纵的渴望使我们都沦为奴隶。”

第二章　希腊化哲学中的美学

1. 希腊化哲学。在希腊化时期，哲学改变了自己的特征。之前是试图对世界和生活有好的理解，现在则是试图发现一种在这个世界上幸福生活的方法。这对美学也产生了影响。哲学家在讨论美学时，不仅关心什么是美和艺术，而且关心美和艺术是否**有助于幸福**。

第一代希腊化哲学家已经解决了这些新的基本问题。亚里士 172
多德逝世后不久，他们就为柏拉图和亚里士多德提出的这些问题补充了三种新的解决方案：享乐主义的、道德主义的和怀疑论的。它们主张，幸福可以分别通过愉悦、德性以及回避生活的困难和疑虑来实现。

这些解决方案成了各个哲学学派的口号。哲学家现在不再单独行动，而是组成群体。这也是当时哲学的特点。除了柏拉图的学园派和亚里士多德的逍遥学派，还发展出三个新的学派。

伊壁鸠鲁学派提出了第一个口号，即享乐主义，由此发展出一种唯物论、机械论和感觉论的哲学；斯多亚学派为第二个口号即道德主义进行辩护；而怀疑论学派则围绕第三个口号创立了一种消极的哲学，认为所有判断都是不确定的，所有重要问题都是无法解决的。这个学派反对其余四个学派，认为它们都是教条的；怀疑论学派相对而言比较接近伊壁鸠鲁学派。在教条的学派当中，唯物论的伊壁鸠鲁学派和理念论的柏拉图学园派代表两个极端。亚里士多德的逍遥学派和斯多亚学派介于中间，但两者都非常接近理念论的柏拉图一极。由于这三种倾向之间有一定的相似性，所以第四种倾向适时地产生了；这就是折中主义者，它将所有三种学说统一起来，目的是把古代哲学中既非怀疑论亦非唯物论的所有东西结合起来。

所有这些学派都延续了数个世纪。柏拉图主义者发生了最大的变化，他们的哲学甚至一度接近了怀疑论学派的哲学。然而到了古代结束时，他们在所谓的新柏拉图主义体系中强化了其哲学中思辨、迷狂和超越的要素，远离了伊壁鸠鲁和怀疑论学派的清醒原则。

希腊化体系是多方面的：它们对认知作了分析，发展了存在理论，并且得出了关于生活的实践结论。它们也给美学留出了一席之地，尽管不是很突出。在一种主要关注实践问题、道德问题和生命技术问题的哲学中，美学问题自然会退居次要位置。由于这些问题是在哲学学派中提出来的，所以它们必然带有集体事业的优点和缺点：既是系统性的，又是示意性的。不过，这一时期也出现了对美学史产生重要影响的人物——西塞罗和普罗提诺(Plotinus)。

2. 雅典和罗马。希腊化时期的哲学学派兴起于雅典，雅典城即使在政治和经济上衰落时，也仍然吸引着来自“可居住的世界”各个地方的哲学家。雅典哲学在雅典以外也有其追随者，但只有少数人具有创造精神。亚历山大里亚是一个科学中心，而不是哲
173 学中心。罗马帝国对哲学更感兴趣，但更喜欢引进而不是主动发

展哲学。怀疑论学派的精妙论证和崇高的柏拉图主义理念论并没有得到罗马人的青睐,恰恰相反,在罗马人当中产生了倡导伊壁鸠鲁主义的著名的卢克莱修,以及几位杰出的斯多亚主义者,其中塞内卡对美学特别感兴趣。在希腊,各个学派相互冲突,而罗马人则致力于调和它们,保留所有学派的共同点;因此,折中主义者在其主要倡导者西塞罗所居住的罗马最为成功。

希腊化哲学的一般特征亦见于美学。美学研究在亚历山大里亚的"文法学家们"(grammarians)[即文学家]的方案中并没有发挥重要作用,但雅典和罗马在这一领域表现突出。雅典人更富于新思想,而罗马人则更长于消化吸收。但雅典人的贡献只有一小部分幸存下来,我们对这一时期美学的了解大多来自于罗马学者的著作。

在漫长的希腊化-罗马时期,美学思想几乎没有什么变化。主要信条早在公元前 3 世纪就已确立,后来出现的是发展而不是修改。由于几位哲学家的活动,美学在公元前 1 世纪出现了某种复兴,他们是:折中主义的学园派安提奥克(Antiochus)、斯多亚主义者帕奈提乌(Panaetius)和波西多纽(Posidonius)。不久以后,罗马也出现了类似的复兴。这个世纪和下一个世纪的拉丁文汇编和专著是我们关于希腊化和罗马美学最为丰富的资料来源。

在随后的几个世纪,哲学中一种超越的神秘倾向开始变得强大,并且在美学中得到体现。它的一个较晚但突出的表现就是公元 3 世纪普罗提诺的美学。

3. 美学著作。我们拥有各种各样的希腊化时期美学文本,尽管其数量远远不能与实际写出来的相比。原作注定会失传,只有后来的评注保存下来。普林尼关于绘画和雕塑的书籍得以幸存，但他引用的色诺克拉底（Xenocrates）、安提戈诺斯（Antigonus）、帕西泰勒斯（Pasiteles）和瓦罗的作品已经亡佚。我们有维特鲁威关于建筑的作品，却没有作为维特鲁威资料来源的建筑师赫莫根尼斯（Hermogenes）等人的作品。我们有西塞罗和塞内卡的美学论著，却没有更早的启发他们的帕奈提乌和波西多纽的论著。不过，最重要的美学思想很可能幸存了下来。未被当时的摘要和意见汇编者（doxographers）记录下来的东西肯定不重要。

4. 哲学家和艺术家。希腊化-罗马时期的美学不仅是哲学家的成就，而且也是学者和艺术家的成就。哲学家和专家所扮演的角色甚至发生了反转：在古典时期，主要的美学家一直是哲学家，而在希腊化-罗马时期，专家则成了主要的美学家。

174 原因之一在于哲学本身。它的三股新潮流，即伊壁鸠鲁主义、斯多亚主义和怀疑论，对美和艺术采取了不赞成的态度，认为美和艺术既不服务于道德主义目的，又不服务于享乐主义目的。尽管如此，至少斯多亚主义对美学发展的贡献超出了人们的预期。在两个更早的哲学学派中，亚里士多德学派正致力于解决一些特殊问题，而柏拉图学派则趋于没落。因此，这三个对艺术持负面态度的学派所呈现的希腊化哲学对美学的态度比亚里士多德学派和柏拉图学派更为典型。

至于专门化的理论，首先出现的是音乐理论，后来又出现了视觉艺术理论。亚里士多德已经为诗学铺平了道路。人们对修辞学即演说术理论作了认真研究，这种理论在古代备受重视。我们对希腊化时期音乐理论的了解来自阿里斯托克赛诺斯（公元前3世纪的一位亚里士多德主义者)的现存残篇,诗学理论被贺拉斯保存下来,演说术理论被西塞罗和昆体良(活跃于公元1、2世纪之交的演说家)保存下来,建筑理论通过维特鲁威(活跃于公元前1世纪)的作品流传下来,而绘画和雕塑理论得以幸存,则得益于普林尼在公元1世纪所写的百科全书著作。

这里,我们先按以下顺序讨论各个哲学学派的思想:1. 伊壁鸠鲁学派(主要是卢克莱修)的美学。2. 怀疑论学派(主要是塞克斯都·恩披里柯[Sextus Empiricus]提出)的美学。3. 斯多亚学派(主要是塞内卡)的美学。4. 折中主义者(主要是西塞罗)的美学。然后,我们将转向专门化的理论。5. 音乐美学(主要是阿里斯托克赛诺斯)。6. 诗学(主要是贺拉斯)。7. 修辞学(主要是昆体良)。8. 建筑美学(主要基于维特鲁威)。9. 绘画和雕塑的美学。

最后,我们还必须回到哲学,因为这一时期的最后一个篇章属于新柏拉图主义哲学,美学在其中占有重要地位。新柏拉图主义哲学在性质上也不同于希腊化早期的哲学潮流。

第三章 伊壁鸠鲁学派的美学

1. 伊壁鸠鲁论艺术的著作。该学派创始人伊壁鸠鲁(前340—前271)的著作包括了题为《论音乐》(*On Music*)和《论演说》(*On Oratory*)的讨论艺术的作品,[1]但这些作品只代表其成就的很小一部分,而且均已失传。第欧根尼·拉尔修虽然提供了关于伊壁鸠鲁的大量信息,但对他的美学观点只字未提,其他记录者也
175 几乎没有补充。我们只能根据零星的残篇和间接的资料来源得出结论。不过,美学在伊壁鸠鲁的兴趣中显然占有非常低的地位。

关于美学主题的更多材料可见于罗马的伊壁鸠鲁主义者卢克莱修(前95—前55)的哲理诗《物性论》(*De Rerum Natura*),这首诗被完整地保存下来。但它的主题是宇宙论和伦理学,只是附带地讨论了美学。伊壁鸠鲁学派的另一些成员,特别是著名的诗艺作者贺拉斯,对这一主题表现出了更大兴趣。活跃于公元前1世纪的加达拉的菲洛德谟斯(Philodemus of Gadara)是另一位伊壁鸠鲁主义者,他的《论诗歌作品》(*On Poetical Works*)[2]和《论音乐》(*On Music*)的许多残篇在赫库兰尼姆(Herculaneum)的纸莎

---

① H. Usener, *Epicurea* (1887).

② Ch. Jensen, *Philodemos über die Gedichte*, fünftes Buch (1923).

草中幸存下来。① 这些残篇既包含了伊壁鸠鲁学派的美学思想，又包含了他们对其他学派的批评，因此是我们关于希腊化哲学家美学的主要来源。

2. 唯物主义、享乐主义和感觉主义。伊壁鸠鲁主义哲学对存在作了一种唯物主义解释，对行动作了一种享乐主义解释，对知识作了一种感觉主义解释。这些解释对美学产生了影响。伊壁鸠鲁学派的唯物主义导致他们对古典美学家相当重视的"精神"美不感兴趣：其享乐主义导致伊壁鸠鲁学派认为，美和艺术的价值在于它们提供的愉悦；其感觉主义则导致他们把愉悦（因此把美）与感觉经验联系起来。对伊壁鸠鲁学派来说，美意味着"悦人耳目的东西"。所有这些都与亚里士多德的美学形成了鲜明对比，与柏拉图美学的对比则更加强烈，而柏拉图的美学似乎更接近于智者学派的美学。不过，这种相似性仅限于某些假设，而没有扩展到其推论。这些密切相关的假设既使智者学派对美和艺术持同情态度，也使伊壁鸠鲁学派对美和艺术持敌对态度。

3. 对美和艺术的负面态度。伊壁鸠鲁对美的享乐主义态度有两种变体。一种变体宣称，美等同于愉悦，没有愉悦就没有美，美的量对应于愉悦的量。美与愉悦的区别被认为是纯粹语言上的：他说，当你谈到美时，你谈到的是愉悦，因为如果美不令人愉悦，那它就不是美。[1]第二种变体将美与愉悦联系起来，但并未把两者等同。美只有在让人愉悦时才被认为是有价值的；[2]那时而且也只有那时才是值得追求的。[3]这里，伊壁鸠鲁更加有力地表达

① *Philodemi de musica librorum quae extant*, ed. by I. Kemke(1884).

了自己的观点，他说，他鄙视不能让人愉悦的美，鄙视那些徒劳地欣赏这种美的人。[4]这两种变体都与享乐主义有关，但在一个重要
176 方面彼此不同。根据第一种变体，所有的美都依赖于愉悦，所有的美都有价值；而根据第二种变体，也存在着不让人愉悦和没有价值的美。很难说这种差异应当归因于我们的资料来源（阿忒纳乌斯[Athenaeus]和提尔的马克西莫斯[Maximus of Tyre]），还是应当归因于伊壁鸠鲁本人，他对美毫不关心，也不关心对美的考察。伊壁鸠鲁及其学派在对艺术的评价中也出现了类似的冲突。他们要么声称艺术是产生令人愉悦和有用的东西，要么声称艺术只有在产生令人愉悦和有用的东西时才是正当的。

基于这些假设，伊壁鸠鲁学派本可以以智者学派或德谟克利特的精神产生一种享乐主义美学，伊壁鸠鲁学派在许多方面都追随德谟克利特。然而这并没有发生，因为他们在艺术和美中看不到愉悦。他们的第一个信条是，只要能引起愉悦，艺术就有价值，但他们的另一个信条是，艺术不会引起真正的愉悦。因此，艺术毫无价值，不值得注意。

伊壁鸠鲁认为，人所做的一切都是出于某种需要。然而，他并不认为一切需要都是不可或缺的，也不认为美是绝对必要的东西。在他看来，艺术也是不必要的，因为正如他的弟子所认为的，艺术是后来才出现的。在很长一段时间里，人没有艺术依然活得很好。艺术甚至不具有独立性，艺术中的一切都源于自然。人由于自己的无知，必须向自然学习一切。这样一来，伊壁鸠鲁学派不重视艺术也就不足为奇了。伊壁鸠鲁学派的这位创始人把音乐和诗歌称为“噪音”。[5]西塞罗告诉我们，他的弟子们不愿浪费时间去读那些

诗人的作品，后者不能提供任何“可靠和有用的”[6]东西。伊壁鸠鲁甚至认为诗歌是有害的，因为它创造了神话。[7]因此，和柏拉图一样，他认为诗人应该离开城邦，尽管他的论证基于不同的前提。[8]他承认，智慧的人最终可能会经常光顾剧场，但条件是他把戏剧当作娱乐，而不认为它具有任何重要意义。就音乐而言，伊壁鸠鲁学派常常引用一首小诗，说音乐会导致“怠惰、迷醉和毁灭”。

4. 艺术无自主性。伊壁鸠鲁学派对美学采取了一种完全实用的态度。他们仅仅以功利的标准来评判美和艺术，并且坚持认为价值在于功用，功用在于愉悦。他们不允许艺术有自身的原则。诗人应当遵从人类的总体目标。伊壁鸠鲁学派坚持一个可疑的论点，即诗歌不能表达科学尚未确证的任何真理，伊壁鸠鲁本人也比柏拉图更加谴责诗人的虚假幻想。他声称：“只有智慧的人才能正确地谈论音乐和诗歌。”[9]卢克莱修将奴仆的角色归于诗歌，他说“艺术是哲学的女仆”(*ars ancilla philosophiae*)。在伊壁鸠鲁学派看来，艺术没有任何自身的目的、准则或标准。他们坚持认为艺 177
术在日常生活和科学方面都缺乏自主性，从而最大限度地否定了艺术的自主性。

5. 两种美学学说。伊壁鸠鲁所倡导的对美和艺术的态度在他随后的几代弟子中得到延续，但后来有所改变。但即使在那时，这个学派对美和艺术也没有表现出多少热情。然而，在公元前1世纪，该学派的成员中出现了像卢克莱修这样的哲学家和像菲洛德谟斯这样的人文主义者，他们对美学的态度更加严肃。伊壁鸠鲁学派的哲学从一开始就信奉两种学说，其中一种完全从功利利益的角度来看待一切，对美学持不赞成的态度。这个关于美和艺术无用的论点成为伊壁鸠鲁主义的一个基本要素。它是一种犬儒主义学说，类似于柏拉图对无用的谴责。它没有扩展到美，甚至没有涵盖伊壁鸠鲁时代以外的艺术。这一学说导致伊壁鸠鲁学派忽视了对美的研究，进而导致他们对美持一种外行和保守的态度。

伊壁鸠鲁学派的另一种学说起源于德谟克利特。这一学说宣扬自然主义和经验主义，反对一切形式的理念论和神秘主义。它是伊壁鸠鲁学派美学后来的发展，具有更为正面的意义。卢克莱修和菲洛德谟斯都赞成这种学说。

6. 卢克莱修。卢克莱修的一个典型思想是，艺术形式来源于自然，自然为之提供了模型。人们通过摹仿鸟鸣来创作歌曲，风吹芦苇启发人们制造出笛管。人类把诗歌的起源归功于鸟，把音乐的起源归功于风。[10]起初，艺术不过是一种游戏和消遣，后来却在音乐、绘画和雕塑等各个领域发展到了“最高的顶峰”。卢克莱修认为，这是通过“活跃心灵的创造力”，在实践的指导下，以理性和功利的方式，慢慢地逐渐发生的。[11]

7. 菲洛德谟斯。菲洛德谟斯给自己确定了一项不同的任务。他拒绝接受希腊人对艺术所持有的夸张而毫无道理的神秘观念。他说：“音乐**并非**由神发明之后交给人的。”人类自己发明了音乐，在他看来，音乐与天界现象之间毫无相似之处。人是音乐的尺度和支配者。音乐并无特别之处，其作用就像其他任何人类产物一样。“歌曲在效果上类似于气味和味道。”与大多数人的观点相反，音乐并不是理性的，正是由于这个原因，它对人的作用是有限的。“精神特质(ethos)理论”尤其没有根据，因为音乐并不描绘性格，它与精神生活的联系并不比烹饪术更多。[12]

菲洛德谟斯遵循伊壁鸠鲁学派的一般倾向，谴责对诗歌的形式解释，并认为“即使一首诗有美的形式，如果其中包含的思想是坏的，那么这首诗也是坏的”。但是在讨论音乐时，[①]他考虑了音 178
乐作为一门艺术的不同特点，并认为这一特点证明形式主义进路是有道理的。在这里，他以不同的理由，即通过反对音乐对灵魂有特殊的影响，证明了他对伊壁鸠鲁学派的坚持。伊壁鸠鲁主义者菲洛德谟斯之所以强调诗歌的内容，是因为该学派实用、功利和教育的观点，而他之所以强调音乐的形式，则是因为他不相信在希腊非常流行的神秘主义解释。对于像伊壁鸠鲁学派这样的启蒙拥护者来说，神秘主义比形式主义更危险。在艺术方面，他们更看重内容而不是形式，但如果非要选择的话，他们更喜欢形式而不是神秘内容。

8. 少数派阵营。菲洛德谟斯把更多注意力给予了一种专门的艺术理论，而不是一般的美学，他更关心的是反对别人的理论，而不是发展自己的理论。因此，在讨论他那个时代其他学派的思想和专门的艺术理论，特别是音乐和诗学理论时，我们必须回到他的著作。

伊壁鸠鲁学派对美学的态度（即他们最初对美和艺术的谴责以及后来对美和艺术的自然主义解释）只反映了少数希腊人的观点。大多数人，包括柏拉图主义者和逍遥学派，甚至是斯多亚学

① A. Rastagni,“Filodemo contra l'estetica classica”,*Rivista di filosofia*(1923). C. Benvenga,*Per la critica e l'estetica classica*(1951). A. J. Neubecker,*Die Bewertung der Musik bei Stoikern und Epikureern, Eine Analyse von Philodemus Schrift*,“*De musica*”(1956). A. Plebe,“Philodemo e la musica”,*Filosofia*,Ⅷ,4(1957).

派，都崇尚美和艺术，并倾向于从精神主义角度解释美和艺术。在美学以及哲学的其他领域，伊壁鸠鲁学派都远离了这些学派，而与怀疑论学派处于同一阵营。这两个群体在美学上形成了一个反对多数派的少数派阵营。

* * *

H. 伊壁鸠鲁学派的原文

美和愉悦

[1]当你谈到美时，你谈到的是愉悦，因为如果美不令人愉悦，那它就不是美。

——EPICURUS(Maximus of Tyre，or. XXXII 5，Hobein 272)

[2]至于我自己，如果我排除了来自味觉的愉悦，或者来自性
179 交的愉悦，或者来自我们听觉的愉悦，或者来自悦人眼目的形体动作的愉悦，我就不能设想善。

——EPICURUS(Athenaeus，XII，546e)

[3]美、德性以及诸如此类的东西，如果能给我们带来愉悦，我们就应该珍视它们；但如果不能带来愉悦，我们就应该抛弃它们。

——EPICURUS(Athenaeus，XII 546f)

[4]只要不能带来愉悦，我就会鄙视美，鄙视那些徒劳地欣赏它的人。

——EPICURUS(Athenaeus，XII 547a)

对艺术的负面态度

[5]文法学家赫拉克莱德斯(Heracleides)以同样方式回敬伊壁鸠鲁,因为伊壁鸠鲁学派胆敢谈论“诗歌的噪音”,并且就荷马胡说八道。

——EPICURUS(Plutarch, Non posse suaviter vivi 2,1086f)

[6]他拒绝把任何无助于培养我们幸福的教育看成教育。那些诗人只能提供幼稚的逗乐,而不能提供任何可靠和有用的东西,……他怎么可能花时间细读呢?

——EPICURUS(Cicero,De fin. Ⅰ 21,71)

[7]他不仅摒弃了荷马,而且摒弃了所有诗歌;他愿与诗歌撇清关系,因为他认为诗歌只不过是引出神话的有毒诱饵罢了。

——HERACLITUS,Quaest. Homer. 4 et 75

[8]然而,在写那种东西时,他们[伊壁鸠鲁和柏拉图]把荷马 180
逐出了自己的城邦。

——ATHENAEUS,Ⅴ 187c

智慧的人作为艺术的评判者

[9]只有智慧的人才能正确地谈论音乐和诗歌。

——LAËRTIUS DIOGENES,Ⅹ 121

自然作为艺术的模型

[10]人们用口嘴来摹仿婉转的鸟鸣,要早于唱出富于旋律而

合乎节拍的歌来愉悦耳朵。风吹芦苇管而引起的呼哨，最先教会村民去吹毒芹的空管。渐渐地，他们学会了优美哀婉的歌调。

——LUCRETIUS，De rerum natura Ⅴ 1379

艺术的演变

[11]航海、耕种、筑城、法律、武器、道路、服装，以及诸如此类的一切，所有的奖赏和生活享受，所有诗歌、绘画和精雕细琢的雕像，——所有这些技艺，在人们逐步向前走的过程中，实践和活跃心灵的创造力一点点地教导他们。就这样，时间把每一个事物一点点地显露出来，理性把它升举到光明的境界。因为人们看到一个个事物在心灵中变得明晰起来，直到凭借自己的艺术达到最高的顶峰。

——LUCREHUS，De rerum natura Ⅴ 1448

[12]菲洛德谟斯的原文散见于关于诗歌和音乐的章节里（原文 L 和 M，本书[边码]第 229—230，248，251，256—258 页）。

第四章　怀疑论学派的美学

1. 怀疑论学派著作中的美学。怀疑论学派的基本哲学信念是，确定性是不可能达到的。早期的怀疑论学派只把这一信念用于真和善，而没有用于美。无论是该学派的创始人皮浪（Pyrrhon），还是他的直接继任者，似乎都没有就美和艺术这一主题表达自己的观点。然而，该学派的一个后期代表塞克斯都·恩披里柯讨论了这个问题，他的大部分作品都幸存了下来。活跃于公元 2 世纪末的这位医生和哲学家汇编了怀疑论学派的问题和论点。关于美学的论点在《驳数学家》（*Adversus mathematicos*）一书中得到了讨论，关于音乐的最充分的讨论见于《驳音乐家》（*Against the Musicians*）第六卷（vol. Ⅱ，238-261），关于诗歌问题的最充分的讨论见于《驳文法学家》（*Against the Grammarians*）第十三章（vol. Ⅱ，274-277）。

根据他们的一般哲学，怀疑论学派强调，关于美和艺术的所有判断都是不一致和矛盾的。只要希腊人过着与世隔绝的生活，很少与外国人接触，从而只了解自己的艺术和品味，他们就看不到什么意见分歧。然而，自亚历山大大帝时代起，当他们开始面对其他非希腊的艺术类型和对美的判断时，他们开始意识到存在着彼此矛盾的美学观点。怀疑论学派以这些矛盾为论据来支持其美学怀疑论。

如果说早期希腊哲学家谴责美学，那是因为他们既不信任艺术或美，也不信任美学本身。柏拉图谴责艺术，伊壁鸠鲁学派谴责美，怀疑论学派抨击美学；他们这样做是因为美学声称是一门科学。他们认为，虽然美和艺术是存在的，但对它们不可能有真正的知识。尤其是，他们抨击了文学理论和音乐理论。关于视觉艺术的理论尚未形成。到目前为止，尚未有人声称美学是一门科学。

2. 反对文学理论。怀疑论学派认为诗歌没有什么用处，甚至是有害的，因为它的虚构使人迷惑。诗歌充其量只能给人愉悦。它缺乏客观的美，且不教导幸福或德性。与希腊人认为的相反，诗歌并不包含哲学内容：从哲学角度看，诗歌要么毫不重要，要么虚假。怀疑论学派对诗学理论的看法甚至比对诗歌本身更有敌意。

在希腊化时期，文学理论被称为“文法”(grammar)，文学理论家被称为“文法学家”(grammarians，源自 *gramma*——“字母”，我们的“文人”[man of letters]一词即来源于其拉丁对应词)。怀疑论学派对“文法”的反对有三个方面：他们认为它是不可能的、不必要的和有害的。

(1) 文学理论是**不可能的**。由于怀疑论学派试图证明，任何科学，甚至是数学或物理学，都不能满足我们对科学的要求，所以他们很容易证明，文学研究不能满足这些要求。事实上，这样一种科学是不可能存在的。他们推理说，[1]文学理论要么是关于所有文学作品的知识，要么是关于某些文学作品的知识。如果它是关于所有作品的知识，那么它一定是关于无数作品的知识，既然无限超出了我们的理解，所以这样的科学是不可能的。一门只涉及某些作品的科学不是科学。

怀疑论学派采用的另一个类似论证是：文学理论要么是关于文学作品所描述事物的知识，要么是关于这些作品所使用语词的知识。但关于事物的知识是物理学家的领域，而不是文学理论家的领域。关于语词的知识是不可能的，因为语词的数量是无限的，而且每个人使用语词的方式各不相同。

（2）文学理论是**不必要的**。诚然，某些具有反思性或教育性的文学作品在某种程度上是有用的，但这些作品在表达上很清晰， 182
不需要理论家的阐释。而需要阐释的文学作品没有什么用处。[2]对文学作品的评价是有用的，但它只能由哲学和严肃的研究来提供，而不能由文学理论来提供。[3]文学理论也许对国家是有用的，但这并不意味着它对人有用。它只有在令人愉悦时才是有用的。[4]

（3）文学理论甚至可能是**有害的**。在文学作品中，有些是不合常情、败坏道德和有害的；任何与这些作品有关的理论，如果试图阐明或传播这些作品，也必然会造成伤害。

3. 反对音乐。怀疑论学派同样猛烈地抨击音乐理论。古人没有区分音乐和音乐理论，因为他们认为音乐仅仅是理论的应用，所以怀疑论学派的抨击同时针对音乐和音乐理论。他们认为音乐的价值和潜力被高估了。他们从两个方面对音乐进行了抨击：第一种观点与伊壁鸠鲁学派的观点类似，第二种观点是他们自己的；前者温和，后者激进。

第一种论点针对的是流传甚广的关于音乐具有特殊心理影响的希腊理论。毕达哥拉斯学派、柏拉图主义者和斯多亚学派都将一种绝对的魔力归于音乐，认为音乐能够提升士兵的战斗勇气，缓和愤怒，为幸福者带来快乐，为苦难者提供慰藉。因此，音乐被视为一种强大而有用的力量。

对怀疑论学派来说，所有这些力量都是一种幻觉，因为音乐对某些人和动物没有影响，或者有不同的影响。如果有人在音乐的影响下不再愤怒、害怕或悲伤，那么这并非因为音乐在他们心中唤起了更好的情感，而是因为音乐暂时分散了他们的注意力。音乐停止时，未被治愈的心灵会重新陷入恐惧、愤怒或悲伤。号角和鼓声并不能提升士兵的勇气，而只是暂时淹没了士兵的恐惧。音乐的确会对人产生影响，但其效果与睡眠或葡萄酒并无不同——它要么像睡眠一样让人镇静，要么像葡萄酒一样让人兴奋。

希腊人习惯于用来显示音乐的力量与价值的其他观点，也被塞克斯都·恩披里柯所拒斥。(1)有一种观点认为，乐感乃愉悦之源泉。对此，塞克斯都·恩披里柯回应说，无乐感的人并不失去这种愉悦。[5]一个训练有素的音乐家也许比一个外行更能评判音乐比赛，但他的愉悦并不因此而更大。(2)音乐的捍卫者声称，对音乐的感受力是教养的标志，因此是心灵卓越的证明。但塞克斯都·恩披里柯回答说，音乐也会影响那些没有受过教育的人。旋律能使孩子们入睡，甚至动物也会屈服于长笛的魔力。(3)音乐的倡导者声称，某些旋律具有使人崇高的效力，而塞克斯都·恩披里柯却提醒读者说，这一断言受到了多方面的质疑。因为我们知道，有些希腊人认为，音乐会导致怠惰、迷醉和毁灭。(4)毕达哥拉斯学派
183 说，音乐所基于的原则与哲学相同，而哲学是人最高级的活动。对此，怀疑论学派回答说，这显然是错误的。(5)毕达哥拉斯学派还声称，音乐的和谐是宇宙和谐的反映，对此怀疑论学派反驳说，宇

宙和谐并不存在。[6]

这一论证的结论是，音乐并无特殊的力量，没有效用，不会带来幸福，也不会使人变得高尚。相反的断言乃是基于偏见、教条、迷信和错误。

4. 音乐的所谓属性。塞克斯都·恩披里柯说，如果没有声音，就不会有音乐。而事实上，声音并不存在：这一点源于昔勒尼学派（Cyrenaics）或享乐主义学派、柏拉图和德谟克利特等著名哲学家的工作。根据昔勒尼学派的说法，只有感觉存在，既然声音并不是感觉，而是唤起感觉的东西，那么声音就不存在。从柏拉图和德谟克利特那里也可以推断出同样的结论，柏拉图认为只存在理念，德谟克利特认为只存在原子，而声音既不是理念，也不是原子。如果声音不存在，那么音乐也不存在。

这个论证的结论，即音乐不存在，听起来很悖谬，但它的含义仅仅是说，音乐并不独立于人和人的感觉而存在，尽管它作为一种人类经验当然是存在的。如果音乐只是一种经验，那它就没有客观的、固定的属性。这就是"音乐不存在"这句话的意思。特别是，它意味着，音乐没有影响、抚慰或净化情感的客观能力，这种效力既取决于音乐，也取决于人。

假如音乐没有客观属性，那么就没有音乐科学，或者用现代术语来说，没有音乐理论，只有音乐心理学。怀疑论学派的结论即使以这种不那么激进的形式表达出来，也会令希腊人感到痛苦，因为他们深信自己拥有一门关于音乐及其对人类灵魂影响的精确科学。

从塞克斯都·恩披里柯反对诗歌和音乐的论证可以推断出怀

疑论学派对于艺术的总体看法。如果忽略他们有意显得悖谬的表述，这种观点是这样的：关于艺术、艺术的效果和价值的一般真理只是所谓的真理，事实上它们都是错误的、没有道理的概括。此外，他们将人对艺术的主观反应处理成仿佛是艺术的客观属性。[7]这尤其适用于希腊人特别重视的关于艺术的两种主张，即关于其认知价值和伦理价值的主张。怀疑论学派否认了这两者，认为艺术既不能教育人，也不能改进人的道德。有时他们断言，艺术对人的影响是负面的，在道德上让人堕落，[8]但总的来说，他们对艺术的影响持怀疑态度，不论是正面的还是负面的。

这种观点并非全新，智者学派在宣扬文化的相对性和主观性时就已经预示过它。在美学上，他们的活动不啻为对独断论和草率概括的警告。

* * *

184
I. 怀疑论学派的原文

文学知识是不可能的

[1]当他们把它[指文法艺术]称为“关于诗人和作家的大部分言语的专门知识”时，他们所指的要么是全部言语，要么是部分言语。如果他们的意思是“全部”，那么首先，文法艺术就不再“涉及他们的大部分言语”，而是涉及全部言语，而如果是全部言语，那它就是无限的（因为诗人和作家的言语是无限的）。但无限的东西是无法经验的，因此文法艺术是不存在的。但如果他们的意思是“一

些”,那么由于即使是普通人(尽管并不具备文法的专门知识)也能理解诗人和作家的一些言语,所以在这种情况下,也不能说文法艺术是存在的。

——SEXTUS EMPIRICUS,Adv. mathem. Ⅰ 66

文学知识是无价值的

[2]很明显,被认为对生活有用和必要的诗人们的言语,比如那些格言和劝勉性的言语,都被诗人们清楚地表达出来,因此不需要文法;[而那些需要文法的言语]……是无用的。……有用的不是文法,而是能够作出区分的东西,即哲学。

——SEXTUS EMPIRICUS,Adv. mathem. Ⅰ 278,280

[3]因此,文法学家不理解语词背后的事物,他们只理解语词。但即便如此也无意义的。因为首先,他们没有专门手段去了解语词。……其次,即便是对语词的理解也是不可能的,因为语词的数量是无限的,由不同的人以不同方式所构造。

——SEXTUS EMPIRICUS,Adv. matem. Ⅰ 313,314

[4]此外,对国家有用是一回事,对我们自己有用则是另一回事。例如,鞋匠和铜匠的技艺对国家来说是必要的,但对我们的幸福并不必要。因此,文法艺术并不一定对国家有用。

——SEXTUS EMPIRICUS,Adv. mathem. Ⅰ 294

音乐知识不是愉悦的源泉 185

[5]因此,正如我们虽然没有烹饪或品酒的技艺,也照样享受美食或美酒,同样,我们虽然没有音乐的技艺,但听到悦耳的旋律

仍会感到愉悦；内行的音乐家虽然比普通人更清楚一段旋律在艺术上演奏得更好，但从中得到的愉悦并不更大。

——SEXTUS EMPIRICUS，Adv. mathem. Ⅵ 33

世界不是被和谐构造的

[6]各种证据表明，认为宇宙是按照和谐构造起来的看法是错误的；而且，即使它是正确的，这种事物也无助于幸福，就像乐器的和谐无助于幸福一样。

——SEXTUS EMPIRICUS，Adv. mathem. Ⅵ 37

音乐判断的主观性

[7]就音乐的曲调而言，并不是有些曲调天然就是这种类型，有些曲调天然就是那种类型，而是我们自己认为这些曲调是这样的。

——SEXTUS EMPIRICUS，Adv. mathem. Ⅵ 20

音乐的道德危害

[8][音乐]阻碍和反对追求德性，使年轻人容易陷入纵欲和放荡。

——SEXTUS EMPIRICUS，Adv. mathem. Ⅵ 34

第五章　斯多亚学派的美学

1. 斯多亚学派的美学著作。斯多亚学派的历史[1]绵延数个世纪,可以分为三个时期:第一个时期涵盖了公元前 3 世纪初的斯多 186
亚学派,包括该学派的创始人芝诺(Zeno)、克里安提斯(Cleanthes)和克吕西普(Chrysippus)的著作;接下来是公元前 2 世纪末到公元前 1 世纪初的中期斯多亚学派。拉里萨的菲洛(Philon of Larissa)、帕奈提乌和波西多纽是这一时期的著名人物;最后是罗马帝国的晚期斯多亚学派。

公元前 3 世纪芝诺的学生希俄斯的阿里斯通(Ariston of Chios)也属于早期斯多亚学派。我们从菲洛德谟斯那里知道了他的诗学。我们还以类似的间接方式得知,巴比伦人第欧根尼(Diogenes the Babylonian,公元前 2 世纪中叶)对美学感兴趣。他是克吕西普的学生和帕奈提乌的老师,因此提供了一个连接早期斯多亚学派与中期斯多亚学派的纽带。虽然我们对阿里斯通或第欧根尼的观点并无任何直接的了解,但我们知道他们的成就在美学领域。

---

① J. ab Arnim, *Stoicorum veterum fragmenta*, 3 vols. (1903-1905). M. Pohlenz, *Die Stoa, Geschichte einer geistigen Bewegung* (1948), esp. vol. Ⅱ, p. 216 ff.

我们对帕奈提乌(约前 185—前 110)和波西多纽(约前 135—前 50)美学的了解同样很零碎,但的确表明他们的美学兴趣要比早期斯多亚学派更广泛。

斯多亚主义者有两种类型。一种是所谓的"全斯多亚主义者"(*panu stoikoi*),即完全的、极端的、不妥协的思想家,他们宣称美绝对从属于德性,而且在其研究中几乎不给美学留出地盘。然而,这并不适用于该学派的其他成员,如阿里斯通或波西多纽。

后来罗马的斯多亚主义者,比如爱比克泰德和马可·奥勒留(Marcus Aurelius),很少注意美和艺术。就这一主题而言,塞内卡(卒于公元 65 年)写的多一些。他的《致卢齐利乌斯的道德书信》(*Epistulae Morales ad Lucilium*)是斯多亚主义美学相当重要的资料,[①]他按照罗马人的品味作了调整和简化。西塞罗并非斯多亚主义者,但这位最著名的罗马美学家的著作体现了斯多亚主义美学的几个特点。

2. 斯多亚主义美学的哲学基础。斯多亚主义在希腊化时期和罗马时期都处于特殊的地位。柏拉图主义显得过于模糊,亚里士多德主义显得过于专业,怀疑论则显得过于负面。伊壁鸠鲁对艺术几乎没有同情,对美学也不感兴趣。这种局面对于斯多亚学派的美学是有利的。尽管斯多亚主义美学对这个学派本身并不重要,但悖谬的是,它在希腊化世界中却颇为流行。

斯多亚主义美学受制于其哲学体系的一般假设,即他们的伦

---

① K. Svoboda,"Les idées esthétiques de Sénèque",*Mélanges Marouzeau*(1948), p. 537.

理学和本体论。其典型特征是斯多亚学派的道德主义，认为美学价值应当服从于道德价值。另一方面，斯多亚主义美学建立在其逻各斯理论的基础上，这便迫使斯多亚学派认为世界浸透着理性。他们把理性、完满和美归于现实世界，而柏拉图只以理想形式来看待现实世界。

因此，虽然斯多亚学派的伦理假设意味着他们的美学近似于 187
伊壁鸠鲁学派非自治的美学，但其宇宙论假设却近似于柏拉图和亚里士多德的理论。这便产生了斯多亚主义美学的两种变体：一种是负面的，带有犬儒主义特征；另一种是正面的，拒绝犬儒主义要素而强调柏拉图主义要素。

3. 道德美与审美美。斯多亚学派采用了传统的广义的美的概念，包括精神的（道德）美和感官的（身体）美。但他们更看重道德美，而不是身体美，所以他们对这两种美的区分比之前更清晰。于是，他们一方面把精神的美孤立出来，另一方面又把感官的美孤立出来。

菲洛是这样描述斯多亚学派的思想的："身体的美在于比例协调的各个部位、健康的肤色和良好的肉体，……而精神的美在于信条的和谐，在于德性的和谐。"[1] 类似的陈述也出现在斯托拜乌斯(Stobaeus)[2]、西塞罗等人的著作中。① 他们都认为精神美和道德

① 一些斯多亚主义者的美学主张在古代被广泛接受，不断被作家引用，并通过他们流传下来。其中包括斯多亚学派对艺术的定义，类似的表述不仅可见于菲洛和斯托拜乌斯的著作，而且可见于 Lucian's *De paras.*，c. 4，in Sextus Empiricus' *Adv. math.*，Ⅱ，10，and *Pyrrh. Hipot.*，Ⅲ，188，241，251，in the *Scholia ad Dionysium*，659 and 721，and in Latin in Quintilian and in Cicero *Acad. Pr.*，Ⅱ，22；*De Fin.*，Ⅲ，13，and *De nat. deor.*，Ⅱ，148。

美，即心灵的美，几乎等同于道德的善，与审美意义上的美截然不同。相反，他们所认为的身体美和感官美实际上是审美美。

然而，斯多亚学派认为审美美没有什么价值，真正的美是道德美。在审美道德主义方面，他们甚至超过了柏拉图。他们写道，美和善要么是德性的同义词，要么与德性相联系。[3]斯多亚学派的创始人芝诺声称，艺术的功能是为有用的目的服务，在他看来，这种目的只可能是道德目的。由于斯多亚学派又把德性等同于智慧，所以他们悖谬地宣称，圣贤“即使令人厌恶，也最英俊”，即使身体丑陋，在道德上也是美的。[4]

在回答“什么是善”这个问题时，克里安提斯给出了 31 个形容词，其中一个也只有一个是“美”。在谈到美时，塞内卡主要想到的一定是道德美，因为他认为没有什么比德性更美了，与之相比，所有其他美都相形见绌。恰恰相反，正是德性赋予了身体真正的美，并使之“变得神圣”。爱比克泰德写道：“人的美不是身体美。你的身体、头发并不美，但你的心灵和意志却可能是美的。让心灵和意志变得美，你就会美。”塞内卡甚至不接受维吉尔的说法，即“德性
188 在美的身体中更具吸引力”，德性“本身是一种装饰，而且是很大的装饰”。身体美甚至可能对人有害，这取决于人对它的利用，正是在这一点上，身体美不同于精神美，精神美永远是善的。如果说斯多亚学派的道德家比伊壁鸠鲁学派更不愿意谈论美，那是因为他们主要思考的是道德美。

斯多亚学派的道德主义迫使他们在德性中，也就是在人那里寻求美。然而，他们的道德主义只代表他们美学的一部分。泛神论和乐观主义促使他们也在自然和宇宙中发现美。

4. 世界之美。斯多亚学派声称“自然是最伟大的艺术家”，用西塞罗的话来说，“没有什么比世界更好或更美了”。他们追随毕达哥拉斯学派的观点，认为秩序支配世界，追随赫拉克利特的观点，认为和谐支配世界；追随柏拉图的观点，认为世界是有机建构的，追随亚里士多德的观点，认为世界有一个目的论的目的。他们的成就在于更加强调这些观点，并且形成了一种关于美在世界中普遍存在的理论；用一个希腊术语来说，我们可以称之为“万物皆美”（*pankalia*）。我们从后来的美学、特别是基督徒的宗教美学中对“万物皆美”这个概念有很多了解，它起源于斯多亚学派，是其学说的典型特征。

波西多纽写道：“世界是美的。这由它的形状、颜色和满天星辰可以清楚地看出。”[5]它是一个球形，这是最美的形状。由于它的同质性——或如我们所说，有机的特性——它和动物或树一样美。在描述斯多亚学派的观点时，西塞罗说，[6]世界没有缺陷，它的所有比例和部分都是完美的。

斯多亚学派不仅在整个世界中，而且在它的各个部分，特别是在特定的物体和生物中辨别出美。基督徒后来的“*kalodicea*”则更为谨慎，它为整个世界的美作辩护，却不愿对世界各个部分的美公开表明自己的意见。斯多亚学派甚至声称，美是某些物体存在的理由，因为自然“爱美，并且喜欢丰富的色彩和形状”。[7]正是由于自然的神奇指引，葡萄树不仅能结出有用的果实，而且还能装饰它的树干。[8]克吕西普坚持认为，孔雀的出现完全是因为它们的美，尽管作为道德家，他谴责那些饲养孔雀的人。斯多亚学派并不否认世界上存在丑的事物，但认为这些事物存在乃是因为需要它们与美形成对比，使美更加区别于它们。他们视自然为艺术的典范和导师（*magister*），但另一方面又视自然为艺术和“艺术家”。西塞罗说芝诺的观点是“自然万物皆技艺”（*omnis natura artificiosa est*），[9]而克吕西普则认为宇宙是所有艺术作品中最卓越的。[10-11]

5. 美的本质。对于美依赖于什么这个问题，斯多亚学派遵照希腊美学的主要传统给予了一致的回答，宣称美依赖于尺度和比例。他们既保留了这个传统概念，也保留了传统术语“比例”
189 （*symmetria*）。早期斯多亚学派对美的一个定义把美称为“具有理想比例”（*to teleios symmetron*）的东西。根据盖伦对斯多亚学派观点的描述，[12]比例（*symmetria*）和不成比例（*asymmetria*）是美和丑的决定性因素，在另一处他又说，斯多亚学派认为美就像健康一样，因为美以类似的方式依赖于各个部分的比例。[13]他们还把“比例”概念应用于精神美。克吕西普把身体美与灵魂美作了对比，把它们当作两种类型的“比例”来处理。斯托拜乌斯是这样描述斯多亚学派的观点的：“身体美是各个部分在相互关系中和相对于整体的恰当比例。因此，类似地，灵魂美是心灵的恰当比例，是心灵各个部分相对于整体和彼此之间的恰当比例。”第欧根尼·拉尔修斯给出了斯多亚学派对美的以下定义：（1）具有理想比例的东西；（2）适合其目的的东西；（3）起装饰作用的东西。然而，第一个定义是其基本定义。[14]

斯多亚学派吸收了这种在希腊已成传统的对美和艺术的宽泛定义。在他们的影响下，这种定义流传得更加广泛。但是，通过将“比例”概念用于精神美，斯多亚学派不得不放弃它的数学基础，而在更一般的意义上处理这个概念。除了这个定义，斯多亚学派还创立了另一个只适用于身体美的更为狭窄的定义。根据这个定义，美不仅依赖于比例，而且依赖于颜色。西塞罗说："我们所说的身体美是肢体的合宜形状(*apta figura membrorum*)与某种令人愉悦的颜色(*cum coloris quadam suavitate*)相结合。"这个定义在希腊化时期得到了认可，当时人们对美的描述往往基于比例和颜色这两个特征。这是一个相当重要的转变，因为它意味着把美的概念缩小到仅仅是感官的，甚至完全是视觉的。就这样，它预示了现代的概念。同样值得注意的是，这个概念竟然起源于主要重视非感官美的斯多亚学派。

6. 合宜(decorum)。斯多亚学派还使用了另一个非常一般的概念，它也是继承前人的，但他们为之增加了更为独立的思想，就像他们对美的概念所做的那样。其希腊词是"*prepon*"，拉丁词是"*decorum*"。[1] 拉丁语中有变体"*decens*"和"*quod decet*"，以及同义词"*aptus*"和"*conveniens*"。所有这些表述都意味着适当、恰当和公正的东西。这些术语表示的美乃是一种不同于"比例"的特殊的美。"合宜"涉及各个部分对整体的适合，而"比例"则涉及各个部分彼此之间的一致。还有一个更本质的区别："合宜"表示与每一个物体、人或情境的具体特征相适应的个体的美，而"比例"则表示符合美的一般法则。他们主要在自然中寻求"比例"，主要在人 190
工制品中寻求"合宜"，但人工制品不仅包括艺术，而且包括生活方

① M. Pohlenz, "Tó πρέπον", *Nachrichten von der Gesellschaft der Wissenschaften zu Göttingen*, Philol.-hist. Klasse, Bd. 1, p. 90 ff.

式和风俗习惯。因此，“合宜”概念不仅是美学的，而且是伦理的，或者更准确地说，它原本是伦理的，后来才渐渐涵盖了美和艺术。它特别适用于那些与人及其精神特质有关的艺术，即诗学和演说术。“合宜”是诗学和演说术的基本概念，而与视觉艺术理论的联系则要少得多。

由于“合宜”支配着人的行为，所以它显得尤为重要。西塞罗建议“遵守和奉行合宜的东西”，昆体良建议“人应当遵守合宜的东西”，狄奥尼修斯则称“合宜”为“最高的德性”。然而，由于“合宜”是个体性的，并不依赖于是否遵守规则，因此在每一场合都需要重新确定，从而显得特别困难。西塞罗写道：“最困难的莫过于发现什么东西是合宜的；希腊人称之为‘*prepon*’，而我们称之为‘*decorum*’”。[15]

“合宜”概念在古代美学的总体框架中占有重要地位。如果说“比例”理论代表它的一个主要学说，那么“合宜”理论则代表另一个主要学说，与之相辅相成，有时甚至占据主导地位。“比例”理论受到一般的、绝对的美的观念的激励，“合宜”理论则受到人的、个体的、相对的美的观念的激励。“比例”理论是毕达哥拉斯主义-柏拉图主义的，“合宜”理论则是完全反柏拉图主义的，而且已经有了高尔吉亚和智者学派作为其代言人。“比例”理论是古风时期艺术的表现，“合宜”理论则是后来欧里庇得斯和公元前5世纪的雕塑家们所开创的更加个体化的艺术的表现。苏格拉底的观点，即美依赖于与目标的符合，属于“合宜”理论。对于古代美学的这两种学说，亚里士多德都表示支持；斯多亚学派也是如此，认为美既是“比例”又是“合宜”。

“比例”是绝对的美,“合宜”则是相对的美。根据斯多亚学派的说法,“合宜”仅就主体(*to pragmati*)而言才是相对的。[16]他们认为,每一个对象的“合宜”都依赖于主体的本性,而不依赖于时间。而智者学派却不这样认为,在后来的时代,也有一些作者(包括昆体良)主张,“合宜”因人、时间、地点和原因(*pro persona*, *tempore*, *loco*, *causa*)而异。

古人认为,发现“比例”需要思想、理解和计算,而发现“合宜”则需要直觉和天赋。尤其是斯多亚学派强调美学中这种感觉的、非理性的要素。这产生了进一步的后果,我们将在下面论述。

7. 美的价值。和柏拉图、亚里士多德一样,斯多亚学派也认为美本身是有价值的。克吕西普说:“美的事物是值得赞扬的。”[17]与伊壁鸠鲁学派不同,斯多亚学派确信,我们珍视事物是因为它们自身,而不是因为它们的功用。虽然它们可能有用,但这种用处是一种结果,而不是目的:“在后,而不在先”(*sequitur*, *non antecedit*)。西塞罗告诉我们,斯多亚学派认为,艺术和自然中的事物本身是有价值的,因为它们带有理性的印记。他说,斯多亚学派认为,这些东西之所以有价值并非因为有用,也不完全是因为它 191
们能让人愉悦。这种愉悦也是一种结果,而不是目的。罗马人把美归于“高尚”(*honestum*),西塞罗解释说,所谓“高尚”是指珍贵而值得称赞的东西,与它的用处或所带来的回报和果实无关。用现代的术语来说,斯多亚学派认为美具有一种客观价值。然而,只有道德美才具有高级价值。审美美是客观的,但价值相对较低。因此,美不可能是终极目标,艺术也不可能是自主的。不过,斯多亚学派认为美有客观性与认为艺术没有自主性之间并不矛盾。

8. 想象。斯多亚学派也为美的心理学史做出了贡献，因为它们对原始的希腊心理学作了补充，这种心理学大体上依赖于两个基本概念：思想和感官。很长时间以来，人们只用这些概念来解释艺术作品是如何在艺术家的心灵中形成的，以及它是如何影响观众或听众的。希腊化时期出现了第三个概念，即想象。这是斯多亚学派的贡献，他们比其他哲学学派更关注心理学，而且作了更为精细的区分。斯多亚学派还创造了"幻想"(*phantasia*)一词。[18]他们的贡献很快就成了共同财富。"想象"虽然起初具有一般的心理学特征，但很快就被专门用于艺术心理学中，并且占据了主导地位，开始取代旧的"摹仿"概念。因此到了古代晚期，菲洛斯特拉托斯会说："想象是比摹仿更聪明的艺术家。"

9. 艺术。斯多亚学派对艺术的兴趣小于对美的兴趣，因为他们认为艺术的美要低于自然的美。他们采用了宽泛的传统概念，这一概念不仅包括优美艺术，而且包括需要技能的所有人类生产。然而，通过把艺术比作"道路"，他们独立定义和发展了这个概念。正如道路是由它的目标指定的，艺术也是如此；它必须服从自己的目标。这一思想起源于芝诺[19]和克里安提斯，后来昆体良作了阐述。[20]

定义艺术时，斯多亚学派还使用了"系统"(*systema*)一词，意为一个紧密相连的结构。他们把艺术称为"观察结果的群体和集合"，[21]或者更准确地说，是"经过经验检验的一组观察结果，服务于生活中的有用目的"。[22-22a]

他们以最普通的方式对艺术作了分类。正如他们把物质生活与精神生活进行对比，他们也把艺术分为要求体力劳动的"普通"(*vulgares*)艺术和不要求体力劳动的"自由"(*liberales*)艺术。在这个意义上，科学，而不是现代意义上的艺术，是自由的。从波西多纽开始，又增加了两个类别："娱乐"(*ludicrae*)艺术和"教育"(*pueriles*)艺术。[23]这四重分类可见于塞内卡、昆体良和普鲁塔克 192
的著作。现代意义上的艺术并不构成一个独立的群体，而是完全分裂的。绘画和雕塑属于娱乐艺术，建筑属于普通艺术，而音乐和诗歌则属于教育艺术和自由艺术。

10. 斯多亚学派的诗歌观。斯多亚学派的哲学偏见使他们在讨论艺术时往往重视诗歌，并主要根据内容来评价诗歌。对他们来说，一首诗"包含智慧的思想"时是美的；[24]在他们看来，有韵律的话语和诗歌的形式不过是更有力或更愉悦地表达智慧思想的一种手段罢了。老克里安提斯把诗歌的形式比作喇叭，它使演奏者的气息更能激起回响。[25]波西多纽对诗歌的定义在希腊化时期最受推崇，它保留了这种原始的斯多亚主义观点，声称诗歌是"充满意义的文字，代表神或人的事物"，并以格律和韵律的形式为特征。

在他的解释中，诗歌的任务与知识的任务几乎没有区别。这种观点曾被早期希腊人所采纳，不过后世却看到了诗歌与知识的根本区别，并试图对其加以界定，而斯多亚学派则回到了最初的概念。克里安提斯甚至认为，旋律和节奏比哲学论证更能揭示神圣事物的真理。[26]可以说，他把非凡的功能归于诗歌，对诗歌的普通功能则不太重视。不过，斯多亚学派通常并没有走那么远，他们在诗歌中只看到了一种预备的哲学，讲授与哲学相同的东西，只不过是以一种令人愉悦和容易接近的方式。如同一般的哲学和科学，诗歌的目标被认为是传达真理。然而，诗歌必须用寓意的方式来表达，这样虚构才会消失，只留下真理。这样一来，斯多亚学派就成为对诗歌作寓意诠释的拥护者。根据这一观点，他们坚持认为，那些评判诗歌和艺术的人应当具有特殊资格，而这些资格只有少数人才拥有。[27]

斯多亚学派并不重视那些只“取悦耳朵”(*aures oblectant*)的诗人，这些诗人只关心自己诗歌的美，而不去履行说真话和道德行为的任务。[28]塞内卡也以类似的方式指责音乐家努力追求声音的和谐，而不是灵魂的和谐。他未把绘画和雕塑算在自由艺术中。[29]在所有艺术中，斯多亚学派最不重视我们称为优美艺术的那些艺术，因为他们认为这些艺术最不适合表达真理和道德行为。他们表达了对这些艺术的否定态度，说它们是由人发明的，而自然教导的则是其他艺术。他们只重视精神美，倘若艺术关心的是形状、颜色和声音等感官美，他们就不重视艺术。

11. 对美的直接感受。在6个世纪的时间里出现了许多斯多亚主义者，他们的学派包含有诸多线索和群体。这种多样性也反
193 映在他们的美学中。其中一条线索是哲学家-道德家和学者的潮流。它开始于芝诺和克吕西普，截止于马可·奥勒留和塞内卡。在他们那里，我们发现了前面描述的观点，即真理和道德行为是好艺术的标准。然而，还有一条线索可以追溯到阿里斯通和巴比伦人第欧根尼，他们借鉴了学园派斯彪西波(Speusippus)的观点。这条线索的代表人物强调了美和艺术的感官要素，①并且发展了合宜和幻想的概念。他们还对艺术做出了不同评价，对艺术的性

① Cf. Neubecker, *op. cit.* and Plebe, *op. cit.*

质和效果也做出了不同描述；与毕达哥拉斯学派相反，他们认为艺术不是理性的，不会作用于心灵。与伊壁鸠鲁学派相反，他们认为艺术不是感情和主观愉悦的事情，因为它会影响感觉印象(*aisthesis*)。评判艺术的是耳朵和眼睛，而不是心灵，人以自然方式对艺术做出反应，而不带任何推理；他对艺术的评判是个人的，而不是一般的。斯多亚学派的这种思想很可能是以阿里斯通为基础的，阿里斯通区分了理性和感性两种认知能力，将诗歌和音乐与感官联系起来，认为它们的价值在于和谐的声音，评判它们的标准在于听觉效果。

巴比伦人第欧根尼详细阐述了这一观点，[30]他接受了这样一种观点，即人有一种天生的非理性印象(*aisthesis autophues*)，但同时认为它可以通过训练和教育(*epistemonike*)发展起来。这种训练和教育成为尺度、和谐和美的最可靠标准。这是一个很有价值的想法，介于希腊人通常的两个极端之间，一方面是他们极端的理智主义，另一方面则是他们极端的感觉主义和情感主义。第欧根尼区分了印象和感受(即与印象相伴随的愉悦和痛苦)，认为这些感受是主观的，而印象不是。"习得的"印象是感觉的，但也是客观的，因此可以作为科学知识的基础。

第欧根尼的观点被他的学生帕奈提乌所继承，他也深信美可以被人直接感受。斯多亚学派追求的第二条线索之所以能在中期斯多亚学派中占据主导地位，正是归功于帕奈提乌。当时，对美的直接感受这一思想曾见于若干个学派，但斯多亚学派对它的表述和巩固似乎贡献最大。

12. 总结。尽管斯多亚学派的哲学原则使他们难以成为美学家，而且总体上阻碍了他们对美学进行研究，但他们在这一领域仍然不无建树。他们完善了美、艺术和诗歌的定义，对精神美和身体美做出了更为鲜明的区分，发展了“合宜”概念，理解了想象和对美的直接感受的作用。他们还提出了世界之美的观念。

194 在希腊化时期，最具影响力的美学思想莫过于斯多亚学派的学说。在这一时期的开端，美学最得益于亚里士多德主义者的详细研究，到了这一时期的结束，美学最得益于新柏拉图主义者普罗提诺的最后综合；然而，在这一漫长时期的中间几个世纪，斯多亚学派的美学思想占据了主导地位。他们关于美和艺术的观点被普遍接受，并且持续了很长时间。从这个意义上说，斯多亚学派的美学就是希腊化时期的美学。最著名的罗马美学家西塞罗的确是一个折中主义者，但他更注重斯多亚学派的学说，而不是任何其他学派的学说。

* * *

J. 斯多亚学派的原文

身体美与精神美

[1]身体的美在于比例协调的各个部位、健康的肤色和良好的肉体，……而精神的美在于信条的和谐，在于德性的和谐。

——STOICS(Philon，De Moyse Ⅲ，vol. Ⅱ. Mang. 156)

[2]身体的美是各个肢体彼此之间和相对于整体的恰当比例；类似地，灵魂的美是心灵的各个部分相对于整体和彼此之间的恰

当比例。

——STOICS(Stobaeus,Ecl. Ⅱ 62,15 W.)

道德美

[3]显然,"按照自然生活"和"美好地生活"的意思是相同的,"美的"和"善的",同"德性或与德性相联系的东西"的意思是相同的。

——CHRYSIPPUS(in Stobaeus,Ecl. Ⅱ 77,16 W.)

[4]斯多亚学派说,智慧的人即使在乞讨时也是富有的,即使是奴隶也出身高贵,即使令人厌恶,也最英俊。

——STOICS(Acro,Ad Hor. Serm. Ⅰ 3,124)

世界之美

[5]世界是美的。这由它的形状、颜色和满天星辰可以清楚地看出。因为它有一个胜过所有其他形状的球形。……它的色彩也
很美。此外,它因为尺寸巨大而是美的。由于它包含着相互关联的 195
物体,所以它就像活物和树木一样美。这些现象增加了世界之美。

——POSIDONIUS(Aëtius,Plac. Ⅰ 6)

[6]事实上,除了没有任何缺陷而是万物皆备、所有比例和部分都是完美的世界之外,没有任何别的东西。

——STOICS(Cicero,De nat. deor. Ⅱ 13,37)

活物之美

[7][克吕西普]在他论自然的著作中写道:"自然为了美而创造了许多活物,因为它爱美,并且喜欢丰富的色彩和形状",他还补

充了一句非常古怪的话:“孔雀是因为它的尾巴而生的,因为它的尾巴很美。”

——CHRYSIPPUS(Plutarch,De Stoic,repugn. 21,1044c.)

[8]当然,正是由于自然的神奇指引,葡萄树不仅结出了一种有用的果实,而且还能装饰它的树干。

——CHRYSIPPUS(Philon,De animalibus,Aucher,163)

自然作为艺术家

[9][按照芝诺的说法]创造和生产是艺术的典型特征,但我们的手所做的一切都被自然更为艺术地做出来了;正如我所说,创造之火是所有其他艺术的老师。因此,自然在其所有显现中都是艺术家,因为它有它所遵循的方法和手段。

——ZENO(Cicero,De nat. deor. Ⅱ 22,57)

[10]一件人工制品总以某种方式表达了其创造者:谁看到一尊雕像或一幅画不会立刻想到雕塑家或画家?谁看到一件长袍、一艘船或一座房子不会想到织工、船匠、建筑师?……没有一件
196 艺术作品是由它自身产生的。最伟大的艺术作品就是宇宙——因此,难道它不是一个拥有卓越智慧和各方面最完美的人的作品吗?

——CHRYSIPPUS(Philon,De monarchia Ⅰ 216M.)

[11]正如绘画、手工艺品和其他艺术产生了完美的作品一样,在整个自然中也必然会产生某个最终的完美作品。

——STOICS(Cicero,De nat. deor. Ⅱ 13,35)

美的概念

[12]正如热和冷、湿和干的比例和缺乏比例会造成健康和疾病，肌肉的比例和缺乏比例会造成强健或虚弱、弹性或萎缩一样，四肢的比例和缺乏比例也会导致美或丑。

——CHRYSIPPUS(Galen,De placitis Hipp, et Plat. Ⅴ 2(158)Müll. 416)

美的本质

[13]他声称，健康取决于各种元素的恰当比例，而美取决于各个部分的恰当比例。

——CHRYSIPPUS(Galen,De placitis Hipp, et Plat. Ⅴ 3(161)Müll. 425)

"美"的各种含义

[14]他们之所以将完美的善称为美的，是因为它完全具备了自然所要求的全部"因素"，或具有完美的比例。美的东西有四种，即正义、勇敢、秩序和智慧；因为正是在这些形式下，美的行为才得以实现。……虽然在另一种意义上，美意指一个人具有良好的天赋来完成适合自己的任务；但在另一种意义上，美是给任何事物增光添彩的东西，就像我们说只有智慧的人才是善的和美的。

——STOICS(Laërt. Diog. ,Ⅶ 100)

合宜

[15]和在生活中一样，在演说中，最困难的莫过于发现什么东
197 西是合宜的；希腊人称之为"*prepon*"，而我们称之为"*decorum*"。关于这一点有许多很好的规则，整个事情很值得研究。如果我们缺乏这方面的知识，在诗歌和演说中就常常会迷失方向，在生活中也是如此。

——CICERO，Orator 21，70

[16]合宜……是适合主体的风格。

——DIOGENES THE BABYLONIAN(v. Arnim，frg. 24)

模仿美的事物和美地模仿事物根本不是一回事。因为"美地"意指"合适和恰当地"，而丑陋的事物对于丑来说是"合适和恰当的"。

PLUTARCH，De aud. poët. 18d.

对美的赞扬

[17]美的事物是值得赞扬的。

——CHRYSIPPUS(Alexander of Aphr.，De fato 37，Bruns 210)

[17a]任何事物，无论是美丽的还是高贵的，它的美都源于自身、终止于自身；赞扬并不构成美的一部分；因为赞扬并不能使其对象变得更坏或更好。理想形式的美是这样，普通形式的美——例如物质对象和艺术作品——也是这样。真正的美不需要额外的东西，就像法律、真理、善良、自尊一样。

——MARCUS AURELIUS，Ad se ipsum Ⅳ 20

幻想

[18]关于感觉本身，他发表了一些新的见解，他认为感觉是来自外界的某种撞击的结合（他称之为“幻想”，我们可以称之为“现象”……）。他认为并非所有现象都是可信的。

——CICERO（on Zeno），Acad. Post. Ⅰ 11，40

艺术的定义 198

[19]芝诺也指出了这一点，他定义说：“艺术是一种指明方法的能力”，也就是说，艺术以一种确定的方式、借助于一种方法来创造其作品。

——ZENO（Schol. ad Dionys. Thracis Gramm. Bekk. Anecd. Gr. p. 663，16）

[20]正如克里安提斯所认为的，艺术是通过一定的过程即通过方法来发挥作用的一种力量。

——CLEANTHES（Quintilianus，Inst. Or. Ⅱ 17，41）

[21][根据克吕西普的说法，]艺术是观察结果的群体和集合。

——CHRYSIPPUS（Sextus Emp.，Adv. mathem. Ⅶ 372）

[22]而芝诺说，艺术是经过经验检验的一组观察结果，服务于生活中的有用目的。

——ZENO（Olympiodor，In Plat. Gorg. p. 53. Jahn 239 sq.）

[22a]偶然产生的作品不是真正的艺术。

——SENECA，Epistulae ad Lucilium 29，3

艺术的划分

[23]波西多纽说，有四种类型的艺术：普通和图利的、娱乐的、教育的和自由的。普通的艺术是工匠的艺术，他们从事手工劳动，致力于生产生活所需，而不要求任何审美的或道德的理想。娱乐的艺术是那些旨在悦人耳目的艺术。……教育的艺术（与真正自由的艺术并非完全不同）是希腊人称之为“普全的”（encyclic），而我们自己的作家称之为“自由的”艺术。但唯一适合自由人的艺术，或者更确切地说，自由的艺术，是那些关心德性的艺术。

——POSIDONIUS（Seneca，Epist. 88，21）

199 诗歌的美取决于其内容

[24]那些人［指斯多亚学派］说，包含着智慧思想的诗是美的。

——STOICS（Philodemus，De poëm. Ⅴ，Jensen，132）

形式在诗歌中的作用

[25]事实上，用克里安提斯的“比喻”来说，正如我们的气息流经狭长的喇叭管，最后从喇叭口排出时，发出的声音会更加清晰，我们的意思也被诗歌形式的严格限制所澄清。

——CLEANTHES（Seneca，Epist. 108，10）

诗歌与哲学

[26]克里安提斯说，诗歌和音乐的形式要更好：哲学论著固然可以很好地表达神和人的内容，但它缺乏合适的语词来表现神的伟大。

因此，在达到关于神的内容的真理方面，旋律和节奏是无与伦比的。

——CLEANTHES(Philodemus，De musica，col. 28，1，Kemke，79)

行家和外行的判断

[27]某些想象基于对艺术的了解，另一些想象则不是。此外，艺术家对绘画的看法不同于对艺术一无所知的人。

——CHRYSIPPUS(Diocles Magnes. in Laërt. Diog.，Ⅶ 51)

大众无法做出明智、公正或美的判断，只有少数人才能做出这样的判断。

——STOICS(Clement of Alex.，Strom. Ⅴ 3，17，655 P.)

对诗歌的批评

[28]但是，你注意到诗人的危害了吗？他们描绘勇者的恸哭，使我们的灵魂疲弱，除此之外，他们做的是如此有魅力，以至于他们的作品不仅被阅读，而且被背诵。因此，当诗人的影响与坏的家教和幽居生活结合在一起时，男子气的力量就完全衰竭了。柏拉 200
图在试图为其共同体找到最高的道德和最好的条件时，将诗人逐出其理想国是正确的。

——CICERO，Tusc. disp. Ⅱ，11，27

对艺术的批评

画家和雕塑家不是把人们的心灵从勤勉转向了娱乐吗？

——CHRYSIPPUS(Chalcidius，Ad Timaeum 167)

[29]在这一点上，请原谅我的离经叛道。事实上，我坚决拒绝把画家归入自由艺术的范畴，也不会把雕塑家、大理石匠和其他制作奢侈品的匠人归入自由艺术的范畴。

——SENECA，Epist. 88，18

习得的印象

[30]对某些性质的感知依赖于天生的感受力，而对另一些性质的感知则依赖于习得的感受力：例如，对冷暖的感知依赖于前者，对和谐与不和谐的感知依赖于后者。这些习得的感受力与天生的感受力相联系，通常与之相伴随；这导致了与每一种印象相关联的愉悦或痛苦，但程度因情况而异。因为当两种印象混合在一起时，我们一致认为某个特定的物体是比如苦的或尖的，然而关于随之而来的愉悦或痛苦，我们却有明显的分歧。

——DIOGENES THE BABYLONIAN(Philodemus，De musica，Kemke 11)

第六章　西塞罗和折中主义者的美学

1. 折中主义。最初，各个哲学学派采取了彼此敌对的截然不同的立场，但是到了公元前 2 世纪末，特别是公元前 1 世纪，雅典和罗马试图达成和解。帕奈提乌和波西多纽领导下的斯多亚学派摆脱了孤立，摒弃了固执己见的态度，向逍遥学派靠拢，与柏拉图学派走得更近。它变成了“柏拉图化的斯多亚学派”。在拉里萨的菲洛和阿斯卡隆的安提奥克（Antiochus of Ascalon）的领导下，柏拉图的学园通过确认柏拉图与亚里士多德之间的一致，朝着折中主义的方向迈出了更加关键的一步。事实证明，这种趋势是有益的。

柏拉图、亚里士多德和斯多亚学派的三种理论结合成了折中主义美学。正如昆体良所说，其信条是：从所有事物中挑选最好的（*eligere ex omnibus optima*）。由于西塞罗的巨大权威，折中主义美学产生了广泛的影响，成为希腊化晚期和罗马古典时期的典型理论。除了折中主义者，就只有怀疑论学派和伊壁鸠鲁学派，他们都谴责美学而不研究美学。

2. 西塞罗。M. 图利乌斯 · 西塞罗（前 106—前 43）[1]年轻时

---

① G. C. Finke, “Cicero's *De oratore* and Horace's *Ars poetica*”, *University of Wisconsin Studies in Language and Literature* (1927). K. Svoboda, “Les idées esthétiques de Cicéron”, *Acta Sessionis Ciceronianae* (Warsaw, 1960).

学习并从事哲学，而后作为政治家和演说家闻名于世，晚年又回到哲学。其主要哲学著作都是在他生命中最后三年完成的，其中没有一部是专门讨论美学的，但所有这些著作都包含了关于美学的许多评论，特别是《论学园派》(*Academica*)、《图斯库路姆论辩集》(*Tusculanae disputationes*)、《论义务》(*De officiis*)、《论演说》(*De oratore*)和《演说家》(*Orator*)。

他是“一位政治家，同时也是罗马最有教养的人、最优秀的文体学家和最有才能的作家”。有充分的理由说明他为什么会成为一个折中主义者。在雅典和罗德岛求学期间，他就听说过折中主义的学园派拉里萨的菲洛和阿斯卡隆的安提奥克、包容忍让的斯多亚主义者波西多纽，以及伊壁鸠鲁学派。他自认为是学园派的支持者，但也同样充满了斯多亚主义要素。他是一个受过希腊教育的罗马人，同时也是一位思想家和艺术家，能够对美学进行全面的研究。他的美学主要基于语词艺术，这对于演说家和作家来说是很自然的。他的新美学思想可能是从作品已经失传的作家那里借鉴的。无论如何，我们在更早的作品中找不到这些思想。这些新思想出乎意料地接近于现代美学。因此，西塞罗的作品为美学史家提供了两种材料：一方面有助于重构古代晚期出现的折中主义美学的图景，另一方面也向我们展示了当时出现的新思想。西塞罗的折中主义美学是对古典时代旧观念的总结，而他的新观念则开创了一个新时代。

3. 美。(1)主要的美学问题并没有给折中主义哲学家造成困难，因为在这里，相关哲学学派的意见都是一致的。关于美的定义问题，所有学派都认为，美依赖于秩序和尺度，依赖于各个部分的

恰当安排。西塞罗沿袭他们将美称为“秩序”(*ordo*)和“各个部分 202
的一致”(*convenientia partium*)。但在这里,他已经采用了一种新的观点,说美“通过其外观起作用”(*sua specie commovet*),“刺激眼睛”(*movet oculos*),依赖于美的“外观”(*aspectus*)。他将美与外表和外观联系起来,从而构想了一种比传统的美的概念更狭窄的感官美的概念。

尽管理智美和感官美之间有相似之处,但西塞罗坚持认为两者之间存在着区别。[1]理智美是品格、习惯和行为之美,感官美则完全不同,是外表之美。理智美既是道德概念又是美学概念,感官美则是纯粹的美学概念。他认为道德美的基本特征是被他称为“*decorum*”的合宜。他将道德美定义为“合宜的东西”(*quod decet*),而将感官美和审美美定义为“刺激眼睛的东西”。[2]

(2) 西塞罗还保留了苏格拉底的观点,即美依赖于功用和目的,最有用的东西最为庄严和美丽。[3]他把这一点既用于自然也用于艺术:动物或植物具有一些特性,既能维持其生存又能使之美;同样,出于需要而建造的建筑物既实用又美观。然而,虽然有用的东西也是美的,但反过来却并非如此,因为有些东西的美与功用毫无共同之处,而是纯粹的装饰(*ornatus*),比如孔雀或鸽子的羽毛。

因此,美可以用几种方式进行分类:分成自然美和艺术美;分成“美观”(*pulchritudo*)与“合宜”(*decorum*),即审美美和道德美;分成有用的美和装饰的美。

(3) 除了这三种分类,西塞罗又基于柏拉图的思想增加了第四种。他区分了两种类型的美:“庄严”(*dignitas*)和“美丽”(*venustas*)。[4]西塞罗称前者为“男性的”,称后者为“女性的”。除了“庄严”，他还使用了“庄重”(*gravitas*)一词，并为“美丽”增添了“甜美”(*suavitas*)一词。“美丽”(*venustas*)对应于希腊词“魅力”(*charis*)。这是区分过于宽泛的美的概念的又一次尝试。

(4) 柏拉图学派、逍遥学派和斯多亚学派都认为美是某些事物的客观属性，因此，这种观点进入折中主义美学是很自然的。西塞罗写道，我们赞扬美本身(*per se nobis placet*)，[5]它以其本性和形状感动我们的心灵，它本身就值得承认和赞扬。

这一论点有两种含义：首先，它意味着美是事物的一种性质，独立于主体的反应。因此，它与伊壁鸠鲁学派的主观主义美学相对立。在这里，希腊化美学的两个敌对阵营又相互对峙起来。其次，美因其自身而值得赞扬意味着，事物(至少某些事物)的美和值
203 得赞扬并不依赖于它们的功用(*detracta omni utilitate... iure laudari potest*)。[6]这与某些事物的美可能与其功用相一致并不矛盾。

4. 艺术。折中主义哲学发现给艺术概念下定义同样很容易，因为在这方面，各个学派的共识甚至超过了美的概念。当西塞罗把艺术称为人们用手制造(*in faciendo, agendo, moliendo*)的一切时，他只是提供了传统定义的一个变体；当他说哪里有知识哪里就有艺术时，[7]情况也是如此。

然而，他引入了一种新观点。古人把生产和指导生产的知识都称为艺术，而西塞罗则区分了两种类型的艺术：生产事物的艺术(如雕塑)和仅仅研究事物(*rem animo cernunt*)的艺术(如几何学)。[8]

西塞罗对艺术的分类很感兴趣。他采用传统分类，把艺术分

为自由的和奴性的[9]（他还把奴性艺术称为肮脏的[*sordidae*]）。但他彻底改变了自由艺术的概念，因为他没有以否定的方式将自由艺术定义为那些不需要体力劳动的艺术，而是将其定义建立在它们所要求的更大精神努力（*prudentia maior*）和更大功用（*non mediocris utilitas*）的基础上。这种观念改变了传统分类的含义，也使包括建筑在内的所有“优美艺术”都可以归于自由艺术。

西塞罗还采用另一种历史悠久的艺术分类，将艺术分为生活中必需的和促进愉悦的两种（*partim ad usum vitae*，*partim ad oblectationem*）。[10]在这些流行分类的基础上，西塞罗又增加了自己的一种分类。这是一种仅限于自由艺术和摹仿艺术的有限分类。他区分了两组艺术：耳朵的艺术和眼睛的艺术，或者说语词艺术和无声艺术。[11]演说家西塞罗认为演说高于诗歌，因为演说服务于真理，而诗歌沉迷于虚构；演说试图说服人，而诗歌只期望取悦于人。他认为所有语词艺术都高于无声艺术，因为语词艺术表现灵魂和身体，而无声艺术只表现身体。

5. 继承的观点与新观点。因此，西塞罗关于美与艺术的基本观点符合希腊的一般传统，其他美学观点则与斯多亚主义，特别是与帕奈提乌和波西多纽的“中期斯多亚学派”有更密切的联系。但它们很容易与柏拉图和亚里士多德的观点协调起来。

（1）西塞罗认为，世界是如此之美，以至于想不出比它更美的东西来。[12]美既可见于艺术，亦可见于自然。不仅在艺术中，而且在自然中，某些形状和颜色只服务于美和装饰（*ornatus*）。

（2）关于艺术与自然的关系，他的看法是：由人生产的艺术作 204
品不可能像自然作品那样卓越，[13]但可以通过选择自然之美来逐渐改进艺术作品。[14]

(3) 关于艺术的条件，西塞罗认为，[15]根据定义，艺术涉及规则，但也涉及自由冲动(*liber motus*)。艺术既需要技能也需要天赋。艺术受理性的引导，但伟大的艺术却归功于灵感(*adflatus*)。[16]

西塞罗接受了之前的思想，但对其作了改进，使之更加精确：他区分了美与功用、庄严与魅力、技能与天赋、语词艺术与视觉艺术。他的美学思想还不止于此；特别是在创作过程和审美经验上，他有着独到的见解。

6. 艺术家心灵中的观念。每一位古代美学家都必须对艺术中的摹仿表达自己的看法，西塞罗也谈到了摹仿。他就这一主题写了一句奇特的话：毫无疑问，真理要胜过摹仿(*sine dubio... vincit imitationem veritas*)。[17]因此，在他看来，摹仿不仅不同于真理，而且在某种程度上与真理相反。西塞罗的这句话再次表明，古人并不把摹仿看成对现实的忠实复制，而是一种自由表现。西塞罗还说，艺术家当中最典型的摹仿者是演说家，演说家只能摹仿性格，而不能摹仿具体事物。

西塞罗说，如果艺术只包含真理，那么艺术就没有必要了。他仿照亚里士多德强调诗歌的虚构性："有什么能像诗歌、戏剧或舞台剧那样不真实呢？"[18]艺术家在表现现实时是有选择的。此外，他的形式不仅来自世界，而且来自他的内心。他不仅以眼前所见之物的似像(likeness)来创造作品，还以他心灵中观念的似像来创造作品。[19]菲迪亚斯在雕刻宙斯像时，必定被显现于其心灵中的(*ipsius in mente*)美的观念(*species pulchritudinis*)所指引。

艺术中既有现实的要素，也有理想的要素；既有外在样式，也有艺术家心灵之中的内在样式。柏拉图主要注意到外在样式与艺术作品之间的相似性，亚里士多德注意到了它们之间的差异。而西塞罗则强调艺术中有什么东西来自艺术家的心灵，此时他是在表达一个新时代。

西塞罗将艺术家心灵中的形式称为“观念”（Ideas）。当然，西塞罗的观念理论和这个术语本身来自柏拉图（他把柏拉图称为“伟大的作家和导师”）和柏拉图的学园，特别是来自他的老师安提奥克。但是，在把柏拉图的理论用于美学需求时，他从根本上改变了这个理论。对柏拉图来说，“理念”[观念]代表抽象的心灵形式，而对西塞罗来说，则代表具体的可感知的形式。要想理解艺术，抽象的理念是没有价值的，毕竟，艺术利用的是具体的形象；因此，柏拉图在其艺术理论中没有使用理念。他将理念概念用于存在理论，而不是其艺术理论。因此，理念论的创始人在理解艺术时并不是一个理念论者；他认为，人在科学知识和道德行为中受理念的引导，而在艺术中不受理念的引导；艺术以实物为模型，而不是以理
念为模型。而西塞罗的具体观念却可以用于艺术理论。这些观念 205
为重新理解艺术创作，为通过考虑其内在样式而更深刻地阐明艺术作品提供了基础。柏拉图认为艺术家的态度是摹仿的和被动的，而西塞罗则注意到了其主动要素。

7. 美感。西塞罗不仅在艺术的创造者中而且在艺术的接受者中，不仅在艺术家的心理中而且在观众和听众的心理中，注意到一种主动要素。他对此的表达是，人对美和艺术有一种特殊的感觉（*sensus*）。[20]凭借这种感觉，人能够理解和评价艺术，并且判定艺术中什么是正确的、什么是错误的（*recta et prava dijudicare*）。

这种观点包含着新思想：人能够评价艺术和美，[21]这是一种独立的能力，一种天生的感觉。[22]

认为审美经验建立在一种天生的“感觉”之上，这种观点乃是艺术创作建立在一种同样天生的美的“观念”之上的推论。这两种观点都消除了艺术创作和审美经验中的被动要素，都预示了现代的“艺术感”和“美感”理论及其优缺点。

和之前的许多作家一样，西塞罗将认识美和评价艺术的能力完全归于人。在所有生物中，只有人能够“感知美、魅力和和谐”。但西塞罗进一步指出，人是为了静观和摹仿世界而生的（*homo ortus est ad mundum contemplandum et imitandum*）。[23]在西塞罗之前，大概只有亚里士多德赞同这种观点。

8. 赞扬人的眼睛、耳朵和手。西塞罗将审美能力完全归于人，但却归于所有人，甚至归于无知的俗众（*vulgus imperitorum*）。这些使艺术成为可能的能力是多种多样的：既包括灵魂的能力，也包括身体的能力，既包括心灵的能力，也包括感官的能力。正如在古代很常见的那样，西塞罗不仅赞扬人的心灵，还赞扬耳朵和眼睛。[24]眼睛判断颜色和形状的和谐与美。耳朵也必定拥有惊人的能力，因为它们能够理解歌曲和乐器所产生的各种音程和调式。此外，西塞罗还赞扬人的手，[25]它拥有“绘画、塑造、雕刻及演奏里拉琴和长笛音符”的技能。正因为手，我们才拥有“城市、防御工事、房屋和神庙”。

9. 多元论。多元论是西塞罗艺术理论的一个典型特征；他知道，艺术中几乎有无数种类，每一种类都以自身的方式值得赞扬。“如此多样化的事物绝不可能依据同样的规则构成一门艺术。”[26-27]米隆、波利克里托斯和吕西普斯都以不同的方式进行雕刻。他们虽然才能不同，但我们不希望其中任何一位失去自己的风格。宙克西斯、阿格劳芬（Aglaophon）和阿佩勒斯的绘画方式虽然各有不同，但都不应被指责。

在现代司空见惯的这种多元论观点需要很长时间才能建立起 206
来。在古代，人们倾向于寻求某个单一的原则，这一原则对于所有艺术家、所有艺术和所有的美都是共同的。源于毕达哥拉斯学派和柏拉图的古代美学主流尤其如此。其对立面是从智者学派到怀疑论学派的相对主义观点。这种中间的多元论进路直到亚里士多德才出现，并且在西塞罗那里得到加强。

10. 艺术中的演化因素和社会因素。古代要么倾向于从一种伦理-形而上学观点来思考艺术，要么倾向于从一种纯粹的描述性观点来思考艺术，而很少从心理学的角度，更不用说从社会学、历史学或认识论的角度进行思考。然而，这些其他观点均可见于西塞罗。

他以历史学家的眼光来审视艺术的发展和进步。他总结说，起初分散的形式和思想逐渐融合成一种统一的艺术。[28]他以一种社会学家的眼光观察到社会条件对艺术状况的影响，并写道，认可和社会成功是艺术的养料（*honos alit artes*）。[29]

他以一种认识论者的眼光看到，理解美比解释美更容易（*comprehendi quam explanari*）。[30]例如，只有在思想中而不是在现实中，美才可能与善分离（*cogitatione magis quam re separari*）。[31]

11. 哲学家和艺术理论家。建立在柏拉图主义、斯多亚学派和逍遥学派思想基础上的西塞罗观点，是对普罗提诺之前古代哲学美学的最后表述。从那时起，哲学美学再没有发生过重大变化。事实上，新的美学思想几乎只出现在专门的领域：音乐理论，诗学和修辞学，建筑、雕塑和绘画的理论。

当然，当时的艺术理论家分属于各个哲学学派。在对音乐美学有重要贡献的人当中，阿里斯托克赛诺斯属于逍遥学派，庞托斯的赫拉克利德(Heraclides Ponticus)是学园派的成员，巴比伦人第欧根尼是斯多亚主义者，菲洛德谟斯是伊壁鸠鲁主义者。在对视觉艺术理论有贡献的人和关心诗学的人当中，提尔的马克西莫斯和喀罗尼亚的普鲁塔克是柏拉图派的折中主义者，盖伦是亚里士多德主义者，帕奈提乌和波西多纽斯是斯多亚主义者，菲洛斯特拉托斯是带有毕达哥拉斯学派特征的柏拉图主义者，贺拉斯是伊壁鸠鲁主义者，而琉善则是犬儒主义者和伊壁鸠鲁主义者。

* * *

K. 西塞罗的原文

身体美与精神美

[1]对身体的主要赐福是健康、美、力量、活力、敏捷；它们也是
207 对灵魂的主要赐福。……正如在身体中，肢体的匀称与某种吸引
人的颜色相结合被称为美；在灵魂中，信念和判断的均衡一致与
(因德性而起或包含德性真正本质的)某种坚定和稳定相结合也被
称为美。

——CICERO, Tusc. disp. Ⅳ 13,30

美观与合宜

[2]正如肢体匀称的身体美观因身体的各个部分和谐而优雅地结合在一起而引人注意、使人悦目，在我们的行为中出现的这种合宜，同样也会因为我们言行的那种秩序、一致和自制而得到人们的认可。

——CICERO，De officiis Ⅰ 28，98

美与功用

[3]至于肢体，也就是身体的各个部分，有些似乎是因为对我们的用途而被自然赋予我们的，例如手、腿、脚以及身体的那些内脏，医生可以解释它们的极大用处；但还有一些不是为了功用，而是为了装饰，比如孔雀有尾巴，鸽子有五颜六色的羽毛，男人有乳房和胡须。

——CICERO，De finibus Ⅲ 5，18

事物的这种秩序如此有力，以至于哪怕其中有极小的变化，这些事物也不可能共同存在。它是如此之美，甚至无法想象还有更美的自然外观。现在请思考一下人乃至其他动物的形状和形象。你们会发现，身体的任何部分被创造出来都有某种必要的用途，整个结构仿佛是通过艺术而不是偶然地完成的。以树为例，树干、树枝甚至树叶都是为了维持和保存它们的本性而形成的，但其中没有任何部分是不美的。或者让我们从自然物转向艺术作品。……
柱子支撑着神庙和门廊，但庄严甚于功用。 208

——CICERO，De oratore Ⅲ 45，179

美丽与庄严

[4]美有两种类型：一种是美丽，另一种是庄严；其中，我们应当把美丽看成女性的，把庄严看成男性的。

——CICERO,De officiis Ⅰ 36,130

但是，就像在自然本身奇妙地制造的大多数事物中一样，在演说中，最有用的东西同时也应当最庄严或者最美丽。

——CICERO,De oratore Ⅲ 45,178

客观价值

[5]被我们称为道德上的善和合宜的那种品质本身就令人愉悦，它通过其内在本质和外在表现触动我们所有人的心灵。

——CICERO,De officiis Ⅱ 9,32

[6]我们所谓的道德价值是指这样一种东西，它虽然没有任何功用，但除了任何利益或回报，它本身就有理由得到赞扬。

——CICERO,De finibus Ⅱ 14,45

艺术的定义

[7]艺术与已知的事物有关。

——CICERO,De oratore Ⅱ 7,30

艺术的类型

[8]一类艺术只从心灵上考察事物，另一类艺术则是制作或制造某物。

——CICERO,Academica Ⅱ 7,22

自由艺术和普通艺术 209

[9]至于贸易和其他谋生手段(有些应当被认为是适合自由人的,有些应当被认为是普通的),我们大体上被教导如下。首先,那些招致人们厌恶的谋生手段是不可取的,应当予以拒斥,例如收税和放高利贷。一切受雇于人、只靠体力劳动而不靠艺术技能的谋生手段也都与自由人格格不入,是普通的;因为他们得到的每一份报酬都是以受人奴役为代价的。我们必须认为,那些从批发商那里购买又直接卖给零售商而从中牟利的人也是普通的;因为他们如果不满天撒谎,就赚不到钱;说实在的,世上没有什么比说谎更卑鄙了。所有机械师都在从事普通的行当,因为工场里绝无任何自由可言。最让人瞧不起的是那些满足人们声色口腹之乐的行业,比如泰伦斯(Terence)所说的"鱼贩子、屠夫、厨师、家禽贩子和渔民"。如果你愿意的话,还可以加上香料商、舞者和整个杂耍班子。但是,有社会地位的人适合从事需要有更高智力或者对社会有很大利益的职业,例如医学、建筑和教学,因为这些职业与他们的身份相配。

——CICERO,De officiis Ⅰ 42,150-151

有用的艺术和娱乐的艺术

[10]我们创造的艺术要么服务于生活需要,要么服务于娱乐。

——CICERO,De natura deorum Ⅱ 59,148

无声艺术和语词艺术

[11]如果它在这些无声艺术中令人惊叹却又真实可信，那么它在语言和演说中该会多么令人惊叹啊。

——CICERO，De oratore Ⅲ 7，26

世界之美

[12]但毫无疑问，没有任何事物比世界更优越，也没有任何事物比世界更卓越或更美。

——CICERO，De natura deorum Ⅱ 7，18

210

自然高于艺术

[13]任何艺术都无法摹仿自然的巧夺天工。

——CICERO，De natura deorum Ⅰ 33，92

[自然]拥有的技艺，任何艺术家或工匠的手工作品都无法媲美或再现。

——CICERO，De natura deorum Ⅱ 32，81

艺术从自然中选择美

（宙克西斯的一则轶事）

[14]“请你们在我画画的时候，把这些姑娘中最美的一位送来，这样就可以使真正的美从活的模特身上转移到无声的画面上去。”然后，克罗顿的公民就颁布了一项公告，将姑娘们集中在一处让画家挑选。他挑选了五位，许多诗人都把她们的名字记载下来，因为

她们得到了最优秀的审美鉴赏家的认可。他之所以挑选了五位，是因为他认为，在一个人身上不可能找到他在描绘美时追求的所有品质，因为自然从未把任何事物制造得每一个部分都完美无缺。

——CICERO，De inventione Ⅱ 1，2-3

艺术与勤奋

[15]事实上，在天赋与勤奋之间，留给艺术的余地所剩无几。艺术只是指明到哪里去寻找，以及你急于找到的东西在什么位置；其他一切都依赖于细致入微、全神贯注、深思熟虑、谨慎警觉、持之以恒和勤奋努力。如果用我经常使用的一个词来概括，那就是勤奋，所有其他德性都依赖于这种德性。

——CICERO，De oratore Ⅱ 35，150

灵感

[16]在我看来，不仅这些更为知名和著名的事物离不开神的
力量，而且如果没有神圣的灵感，诗人也不可能倾吐出那些庄严激 211
昂的诗句，如果没有某种更高的力量，演说也不可能词句铿锵、富含思想。

——CICERO，Tusc. disp. Ⅰ 26，64

如果没有某种神圣的灵感，人就不会伟大。

——CICERO，De natura deorum Ⅱ 66，167

艺术中的真理

[17]毫无疑问，在任何事情上，真理都要胜过摹仿；倘若真理

足以有效地传达自己,我们肯定无需艺术的帮助。

——CICERO,De oratore Ⅲ 57,215

艺术的虚构性

[18]什么东西能像诗歌、戏剧或舞台剧那样不真实呢?

——CICERO,De oratore Ⅱ 46,193

艺术家心灵中的观念

[19]但我坚信,没有任何东西能够美到不能被复制它的东西(比如复制面孔的面具)所超过。这种理想不能凭借眼睛或耳朵,也不能凭借任何其他感官来感知,但我们可以凭借心灵和想象来把握它。例如,菲迪亚斯的雕像是我们见过的最完美的雕像,还有我所提到的那些画,尽管它们很美,但我们可以想象出更美的东西。可以肯定的是,这位伟大的雕塑家在塑造朱庇特或密涅瓦的形象时并未观看模特,而是在他自己的心灵中有一种超乎寻常的美的景象;他凝视和全神贯注于此,指导着他那双艺术家的手去创作神像。正如在雕塑和绘画中存在着某种完美而超越的东西,这是一种理智的理想,凭借这种理想,艺术家表现那些并未呈现于眼前的对象,因此,我们用心灵构想出完美演说的理想,但用耳朵只
212 能把握到复制品。事物的这些样式被柏拉图称为“理念”(ideai),他在文体和思想上都是杰出的大师和导师。他说,这些东西不会“流变”;它们永远存在,依赖于理智和理性。

——CICERO,Orator 2,8

美感

[20]通过一种心照不宣的感觉，不借助任何艺术或推理，所有人都能对艺术和推理中的对与错作出判断，正如他们对绘画、雕像和其他作品所做的那样，为了理解这些东西，他们从自然中得不到多少帮助，因此，他们的这种能力更多显示在评判语词、数和声音方面，因为这些能力是我们的通感所固有的，大自然并不想让任何人在这些事情上完全缺乏判断力。

——CICERO，De oratore Ⅲ 50，195

[21]"自然"和"理性"明确宣示，人是唯一能够感受秩序礼节并知道如何节制言行的动物。因此，其他一切动物都感觉不到可见世界中的美观、美丽与和谐；"自然"和"理性"还将这种类比从感觉世界扩展到精神世界，发现在思想和行为上更应保持美、一致和秩序。

——CICERO，De officiis Ⅰ 4，14

感官和心灵

[22]因此，不难看出散文中有某种节奏。因为决定是由我们的感官做出的。……事实上，我们不是通过抽象的理性，而是通过自然感受来认识诗句的，然后理性才对诗句进行度量，向我们显示发生了什么。因此，诗歌艺术产生于对自然的观察和研究。

——CICERO，Orator 55，183

在诗歌中，理论规定了严格的尺度。……但耳朵不是凭借理论，而是凭借无意识的直觉来确定诗歌的界限。

——CICERO，Orator 60，203

213 确定主题以及表达主题的语词属于理智，而选择声音和节奏则要听命于耳朵；前者依赖于理解，后者依赖于愉悦；因此，在前一种情况下，决定艺术规则的是理性，在后一种情况下，决定艺术规则的是感觉。

——CICERO，Orator 49，162

在诗歌领域，诗句是凭借耳朵的检验和思想者的观察而被发现的。

——CICERO，Orator 53，178

[23]然而，人为了静观和摹仿世界而生的。

——CICERO，De natura deorum Ⅱ 14，37

赞扬眼睛和耳朵

[24]人的所有感官都远远胜过低等动物的感官。首先，我们的眼睛在绘画、塑造和雕刻等吸引视觉的艺术中，以及在身体的动作和姿态中，对许多事物有更好的感知；例如，眼睛可以判断颜色和形状的美丽、秩序和适当，还有其他更重要的事情，因为眼睛也能辨别善和恶、愤怒和友好、快乐和悲伤、勇士和懦夫、胆大和胆小。同样，耳朵也是具有非凡能力的辨别器官，它能判断人声、管乐和弦乐中音调、音高和音色的差异，还有声音的各种品质，如洪亮和沉闷、平缓和激烈、低音和高音、柔和和僵硬，这些差异只有人耳才能辨别。

——CICERO，De natura deorum Ⅱ 48，145

赞扬手

[25]于是，通过手指的操作，手能够作画、塑造、雕刻并且演奏

里拉琴和长笛的音符。除了这些娱乐艺术，还有那些实用的艺术，214
我指的是农事和建筑、衣物的编织和缝纫，以及青铜和铁的各种加工方式；由此我们认识到，正是通过将思想发明和感觉观察辅以工匠之手，我们才获得了所有便利，才能拥有住所、衣服和保护，才能拥有城市、防御工事、房屋和神庙。

——CICERO，De natura deorum Ⅱ 60，150

艺术形式的多样性

[26]难道不是有多少演说家，就几乎有多少种辩才吗？但从我的这一观察出发，你也许会想到，如果演说的种类和特点几乎数不胜数，种类不尽相同，但都值得赞扬，那么如此多样化的事物绝不可能依据同样的规则构成一门艺术。

——CICERO，De oratore Ⅲ 9，34

[26a]事实上，所有与人类有关的艺术，可以说都被一条共同纽带、一种亲缘关系彼此联系在一起。

——CICERO，Pro Archia poëta Ⅰ，2

[27]但是，对自然所作的同样观察也可以适用于不同种类的艺术。雕塑是米隆、波利克里托斯和吕西普斯都擅长的一门艺术，虽然他们各不相同，但你不会希望他们中的任何一个人失去自己的风格。绘画的艺术和科学是一体的，然而宙克西斯、阿格劳芬和阿佩勒斯却各不相同，但其独特风格中似乎并不缺少任何东西。

——CICERO，De oratore Ⅲ 7，26

艺术的进步

[28]现在构成艺术内容的几乎所有要素都曾毫无秩序或关
215 联，比如音乐中的节奏、声音和节拍；……文学中对诗人的研究、对历史的了解、对语词的解释和恰当的语调；最后，在这种演说术理论中，取材、风格、安排、记忆和表达，曾经对所有人来说似乎都是未知的和彼此大大分离的。

——CICERO, De oratore Ⅰ 42,187

艺术的社会条件

[29]公众的认可是艺术的养料，有名的艺术让所有人孜孜以求，而普遍不受认可的艺术则总是被忽视。

——CICERO, Tusc. disp. Ⅰ 2,4

方法论的评论

[30]道德与合宜之间区别的本质只可意会，不可言传。

——CICERO, De officiis Ⅰ 27,94

[31]因为在每一个道德正直的行为中，都可以察觉到某种合宜的要素；这种要素在理论上比在实践上更能与德性分离。正如人的美丽、美观与健康是分不开的，我们所说的这种合宜虽然实际上与德性完全融为一体，但在精神上和理论上是可以与之区分的。

——CICERO, De officiis Ⅰ 27,95

第七章　音乐美学

（一）希腊化时期的音乐

一、古风时期的希腊艺术建立在不成文的约束规则之上。它是理性的和客观的。它既不追求丰富，也不追求原创，而只追求完美。柏拉图坚持认为，应当永远追求这种艺术，而将所有其他艺术排除在外，艺术家应当仅就这个主题创造变体，而不引入新的原则或形式。然而在他有生之年，绘画和雕塑已经走上了印象主义和主观主义这条截然不同的道路。这种变化也发生在诗歌中，从欧里庇得斯的悲剧中可以明显看出。甚至连具有宗教仪式性从而具
有保守性的音乐，也在公元前 5 世纪中叶发生了变化。普鲁塔克 216
和柏拉图都认为这个很早的时期标志着“音乐衰落”的开始。

希腊人把音乐的转折点[1]与梅拉尼皮德斯（Melanippides）、西

---

① 除了上面提到的那些书，还有以下这些古代音乐史著作：R. Westphal, *Harmonik und Melopoie der Griechen*（1863）；*Geschichte der alten u. der mittelalterlichen Musik*（1864）；Th. Gerold, *La musique des origines à nos jours*（1936）；*The New Oxford History of Music*, vol. Ⅰ：*Ancient and Oriental Music*（1955）；F. A. Gevaërt, *Histoire et théorie de la musique dans l'antiquité*, vol. 2（1875-1881）；cf. K. v. Jan, *Musici auctores Graeci*（1895）。

塔拉琴演奏者米蒂利尼的弗里尼(Phrynis of Mytilene,公元前5世纪中叶)和他的学生米利都的提摩太(Timotheus of Miletus)联系在一起,他们主要活跃于公元前4、5世纪的雅典。这些音乐家放弃了古老的特尔潘德(Terpander)学派的朴素,[1]而采用了一种新的作曲法。在这种作曲法中,旋律优先于节奏,[2]调性和节奏是变化的,并且利用了意想不到的效果、惊人的对比、优雅的转调,还有大量运用半音以及"规范"的合唱表演。音乐史家阿伯特(Abert)曾将提摩太与理查德·瓦格纳(Richard Wagner)相比。提摩太给希腊音乐带来的这些变化影响深远。他抛弃了旧规则和不变的形式,开始个人作曲。艺术的匿名性因此终结,艺术家们开始发展出个人风格。听众的反应也发生了变化,现在音乐创作第一次引起了喝彩。

公元前5世纪,音乐从规范的形式转向了个人主义形式,从非常简单的形式转向了更为复杂的形式。普鲁塔克特别提到了长笛演奏,他写道,长笛演奏正在从"简单的形式向丰富的形式"演变。与此同时,音乐也在朝着自由的形式发展。哈利卡纳索斯的狄奥尼修斯在谈到音乐家时说:"他们沉湎于艺术中不被容许的自由,在同一部作品中混合了多利安调式、弗里吉亚调式和吕底亚调式,以及全音阶、半音阶和等音阶。"

与此同时,音乐的重点也从声乐转向了器乐。传统主义者抱怨说,"长笛演奏者不再像过去常常发生的那样,愿意将主导角色让给歌舞队",并声称"缪斯毕竟已经把指挥权交给了歌舞队,所以让长笛一直待在幕后,因为它的角色是从属的"。这一变化意义重大。当音乐与乐器联系起来时,音乐便脱离了诗歌,两种艺术渐渐取代了以前的同一种艺术。一方面出现了纯粹的器乐,另一方面则出现了旨在供人阅读，而不是供人歌唱、吟诵和聆听的诗歌，这在过去同样是闻所未闻的。从现在开始，“诗人的歌”仅仅是一种隐喻表述。

二、罗马人既不特别喜欢音乐，也没有任何特别的音乐天赋。他们不喜欢没有文字或场面的旋律。他们以歌曲（*canticum*）的名义创作了戏剧朗诵和拟剧。这是罗马早期的情况，但后来发生了 217
变化。罗马不仅屈从于希腊音乐的影响，甚至屈从于东方音乐的影响。李维（Livy）告诉我们，公元前 187 年，东方音乐开始入侵罗马，遭到保守派的抵制，他们于公元前 115 年正式禁止除罗马蒂比管（tibia）以外的所有乐器。然而，没有人理会这个禁令，生活一切如常。西塞罗倾向于认为新的音乐形式与道德衰落有关联，因此谴责当时音乐的矫揉造作。

在恺撒时代，音乐在罗马人的公共和私人生活中变得更加重要，表演很快便达到了可观的规模。亚历山大里亚的情况也是如此，那里的音乐会有庞大的歌舞队和管弦乐队出演。在托勒密二世（Ptolemy Philadelphus）统治时期，有 300 位歌手和 300 张西塔拉琴参与了酒神节游行。但罗马的情况甚至比亚历山大里亚还要盛大。在罗马，数百人的歌舞队在剧场演出，数百位演奏家为成千上万的听众举办音乐会。

以前罗马人只是观看奴隶舞蹈而自己并不参与，但格拉古兄弟（Gracchi）时代出现了歌舞学校，尽管遭到了传统主义者的抗议。诸位皇帝的品味更加接近平民而非贵族，他们支持音乐，其中几位还会唱歌和演奏。唱歌和演奏乐器的能力开始被视为女性的点缀。席间演奏音乐的风尚来自希腊。

明星演员被奉为座上宾，在整个帝国巡回演出。其中许多人由宫廷供养，不仅报酬丰厚，而且竖有雕像以示敬意。尼禄（Nero）赐予西塔拉琴演奏家梅内克拉底（Menecrates）一座宫殿，而马可·奥勒留则赐予阿纳克赛诺斯（Anaxenous）四座被征服城市的贡品，并且在他屋前设置了一支仪仗队。斯特拉波说他的城市授予他一个宗教称号，并且竖了一块碑，碑文中将他奉若神明。关于罗马音乐，我们不得不局限于这种社会学信息，因为尽管罗马人热爱音乐，但他们对音乐的发展毫无贡献。

但即使在希腊，音乐在后来的几个世纪里也没有什么进步。然而，音乐理论却有巨大发展，音乐史也是如此。我们关于之前富于创造的希腊时期已知的一切，都要归功于希腊化时期的历史学家，当时对学术的热爱取代了创造性的工作。

（二）音乐理论

1. “音乐”一词的各种含义。从词源上讲，“音乐”一词源于“缪斯”，最初意指受缪斯支持的所有活动和技艺。然而，在一个早期阶段，其含义变得仅限于声音艺术。到了希腊化时期，最初的宽泛含义已经只作隐喻使用了。

218 “*mousike*”一词是“*mousike techne*”即“音乐艺术”的缩写，它忠实地保留了希腊语中“艺术”一词的模糊含义，后者既包含理论又包含实践。“*mousike*”一词不仅指现代意义上的音乐，而且指音乐理论，不仅指产生节奏的能力，而且指产生过程本身。

因此，塞克斯都·恩披里柯写道，在古代，“音乐”一词有三重含义：[3]首先，它意指一门与声音和节奏有关的科学（即我们今天所说的音乐理论)；其次，它意指精通于歌唱或演奏乐器，精通于产生声音和节奏，也指这种精通的产物，即音乐作品本身；第三，“音乐”一词原指最宽泛意义上的任何艺术作品，包括绘画和诗歌，但后来不再用于这个意义。

2. 音乐理论的范围。 古人的音乐知识非常广泛，特别是因为其中也包括了音乐的数学和声学基础，以及舞蹈理论，还有某种程度上的诗学理论。阿里斯托克赛诺斯的工作[1]表明，早在公元前3世纪的希腊化时期之初，这种知识就涵盖了各种学科。

因此，音乐知识包含理论和实践两个方面。理论方面包括科学基础及其技术应用。科学基础部分是算术的，部分是物理的，其应用则包括和音学(harmonics)、优律学(eurhythmies)和韵律学(metrics)。实践方面包括教育的和生产的，或者说创作和表演。创作可以是三种类型之一：或者是我们现代意义上的音乐创作，或者是与舞蹈相关的创作，或者是与诗歌相关的创作。而表演则可以分为：用乐器表演、用人声表演以及用身体动作表演，比如演员或舞者的。[2]

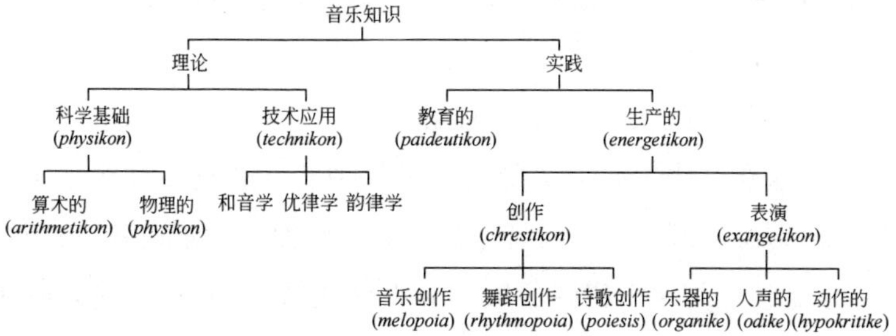

① *Die harmonischen Fragmente des Aristoxenos*, ed. P. Marquardt(1868).

② 阿里斯托克赛诺斯熟悉音乐知识的所有这些方面。大约一百年前编辑其作品的 P. Marquardt 将这些内容做成了一览表。

219 **3. 毕达哥拉斯学派、柏拉图和亚里士多德的传统。**最早研究音乐理论的人，即毕达哥拉斯学派，对希腊人的音乐态度影响最大。① 他们对音乐的理解有两个特点。首先，他们**从数学上**解释了音乐。通过数学和声学方面的思考，他们确信：和谐是比例和数的事情。普鲁塔克对这一方法作了这样的描述："在关于音乐的判断中，毕达哥拉斯拒绝接受经验证据；……音乐艺术的价值必须用心灵来领会。"[4]

其次，他们创立了**伦理的**音乐理论。他们发展了希腊普遍持有的观点，即音乐不仅是一种娱乐，而且可以激励人行善，[5] 并认为节奏和调性可以影响人的道德态度，麻痹或激励人的意志，并可能使人从正常走向疯狂，或者相反地缓解和消除心理烦恼，从而具有治疗价值。正如希腊人所说，它们影响着人的精神特质。

达蒙②和柏拉图③发展了最早由毕达哥拉斯学派提出的对音乐的伦理解释。从一开始就有两个毕达哥拉斯学派，一派对音乐作纯理论的讨论，认为音乐与天文学处于平等地位，另一派则关注音乐的伦理影响。柏拉图支持后一学派，因此可以称之为毕达哥拉斯-柏拉图学派。

从伦理上解释音乐很容易理解。一个原因是希腊人对音乐异常敏感，这在文化发展早期阶段的民族中相当普遍。这产生了显著后果，即音乐理论更关注音乐的道德影响而不是审美效果，而相信音乐是按照与宇宙相同的数学和谐法则构建的，这一信念赋予

① Cf. *op. cit*. by Frank and Schäfke.

② Cf. *op. cit*. by Schäfke and Koller.

③ J. Regner, *Platos Musiktheorie*, Halle Univ. Thesis(1923).

了希腊音乐理论以一种形而上学的神秘主义色彩。这种部分形而上学、部分道德教育的毕达哥拉斯-柏拉图遗产一直持续到希腊化时期。但智者学派对这一理论的反对也是如此。他们认为音乐的唯一功能就是让人愉悦，从而对一种声称拥有宇宙知识和能够改善人的心灵的艺术给予了重重一击。这个伦理-形而上学命题及其批判都在希腊化时期得以延续，但与此同时，当时所有哲学学派，特别是逍遥学派的学者，都在没有形而上学和伦理预设的情况下对音乐作了专门的经验研究。

4.《问题集》。该学派编写了《问题集》(*Problems*)，该书曾被认为是亚里士多德本人写的。[①]《问题集》虽然不是亚里士多德的作品，但却来源于他，并用他的科学方法来回答专门问题。这部作 220
品至少有十一章涉及音乐理论，各章阐述的问题部分类似于现代美学所提出的那些问题，不过解决方案是传统的和古代典型的。

例如，问题 34、35a 和 41 问的是，声音什么时候和谐悦耳？答案是，当它们有简单的数值关系时。这是希腊人普遍认可的传统的毕达哥拉斯主义回答。

问题 38 问，为什么节奏、旋律与和谐会引起愉悦，回答是，它们带来的愉悦部分是自然的和天生的，部分源于习惯，部分源于天然令人愉悦的数、稳定性、秩序和比例。[6]这里，我们遇到了关于习惯的新学说以及关于秩序和比例是美和愉悦之源泉的毕达哥拉斯主义旧学说。

---

① C. Stumpf, "Die Pseudo-aristotelischen Probleme über Musik", *Abhandlungen der Berliner Akademie* (1896).

问题27和29探究了音乐(即使没有人声)如何可能表现性格,并且给出了这样的回答:音乐之所以能够表现性格,是因为我们在音乐中感知运动,在运动中感知行为,在行为中感知性格。这个回答也反映了对音乐旧的“伦理”解释。

问题33和37问,我们为什么觉得低沉的嗓音要比高亢但单薄的嗓音更悦耳,回答是,这是因为我们觉得高亢但单薄的嗓音反映了一个人的软弱。这同样与音乐“精神特质”理论如出一辙。

问题10问,为什么人声比乐器带来更多的愉悦,为什么歌曲没有歌词时这种愉悦会减少。回答是,因为有歌词时,和谐的愉悦被摹仿的愉悦增强了。这个回答是典型亚里士多德式的,因为它在解释中引入了“摹仿”的概念,这是亚里士多德所特有的。

问题5和40问,为什么我们听一首熟悉的歌所获得的愉悦要比听一首陌生的歌所获得的愉悦更多。回答是,因为识别中有愉悦,识别一首熟悉的歌的旋律和节奏比较省力。这种观点古已有之,但基于“识别的愉悦”所作的解释引入了亚里士多德的观点。

总而言之,《问题集》表明,毕达哥拉斯学派对音乐的理解、对和谐的数值解释以及关于秩序、表现和精神特质的学说,在希腊的流传是多么广泛和持久。不过,这些学说与亚里士多德的某些思想特别是他的摹仿理论混杂在一起。

5. 泰奥弗拉斯特和阿里斯托克赛诺斯。泰奥弗拉斯特(Theophrastus)是亚里士多德的杰出弟子,比他的老师更关心专门的技术问题,亚里士多德似乎指责他“过于清晰”。他对美学和艺术理论有着极大的兴趣。除了《诗学》(*Poetics*)、《论风格》(*On Style*)、《论喜剧》(*On Comedy*)、《论幽默》(*On Humour*)和《论灵感》(*On Enthusiasm*)，他还写了《和音学》(*Harmonics*)和《论音乐》(*On Music*)。这些音乐学著作中幸存下来的残篇表明，他把音乐的效果解释为在人心中唤起三种情感：悲伤、快乐和灵感。音乐能够释放这些情感，以防其产生负面影响。这表明，泰奥弗拉斯特坚持音乐的净化理论以及音乐的道德影响学说。他保留了希腊人旧的音乐理解，尽管是在亚里士多德的谨慎表述中。

亚里士多德的另一位弟子，塔兰托的阿里斯托克赛诺斯，对音乐理论贡献更大。在其众多作品中(苏伊达斯[Suidas]列出了453本书)，音乐理论著作处于首要地位。他的《和音学》有三卷幸存，《和音学导论》(见于克莱奥尼德斯[Cleonides]的著作)和《宴饮杂集》(*Banqueting Miscellanies*，见于普鲁塔克的著作)中讨论音乐的片段也幸存下来。他的《优律学纲要》(*Elements of Eurhythmies*)是从后来的抄本中被得知的。古人非常重视他在音乐领域的作用，遂称他为“那位音乐家”(the musician)。西塞罗将他在音乐编年史上的成就与阿基米德在数学上的成就相提并论。阿里斯托克赛诺斯编撰的史料使他成为我们了解古代音乐的主要来源之一，而他本人的音乐研究即使在两千年后也仍未过时。

阿里斯托克赛诺斯不仅是亚里士多德的弟子，而且也是毕达哥拉斯学派数学家和声学家们的弟子。他研究与音乐有关的技术问题和哲学问题。他喜欢过去的朴素音乐，赞扬“蔑视复调和花样”的早期音乐家。他反对创新者，宣称“我们就像帕埃斯图姆的居民，曾经是希腊人，但已沦为蛮族，成为罗马人”。他坚持关于音乐的精神特质及其道德、教育和治疗效果的传统学说，并认为“古时希腊人重视音乐的教育力量是正确的”。

6. 毕达哥拉斯学派的倾向和阿里斯托克赛诺斯的倾向。但阿里斯托克赛诺斯的新颖之处及其历史意义并不在此，而在于他对音乐的客观研究，包括心理学研究。他从一个前提出发，认识到了这些研究的重要性，这个前提就是：应当更多地关注判断的行为，而不是判断的事物。[7]

他不得不面对两种相互竞争的音乐观点，一种认为音乐是道德力量，另一种则认为音乐只是“悦耳”。毕达哥拉斯学派认为音乐有不变的数学基础，而德谟克利特和智者学派则声称音乐是感官的事情。阿里斯托克赛诺斯并不完全支持这两种观点，而是从中各取所需。他把毕达哥拉斯学派的学说包含在自己的理论中，但也强调音乐的感觉要素。他写道，就音乐而言，“感觉印象的准确性是一项[近乎]原则的要求”。[8]此外，对音乐的理解依赖于两种东西：感觉和记忆。[9]从此以后，音乐理论将会把毕达哥拉斯学
222 派的倾向与阿里斯托克赛诺斯的倾向进行对比。两者都赞成对音乐的“伦理”解释，区别在于：前者的方法是形而上学和神秘主义的，它将音乐的和谐与宇宙的和谐联系在一起，并赋予音乐一种特殊的力量和影响灵魂的独特能力，而阿里斯托克赛诺斯则尝试对音乐的效果作一种实证的、心理学的、医学的解释。毕达哥拉斯学派与阿里斯托克赛诺斯的追随者之间的区别并不在于对音乐的理解方式，而在于对音乐的研究方法。

从此以后，大多数音乐理论家都遵循时代精神，支持阿里斯托克赛诺斯，尽管他们也对毕达哥拉斯学派的立场持一种妥协态度。这其中包括一些斯多亚主义者，他们当中对音乐理论最感兴趣的是所谓的巴比伦人第欧根尼。他的《论音乐》(*On Music*)一度大获成

功，他在书中赞扬了音乐的力量及其在仪式和教育、战争和娱乐、行为和思想中的作用，他不仅强调音乐的道德价值，而且强调音乐的认识论价值。后来持这种倾向的最重要的作家是阿里斯提得斯·昆提利安，他写了三卷的《论音乐》(*Three Books on Music*)。①

7. 对精神特质的研究。在整个音乐理论中，无论是毕达哥拉斯学派的音乐解释，还是阿里斯托克赛诺斯的音乐解释，古希腊的“音乐的精神特质”学说都是一个必不可少的要素。[10]随着这一学说变得越来越细致，②它不仅一般地讨论音乐影响性格(精神特质)这一论点，而且显示了这种影响的方方面面，特别是将它的正面影响和负面影响进行对比。每一个希腊部族的音乐都有不同的调式：多利安调式严肃质朴，爱奥尼亚调式则柔美流畅。而在当时的希腊已经被接受的弗里吉亚调式和吕底亚调式所体现的东方音乐与真正的希腊音乐特别是多里安音乐有很大不同。对希腊人来说，严肃质朴的多里安音乐与热情动人的弗里吉亚音乐之间存在着最强烈的对比。它们调式不同。一个声音低沉(*hipata*)，另一个声音尖利(*neta*)。一个使用西塔拉琴，另一个使用长笛。它们给不同的祭礼伴奏，多利安调式与阿波罗的祭礼相联系，弗里吉亚调式则与酒神、母神(Cybele)和死者的祭礼相联系。一个是本土的，另一个是外来的。弗里吉亚音乐与希腊人熟悉的音乐有很大

---

① *Aristides Quintilianus*, ed. A. Jahn.——普鲁塔克的 *De Musica*(*De la musique*, ed. H. Weil, and Th. Reinach, 1900)和托勒密的 *Harmonica*(ed. J. During, 1930)也是古代晚期写成的保存完好的重要的论音乐作品。——古代最后阶段的音乐解释包含在 G. Pietzsch 的 *Die Musik in Erziehungs-und Bildungsideal des ausgehenden Altertums und frühen Mittelalters*(1932)和已经提到的 Schäfke 的书。

② H. Abert, *Die Lehre vom Ethos in der griechischen Musik*(1899).

不同，它的引入给希腊人带来了冲击，在某种程度上也许使整个音乐精神特质理论得以兴起。希腊人认为自己的传统音乐是使人振作和抚慰人心的，而新的外来音乐则是令人兴奋和狂乱刺激的。传统主义者，尤其是柏拉图，把正面的精神特质归于前者，把负面
223 的精神特质归于后者。他们谴责弗里吉亚调式，只赞成多利安调式。

在这两个极端之间有许多中间调式：伊奥利亚的（Aeolian）史诗调式（由于接近多利安调式，希腊人称之为“次多利安调式”[Hypodorian]）、爱奥尼亚的抒情调式（由于接近弗里吉亚调式，希腊人称之为“次弗里吉亚调式”[Hypophrygian]）、吕底亚调式、混合吕底亚调式（Mixolydian）、次吕底亚调式（Hypolydian）和其他调式。为了简化这些种类，希腊理论家们区分了三种音乐调式，其中两种是极端调式，第三种则是包含了所有其余调式的中间调式。

哲学家们为这些众多的调式提供了道德和心理上的解释。从这种观点出发，亚里士多德区分了三种调式：伦理的、实用的和灵感的。他认为“伦理的”调式影响一个人的整个精神特质，要么使他获得内心的安宁（比如严肃质朴的多利安调式），要么扰乱这种这种安宁（比如使人忧伤愁苦的混合吕底亚调式，或者使人疲惫沮丧的爱奥尼亚调式）。“实用的”调式在人心中唤起特定的意志行为，而“灵感的”调式，特别是弗里吉亚调式，则使人从正常状态进入出神状态，带来情感的宣泄。

调式的这三重划分贯穿于整个希腊化时期，尽管通常采用不同的组合和名称。阿里斯提得斯·昆提利安将音乐分为三种类型：[11]（1）具有“反射式（diastaltic）精神特质”的音乐，其特点是宏

大、刚毅和英雄主义；(2)与之相反的是具有“收缩式(systaltic)精神特质”的音乐，它没有男子气概，产生情爱和哀怨；(3)居间的具有“寂静式(hesycastic)精神特质”的音乐，其特点是内心的安宁。在诗歌中，第一种“精神特质”适用于悲剧，第二种适用于悲歌，第三种适用于颂歌和凯歌。

音乐的“伦理”学说是希腊音乐理论最独特的特征，它起源于毕达哥拉斯学派，最初表现为一种形而上学的神秘主义理论。然后，从达蒙和柏拉图的时代开始，它与要求使用某些调式而禁止其他调式的伦理的[12]、教育的和政治的[13]结论联系在一起。最后，在亚里士多德及其弟子那里，它发生了很大变化，成为一种关于音乐效果的现象学。它的抱负减少了，而科学价值却增加了。

希腊人虽然尊重形而上学的和伦理的音乐理论，但对它们并非没有批评。甚至对“精神特质”的现象学解释也遭到了质疑，因为它假定“精神特质”独立于听者的态度存在于调式中，并且赋予声音某种神秘的能力。也有一些更为谨慎的思想家否认音乐具有这种能力，他们坚持认为，调式的所有属性——多利安调式的崇高庄严、弗里吉亚调式的灵感幻想、吕底亚调式的哀怨悲伤——并非这些调式所固有，而是人自身在漫长的演进过程中赋予它们的。 224

8. 功用主义倾向：菲洛德谟斯。这种批评在公元前5世纪的启蒙时期就已经开始了。智者学派和原子论者并不接受“精神特质”理论，而是提出了一种完全不同的理论，认为音乐仅仅是声音与节奏的令人愉悦的结合，而不是一种心理教育的或伦理的力量。对音乐心理教育能力的最早怀疑可见于一份公元前400年左右的残篇，它被称为“希贝赫纸莎草”(Hibeh papyrus)。[14]到了希腊化时期，伦理倾向与功用主义倾向之间的冲突发展成为音乐理论家之间的激烈争论，怀疑论学派和伊壁鸠鲁学派是功用主义倾向的代言人。关于这一主题有两部学术著作流传至今，我们已经谈到过：一部是伊壁鸠鲁主义者菲洛德谟斯写的，另一部是怀疑论者塞克斯都·恩披里柯写的。他们的观点，特别是与希腊音乐理论的形而上学-伦理传统不同的菲洛德谟斯的那些观点，可以认为是某些思想学派所特有的。它们虽然是少数人的观点，但仍然是这一时期典型的。

菲洛德谟斯①作出了反驳：(1)否认音乐与灵魂之间存在着一种特定的联系。他直言，音乐对灵魂的影响并不比烹饪术的影响更多。[15] (2)否认音乐与神之间存在着联系，因为听音乐所引发的出神状态很容易解释。(3)否认音乐具有强烈的道德影响以及能够增强或减弱德性。(4)否认音乐能够表达或表现任何东西，特别是性格。

他认为，音乐的"精神特质"理论所基于的对音乐的反应绝不是一般性的，而是只对特定类型的人起作用，主要是女性和具有女人气的男性。此外，它可以在心理学上得到解释，而不必诉诸神秘属性，也不必把任何特殊力量归于音乐。如果用现代语言来表达菲洛德谟斯的思想，我们可以说，他把音乐的影响解释为观念联想的结果。对音乐的反应不仅依赖于听觉，而且依赖于与之相关的观念，而这些观念又依赖于各种偶然的要素，最重要的是伴随着音

① A. Rastagni, "Filodemo contra l'estetica classica", *Rivista di filologia classica* (1923—1924).

乐的诗歌。音乐伦理理论的发明者们将音乐的效果与诗歌的效果相混淆，将语言和思想所产生的效果想象成声音的效果。[16]希腊音乐的创立者，如特尔潘德和提尔泰奥斯（Tyrtaeus），都是诗人而不是音乐家。特别是，菲洛德谟斯把音乐的宗教影响和由此引发的出神解释为某些观念和联想的结果。他认为，仪式中使用的嘈杂乐器造成了特别的“观念联系”。

菲洛德谟斯总结说，鉴于所有这一切，音乐显然既没有也不可 225
能有任何道德功能，因为它在这方面并无特殊能力。音乐既没有形而上学意义，也没有认识论意义，因为它所做的仅仅是像饮食一样让人愉悦。它能带来放松和快乐，充其量能使工作变得更轻松，但除此之外则是一种奢侈。情况只可能是如此，因为音乐仅仅是一种娱乐，一种有形式化内容的游戏。于是我们看到，唯物论的伊壁鸠鲁主义者菲洛德谟斯和理念论的柏拉图在艺术观上既有不同之处，也有一致之处。

“伦理”倾向很早就耗尽了自己的潜力。它从一开始就强调音乐的道德优点，而忽视了音乐的美学价值。后来，只有以菲洛德谟斯为代表的对立倾向才为美学的发展作出了贡献，尽管菲洛德谟斯在激烈的争论中被迫走向了极端。伊壁鸠鲁学派和怀疑论学派这两个哲学学派都宣称支持对音乐的这种新的更具功用主义的解释，然而，对“精神特质”理论的反抗并不持久。到了古代晚期，当人们朝着宗教的、灵性的神秘主义观念普遍回归时，它又复兴了。

9. 心灵与耳朵。除了这两个派别之外，研究希腊化音乐理论的历史学家们还区分出了其他派别。他们列出了“规范主义者”（毕达哥拉斯学派）、“和谐主义者”（亚里士多德的追随者）、“伦理主义者”(达蒙和柏拉图的追随者)和“形式主义者”。在他们看来,希腊音乐理论也可以按照其他对立的力量来划分。毕达哥拉斯学派内部就有两个群体,一个强调音乐的伦理方面,另一个则侧重于其数学含义。

但还有一组更重要的形成对照的问题,即我们对音乐的判断是基于理性还是基于情感,是涉及计算还是仅仅涉及美和愉悦体验。早在古典时期,毕达哥拉斯学派就支持第一种观点,声称音乐具有理性特征,而智者学派则相反地强调其非理性特征。理性主义者认为对音乐的判断是客观的,而非理性主义者则认为这些判断是主观的。在这个特殊的例子中,柏拉图站在智者一边,将音乐解释成非理性的和主观的。

这两种观点在希腊化时期一直存在,但还有第三种观点认为,对音乐的反应既不依赖于心灵,也不依赖于情感,而是依赖于听觉的感觉印象。这正是阿里斯托克赛诺斯所持有的立场,使他的学派具有鲜明特征的正是这种立场,而不是他对“精神特质”理论的态度。这种观点也被斯多亚学派所接受。对感觉印象概念的重要区分(我们曾在“斯多亚学派的美学”一章中讨论过)使这一概念能够更好地应用于美学。它很早就被学园派斯彪西波所引入,[17]由
226 斯多亚主义者巴比伦人第欧根尼所发展。他们区分了印象和与之伴随的愉悦和痛苦的主观感受,尽管印象本身并不是主观的。此外,他们还区分了两种印象(我们在谈论音乐时必须再次强调这一点)。像冷热这类印象是自然的,而像和谐与不和谐这类印象则是教育、训练和学习的结果。音乐正是依赖于这些习得的印象(educated impressions)。音乐有其感觉基础,但却是理性的、客观

的,因此可以是研究的对象。

斯彪西波和巴比伦人第欧根尼提出的理论是出乎希腊人预料的,尤其是在柏拉图清晰地区分了心灵与感官,并且表达了他关于思想的理性和感觉印象的非理性的信念之后。这一理论既新颖和大有前途,又富有争议,并且遭到菲洛德谟斯的反对。这位依循传统思路的伊壁鸠鲁主义者并不接受斯多亚学派所作的精巧区分,但最重要的是,他完全不接受音乐是一种理性活动。有人说,斯多亚学派对音乐的理性解释与伊壁鸠鲁学派对音乐的非理性解释之间的争论是"古代美学中最后一次重大辩论"。

*　*　*

L. 音乐美学的原文

古风时期的音乐

[1]总的来说,从特尔潘德的时代直到弗里尼的时代,西塔拉琴的音乐一直保持着它的质朴性,因为那时不允许像现在这样在作曲中改变调性或节奏。在每一个"规范"(*nomos*)中,人们始终保持着固有的音阶。因此它们也被称为"*nomoi*",即"法则"。

——PLUTARCH,De musica 1133b

节奏和旋律

[2]今天的音乐家醉心于旋律,他们的前辈则醉心于节奏。

——PLUTARCH,De musica 1138b

耳朵喜欢旋律,着迷于节奏。

——DIONYSIUS,OF HALICARNASSUS,De comp. verb. 11(Usener,Radermacher,40)

227 运动的秩序被称为节奏。

——PLATO,Leges Ⅱ 9,664e

动物无法感知其运动的秩序或混乱,也就是所谓的节奏和和谐。

——PLATO,Leges Ⅱ 1,653e

我认为,音乐的发明者不是某个人,而是在各方面都最完美的神阿波罗。

——PLUTARCH,De musica 1135f

节奏

我们以三种方式谈论节奏:关于静物(在这个意义上,我们谈论一尊有韵律的雕像),关于所有运动物体(在这个意义上,我们说某人有节奏地行进),以及关于声音。

——ARISTIDES QUINTILIANUS Ⅰ 13(Jahn,20)

音乐的三重含义

[3]"音乐"一词有三种含义;在一种意义上,它是一门讨论旋律、音符、制造节奏和类似事物的科学,在这个意义上我们说,斯宾塔罗斯(Spintharus)的儿子阿里斯托克赛诺斯是一位音乐家;在另一种意义上,它意指乐器技能,比如我们把使用长笛和竖琴的那些人称为音乐家。……人们正是在这些含义上恰当而一般地使用"音乐"一词的。但有时我们习惯于在一种不那么精确的意义上用

这个词来指某一表现中的正确性。例如，我们把一件作品称为“音乐的”，即使它是一幅绘画作品，并把在绘画中实现这种正确性的画家称为“音乐的”。

——SEXTUS EMPIRICUS，Adv. mathem. Ⅵ 1

音乐与理智

[4]可敬的毕达哥拉斯在评判音乐时拒绝接受经验的证词，他说艺术的价值必须用理智来领会。

——PLUTARCH，De musica 1144f

简而言之，在评判音乐时，感觉印象必须与理智携手同行。 228

——PLUTARCH，De musica 1143f

若想优美高贵地追求音乐，你必须摹仿古代的风格；你还需要通过研究其他学科来补充对音乐的研究，并把哲学当作向导，因为只有哲学才能为音乐提供恰当的原则和功用。

——PLUTARCH，De musica 1142c

音乐有助于善

[5][恩披里柯·塞克斯都所指责的一种流行观点]总之，音乐不仅是悦耳的声音，而且在诸神的颂歌、祈祷和祭礼中也能听到；因此，它激励心灵向善。

——SEXTUS EMPIRICUS Adv. mathem. 18

音乐和愉悦

[6]为什么一般来说，所有人都喜欢节奏、旋律和和谐？这是

因为我们天生喜欢自然运动。这表现在孩子刚一出生就喜欢它们。我们喜欢各种旋律是因为它们有道德性，而我们喜欢节奏则是因为其中包含着熟悉的、有序的数，并以规则的方式运动；因为有序的运动天然要比无序的运动更让我们熟悉，因此更符合自然。……我们喜欢和谐是因为它是对立面之间成比例的混合。特定的比例意味着秩序，正如我们所说，它天然就令人愉悦。

——PSEUDO-ARISTOTLE，Problemata 920 b. 29

判断的主观条件

[7]如果把判断的对象而不是判断者的活动当作目标和主要事物，则我们肯定会错过真理。

——ARISTOXENUS，Harmonica 41(Marquardt，58)

229 感觉印象的作用

[8]对于音乐科学的研究者来说，感觉印象的准确性是一项原则要求。

——ARISTOXENUS，Harmonica 33(Marquardt，48)

印象和记忆

[9]对音乐的理解依赖于两种能力——感知和记忆：因为我们必须感知现在的声音，记忆过去的声音。

——ARISTOXENUS，Harmonica 38(Marquardt，56)

音乐的精神特质

[10]一种旋律在灵魂中产生庄严而高尚的动机，另一种旋律则在灵魂中产生卑下而可耻的动机。这样的旋律通常被音乐家称为精神特质，因为它们形成了精神特质。

——SEXTUS EMPIRICUS，Adv. mathem. Ⅵ 48

音乐打动灵魂并为之提供节奏。

——THEOPHRASTUS(Philodemus，De musica，Kemke，37)

愤怒、愉悦和悲伤的体验之所以是共同的，是因为这种倾向就存在于我们之内，而不是我们之外的东西。音乐也属于这些共同的体验，因为所有希腊人和野蛮人都在生命的各个阶段培养它。因为甚至在获得理性之前，每一个孩子的灵魂就已经屈从于音乐的力量了。

——DIOGENES THE BABYLONIAN(Philodemus，De musica，Kemke，8)

当我们在赫拉克莱德斯的著作中读到关于旋律是否合适、性格是否软弱、行为是否与人的个性协调一致的内容时，我们都会同意，音乐与哲学相去不远，因为音乐给人生带来了很多价值，通过对音乐感兴趣，我们会变得与许多甚至所有德性协调一致。

——PHILODEMUS，De musica(Kemke，92)

[11]有三种类型的音乐：普通的(nomic)、迷狂的(dythyrambic) 230
和悲剧的。……第一种音乐收缩灵魂，唤醒悲伤的情感；第二种音乐扩展灵魂，振奋精神；第三种音乐介于两者之间，使我们的灵魂进入一种宁静状态。

——ARISTIDES QUINTILIANUS Ⅰ 11(Jahn，19)

音乐的伦理政治效果

[12]音乐的目的不是愉悦，而是对灵魂的控制，但其固有目标是为德性服务。

——ARISTIDES QUINTILIANUS Ⅱ 6(Jahn,43)

[13]如达蒙所说，当音乐的调式改变时，国家的基本法律总是随之而改变。我完全相信他的话。

——DAMON(Plato,Respublica Ⅳ 424c)

对“精神特质”理论的批评

[14]有人说，有些旋律能使人产生克制，另一些旋律则能使人产生理智、正义、勇敢或怯懦。但说这话的人是错误的，因为颜色不能产生怯懦，和谐也不能使运用和谐的人产生勇敢。

——PAPYRUS OF HIBEH(Crönert,Hermes,XLIV 504,13)

[15]尽管有些人去胡说，但音乐并不是一种摹仿的艺术；他[巴比伦人第欧根尼]所说也不正确，即音乐虽然没有摹仿性格，但仍然揭示了性格的各个方面，比如高尚和卑下、英勇和怯懦、礼貌和傲慢。音乐的影响并不比烹饪术的影响更多。

——PHILODEMUS,De musica(Kemke,65)

[16][诗歌]有用是因其思想，而不是因其旋律和节奏。

——PHILODEMUS,De musica(Kemke,95)

231 自然的和习得的印象

[17]根据斯彪西波的说法，有些东西由感官感知，有些东西则

由心灵感知。他认为，前者的标准是习得的印象，后者的标准则是习得的思想。他把分有理性真理的印象看成习得的印象。

长笛演奏者或诗琴演奏者的手指所做的动作并非源于手指自身，而是源于心灵活动。同样，一个音乐家将和谐的东西与不和谐的东西正确无误地区分开来，他的印象并非源于自然，而是源于思想。习得的印象自然地得益于[某人拥有的]学识成就：这种成就建基于理性，并且获得了关于事物的正确认识。

——SPEUSIPPUS(in Sextus Empiricus，Adv. mathem. Ⅶ 145)

第八章　诗歌美学

（一）希腊化时期的诗歌

1. 希腊化时期的文学。希腊化时期产生了各种各样的文学作品。这种产出始于公元前3世纪上半叶，有卡利马库斯(Callimachus)的教诲诗、警句诗、抒情诗、哀歌和颂歌，特奥克里托斯(Theocritus)的田园诗，赫罗达斯(Herondas)的现实主义拟剧，后来又出现了传奇文学和小说。这一时期很是漫长，普鲁塔克的《希腊罗马名人传》(*Lives*)和萨莫萨塔的琉善(Lucian of Samosata)的散文等著名作品迟至公元2世纪才问世。另一方面，这一时期的文学作品并不像前一时期的作品那样具有持久的意义。亚历山大里亚固然自诩有戏剧的七巨头，但后世对这些巨头评价不一，并且已经淡忘了他们。然而，这时有一个事件意义重大：希腊语传播到希腊本土以外，征服了广大地区。

社会对诗歌的态度发生了很大变化，诗歌已不再是公众关心的事情。诗人在小城邦所享有的与社会的直接联系在大君主国、幅员辽阔的国家和人口密集的城市已经不再可能。再也不可能由全民参与悲剧的创作和评判。诗歌不再是将全民聚集起来的一种

仪式，而是成为少数个人关心的东西。它的特点也发生了变化，因
为现在，在亚历山大里亚和安提奥克确定基调的希腊商人更需要 232
的是滑稽剧和歌舞表演，而不是悲剧。

希腊化时期的文学有几个典型特征。最重要的是，其作者也是研究文学理论或哲学的学者。因此，人们期望文学作品能够博学，富含哲学、历史和文学的典故。甚至连抒情诗也是如此。希腊化时期的诗歌是一门为学者写的有学问的艺术，它在图书馆中寻求灵感。它文雅精致，面对的是一群高级读者。它有意识地选择读者，蔑视俗众。

在亚历山大里亚，作家被称为“文法学家”。如前所述，拉丁词“*litteratus*”或“文人”纯粹是希腊词“文法学家”的拉丁对应词。这个词包括那些从事文学写作的人，以及对文学进行理论研究的人。但它发生了演变，以至于对塞克斯都·恩披里柯来说，它仅仅意指文学理论家和语文学家。后来，作家在亚历山大里亚渐渐被称为“语文学家”，而在帕加马则被称为“批评家”。

所有这些文学都由行家控制和指导。它们服从规则，遵守法则。早期也出现了一些关于如何撰写和阅读文学作品的论著。人们对文学理论和语文学的兴趣并不亚于对文学本身的兴趣。

希腊化时期文学的第二个重要特征是追求原创，喜爱文学试验，这与古典时期的文学形成了鲜明对照。亚历山大里亚的文学以摹仿而闻名，但它所摹仿的是那些稀罕而考究的文学形式。

第三个特征在视觉艺术中尤其显著，但在文学中也很明显，那就是它的复杂怪异（baroque quality），即一方面，它注重丰富而不追求简单，另一方面，它注重深度而不追求清晰。

第四个特征是现实主义，它在当时的文学中表现得相当突出，程度不亚于在绘画和雕塑中。现实主义和敏锐的观察在赫罗达斯的散文中表现得如此突出，以至于伟大的语文学家塔德乌什·齐林斯基(Tadeusz Zieliński)悖谬地将其视为科学论文而不是文学作品。

第五个特征是作家对自己作品的冷静态度。“打雷是宙斯的事，而不是我的事，”诗人卡利马库斯写道。正如另一位语文学家所指出的，“放弃伟大的、神圣的诗歌，而支持更富于人性但(根据卡利马库斯的说法)也更加艺术的诗歌”。

希腊化文学的第六个特征是逐渐把诗歌的地位降至科学著作以下。希腊化时期的君主们通过建立规模空前的大型学术中心来支持科学工作，其中最著名的是皇家缪斯宫和拥有70万卷藏书的亚历山大里亚图书馆。对这些设施的维护不遗余力。当这座图书
233 馆于公元前47年被焚毁时，取而代之的是拥有20万卷藏书的帕加马收藏。而当这些收藏又被摧毁时，亚历山大里亚的另一座图书馆塞拉皮雍(Serapeum)成为希腊化学术的主要所在地。

希腊化时期的机构使文学成就斐然。由亚历山大里亚的文法学家们编纂的精确版本传播到整个希腊罗马世界，成为一千年来欧洲文明的基础。正因如此，莱纳赫(S. Reinach)才将公元前2、3世纪称为“人类精神最伟大的时代之一”。维拉莫维茨(U. von Wilamowitz)甚至说，奠定了希腊化文化基础的公元前3世纪“是希腊文化的顶点，因此也是古代世界的顶点”。永恒的思想早已产生，永恒的艺术作品早已创造出来，但直到现在，它们才获得了统治世界和在数个世纪里生生不息的力量。

希腊化时期伟大的学术机构，尤其是亚历山大里亚图书馆，其起源应当归功于这样一种信念：伟大的古老希腊已经消逝，后世的任务在于拯救和保存她的遗产。亚历山大里亚图书馆反映出一种保守的态度，将历史研究和语文学研究置于优先地位。它为获得书本知识、博学多识和古物研究创造了条件。它使学术专家应运而生，并使书籍在时代发展中起主导作用。

它也为语文学和“文法”（即专门的文学理论）贡献甚多，但对于一般的美学却贡献甚微，对整个哲学也帮助不大。早在公元390年亚历山大里亚的学术收藏以悲剧收场，即大主教提奥菲洛斯（Theophilus）因为相信塞拉皮雍是异教的庇护所而摧毁了它之前，雅典这个贫穷的小城市及其哲学学派就是一个比亚历山大里亚重要得多的美学思想中心。我们应当在雅典和后来的罗马，而不是亚历山大里亚的背景下思考希腊化美学的创造者。

2. 罗马文学。罗马人从一开始就很少关心文学，直到公元前1世纪还没有创作出什么重要作品。然而，紧随其后的是一个黄金时代。它包括共和国末期和帝国初期，也就是被称为西塞罗时代的共和国辉煌的最后时期（公元前80年—公元前42年）和被称为奥古斯都时代的更辉煌的帝国初期（公元前42年—公元14年）。这是罗马文学的古典阶段（在“古典”一词的所有含义上：优雅、均衡，与伯里克利时代的原型古典时期近似）。它之于罗马就相当于伯里克利时代之于希腊。

除了西塞罗本人词藻华丽的散文，西塞罗时代还产生了恺撒的作品（这是不加修饰的朴素散文的最佳典范）、“最有学问的罗马人”瓦罗的学术散文，还有卢克莱修的诗歌，这是哲学家开始写散 234

文之后唯一取得成功的哲学诗歌。但正是奥古斯都时代产生了闻名遐迩的诗人。据说维吉尔才华横溢,即使自告奋勇挑战荷马也不会遭到嘲笑。罗马诗歌的"黄金时代"还产生了一种罗马诗学理论。西塞罗是罗马著名的美学家,诗人贺拉斯则撰写了极富影响的《诗艺》(*Art of Poetry*)。这种诗学理论不仅基于古希腊文学,而且基于被同时代人视为完美典范的新罗马文学。

和所有古典时期一样,这个时期也没有持续很长。昆体良指责尼禄和图密善(Domitian)时期的作家没有达到奥古斯都统治时期作家的水平。随后的时期被称为罗马文学的"白银时代"。历史学家通常将其年代确定为从奥古斯都逝世到公元 130 年。罗马文学的特征发生了某种程度的变化,现在它与亚历山大里亚的文学类似。诗歌并不特别重要,但文学的、哲学的特别是科学的散文质量很高,包括塔西佗等历史学家、律师、医生和地理学家的作品。其中很大一部分作品都致力于美学,建筑师维特鲁威和百科全书家老普林尼(Pliny the Elder)也留下了美学史方面的宝贵资料。

罗马文学的最后阶段并不出彩。事实上,那时最好的作家是像米努齐乌斯·费利克斯(Minucius Felix)和德尔图良(Tertullian)那样的基督徒。文学创作衰落了,"文法"繁荣起来,对早期作品的评注增多。

希腊化和罗马时期的文学美学已经在理论表述中得到详细而明确的讨论,因此不必到文学作品中去寻找。我们不必通过考察西塞罗的演说来重建他的美学理论,因为他已经在《演说家》中作了阐述。同样,我们也不必到贺拉斯的诗歌中去搜寻,因为他的理论是在他的《诗艺,或致皮索父子的书信》(*Epistle to the Pisos*)中提出的。但重要的问题是,文学理论究竟是从文学创作中发展而来,还是反过来?这两者之间是否一致?当时的文学具有明显的多样性和装饰性,理论家们推崇的正是这些品质。文学有高度的技巧性,理论家们建议诗人加强练习以掌握专业技巧。诗歌中的形式崇拜与理论中的形式主义倾向是对应的。但另一方面,当时的文学,特别是亚历山大里亚的文学,是文法学家和学者的文学,而理论则强调作者的灵感和听者的情感反应。文学作品中充满了抽象和寓意,而理论则需要目击者的陈述。文学是自然主义的,而理论则坚称,作家应当效法理念而不是效法自然。简而言之,文学中通常存在着各种潮流,有些潮流恪守理论,有些则不在乎理论。

(二)诗学 235

1. 古代诗学。希腊化和罗马时期缺乏像亚里士多德的《诗学》那样内容全面的诗学作品。[1] 贺拉斯在公元19—20年写的《致皮索父子的书信》中的《诗艺》[2]相对完整,但它是一部"选录"(eclogue),也就是说,它由选择出来的一系列主题所组成。它并非学术论著,而是论述诗歌的诗歌,因此充满了诗意的比喻和自由表达。贺拉斯的表述并不精确,但可以流传数个世纪。

根据波菲利(Porphyry)的证词,被贺拉斯视作典范的尼奥普托列墨斯(Neoptolemus)的失传之作肯定更为完整和精确。活跃

---

① T. Sinko, *Trzy poetyki klasyczne* (1951).

② O. Immisch, "Horazens Epistel über die Dichtkunst", *Philologus*, Suppl., Bd. XXIV, 3(1932).

于公元前3世纪的这位尼奥普托列墨斯并不比亚里士多德年轻多少，很可能是一个亚里士多德主义者。他把各种诗学问题组织成一个系统，成为希腊化诗学的鼻祖。

泰奥弗拉斯特的手册《论风格》(*On Style*)只散见于一些引文。哈利卡纳索斯的狄奥尼修斯和德米特里乌斯(Demetrius)[①]后来的两部论风格的专著完整地保存下来。狄奥尼修斯生活在公元前1世纪(公元前60年—公元前5年)，著作颇丰，著有《论语词的安排》(*On the Arrangement of Words*)等，是雅典思潮的一位颇有影响的支持者。德米特里乌斯与他大致同时代，是另一部论风格的著作《论表现》(*On Expression*)的作者。

一部名为《论崇高》(*On the Sublime*)的篇幅很长的专著也保留下来。[②] 该书被认为是用希腊语写成的最美的论风格书籍。在希腊化时期，在推崇朴素风格的雅典学派与推崇华丽风格的亚细亚学派的争论中，《论崇高》一书支持朴素风格。与时代精神相一致，它强调崇高和诗意的灵感。这是一本匿名著作，以前被认为出自朗吉努斯(Longinus)之手。这一归属后来被证明是错误的，其作者被重新命名为伪朗吉努斯。波兰学者辛科建议应当称他为反凯西留斯(Anti-Caecilius)，因为他的著作是对曾经著名、现已失传的凯西留斯的论著《论崇高》的批评。

如前所述，公元前1世纪的伊壁鸠鲁主义者加达拉的菲洛德

---

① W. Madyda, *Trzy stylistyki greckie* (1953). W. Maykowska, "Dionizjos z Halikarnasu jako krytyk literacki", *Meander*, Ⅴ, 6-7(1950).

② T. Sinko, *Trzy poetyki klasyczne* (1951), p. XXVIII ff. W. Maykowska, "Anonima monografia o stylu artystycznym"(1926).

谟斯的《论诗歌作品》的许多片段都在赫库兰尼姆的纸莎草中保存下来。它们不仅使我们了解了伊壁鸠鲁学派对诗歌的看法，也使我们了解了其对手的看法。

关于诗学理论的讨论亦见于西塞罗、昆体良、赫莫根尼斯和所谓的伪西普里安(Pseudo-Cyprianus)等人的古代修辞学著作。它们偶尔也出现在哲学著作中，例如西塞罗的著作，塞内卡的《书信集》，普鲁塔克、斯特拉波、提尔的马克西莫斯、塞克斯都·恩披里 236
柯和赫莫根尼斯的著作，普鲁萨的迪翁(Dion of Prusa)的演说以及琉善的散文。

概而言之，我们拥有泰奥弗拉斯特和尼奥普托列墨斯在公元前3世纪作品的残篇，它们奠定了希腊化时期诗学的基础；然而，该领域的大多数作品都可以追溯到公元前1世纪，比如哈利卡纳索斯的狄奥尼修斯、德米特里乌斯、贺拉斯和菲洛德谟斯的作品。匿名著作《论崇高》出现得更晚。有些诗学理论是用希腊文写成的，有些是用拉丁文写成的。最流行的(贺拉斯的)作品是拉丁文的，但希腊文作品更早，数量也更多。①

2. 诗歌的定义。在希腊化时期，文学散文已经达到了与诗歌几乎相同的地位。两者都被归于“文学”，“文学理论”[文法](*grammatike*)[1]既涉及诗人(*poietai*)的作品，也涉及散文家

① 迄今为止收集的关于希腊化诗学的最丰富的信息载于 W. Madyda, *De arte poetica post Aristotelem exulta*(1948)。——本章的一个稍加修改后的版本已经以英文出版，标题为“The Poetics of the Hellenistic Age”，见 *Review of the Polish Academy of Sciences*(1957)—K. Svoboda, “Les idées esthétiques de Plutarque” in *Mélanges Bidez*。

(*syngrapheis*)的作品,既涉及诗歌(*poiemata*),也涉及散文(*logoi*)。[2]

在古代很长一段时间里,诗歌概念及其与散文的界限一直是不确定的:高尔吉亚将诗歌定义为**有节奏的**言语,亚里士多德则将它定义为**摹仿的**言语。这两种理解在希腊化时期依然存在。诗歌常常以亚里士多德的方式被定义为“用语词来摹仿生活”,由此文学被划分成摹仿的(即严格意义上的诗歌)和非摹仿的(即散文)。[3]当与演说相对照时,人们强调的是诗歌的**格律**性;当与历史相对照时,人们强调的是诗歌的**虚构**性。因此,人们有时基于形式标准、有时基于内容标准来区分诗歌。

“结构和内容”这两种观点在我们已经提到的波西多纽的定义中被统一起来。[4]它认为,诗歌是一种有格律和节奏的言语(*lexis*),因其装饰性表达而有别于散文。因此,它承认了诗歌的形式标准,即格律形式。但波西多纽的定义又说:“诗歌是一种富含意义的韵文,它表现神和人的事物。”于是,这个定义区分了“韵文”和“诗歌”,韵文与散文只有形式上的区别,而诗歌还应有意味深长的内容。因此,诗歌必须满足两个条件。它必须既有格律形式,又有意味深长的内容。

早期希腊人认为诗歌的目的在于教导和改进性格。正如斯特拉波所说:“他们把诗歌称为哲学的预备教育。”[4a]这在希腊化时期发生了很大变化。诗歌现在被认为是给人愉悦的,但也能激发情感。[5]前者很古老,后者则更为晚近,是亚里士多德引入诗学的,
237 后来占据了主导地位。“诗仅有美是不够的,它还必须有魅力,引导听者的灵魂,”贺拉斯写道。[5a]之前埃拉托色尼(Eratosthenes)

已经表达过灵魂受诗歌引导这种观念。有魅力的诗句自然也会引导听者。但这种对灵魂的引导(*psychagogia*)和对灵魂的教导是不同的。在古代晚期,诗歌是否应当教导人这个问题变得极富争议。[6]诗歌是否应当改进人的行为这个问题也是如此。

诗歌是语词的艺术。但历史、哲学和演说也是如此。它们和诗歌有什么区别呢?

3. 诗歌与历史。起初,古人假设一切人类活动都必定是追求真理,这既适用于历史,也适用于诗歌,从而倾向于把诗歌与历史联系起来。然而后来,正是在这方面,他们注意到两者之间有一个区别。公元前1世纪,他们对这种区别作了表述,此后许多作者不断加以重复。[7]它区分了真历史(*historia*)、假历史(*argumentum*)和传说(*fabula*):"传说所包含的事件既不真实,也不可能发生,比如悲剧所描述的那些事件。历史叙事是对实际发生过、但随着时间的推移已被我们忘却的那些功绩的叙述。文学虚构讲述的是想象中的、但可能发生的事件,比如喜剧情节。"诗歌被包含在三类中的两类——传说和不真实的历史中。在传说中,诗歌的主题是不可能的,而在不真实的历史中,诗歌是可能实现的,但在这两种情况下,诗歌都是一种发明、一种虚构(*ficta res*)。因此,诗歌与历史的区别可以表述为:诗歌涉及虚构,历史涉及现实。历史服务于真理,而诗歌只能服务于愉悦,因为它不服务于真理。西塞罗由此得出结论说,既然历史导向真理,而诗歌几乎只导向愉悦,因此,支配历史的法则必定不同于支配诗歌的法则。[8]

4. 诗歌与哲学。古人发现,诗歌与哲学的关系要比诗歌与历史的关系更难确立。这是因为他们把哲学等同于除历史之外的全部科学和知识，他们认为历史是编年史而不是科学。在很早的时候，诗歌被赋予了与科学同样的任务：获得关于神和人的知识。在哲学发展起来之前，人们依靠诗歌来解释生活和世界。随着哲学的出现，人们质疑诗歌能否提供关于世界的知识。然而在希腊化时期，诗歌与哲学之间的敌意已经有所减弱。

两种对立的观点现在得到了辩护。一种观点将诗歌与知识联系在一起，另一种观点则将两者对立起来。一方面，伊壁鸠鲁学派谴责诗歌以不同于科学的方式来呈现事物。怀疑论学派也类似地
238 认为，如果能在诗歌中找到哲学，那将是糟糕的哲学。另一方面，斯多亚主义者波西多纽将诗歌置于与哲学同等的地位，说诗歌也“表现神和人的事物”。这一表述将被西塞罗、塞内卡、斯特拉波、普鲁塔克和提尔的马克西莫斯等许多作者一再重复。他们把诗歌和哲学看成认知的两个方面。虽然诗歌不那么高级，但它与哲学一起构成了“同一种和谐的艺术”。诗歌依赖于韵文形式，但根据斯特拉波的说法，这仅仅是吸引大众的一种手段。在其他方面，诗歌和哲学是完全相同的。

将诗歌与历史进行对比，以及将诗歌与哲学相联系，是古代思想的典型特征。人们认为，历史处理的是特殊事实，哲学处理的则是一般法则。希腊人认为哲学与诗歌关系更近。在解释诗歌时，他们提出了两种截然不同的观点：一种是诗歌创造虚构，另一种则是诗歌寻求真理。人们将诗歌与历史进行对比时，强调的是诗歌的虚构方面，而将诗歌与哲学相联系时，强调的则是诗歌的认知要素。

5. 诗歌与演说。古人对诗歌与演说之间的关系感到困惑不

解，因为他们认为两者既相似又不同。

（1）今天，区分诗歌与演说的最自然的基础似乎是，诗歌是写出来的，而演说是说出来的。然而在古代，吟诵或吟唱诗歌早已司空见惯，而伟大演说家的演讲不仅被发表和聆听，而且被出版和阅读。

（2）因此，希腊人采用了另一种区分基础：他们宣称，诗歌的目的是取悦人，而演说的目的则是说服人（*flectere*）。然而，古人的演说也是作为艺术作品和为了取悦人而创作的。另一方面，戏剧诗（雅典的悲剧特别是喜剧）不仅是为了取悦，而且是为了争论和说服，旨在反对某些观点和灌输另一些观点。

（3）第三种区分基础是，诗歌与虚构有关，而演说则与现实的社会事务有关。因此，诗歌似乎不同于演说，就像诗歌不同于历史一样。然而，罗马人并未坚持这一点，因为事实上，他们的演说家在演说学校里练习的是虚构的主题（*declamationes*）。

（4）最后是第四种区分基础：诗歌是用格律语言创作的，而演说则是用散文创作的。在《关于演说家的对话》（*Dialogue on Orators*）中，塔西佗（Tacitus）把诗歌视为一种演说，并且区分了修辞演说和诗歌演说，即严格意义上的演说和诗歌。演说与文学散文的等同是有历史依据的，因为从高尔吉亚到伊索克拉底，演说是艺术散文的唯一形式。演说家在艺术散文方面的成就后来被文人所利用，于是，修辞原则不仅被用于演说，而且被用于几乎所有文学散文。因此，修辞学成为一般的散文理论。角色分工得以确立： 239
诗学成为诗歌的美学，修辞学成为文学散文的美学。似乎是赫莫根尼斯最终抑制了修辞学的这种僭取：他声称，政治修辞和法庭修辞都与文学本身无关。因此,整个诗学都属于美学领域,但只有一部分修辞学属于美学领域。

6. 诗歌与真。古代诗学的主要问题可以分为三类:诗歌与**真**、与**善**、与**美**的关系。

早期希腊人确信,诗歌的主要目的是真,没有真理就不可能有好诗歌。希腊化时期发生了一个变化:人们越来越相信,诗歌需要真理以外的某种东西,即自由和想象。因此,诗人有权使用虚构,而且也的确使用了虚构。西塞罗问:"有什么东西能比一首诗歌、一则寓言更是虚构呢?"伪朗吉努斯宣称:"诗人的幻想偏向于寓言,超出了所有可能性。"普鲁塔克将诗歌与生活对立起来。琉善写道,诗歌之于历史就如同自由之于真理。埃拉托色尼写道,诗人可以发明任何必要的东西来影响灵魂。

塞克斯都·恩披里柯意识到这两种倾向的存在。他看到有些诗人追求真理,有些诗人则发明了虚构。他们这样做是因为想支配人们的心灵,而他们可以通过虚构而不是通过真理来实现这一点。[9]

大多数古人都认为,诗歌**要么**包含真理,**要么**包含自由。在早期,为了不剥夺诗歌的真理,诗人甘愿放弃诗歌的自由。但到了后期,他们对诗歌的真理失去了兴趣,甘愿放弃真理以保留自由。

保守的斯多亚学派继续在诗歌中寻求真理,为此,他们建议对诗歌作寓意诠释。但希腊化时期其他学派的美学家认为,在诗歌中寻求真理是错误的。他们确信,正如埃拉托色尼所说,"我们既不应按照思想内容来评判诗歌,也不应在诗歌中寻求信息"。在菲洛德谟斯的著作中我们读到,一首诗歌的优点并不在于能够提供好的思想或者是睿智的。[10]

7. 诗歌与善。早期希腊人对诗歌的态度既是理智主义的，又是道德主义的。他们认为，只有当诗歌服务于德性和国家，指导、教育和改进人时，诗歌才有存在的理由。柏拉图由这个观点得出了最极端的结论，他宣称诗歌在道德上是有害的。希腊化时期的美学家从这一立场有所回撤，怀疑诗歌是否有害，但也不确信诗歌就是有益的。马可·奥勒留将诗歌视为生活的学校，而阿忒奈奥斯则将其视为吓退邪恶的一种手段。但也出现了其他观点：菲洛德谟斯坚称，人们的享受和幸福不可能同时满足。"德性不是娱乐"。[11]我们在奥维德那里读到："没有什么东西比这门没有用的艺术更有用了。"[11a]它是有用的，但没有道德上的用处。

关于诗歌应当给人教导（*docere*）还是娱乐（*delectare*）的争 240
论，最终通过一种折中而得到解决。西塞罗期望诗歌既能提供"必要的功用"（*utilitas necessaria*），又能提供"不受约束的快乐"（*animi libera quaedam oblectatio*）：生活需要功用，快乐则来自创造的自由。贺拉斯在某种程度上忠实于旧的道德主义观点，他写道，诗歌应当"既教导又娱乐"（*docere et delectare*）。表达其折中立场的另一种表述是，诗歌作品既要有用（*utile*），又要让人愉悦（*dulce*）。[12]

泰奥弗拉斯特早已做过这一基本区分。他指出，文学有两种类型：注重听者的文学（*logos pros tous akroatas*）和注重事实的文学（*logos pros pragma*）。在希腊化时期，人们意识到这两类文学都有存在的理由。第一类文学应当根据它对人的道德的影响来评判，当这些影响是有害的时候，应当予以谴责。不过，第二类文学也有存在的理由。人们渐渐普遍认为，第一类文学更重要。

除了诗歌是否引起善与恶这个问题，希腊化时期的作家还思考诗歌能否描述善与恶。特别是，他们关心诗歌是否**应当**描述善和避免恶。人们越来越普遍认为，诗歌要想全面地反映现实，就必须描绘性格和风俗的全貌，包括好与坏，善与恶，因为人毕竟还达不到理想的形态。根据普鲁塔克或提尔的马克西莫斯的说法，诗人不应把他们的主人公描述成德性的典范。

8. 诗歌与美。在希腊化时期的诗歌中，真理和道德的善不像在古典时代那样被强调，而美的角色则更加突出。不过，人们越来越把诗歌中让人快乐和甜美悦人的东西（*iucundum et suave*）看成美的。

早在希腊化时期之前，古人就在视觉艺术中区分了客观的美（比例[*symmetria*]）和主观决定的美（匀称[*eurhythmia*]）。希腊化诗学中的区分与此类似，但并不完全相同：它区分了所描述对象的美和描述方式的美，换句话说，它在诗歌中区分了源于自然的美和艺术引入自然的美。这种诗学强调，诗歌的美主要是第二种类型。描述丑陋的事物也可能让人愉悦。与其说诗歌在摹仿美，不如说诗歌是以美的方式进行摹仿：诗歌**如何**描述要比它描述**什么**更重要。

第二，古人区分了对所有人都一样的普遍的美以及依赖于个人、环境和时代的个别的美。比例（*symmetria*），甚至是匀称，被理解为普遍的美，而合宜（*decorum*）则被理解为个别的美。在希腊化时期，
241 合宜的意义开始变得越来越重要。合宜概念在理解诗歌中逐渐占据主导地位，而比例和匀称则继续支配着雕塑。赫莫根

尼斯宣称，为了是美的，诗歌应当是恰当和合适的。[13]昆体良写道：一切事物都应有其合宜的形式（*Omnibus debetur suum decor*）。哈利卡纳索斯的狄奥尼修斯说，言语的魅力和美有四个最重要和最有力的来源，那就是旋律、节奏、变化和“与内容相适合的形式”。普鲁塔克写道，美地再现就意味着恰当地再现，而这又意味着不仅要以美的方式再现美的事物，而且要以丑的方式再现丑的事物。希腊化时期的人仍然认为，诗歌之美依赖于秩序、尺度和各个部分之间的一致；但它也引入了一些新观点：诗歌之美依赖于宏大、壮丽和崇高，但也依赖于装饰性和多样性。在“诗歌表现的优点”（或风格）的清单中，伊壁鸠鲁主义者菲洛德谟斯列出了具体、明白、简洁、精确、清晰和合宜。巴比伦人第欧根尼的清单则列出了语言的正确、清晰、简洁、合宜和特色这五种优点，[14]与之几乎完全相同。

“多样性让人愉悦”（*varietas delectat*），这是希腊化时期的作者经常使用的一个短语。普鲁塔克写道，[15]诗歌艺术是多样和多形态的，简单的事物既不能唤起情感，也不能唤起想象。赫莫根尼斯并不欣赏单一形式的、缺乏多样性的文学。希腊作家也在文学中看到了他们所说的“生动”（希腊文是“*enargeia*”，拉丁文是“*evidentia*”）的价值。[16]尤其是赫莫根尼斯认为，生动是诗歌中最重要的要素。[17]与此类似的是对清晰性的要求。[18]希腊化时期的诗学也期望文学作品能够唤起内心的信念（*pistis*）。

9. 诗学问题。诗学问题通常是按照一种源于尼奥普托列墨斯的模式来讨论的，他的论著分为三个部分，分别讨论诗歌、韵文和诗人（*poiesis*，*poiema* 和 *poietes*）。第一部分关注一般意义上的诗歌，第二部分关注诗歌的类型，第三部分关注因诗人的个性而产生的诗歌特征。这种模式并不限于教科书，即所谓的“导引”(isagogues)；语文学家甚至在贺拉斯《诗艺》的明显自由的结构中也发现了它。这种模式还以一种简化的二分形式出现：诗歌和诗人，或者更一般的：艺术和艺术家。

美学史家对希腊化时期诗学中的再现与想象、智慧与灵感、直觉与规则、自然与艺术、崇高与魅力等问题特别感兴趣。

10. 再现与想象。在希腊化时期，对诗人和艺术家的总体态度发生了根本变化：他的角色现在被认为是主动的。他越来越被认为是一个创造者，依赖于他的想象，而不是依赖于他试图表现的
242 东西。古典时代的希腊人很少注意诗歌想象，而希腊化时期的希腊人则认为，诗歌想象是诗歌的基本要素。甚至在用拉丁文写作时，他们也用斯多亚学派的术语“幻想”(*phantasia*)[19]来表示它，或者像伪朗吉努斯那样称之为一种“创造形象”的能力。[20]他们有意识地将它与摹仿进行对比。菲洛斯特拉托斯写道：“摹仿表现它所看到的东西，而幻想还表现它没有看到的东西。”他们过分强调盲吟唱诗人的例子，将荷马的失明视为一种象征，证明想象比感官更强大。诗歌作品之所以让人感兴趣，以前是因为展现了一幅世界图景，而现在则是因为揭示了诗人的灵魂。[21]

塞内卡表达了当时流行的观点，他写道：为了创作一件艺术作品，除了四个要素（艺术家、他的意图、材料和赋予材料的形状）以外，还需要第五个要素，即模型。然而，不论这个模型在艺术家之外，还是他自己发明了这个模型并把它带入内心，它都是非物质的。[22]在早期的诗学中，人们一直认为模型总是来自于现实世界。

这个内在模型被称为“图像”（*eikon*），或者在更多的时候被称为“理念”。西塞罗从柏拉图那里借用了“理念”一词，但剥夺了它在柏拉图那里的含义。理念被从外部世界转移到诗人的想象中。普鲁塔克认为，诗人心灵中的理念是“纯粹的、独立的、绝对可靠的”。维特鲁威写道，艺术家与外行的区别就在于，他事先就知道自己的作品，因为甚至在开始创作之前，他就已经在灵魂中决定了作品的美、功用和合宜。

11. 智慧与灵感。希腊化时期和罗马时期的作家一致认为，思想在诗歌创作中是必不可少的。斯多亚主义者帕加马的克拉提斯（Crates of Pergamum）认为：“只有贤哲才有能力评价诗歌的美，而不会被语言的不精确引入歧途。”西塞罗写道：“在所有艺术中，我们都需要通常所谓的审慎。”贺拉斯写道，智慧是优秀书写的根源（*scribendi recte sapere est et principium, et fons*）。[23]

另一方面，如果诗人缺乏灵感，那么光靠智慧是无济于事的。[24]拉丁作家和希腊作家都常常用希腊词“神灵感应”（*enthousiasmos*）来描述灵感状态，这个词表明它有一种神圣的来源。事实上，有些作家确实把灵感看成超自然的，而另一些作家则认为灵感仅仅是诗人内心的紧张和幻想，类似于一种以超自然方式诱发的状态。柏拉图主义者将灵感归于神的作用，伊壁鸠鲁学派则通过自然原因解释了它。柏拉图主义者非常重视灵感，伊壁鸠鲁学派则强调思想和审慎，但这个时代的思想家总体上认为，这两个要素都是必不可少的。

希腊化时期的许多作家都认为，灵感是一种紧张和兴奋的状态，甚至是着魔和疯狂的状态。但也有人认为，富有灵感的诗人必须冷静下来，才能表现阿基里斯的愤怒。塞内卡确信，当艺术家的情感是人为的而不是真实的时候，他会获得更多的成就。

243 **12. 直觉与规则。**在希腊早期，诗歌并没有被列入艺术，因为它被认为关乎灵感而不是关乎规则。但在希腊化时期，发生了两个变化。首先，人们逐渐认识到，诗歌和其他艺术一样要受许多规则的约束。伪朗吉努斯认为，[25]甚至崇高也要受制于规则。其次，希腊化时期的学者注意到，规则在诗歌和艺术中的重要性并不像以前认为的那样大。昆体良说，直觉（*intuitus*）比技术规则更重要。哈利卡纳索斯的狄奥尼修斯写道，艺术创作并不依赖于逻辑原则，而是依赖于艺术家的想象（*doxa*）和找到恰当解决方案（*to kairon*）的能力。

人们渐渐认为，与公认的做法相反，艺术规则不能被视为一成不变的。它们依赖于时代和环境，不能机械地运用。"知道如何使用规则"总是必要的。希腊化时期意识到，艺术作品是第一位的，规则是后来从中衍生出来的。"诗歌先于对诗歌的反思"。在琉善看来，每一个事物都有自己的美，[26]这是任何规则都无法涵盖的。正因为规则有其界限，诗人才有了自由的可能性。[27]对于读者来说也是如此。希俄斯的阿里斯通说，"每一种品味都必定有诗歌可以适合"，[28]而伪朗吉努斯写道："每个人都应享受令他愉悦的一切。"

哈利卡纳索斯的狄奥尼修斯将基于规则的艺术创作与自发创造的魅力对立起来，在另一个场合，他又将其与激情产生的艺术对立起来。自发的和激情的艺术不是源于规则，而是源于对美的热爱。[29]早期思想家曾将诗歌中需要遵守的规则与一种看法联系起来，即诗歌的主要优点是无过。现在则恰恰相反，据说崇高比无过更重要。伪朗吉努斯写道，无过只是免受指摘，而崇高则激起赞叹，崇高的作家远非无过。[30]

13. 理智与感官。关于规则或直觉在诗歌中何者更重要的讨论，与关于理智与感官的更一般的讨论相联系。在被称为伪西普里安的匿名作家的作品中，反理智主义可以说获得了一种鲜明的柏格森主义特征。[31]我们的理智（*logos*）只能把握事物的组成部分，而只有直接经验（*aisthesis*）才能把握整体。理智不能直接把握事物和形式，而只能以象征的方式（*symbolikos*）来把握，而艺术家的职责就在于不仅要给事物提供一种象征性的图像，而且要提供一种直接而具体的图像。希腊化时期并不回避象征，但它也赞同通过诗歌和艺术来直接表达事物。[32]

直接表现是通过直觉实现的，还是仅仅通过感官实现的？这个问题既涉及艺术创作的心理学，也涉及审美经验的心理学。诗歌作用于耳朵，这是古代诗学的共同观点。有些作家和伪朗基努斯一样认为，言语的和谐是“对灵魂本身而不是对耳朵”说话的。244
然而，希腊化时期诗学的发展增强了耳朵的角色（我们将在讨论希腊化时期诗歌的形式和内容时回到这一点）。斯多亚学派提出了一些论据来证明对感官要素的更高评价是合理的。巴比伦人第欧根尼尤其如此，他将习得的感知觉与普通的感知觉区分开来。

14. 自然与艺术。除了已经讨论的希腊化时期的四个争论点（即摹仿与幻想、审慎与灵感、规则与直觉、理智与感官），还有第五个争论点，即自然与艺术。这里的“自然”与诗人的天性和天赋同义。一个问题是，自然赋予诗人的**天赋**是否比他所学的任何**艺术**

更重要。虽然在前四个争论点方面，赞同完全偏向一方，即支持幻想、灵感和直觉，但在第五个争论点上却实现了一种折中。贺拉斯写道：[33]"常有人问，一首值得称赞的诗歌应当归功于自然，还是应当归功于艺术。就我而言，如果不具备自然天赋，我看不出学习有什么用，或者如果没有受过训练，我看不出天赋的能力有什么用。"

然而，与现代相比，诗歌中自然与艺术的区分更加被强调。关于诗人诗歌的柔美流畅和他良好的风格应当归功于艺术，还是应当归功于灵敏的耳朵，人们争论不休。尼奥普托列墨斯和菲洛德谟斯都认为，一个技艺精湛的作家并不等同于一个好诗人。[34]

在这个问题上，折中表述通常要更为复杂，即不是二重而是三重：自然—实践—艺术（*physis*—*melete*—*techne*）。除了自然（即诗人的自然天赋）和艺术（即对规则的熟悉），还要考虑实践，即作家的经验和训练，使他能够充分利用自己的天赋和艺术知识。斯托拜乌斯引用的希腊化时期的一首诗歌说，诗人需要熟悉可用的手段、创造的激情、对正确时间地点的感觉、有效的批评、有条理的心灵、经验和智慧。在这张清单中，"熟悉手段"代表通常所说的艺术，"创造的激情"代表创造者的天性。所谓的"化名扬布里柯"(Anonym of Iamblichus)写道，同一类型的人在科学与艺术上一样成功：学者和艺术家必须拥有自然天赋，但其余的都要依靠自己。他们必须热爱美的事物，必须喜欢工作，必须早年就受到教育，必须在工作中锲而不舍。贺拉斯几乎用相同的术语表达了自己的看法。

15. 崇高与魅力。在希腊化美学的所有对比中，也许最深刻的是与诗歌的价值条件相关的对比。这里的冲突涉及两个概念——**美**(*kalon*)和**愉悦**(*hedu*)。前者描述作品本身,后者描述作品对接受者的影响;前者代表诗歌中的理性要素(*logikon*),后者代表诗歌中的非理性要素(*alogon*)。

在希腊化时期,美渐渐等同于**崇高**,愉悦渐渐等同于**魅力**。245
哈利卡纳索斯的狄奥尼修斯写道:[35]“我将清新、优雅、悦耳、甜美、说服力和所有类似的品质归在‘魅力’之下,而将宏伟、感人、庄严、高尚、柔和等归在‘美’之下。”崇高不再是几个美学范畴中的一个,也不再是诸多诗歌风格中的一种,而是成了最高的、唯一的风格。贺拉斯把“美”(*pulcher*)看成“崇高”的同义词:所有诗歌都是崇高的(*omnis poesis grandis*)。狄奥尼修斯认为“美”(beautiful)可以与“宏大”(grcat)和“崇高”(sublime)互换使用。人们渐渐从这个角度来分析诗歌和演说的风格,将“庄严”(dignified)与“朴素”(unpretentious)相对立,“中庸”(mean)风格则介于两者之间。[36]

许多作者都力图将美与愉悦结合起来。正如狄奥尼修斯所说,它们是每一个真理与艺术的作品的目标。当这些目标实现时,人们的期望就实现了。将这两种性质结合起来是很自然的,因为正如狄奥尼修斯所说:“美的安排原则与愉悦的安排原则并无区别:两者的目标都是高尚的旋律、崇高的节奏、华丽的变化,以及向来都有的合宜。”在希腊化时期的作者那里,这两种性质的结合成为人的每一件作品尤其是诗歌的完美性原则。

16. 形式与内容。希腊化时期的美学家们提出了类似于现代的形式与内容的概念:在诗歌中,他们区分了“言辞”(*lexis*)和“事物”(*pragma*)。第一个概念对应于我们所说的“形式”,第二个概念对应于“内容”。[37]

在形式概念的现代变体中,早期希腊人已经熟知两种:(1)各个部分排列意义上的形式(他们认为这种形式是美的本质),(2)事物呈现方式意义上的形式,即诗人**如何**表达自己,而不是表达**什么**。[38]此外,希腊化时期还发展出了第三种形式概念,即(3)直接呈现给感官的概念,而不是间接的、概念化的、被思想把握的概念:这正是在现代起了至关重要作用的形式概念。希腊化时期的诗学讨论了,诗歌的价值究竟在于直接的语言形式还是在于概念内容,在于语词还是在于事物。

某些学派,比如伊壁鸠鲁学派和斯多亚学派,根据他们的假设,在诗歌中必定会遵从崇高或功用(即内容)。柏拉图和亚里士多德的传统都指向了同一方向。加图(Cato)的“如果主题重大,合适的语词就会出现”(*rem tene*,*verba sequentur*)就是口号。

但也不乏“形式主义者”。他们否认诗歌的目的是教导人,建议不要根据诗歌的思想来评判诗歌。他们在希腊化时期之前并不为人所知,甚至当他们出现时,也形成了一个与诗学主流相对立的少数派。我们可以在逍遥学派泰奥弗拉斯特那里看到形式主义的起源,他主张美的风格依赖于美的文字。我们所了解的希腊化时
246 期的形式主义极为激进。泰奥弗拉斯特的追随者们的著作并没有流传下来,但我们从他的对手菲洛德谟斯那里知道了他们。最初的形式主义者是帕加马的克拉特斯、赫拉克洛多尔(Heracleodor)和安德洛梅尼德斯(Andromenides)。他们属于斯多亚学派和逍遥学派,出现在公元前 3 世纪希腊化时期的开端,克拉特斯认为,

好诗歌与坏诗歌的区别在于有**悦耳的声音**，而赫拉克洛多尔则认为，区别在于**悦耳的声音安排**，[39]并认为单凭耳朵就足以完整地把握一部诗歌作品。三个人都认为，诗歌中表达的思想对其效果并无影响。

形式主义者主张，诗歌完全作用于**耳朵**。这种观点是在希腊化晚期和罗马时期提出来的。甚至西塞罗也说："耳朵是……非常灵巧的辨别器官"(*aurium item est admirabile ...artificiosumque iudicium*)。[40]昆体良认为，"耳朵最善于评判"(*optime ...iudicant aures*)诗歌创作，而哈利卡纳索斯的狄奥尼修斯则说："有些声音抚摩耳朵，另一些声音使耳朵疼痛不适，还有一些声音则给耳朵以抚慰。"他还写道："如果言语中包含美的语词，则它必然是美的，而美的语词是由美的音节和字母组成的。……从字母的基本结构中衍生出了各种言语，人的性格、激情、情感、行为和个性都可以从言语中揭示出来。"但差异在于，这些作家强调形式在诗歌中的意义，而不否认诗歌内容的意义。他们重视形式，但不是形式主义者。在希腊化时期，对诗歌的形式主义的听觉解释并没有被普遍接受。像"好的创作不能由心灵来理解，而要由训练有素的耳朵来理解"[41]这样的观点，在菲洛德谟斯看来是很可笑的。作为另一个极端，伪朗吉努斯同意菲洛德谟斯的观点：艺术创作向灵魂言说，而不仅向耳朵言说。[42]

古人的概念工具要比形式和内容的简单区分更为复杂。例如，早期的斯多亚主义者希俄斯的阿里斯通采用了一种四重区分：诗歌作品所表达的思想、其中呈现的特性、语言的音乐性和诗歌的结构。特性和思想都属于后来所谓的诗歌作品的"内容"，而音乐性和结构则属于后来所谓的“形式”。

17. 惯例与普遍判断。最后，关于对诗歌的判断是否客观和普遍，希腊化时期的作者们持不同的看法。有人认为，诗歌“本身”和“依其本性”不好也不坏，只是对人来说才显得如此。[43]菲洛德谟斯说，一些学者断言，所有关于诗歌的判断都建立在惯例的基础上，从来都不是普遍有效的；他本人则持有不同的观点：[44]文学标准是惯例的，但同时也是普遍的。[45]同样，《论崇高》的作者确信，在该领域存在着普遍有效的判断，尽管风俗习惯、生活方式和喜好各不相同，但人们对同一些事物持有相同的看法。[46]

247 没有人否认对诗歌的判断依赖于某些标准，但问题在于，这些标准是植根于经验，因此是对感觉的概括，还是独立于经验，来源于作判断的人，因此是他所接受的惯例。在这方面，斯多亚学派支持经验，而伊壁鸠鲁学派的原则则促使他们把审美判断的标准理解成惯例。

18. 诗歌与绘画。很少有关于艺术理论的古代格言能像贺拉斯的名言那样著名和流行：诗如画（*ut pictura poësis*）。[47]但必须记住，他在这句话中并不是在阐述一种诗学理论，而只是在作一个比较，认为这是对一种相当老生常谈的观点的补充说明（不同的诗歌必须以不同的方式去读，就像有些画要远观，有些画要近观）。它并不旨在说服诗人们去寻求生动的绘画效果。这种比较绝非贺拉斯的发明，而是在更早的时候，特别是由亚里士多德做出的。古人习惯于将诗歌与绘画进行比较，并不能证明他们认为这两种艺术是相关的：恰恰相反，他们始终认为这两种艺术相去甚远；正是现代艺术理论使它们走得更近了，不仅建议诗歌仿效绘画（*ut* *pictura poësis*)，而且建议绘画仿效诗歌(*ut poësis pictura*)。至少有一位古典作家——普鲁塔克——对诗歌和绘画之间的类比提出了异议：他认为诗歌与舞蹈更相似。[48]

在诗学理论中，希腊化时期主要关注基本观点之间的对立和评判，而较少注意对概念和问题的细致探究。但也有一些作家，比如塞克斯都·恩披里柯和菲洛德谟斯，也意识到这个问题，并呼吁作更精确的阐述。菲洛德谟斯认为，含糊其辞地谈论诗歌对现实的"再现"，谈论诗歌中的"理念"，谈论"美"和"和谐"是行不通的，因为这些品质也可以在散文中找到，因此必须详细解释是什么赋予了一部作品以诗歌的特性，并将诗歌与散文区分开来。

*　*　*

M. 诗歌美学的原文

文学研究

[1]文学研究是一门经验科学，研究诗人和散文家所写的作品。它有六个部分……第六部分是诗歌批评，这当然是该学科最美的部分。

——DIONYSIUS THRAX，Ars grammatica 1，629b

"色雷斯人"狄奥尼修斯说，……"文法"主要指关于诗人和作 248
家语言的专门知识。……[阿斯克勒皮亚德斯](Asclepiades)对文法概念的定义如下："文法是关于诗人和散文家语言使用的艺术。"……德米特里乌斯(Demetrius)，别名克洛鲁斯(Chlorus)，还有其他一些文法学家给出了这样的定义："文法艺术是关于诗人的语言形式和一般习语的知识。"

——SEXTUS EMPIRICUS Adv. mathem. Ⅰ 57；74；84.

诗歌与散文

[2]一切都应恰当地、合适的、令人信服地描述出来，这一要求必须在同等程度上适用于诗歌和散文。所有再现性的艺术都应表现现实。

——PHILODEMUS，De poëm. Ⅴ (Jensen，21)

艺术问题

要知道，每一门艺术都要考察八样东西，即原因、本原、观念、材料、部分、产物、工具和目的。

——SCHOLIA to DIONYSIUS THRAX

(Bekker，An. Gr. Ⅱ 656)

诗歌的类型

[3]第一类诗歌不是摹仿性的：它要么是历史的，要么是教育的；要么是实践的，要么是理论的。第二类诗歌是摹仿性的，它要么是描述性的，要么是戏剧性的。

——TRACTATUS COISLINIANUS. Ⅰ (Kaibel，50)

诗歌的定义

[4]正如波西多纽在《论表现》(*On expression*)的导言中所说，

诗歌是有格律和节奏的言语，因其装饰性表达而有别于散文。……诗歌是富含意义的作品，表现神和人的事物。

——POSIDONIUS(Laërt. Diog. Ⅶ 60)

249

艺术的定义

现在，我们给艺术下定义。伊壁鸠鲁学派是这样定义的：艺术是一种有计划的行为，产生生活所必需的东西。亚里士多德是这样说的：艺术是一种产生有用事物的行为。这种行为是某种持久的、难以用概念把握的东西。斯多亚学派则说：艺术是一个概念体系，与经验共同服务于某个对生活有益的目标。

——SCHOLIA to DIONYSIUS THRAX

(Bekker, An. Gr. Ⅱ 649)

艺术的指导和教育

[4a]恰恰相反，古人认为诗歌是一种基本的哲学，从孩提时代就引导我们明了生活的艺术，并以令人愉悦的方式在性格、情感和行为上指导我们。我们这个学派则进一步认为，只有智慧的人才是诗人。这就是为什么在希腊，各个城邦一开始就用诗歌来教育年轻人；这当然不仅仅是为了娱乐，而是为了道德规训。为什么即使是音乐家，在指导歌唱、弹奏里拉琴或吹奏长笛时，也要强调这种德性，那是因为他们认为，这些研究有助于规训和纠正性格。你也许知道，不仅毕达哥拉斯学派提出过这种观点，而且阿里斯托克赛诺斯也表达过同样的主张。荷马也曾把吟唱诗人称为道德规训者。

——STRABO, Geographica, Ⅰ 2,3

诗歌的目的

[5]每个人都可以明显看出，这是一种神话虚构，创造出来是为了让听者感到愉悦或震惊。

——PLUTARCH，De aud. poët. 17a

[5a]诗歌仅有美是不够的，它还必须有魅力，引导听者的灵魂。

——HORACE，De arte poëtica 99

250 [6]埃拉托色尼主张，诗人的目的应当是娱乐，而不是教导。

埃拉托色尼告诫我们，不要根据思想来评判诗歌，也不要在诗歌中寻找历史。

——ERATOSTHENES(Strabo Ⅰ 2,3 and 17)

诗歌与历史

[7]传说故事中包含的事件既不真实，也不可能发生，比如通过悲剧流传的那些事件。历史叙事讲述的是实际发生过、但随着时间的推移而不再被我们这个时代记得的事迹。文学虚构讲述的则是想象中的、但可能发生的事件，比如喜剧情节。

——RHETORICA AD HERENNIUM Ⅰ 8,13

[8]昆图斯(Quintus)：亲爱的兄弟，根据我的理解，你认为历史和诗歌应当遵循不同的原则。

马库斯(Marcus)：当然了，昆图斯；因为在历史中，判断一切事物的标准是真理，而在诗歌中，标准则常常是愉悦。

——Cicero，De inv. Ⅰ,19-28；CICERO，De legibus Ⅰ 1,5

诗歌与真理

[9][很容易表明，是散文家而不是诗人显示了什么东西对生活有用。]因为散文家以真理为目标，而诗人则千方百计地试图吸引灵魂，虚假比真实更有吸引力。

——SEXTUS EMPIRICUS, Adv. mathem. Ⅰ 297

艺术与自然

艺术看起来像自然时是完美的，而自然未被察觉地包含艺术时是最有效的。

——PSEUDO-LONGINUS, De sublimitate XXII 1

诗歌与思想 251

[10]诗歌的优点并不在于能够提供美的思想或者是睿智的。

——HERACLEODOR(?)(Philodemus, Vol. Herc. 2 Ⅳ 179)

诗歌与功用

[11]就其本质而言，无论是通过语词还是通过思想，诗歌都带不来任何功用。

——PHILODEMUS, De poëm. Ⅴ(Jensen 51)

德性不是娱乐。

——PHILODEMUS, De poëm. Ⅴ(Jensen 7)

艺术的功用

[11a]没有什么东西比无用的艺术更有用了。

——OVID, Ep. ex Ponto Ⅰ. Ⅴ. 53

[12]寓教于乐的诗人才符合众望，既让读者愉悦，又使他受益良多。

——HORACE，De arte poëtica 343

艺术技能

[13]在我看来，真正的艺术技能是以正确的方式和在恰当的时间运用所有演说手法的知识和能力。……将所说的内容当作自己艺术的素材来使用的人被认为是杰出的演说家。

——HERMOGENES，De ideis(Rabe 369)

诗歌的优点

[14]演说有五大优点：纯正的希腊语、清晰、简洁、合宜、特色。……合宜在于风格与主题贴近。

——DIOGENES THE BABYLONIAN(Diocles Magnes in Laërt. Diog. Ⅶ，59)

诗歌的多样性

[15]诗歌艺术……主要是……运用多样性和变化。

——PLUTARCH，De aud. poët. 25 d

诗歌的直观性

252 [16]吕西亚斯(Lysias)的演说有许多视觉特征。将所说的内容变成感官的对象是一种特殊的能力，它的出现得益于对那个对象性质的把握。

——DIONYSIUS OF HALICARNASSUS，De Lysia 7

[17]在诗歌中,最重要的是一种直观的、适合主题的再现。

——HERMOGENES,De ideis(Rabe,390)

诗歌的清晰性

[18]在我看来,对一个重要论题的任何清晰陈述都具有卓越的风格。

——CICERO,De finibus Ⅲ 5,19

想象

[19]凭借一些经验,[希腊人称之为]φαντασίας,罗马人称之为幻想,不在场的东西可以非常生动地呈现在我们的想象中,以至于似乎就在我们眼前。

——QUINTILIAN,Inst. orat. Ⅵ 2,29

[20]风格的庄严、恢宏和遒劲大多依靠恰当地运用形象。在这个意义上,有些人称之为心灵表现。一般来说,"形象"或"想象"这个名称被应用于每一个心念,无论以何种形式呈现。但是现在,这个词主要用于这样一些场合,即说话人由于灵感和激情而自认为见到了他所描述的事物,并使之呈现在读者眼前。你会进一步认识到,形象在演说家那里有一个目的,在诗人那里则有另一个目的;设计诗歌形象的目的是迷住,设计修辞形象的目的是生动的描述。……诗人那里的形象包括……倾向于以神话传说的方式进行夸大,它们极力超出可信的东西,而在演说家那里的形象中,最好的特征总是它的现实和真实。

——PSEUDO-LONGINUS,De sublimitate ⅩⅤ 1

253

艺术作品作为灵魂的图像

[21]一个人的言语是他心灵的形象。

——DIONYSIUS OF HALICARNASSUS, Ant. Roman. Ⅰ 1,3

内在模型和外在模型

[22]无论他是从外部盯着一个模型,还是从内部在他自己的头脑中构想和建立一个观念,都无关紧要。神里面拥有一切事物的模型。

——DIONYSIUS OF HALICARNAS

诗歌与智慧

[23]好作品的开端和源泉是智慧。

——HORACE, De arte poëtica 309

灵感

[24]要想跨进诗歌的大门,需要极大的迷狂。如果理解了这一点,你就会发现,散文要想不单调和不普通,同样离不开某种神圣的灵感。

——LUCIAN, Demosth. encom. 5

无论我们是相信这位希腊诗人说的:"有时胡言乱语也是一种愉悦",还是相信柏拉图说的:"神志清醒的心灵徒然叩响诗歌之门",或者相信亚里士多德说的:"没有迷狂就不会有伟大的天才"——除非心灵被激发起来,否则这些不同凡响的崇高话语是说不出来的。

——SENECA,De tranquil,animi 17,10

诗歌的规则

[25]有没有崇高的艺术这样一种东西,有些人认为,让这些东西服从艺术规则是完全错误的。据说崇高是与生俱来的,并非通过教导所能获得。……但我认为,事实并非如此。……范围的界定、适当的时机,乃至使用和实践的规则,都有方法可循。此外,崇 254
高的表达若任其发展,势必更加危险。……天才常常需要激励,但也常常需要约束。

——PSEUDO-LONGINUS,De sublim. Ⅱ 1

任何事物都有它的美

[26]任何事物都有其独特的美,如果你改变它,它就变得丑陋而无益。

——LUCIAN,Historia quo modo conscribenda 16

诗人的自由

[27]画家和诗人……在冒险方面一向有平等的权利。

——HORACE,De arte poëtica 9

古谚云:……诗人和画家不应担责。

——LUCIAN,Pro imag. 18

历史的目的和规则不同于诗歌和韵文。就后者而言,自由是绝对的,诗人的意志是唯一的法则。他仿佛受到缪斯女神的启发和控制。

——LUCIAN, Historia quo m. conscrib. 9

读者的选择自由

[28]每一种品味都必定有诗歌可以适合。

——ARISTON OF CHIOS(Philodemus, De poëm. Ⅴ, Jensen 41)

原创性的魅力

[29]在各种摹仿方法当中,有一种是自然的,源于丰富的经验和对模型的透彻了解;但还有一种方法乃是基于艺术规则。……所有原创作品都显示出某种与生俱来的魅力,然而,在对它们的摹仿中,即使在摹仿登峰造极的地方,也有某种人为的、与自然格格不入的东西。正是基于这一原则,不仅演说家评判其他演说家,而
255 且画家也将阿佩勒斯的作品与其摹仿者的作品区别开来,同样,雕塑家也将波利克里托斯和菲迪亚斯的作品区分出来。

——DIONYSIUS OF HALICARNASSUS(De Dinarcho 7, Usener, Raderm. 307)

热情

摹仿是一种借助原则来再现模型的活动。

热情是一种由对看起来美的事物的赞叹所激起的灵魂活动。

——DIONYSIUS OF HALICARNASSUS, De imit. frg. 3(Usener, Raderm. 2, 200)

无过还不是崇高

[30]有用或必需的东西在人看来并非难得，唯有令人惊异的东西才会引起赞叹。……此等作家虽则远非无过，但毕竟超乎常人之上……；无过虽可免受指摘，但唯有崇高才激起赞叹。……在艺术中我们赞美精确，在自然的作品中我们则赞美崇高，人的语言天赋正是自然所赋予。我们固然要求雕像与人相似，但在演说中则要求……一些超越于人的因素。

——PSEUDO-LONGINUS，De sublim. XXXV 5

直觉

[31]一般说来，只有通过直接印象才能认识一个整体，因为任何语词都无法表现一个整体，除非这种表现是象征性的。这样的认识不能把握一个对象的属性，更不能把握它的本质。……我们只能通过直接印象来把握个体差异和由各个部分产生的形态。

——PSEUDO-CYPRIANUS，In Hermog. περι ἰδεῶν praefatio

[32]最好的检验方式是非理性的印象。

——DIONYSIUS OF HALICARNASSUS，De Dem. 50(Usener，Raderm. 237)

天赋与技能

[33]有人问，好诗要靠天赋还是靠技能，依我看，勤功苦学而无天赋，或者虽有天赋而无训练，皆无用处。 256

——HORACE，De arte poëtica，407

[34]我同意,一个技艺精湛的作家并不等同于一个好诗人。

——PHILODEMUS,De poëm. Ⅴ(Jensen 23)

自然与艺术

一切艺术,哪怕登峰造极,都有其自然根源。……建筑不应被视为一门艺术,因为原始人是在没有艺术的情况下建造小屋的;音乐也不应被视为一门艺术,因为所有民族都有合着某种曲调的歌唱和舞蹈。

——QUINTILIAN,Inst,orat. Ⅱ 17,9

自然凭借自己的狡猾模仿了艺术。

——OVID,Met. Ⅲ 158

愉悦与美

[35]我认为,在风格的魅力和美的源泉当中,有四个是最重要和最基本的——旋律、节奏、变化以及这三者所要求的合宜。我将清新、优雅、悦耳、甜美、说服力和所有类似的品质归在“魅力”之下,而将宏伟、感人、庄严、高尚、柔和等归在“美”之下。因为在我看来,这些东西似乎是最重要的,在这两种情况下可以说是主要部分。所有严肃的作家在史诗、戏剧、抒情诗或所谓的“散文语言”中设定的正是这些目标,我想这些就是全部。

——DIONYSIUS OF HALICARNASSUS,
De comp. verb. 11(Usener,Raderm.,37)

三种风格

[36]演说仅限于……三种类型的风格：第一种我们称之为宏 257
大；第二种称之为中庸；第三种称之为朴素。宏大类型的风格在于对令人印象深刻的语词作一种流畅华丽的安排。中庸类型的风格由较低但不是最低级别和最口语化的语词所组成。朴素类型的风格甚至可以降格为日常语言层次。

——RHETORICA AD HERENNIUM Ⅳ 8,11

形式与内容

[37]语言表达和内容一样不可或缺。就诗歌而言，好的技艺比丰富的内容更重要。

——NEOPTOLEMUS(Philodemus,De poëm. Ⅴ,Jensen,25)

[38]一个人应当关注他的演说方式而不是演说内容。

——DEMETRIUS,De eloc. 75

感官判断与理性判断

[39]诗歌的价值在于优美的声音。

——HERACLEODOR(?)(Philodemus,Vol. Herc^2. Ⅺ 165)

[40]首先，我们的眼睛对艺术中诉诸视觉——绘画、造型和雕塑——以及身体动作和姿势的许多事物有着更好的感知；因为眼睛判断颜色和形状的美丽、秩序和适当……耳朵同样是非常灵巧的辨别器官。

——CICERO,De natura deorum Ⅱ 58,145

与经受观者视觉可靠检验的那些故事相比，由耳朵进入我们心灵的故事对我们思想的激动没有那么鲜活。

——cf. HORACE, De arte poëtica 180

[41]当他[阿里斯通]接着说，好的创作不能由心灵来理解，而要由训练有素的耳朵来理解时，他是可笑的。

——PHILODEMUS, De poëm. V (Jensen, 47)

258 [42]创作是一种语言的和谐，这种语言是自然赋予人的，它不仅吸引听觉，而且吸引灵魂本身。

——PSEUDO-LONGINUS, De sublim. XXXIX 3

诗歌判断中的普遍性与惯例

[43]语言本身既不美也不丑。

——SEXTUS EMPIRICUS, Adv. mathem. II 56

[44]某种摹仿艺术为所有人的共同判断提供了基础。

——PHILODEMUS, De poëm. V (Jensen, 53)

[45]他们正确地说，诗歌中没有什么东西天然就是善的。……但他们错误地认为，只有惯例而没有一般标准，每个人都有自己的标准。

——PHILODEMUS, De poëm. V (Jensen, 51)

诗歌判断中的普遍性

[46]凡是古往今来人人爱读的诗文，可以认为是真正美的、真正崇高的。因为如果不同追求、不同生活、不同志向、不同年龄、不同语言的人对同一作品持相同的观点，那么各种评论者的一致判

断，就使我们对所赞扬的作品深信不疑了。

——PSEUDO-LONGINUS，De sublim. Ⅶ 4

诗歌与绘画

[47]画如此，诗亦然：有些画要放在眼前，有些画要在远处才使你一见倾心，有些宜在暗处看，有些不怕强光线，任批评家的锐利眼光扫过千百遍，有些只堪看一次，有些却百看不厌。

——HORACE，De arte poët. 361

诗歌与舞蹈 259

[48]我们可以把西蒙尼德斯的说法（见上，A 36）从绘画转移到舞蹈，并把舞蹈称为“无声的诗歌”，而把诗歌称为“有声的舞蹈”。诗歌中似乎没有绘画，绘画中似乎也没有诗歌，无论哪一种艺术都没有利用另一种艺术，而舞蹈与诗歌却紧密联系在一起，一方包含另一方。当它们在一种被称为“合唱颂歌”（hyporchema）的作品中结合起来时尤其如此，此时，这两种艺术共同造就了一种分别通过姿势和语词来表现的作品。

——PLUTARCH，Quaest. conviv. 748 A

第九章　修辞美学

1. 修辞学。古人喜爱演说术和优美的演说。他们不仅把修辞学家的技能归于艺术，而且赋予它以受人尊崇的地位。他们特别重视演说术的理论，即修辞学，程度超出了后世。[①] 这也许是因为他们意识到了这门艺术所引出的问题，并且在理论上寻求它的正当性。他们的演说术受到规则的支配，因此在"艺术"一词宽泛的希腊意义上可以被视为一门艺术；但它是否也可以被视为一种更狭窄意义上的艺术，即像诗歌一样的优美艺术，则不那么确定。如果可以这样看待它，既然它的目的既不是摹仿，也不是娱乐，而是实现一个确定的目标，是说服，那么它与其他语词艺术的区别是什么呢？可以通过它所要完成的任务加以区分吗？倘若现场讲话这个事实使之有别于其他语词艺术，那将不符合它说服人的功能，因为说服也可以通过书写形式进行。使演说术区别于其他语词艺术的是演说术服务于现实生活，而诗歌以虚构为基础吗？抑或演说术是用散文表达的，而诗歌是用韵文写成的？古人提出了这些问题，并就如何界定演说术，以及应当到何处寻找演说术的功能和

---

① C. S. Baldwin, *Ancient Rhetoric and Poetics* (1924). W. R. Roberts, *Greek Rhetoric and Literary Criticism* (1928).

固有价值进行争论。

2. 高尔吉亚。在民主政体时期的希腊，每一位公民都在公共事务中有发言权，经常需要说服人和吸引人，因此，一种关于可靠的演说和说服的理论就变得相当重要。这种被称为修辞学的理论起源于公元前5世纪的大希腊。在更早的时候，希腊已经拥有了杰出的演说家，但是现在，理论家们用一般规则表述了向人发表演 260
说的有效方法。在古典时代，雅典成为修辞学的中心。

修辞学史上第一位杰出人物是高尔吉亚，他创立了我们已经讨论的一般艺术理论。这种一般艺术理论实际上是高尔吉亚对其演说理论的概括。他坚持认为，优秀的演说家实际上给他的听众施了魔咒，因为他制造了幻觉，能让听众相信实际上并不存在的东西。他把这种想法扩展到被他视为魔咒和用错觉手法创造的所有艺术，由此提出了艺术幻觉论。

关于修辞，他认为演说家的任务是影响听者，给他们留下印象。如果他能让自己的演说适合当时的场合，为之找到合适的语词，并以一种原创的、出人意料和引人入胜的方式进行演说，他就能做到这一点。在古代，高尔吉亚运用并推荐的这种出人意料和引人入胜的措辞渐渐被称为“高尔吉亚措词”(the phrases of Gorgias)。我们可以这样表述他的观点：完美的演说家是**完美的艺术家**。他的演说精彩而让人着迷，能够说服人们相信并不存在的东西，甚至让他们相信弱就是强、强就是弱。

高尔吉亚的演说贯彻了这些原则，是最早自称为艺术的希腊散文作品。在那之前，只有诗歌自称为艺术。高尔吉亚在其修辞学中将说服与娱乐结合起来，将演说(希腊人认为这是政治上而不是艺术上的事情)与艺术和文学结合起来。高尔吉亚的修辞学在艺术散文的发展中起了开拓性的作用,其崇拜者们将高尔吉亚在这一领域的成就与埃斯库罗斯在诗歌方面的成就相媲美。

3. 伊索克拉底。在雅典,修辞学主要由智者学派讲授。智者学派认为,修辞学家的任务应当仅限于找到一种方法来捍卫委托给他的事业,而不是思索这项事业是善是恶,是在捍卫真理还是在捍卫谎言。作为专业演说家,他应当考虑如何为这项事业做出辩护,而不去管它的是非曲直。换言之,智者学派只从形式上理解演说术,认为演说术关注的是形式而不是内容。但在他们看来,这里的形式不是美,而是演说的说服效果。这种进路弱化了演说术与艺术之间的联系,同时加强了演说术与逻辑之间的联系。

与智者学派密切相关的是伊索克拉底,他作为演说家和演说术理论家同样著名,开创了修辞学发展史上的新阶段。他认为修辞学主要是一门科学、一种技能和对演说术规则的熟悉。优秀的演说家通晓规则,是**卓越的演说术理论家**。同时,演说家的科学并
261 不能保证确定性。根据智者学派的一般哲学,不可能有确定的知识,也没有人能够超越猜想和意见。

对伊索克拉底来说,演说术的首要作用是实用性的说服,尽管它还有另一个作用:让听者满意,这也间接服务于说服的目的。演说的华丽美妙不仅让听者感到愉悦,而且使他们对演说家所说的话深信不疑,因此,尽管就其目的而言,演说术仅仅是一种技能,但就其使用的手段而言,它却是我们今天所说的一门优美艺术。诗歌也是如此,但演说术的风格可以而且应当不同于诗歌的风格:它必须是散文的,而不是诗歌的。伊索克拉底给出了这种风格的范

例，它们不仅影响了演说家，而且影响了一般的历史学家和散文作家。演说术影响了文学，而修辞学则影响了对文学的诠释。伊索克拉底修辞学的影响类似于高尔吉亚的修辞学，尽管是以不同的精神。

4. 柏拉图。柏拉图对修辞学表达了一种全新的、完全不同的态度。他生活在公元前4、5世纪的雅典，不可能对修辞学置若罔闻。他在《斐德若篇》(*Phaedrus*)中将书面文字的低劣与口头文字的长处作对比，便证明了他的兴趣。然而，他因为致力于真理和道德，而只能把高尔吉亚的"化弱为强、化强为弱"和智者学派的形式主义视为邪恶、不道德和背理的体现，智者学派愿意为任何论点辩护，不论这些论点是否为真。他也不同意伊索克拉底的相对主义，后者承认修辞学依赖于猜测，而不是依赖于知识。因此，柏拉图虽然对修辞学感兴趣，但并不看重修辞学。他是希腊第一个反对高估修辞学的唱反调者。柏拉图在其论证中并未质疑修辞学的艺术价值，但试图证明修辞学是如何威胁到知识和伦理的。他坚持认为，对演说家来说，辨别真假善恶的能力比熟悉演说规则更重要。换句话说，演说家更需要哲学而不是修辞学，**完美的哲学家**才是完美的演说家。

5. 亚里士多德。亚里士多德的态度又有所不同。区别于柏拉图，他并未谴责和反对修辞学，而是研究了其特定主张、规定和规则的价值。他把他认为正确的那些内容汇编成一本修辞学手册。高尔吉亚的学生波卢斯(Polus)可能编撰了一本更早的手册，但亚里士多德的《修辞学》是保存下来最早的修辞学手册：它既是最古老的，也仍然未被超越。

亚里士多德认为演说术是一门艺术；但不是为艺术而艺术，而是一种有着明确目标的艺术，即对人产生作用。然而，要实现这一
262 目标并不容易，因为这不仅依赖于演说家，而且依赖于演说所针对的人。因此，修辞学的规则不可能是普遍或必然的。然而，修辞学有一些规则建立在理性原则的基础之上。人们被说服并非因为被咒语迷住，而是因为论证和论证技巧。逻辑是演说术最重要的工具，完美的演说家是**完美的逻辑学家**。

修辞学与其说依赖于伦理，不如说依赖于逻辑。亚里士多德反对柏拉图，认为道德考虑不属于修辞学，而属于伦理学。修辞学可以而且应当为善服务，但它是通过强调有效论证而不是道德目标来实现这一点的。修辞学旨在确保演说具有说服力，而伦理学则旨在确保演说是高贵的。关于修辞学与美学的关系，亚里士多德的理解也是类似：演说术的目的不是美，而是说服。与高尔吉亚和伊索克拉底不同，亚里士多德并不认为演说术是一门优美艺术；然而，正是在《修辞学》中，他描述了他关于美的风格的理论，因为美虽然不是演说术的目的，但却是演说术的一种手段。

6. 泰奥弗拉斯特。（高尔吉亚、伊索克拉底、柏拉图和亚里士多德的）所有这些修辞学观念都是在古典时代形成的。希腊化和罗马时期保留了希腊人对修辞学的兴趣，并且继承和丰富了它们。这种兴趣在亚里士多德学派那里尤为强烈。从亚里士多德杰出的学生泰奥弗拉斯特所写的残篇，特别是《论风格》那里，我们得知他强调了演说的音乐价值。他深信“优美的词语”能够引起令人愉悦的听觉感受，唤起使人愉快的联想，因而可以更强烈地吸引听众的想象。也许可以说，他相信完美的演说家是**完美的音乐家**。

泰奥弗拉斯特的新策略是建议演说家与听者共同承担任务：演说家需要提出想法，而听者则要发展这些想法。泰奥弗拉斯特从一种非常现代的角度将听者和观者看成演说家的合作者，看成艺术作品的共同作者。

7. 演说术的类型。从亚里士多德时代起，作家们常常会总结演说术的优点。泰奥弗拉斯特为此专门写了一部论著，但没有流传下来。赫莫根尼斯列举了七种优点：清晰、宏大、美、活力、合意、真实和暗示。这是一种具有一般美学意义的理论，但它是在专门的修辞学研究中产生的。

修辞学也总结了演说术的要素和类型：它将政治演说和法律演说、劝勉的（protreptics）和劝阻的（apotreptics）演说并列起来。但修辞学最关注的还是对修辞风格的分类和总结，尤其是在罗马。人们最常提到的三种风格是崇高、中庸和朴素，这种分类被归于泰奥弗拉斯特，或者用西塞罗的术语来说，是庄重（*grave*）、中庸（*medium*）和朴素（*tenue*）。昆体良区分了宏大（*grande*）、精微
（*subtile*）和华丽（*floridum*）。后来的罗马修辞学家科尼菲齐乌斯 263
（Cornificius，约公元 300 年）区分了演说的三种类型：庄重（*grave*）、中庸（*mediocre*）和朴素（*attenuatum*）。福图纳提亚努斯（Fortunatianus，约公元 300 年）将第一种类型称为 *amplum*，*grande* 或 *sublime*，将第二种类型称为 *moderatum* 或 *medium*，将第三种类型称为 *tenue* 或 *subtile*。这样的分类有很多，但都彼此类似。

西塞罗认为，不可能有单一的“普遍类型的演说术”适合所有主题、听者和时代。必须考虑听众（无论听者是元老院、民众还是

法官)，特别是听众的人数，但也必须考虑演说者，他是在战争时期还是在和平时期、在社交活动还是在庆祝活动上发表演说的，演说是在商议(*deliberatio*)还是在争论，是在赞扬还是在谴责。听者的品味各不相同，甚至依赖于社会地位。贺拉斯写道："拥有马匹、出身高贵和富足阔绰之人，绝不会向迎合市井商贩品味的演说者献上花环。"

8. 亚细亚风格和雅典风格。在希腊化时期，人们特别区分了两种截然不同的风格，即亚细亚风格和雅典风格。亚细亚风格富丽华美、充满效果和装饰，对应于现代的"巴洛克"风格。顾名思义，它某种程度上是在东方的影响下发展起来的。在许多希腊人听来，这个名称具有贬义。其反对者支持雅典风格，一种更加朴素的"古典"风格。一些人认为，只有这种风格符合希腊民族的传统和精神，尽管事实上，在著名古典演说家的演说中也可以找到华丽风格的例子。这两种风格的对立亦可见于诗学，但在修辞学中表现得最明显。在修辞学中，问题不仅在于区分这两种风格，更在于决定哪种风格更卓越、更完美。在希腊化时期，希腊人与东方民族交融，亚细亚风格自然占据了上风，尽管雅典风格也不乏支持者。公元1、2世纪之交著名的修辞学教师泰姆诺斯的赫马戈拉斯(Hermagoras of Temnos)就是其中一位，他一度倾向于支持雅典风格。他谴责亚细亚风格对直觉的依赖，并且呼吁对修辞学进行系统性的研究。他依据古典演说家和理论家，特别是亚里士多德，设计了一个修辞学**体系**。由于该体系建基于学派的范例，倾向于稳固形式，并且强调规则，因此被一些历史学家称为"学术"(scholastic)体系。根据它的说法，完美的演说家是**最有专门技能**

(*savoir faire*)的人。

9. 西塞罗。在罗马,西塞罗至少部分程度上支持了亚细亚风格,他处于罗马演说术和修辞理论的顶峰。他在希腊研究演说术,并按照希腊传统来塑造自己,但在很大程度上也得益于自己的天赋。他的风格是温和的亚细亚风格,他的演说和修辞学论著都证明了这一点。他写的修辞学论著多达六部,其中最重要的是《论演说家》(*De oratore*,公元前 55 年)和后来的《演说家》(*Orator ad Brutum*,公元前 46 年)。它们必定会引发论战,因为雅典风格在罗马也有恺撒和布鲁图斯等著名支持者。西塞罗为正在变得贫瘠 264
和学术化的修辞学注入了新的活力。对于一个通过演说术获得成功和达到名望顶峰的人来说,演说术不仅是一门艺术和职业,更是一种生活方式。它也是道德关切,因为演说家就正义、真理、权利和善发表意见。对于人生至关重要的所有这些东西都属于演说家的活动范围。因此,西塞罗的立场也许可以描述为:完美的演说家是**完美的人**。

西塞罗认为演说术是一门艺术。演说家和诗人很相似,他们的活动只在细节上有所不同,因为诗人必须更关注节奏,而演说家则更关注语词的选择。然而,西塞罗对演说术的重视高于诗歌,因为诗歌依靠虚构,而且放任自由(*licentia*)。诗人只想让人愉悦,而演说家则希望显示真理。对西塞罗而言,诗歌的魅力次于演说,他在演说术中发现了最大的完美、真正的哲学、真正的道德和最高的艺术。

在西塞罗之后,这种对演说术的赞叹和对修辞学的崇拜又持续了一段时间。塔西佗(Tacitus)赋予了演说术(和历史)以艺术中的最高地位。罗马演说术的最后一位伟大代表[1]、《演说家的教育》(*De institutione oratoria*)的作者昆体良用最高级谈论演说术,将其视为教育的最高的、无所不包的目标。他将演说术的规则编纂成一个体系,标志着"学术"修辞学的顶峰。

值得注意的是,昆体良认为演说术并不是一种"生产"活动,而是一种"实践"活动,比如舞蹈,结束后什么也没有剩下,在表演过程中耗尽了自己。因此,演说术成了一种为艺术而艺术的东西。后世的修辞学家们被数个世纪以来发展出的辉煌的修辞学技巧所迷住,而忘记了设计它们的目的。

修辞学的集中教化使得众多概念、范畴和区分在希腊化时期被创造出来,其中一些渐渐被用于一般的艺术理论。这一时期出现了构成(*compositio*)或结构(*structura*)的概念;区分了部分(*in singulis*)美和整体(*in coniunctis*)美;强调了各种美学价值,如拉丁风格(*latinitas*)、合宜(*decorum*)、精致(*nitor*)或华丽(*splendor*)(苏尔皮齐乌斯·维克托[Sulpicius Victor]),丰饶(*copia*)和善(*bonitas*)(福图纳提亚努斯),优雅(*elegantia*)和庄严(*dignitas*)(科尼菲齐乌斯)。

10. 修辞学的衰落。罗马为演说术提供的舞台不亚于希腊。《关于赠礼的辛西亚法》(*Lex Cincia*)禁止律师收取费用,其职业
265 因此而成为荣誉性的,他们也因此而更负盛名。帝国各地的法庭都需要演说家,他们都受过广泛的教育,这进一步提高了他们的地位。在罗马帝国时期,演说术是唯一有组织的高等研究,预示着后

---

① J. Cousin, *Études sur Quintilien*, two vols. (1936).

来的哲学学院，它包括法学研究和文学研究等学科。在罗马帝国时期，修辞学的公共教师被称为“智者”，这一称号类似于“教授”。修辞学的教席有两种，分别适合于政治修辞学和诡辩修辞学，即实用修辞学和理论修辞学。在这一时期，修辞学虽然蓬勃发展，但并没有显示出任何进步。它渐渐稳定下来，成为一种墨守成规，产生了一种纯粹汇编性的作品。生活在马可·奥勒留治下的赫莫根尼斯是最后一个有修辞学声誉的罗马人，他的角色是历史学家和编纂者。

随着古代的结束，修辞学的历史也宣告结束。后来的时代并未做出什么实质性的贡献。它仍然是古代的一个典型特征，在此期间，它已经展示和实现了它的所有可能性。在古人当中，从像柏拉图那样对它进行毫无保留的谴责，到像西塞罗那样将它提升到超越于一切人类活动和作品，对它的评价极为不同。它具有从古典的雅典风格到巴洛克的亚细亚风格的所有风格，以及从纯伦理解释到纯形式解释的所有解释。它是作为诗学的一部分、伦理学的一部分、逻辑学的一部分和哲学的一部分出现的。

后来的时代几乎质疑了它的整个基础，或者更确切地说，将它分成了几个部分，归入了不同的学科。修辞学中涉及说服的东西被归入逻辑学，涉及论证的东西被归入哲学，涉及装饰的东西被归入文学理论。后世不再把修辞学视为讨论哲学、道德、艺术和诗歌的适当场所，而是找到了更好的地方作这种讨论。后世区分了演说凭借什么手段说服人和凭借什么手段满足人，这些东西在古代还没有被精确地区分开来。满足人的手段成了美学中的一个问题。修辞学被彻底剥夺了任务，什么也没有留下。因此勒南(E. Renan)会说，修辞学是希腊人的一个错误，甚至是他们唯一的错误。

第十章　造型艺术的美学

（一）希腊化时期的造型艺术

1. 古典艺术与希腊化艺术。希腊化时期的艺术在题材上不同于古典时期的艺术。它既包括宫殿、剧场、浴室和体育场的建筑，也包括宗教艺术。亚历山大大帝的征服造就了许多新的城市，城市规划成为一门艺术。肖像画、风景画、风俗画和装饰画成为绘画的主要类型。在获得巨额财富、生活奢侈的社会阶层中出现了对装饰用具的需求，艺术行业现在变得更为重要。

但更重要的是，希腊化艺术虽然仍可借鉴古典时代末期的成就，现在却表达了一种不同的品味，其风格不再是古典的。雕塑家们摹仿斯科帕斯的活力和精神特质，普拉克西特列斯的精致造型和情感力量，以及吕西普斯的错觉艺术手法和精湛技艺。画家们承认自己酷爱阿佩勒斯的复杂比例、配色方案和肖像画。

用一个现代术语来说，希腊化艺术的新奇之处主要在于它的巴洛克风格。它追求丰富和雄伟，以及动态、激情和表现力。前者在建筑中尤为突出，后者则主要见于雕塑。帕加马巨大的宙斯和赫拉祭坛（公元前 2 世纪）和极富戏剧性的拉奥孔（公元前 1 世纪）

是特别著名和典型的希腊化时期巴洛克风格的纪念物。

艺术从古典风格向巴洛克风格演进的征兆是前一时代典型的多利克柱式的消失，以及作为新时代建筑标志的爱奥尼亚柱式的涌现。在公元前3、4世纪之交，爱奥尼亚柱式的代表人物是赫莫根尼斯，他不仅影响了艺术理论，而且影响了艺术本身。另一种被称为“科林斯”的柱式作为爱奥尼亚柱式的一个变种发展起来，进一步远离了多利克柱式。然而，这种情况直到希腊化时期的后半期才出现。第一座科林斯风格的伟大建筑是公元2世纪雅典的奥林匹亚宙斯神庙（Olympieion）。

希腊化艺术的新奇之处还在于其题材、类型和风格的多样性。这与古典时期规范的、同质的艺术形成了鲜明对比。运用现代术语，不仅可以把希腊化艺术称为巴洛克风格，而且可以称之为风格主义、学院艺术，甚至是洛可可风格。例如，洛可可风格也许可见于塔纳格拉的赤陶小雕像。希腊化艺术既产生了极端自然主义的作品，也产生了完全缺乏写实主义的作品。它既需要雄伟而不朽的艺术，同时也迷恋饰物和小摆设。希腊化艺术寻求新的形式，但有时也会转向古典主义，甚至是古风主义。这发生在公元前1世纪中叶的帕加马。亚历山大里亚的艺术是典型折中主义的。这与希腊化时期的希腊“共通语”（*koine*）有一种天然的相似之处。

希腊化艺术的多样性不仅是由于这一时期历时漫长；即使在同一代人的时间里，希腊化艺术领域也可包含各种各样的主题、形式和艺术运动。艺术史家常常惹人不快地对古典艺术和希腊化艺术进行比较，认为希腊化艺术要低劣一些，甚至视之为艺术颓废的征兆。实际上，希腊化艺术并非古典艺术的拙劣版本，而是一种不

同于古典主义的艺术,其手段和目的有所不同。它在完美性上虽
267 然未及古典艺术,但在成就上却独树一帜。

2. 罗马建筑。早在共和国时期,罗马人就已经显示出对于艺术的某些相当消极的态度,特别是缺乏一种更深层次的创造本能,愿意依赖于他人的艺术成就,以及折中主义和功用主义。这些症状也是罗马帝国时期的典型特征,但除此之外也出现了一些积极特征。在此期间,由于天赐良机,罗马艺术不仅成为希腊化艺术的延续,而且担负着新的任务,采用了新的形式,取得了新的成就。与继业者时期相比,共和国时期的罗马艺术不免相形见绌,但在帝国时期,它已经居于领先地位,在某些艺术领域甚至显得无与伦比。作为希腊艺术源头的宗教祭礼在罗马几乎完全消失。战争、胜利以及对宏伟和传奇的渴望产生了新的主题和艺术形式。在公元1世纪,艺术得到帝国宫廷的支持,也一度得到土地贵族的赞助。接着,艺术在公元2世纪得到安东尼时代中产阶级的赞助,在公元3世纪则得到新的军事贵族的赞助。

罗马的个性和宏伟主要体现在建筑上,其与众不同之处在于内部而非外观,在于民用建筑和私人住宅而不在于神庙,在于技术而不在于建筑形式。它基本上保留了希腊的形式,但突出了科林斯柱式,这是所有柱式中最具装饰性的。然而,它的技术解决方案大胆而具有原创性。现在,人们前所未有地掌握了建造拱门、拱顶和圆顶的技术,从而使大面积覆盖成为可能,混凝土的使用极大地拓宽了建筑的范围。正因为此,威克霍夫(Wickhoff)才说,与罗马建筑相比,希腊建筑不过是“小儿科”。桶形拱顶在共和国时代就已在使用,在帕拉丁丘上的图密善宫殿(公元1世纪晚期)或卡拉

卡拉浴场(公元3世纪)等建筑中达到了巨大的尺寸。这些新技术使建造圆顶式建筑成为可能,它始于哈德良(Hadrian)统治时期建造的万神殿,在一个圆形区域上方建造圆顶的问题得以解决。

从主题上讲,罗马建筑比希腊建筑更为多样,它给我们留下了巨大的宫殿(如斯普利特的戴克里先[Diocletian]宫殿)、小城镇和郊区别墅;排成街区的多层排房(特别是在奥斯蒂亚);古罗马广场、浴场、柱廊、图书馆、长方形会堂和剧场,从奥朗日剧场这样的精致建筑到罗马大竞技场(公元80年)这样的大型建筑。罗马人赋予他们的剧场一种不同于希腊剧场的新的形态。罗马人建造了一些精致的神庙,比如尼姆的方形神殿(Maison Carrée at Nîmes,公元16年)和蒂沃利的小圆形神庙,尽管神庙的作用有别于希腊。268
罗马建筑还包括切契利亚·梅特拉(Cecilia Metella)和哈德良等人的宏伟陵墓,以及单调但气势恢宏的凯旋门。此外,罗马以拱为基础的桥梁和高架渠等实用建筑,因其朴素、目的性和雄伟,绝非无足轻重的艺术作品。

很自然,从奥古斯都的统治到君士坦丁大帝的三个多世纪里,罗马艺术受到了各种时尚和变化的影响。在某些时期,例如哈德良统治时期,它具有国家艺术的特征,而在另一些时期,它受到东方的影响,具有巴洛克式的激情风格或僧侣的宗教特征。在帝国的广阔领土上,它显示出鲜明的地方特色:在法国南部,它精致而古典;在小亚细亚,在公元1世纪叙利亚的帕尔米拉和巴尔贝克,它是巴洛克式的,融合了东方元素。然而,无论在一般特征上,还是在特殊形式上,在凯旋门、剧场或长方形会堂的基本轮廓上,罗马艺术都保持着显著的不变性,事实证明,传统的力量比变革的欲望更强烈。

3. 罗马造型艺术。与罗马建筑相比，罗马雕塑更少独立性。它摹仿希腊雕像，广泛地重复其主题，但也有自己的成就。其写实主义肖像超过了迄今为止创作的任何作品。马可·奥勒留的雕像成为后来所有骑士雕像的原型。它发展出具象的浅浮雕，特别是特殊的"连续风格"的群体场景，可以同时描绘复杂的叙事、战争、征服和胜利。与希腊雕塑家不同，罗马人主要专注于浅浮雕，而且竭力掌握的是垂褶织物而非裸体。他们的作品具有写实主义特征，但这些特征以一种典型的方式与传统设计和形式化的样式结合在一起。

绘画的情况也是类似。它几乎完全致力于装饰画，不过在这方面质量很高。壁画种类繁多，正如可以在庞贝城看到的那样。马赛克在罗马相当流行，是罗马艺术的显著成就之一。动物和静物主题的马赛克与装饰性的马赛克一争高下。艺术行业繁荣兴旺，从未有过如此大量的珍宝和浮雕宝石。

希腊化时期和罗马帝国时期的艺术表现出一种不同于希腊古典艺术的艺术态度。它引出了不同的美学理论，倾向于多元、自由、原创、新颖、想象和情感。

4. 希腊化时期艺术和美学的多样性。与古典时期艺术和文化的均一性相反，希腊化时期的艺术和文化呈现出多样的趋势。在一个如此漫长、地域如此广大、包含如此多中心的时代，这种情况几乎是不可避免的。至少有三种二元性。

(1) 巴洛克艺术与浪漫主义艺术。随着数个世纪的推移，希
269 腊化艺术沿两个不同的方向越来越远离古典艺术。它朝着更加丰富、动态和幻想的方向发展，也朝着精神、情感、非理性和超越性要

素增强的方向发展。这种二元性在艺术中的表现不亚于在诗歌中的表现。它不仅出现在艺术家的作品中，也出现在美学家的理论中。菲洛斯特拉托斯的美学对应于第一种艺术类型，即崇尚感性的巴洛克风格，而普鲁萨的迪翁的美学则对应于第二种艺术类型，即崇尚精神的浪漫主义风格。

(2) 雅典艺术与罗马艺术。[①] 在希腊化时期，主要是在原始的希腊领土上，存在着一种保守的倾向，其目的是保存古老的古典艺术形式，即和谐、静态、有机和理想化的形式。由于其历史渊源和地理位置，历史学家们将这种艺术命名为"雅典的"。但另一种倾向同时发展起来，它试图打破这些古老的习俗，带来更大的生动性和自然性，它倾向于印象主义、栩栩如生和摆脱创作上的限制。早期历史学家把亚历山大里亚称为这种艺术的中心，并且称之为亚历山大里亚艺术，以区别于雅典艺术。不过，后来人们逐渐承认，这些新的倾向起源于罗马。这就解释了为什么这种艺术既显示出自由和印象主义，又显示出清晰性。正如希腊化时期存在着两种艺术，也存在着两种美学：雅典的和罗马的。

(3) 欧洲艺术与东方艺术。[②] 古希腊曾多次接触东方艺术并受其影响。它在早期借鉴了埃及艺术，在亚历山大大帝和继业者

① E. Strong, *Art in Ancient Rome*, two vols. (1929). E. A. Swift, *Roman Sources of Christian Art* (1951). Ch. R. Morey, *Early Christian Art* (1953).

② J. Strzygowski, *Orient oder Rom* (1901). A. Ainalov, *Ellenisticheskiye osnovy visantyiskogo iskusstva* (1900). J. H. Breadstead, *Oriental Forerunners of Byzantine Painting* (1924). F. Cumont, *Les fouilles de Doura-Europos*. M. Rostovtzeff, "Dura and the Problem of Parthian Art", *Yale Classical Studies*, Ⅴ (1934). *Dura-Europos and its Art* (1938).

时代则借鉴了亚洲艺术。从欧洲延伸到亚洲的罗马帝国为两种不同的艺术提供了交汇点，它们不仅有不同的形式，而且有不同的审美基础。亚洲艺术的典型特征是更加注重精神性和简约，这两者都是希腊所陌生的。亚洲艺术依赖于韵律原则，一如希腊艺术依赖于有机结构。亚洲艺术没有与希腊罗马艺术相融合，也没有影响它。正如幼发拉底河的杜拉欧罗波斯（Dura-Europos）城的考古发掘所表明的，在某些地方，这两种艺术同时并存。亚洲艺术是由帕提亚人（Parthians）发展出来的，与波斯人甚至是更遥远的亚洲民族的艺术相呼应。由于没有影响希腊罗马艺术，所以亚洲艺术也没有影响希腊或罗马的美学，在希腊化时期的任何美学著作中都没有它的痕迹。然而，亚洲艺术掌握着未来的关键。在基督教时代，亚洲艺术在东方教会和拜占庭以及这些时期的美学中渐渐占据了主导地位。

270
（二）建筑理论

1. 古人论建筑。古人写了很多关于建筑的著作，尤其是建筑师本人，特别是那些著名的建筑师，他们喜欢描述自己建造的建筑。例如，特奥多拉斯（Theodoras）论述过萨摩斯岛的赫拉神庙，切尔希弗龙（Chersiphron）和梅塔吉尼斯（Metagenes）论述过以弗所的阿尔忒弥斯神庙，伊克提诺斯和卡尔皮翁（Carpion）论述过雅典的帕台农神庙，赫莫根尼斯论述过玛格尼西亚（Magnesia）的阿尔忒弥斯神庙，毕泰奥斯（Pytheos）和萨提洛斯（Satyrus）论述过哈利卡纳索斯的陵墓。其他许多人也是如此。我们主要是通过维特鲁威的著作知道这一点的。这种起源于古典时代的文献主要是对建筑的描述,但至少其中一些作品必定包含着更一般的美学方面的评论。

除了这些描述性的作品,还有一些系统性的建筑教科书,比如拜占庭的费隆(Philon of Byzantium)的《论神圣建筑的比例》(*De aedium sacrarum symmetriis*)和西勒诺斯的《论科林斯建筑的比例》(*De symmetriis Corinthiis*)。建筑师们习惯于出版他们的"比例规则"(*praecepta symmetriarum*),即关于完美比例的说明。这类作品的一些作者的名字流传了下来:尼克阿里斯(Nexaris)、特奥西德斯(Theocides)、德谟菲洛斯(Demophilus)、波利斯(Pollis)、列奥尼达斯(Leonidas)、西拉尼翁(Silanion)、梅兰普斯(Melampus)、萨纳库斯(Sarnacus)和欧弗拉诺尔。这些文本及其包含的计算与雕塑家和画家的计算不无关联,因为建筑比例部分来自于人体的比例。

2. 维特鲁威。这些关于建筑学的论著都没有流传下来。我们只拥有后来罗马人维特鲁威(Marcus Vitruvius Pollion)于公元1世纪写的《建筑十书》(*Ten Books on Architecture*)。然而,这部唯一完整保存下来的古代建筑著作内容丰富、包罗万象,涵盖了历史、美学以及技术问题。这部作品时间较晚,但因此信息量更大;它是非原创和选择性的,但因此更能代表希腊化时期的艺术观念。在第七卷的导言中,维特鲁威列出了以前的建筑作家-建筑师,并宣称该书包含了他们作品中一切有用的内容。维特鲁威①主要是

---

① G. K. Lukomski, *I maestri della architettura classica da Vitruvio allo Scamozzi*, Milano 1933.

一名执业工程师，但他也受过一般的自由教育，能够自如地引用卢克莱修和西塞罗的作品，对美学也有兴趣。因此，可以认为他是古代建筑美学的一位可靠权威。

3. 建筑的划分。古人所说的“建筑学”实际上是一些技术知识的总和，这些知识包括房屋建造（*aedificatio*）、钟表制造（*gnomonice*）、机器制造（*machinatio*）和船舶制造（维特鲁威的作品中只有最后这个部分失传了）。建筑分为私人建筑和公共建筑，
271 公共建筑又分为防御（*defensio*）建筑、宗教（*religio*）建筑和生活便利（*opportunitas*）建筑。陵墓、神庙和祭坛属于宗教性质的建筑，而生活便利建筑则包括港口、带有仓库和长方形会堂的广场、事务所、会议厅、监狱、粮仓、武库、剧场、竞技场、音乐堂、体育场、跑马场、体育馆、角力学校、浴室、水井、蓄水池和高架渠。所有这些形形色色的建筑乃是希腊化-罗马时期特有的一种现象，这与希腊早期形成了鲜明对比，当时的建筑实际上仅限于神庙。

4. 建筑师的教育。遵循古代传统，维特鲁威所说的“建筑”与其说是建筑师的有形成就，不如说是使他能够建造建筑的工艺、技能和知识。这既包括大多数建筑工人（*fabritektones*）所需的实践知识（*fabrica*），也包括工头所需的纯理论知识（*ratiocinatio*）。希腊语中“工头”（*architekton*）一词为整个建筑艺术赋予了名称。

根据一种可以追溯到亚里士多德甚至智者学派的古老观点，任何从事艺术的人都应当拥有三种东西：天生的能力（*natura*）、知识（*doctrina*）和经验（*usus*）。这也适用于建筑师，维特鲁威要求他们掌握非常广泛的知识。他们不仅要透彻了解与建筑密切相关的事情，还要透彻了解算术、光学、历史（为了理解建筑形式）、医学

（为了确保建筑的卫生）、法律、音乐（为了确保建筑物有良好的声学效果）、天文学和地理学（为了确保建筑场所有充足的供水）。此外，他们还必须接受哲学教育，因为他们必须是有品格的人，而这只能由哲学来塑造。“没有信仰和纯洁的目标，任何作品都产生不了。”

于是，和其他技师一样，建筑师被期望既有能力（*ingenium*）又有训练（*disciplina*），既有实践知识（*opus*）又有理论知识（*ratiocinatio*），既有博学的人普遍拥有的知识（*commune cum omnibus doctis*），又有个人经验。因此，古代理论家要求建筑师拥有很多学识。但尽管如此，他们并没有把建筑归入自由艺术。虽然西塞罗是人文学者，但他把建筑师看成普通劳动者（*opifices*），而不是有学问的人（*studiis excellentes*），这是他那个时代的典型做法。

这些细节似乎与美学没有任何联系，但由此可以看出，优美艺术在古代与技术和学识的问题有关。

5. 建筑构造的要素。根据维特鲁威的说法，建筑师不仅要确保他的建筑具有稳定性（*firmitas*）和功用（*utilitas*），还要确保美丽（*venustas*）。[1]因此，他的论点不仅是技术的，而且是美学的。其美学观点在他关于建筑构造的讨论中尤其引人注目。

维特鲁威区分了建筑构造的六个要素：[2]“*ordinatio*”，272
“*dispositio*”，“*symmetria*”，“*eurythmia*”，“*decor*”和“*distributio*”。这些术语在现代建筑理论中并无精确对应；可以暂且将“*ordinatio*”译为“秩序”，将“*dispositio*”译为“安排”（或者更确切地说，“恰当安排”），将“*decor*”译为“合宜”，将“*distributio*”译为建筑物的“配

给”。我们不得不保留原有的希腊词“*symmetria*”和“*eurythmia*”不译[同前，我们这里将其分别译为“比例”和“匀称”——译者]，因为没有现代术语可以表达它们的特殊含义。维特鲁威和其他罗马人也没有找到合适的拉丁语对应词。普林尼写道，“没有与‘*symmetria*’对应的拉丁语名词”(*Non habet Latinum nomen symmetria*)。这两个概念有一般的美学应用，而其余四个概念则特别与建筑相联系。

6. 比例和安排。数个世纪以来，这六个术语给建筑史家和建筑理论家带来了极大的困难。它们列出了古代最完整的同类概念，不仅与建筑有关，而且与其他艺术有关。然而，这些术语含糊不清，概念缺乏精确性，定义混乱。我们不知道是维特鲁威设计了这张列表，还是它已被普遍使用，只是被他接受而已。答案似乎介于这两种可能性之间：良好建筑的特定要素是众所周知的。“秩序”和“安排”被用于建筑技术，“配给”被用于经济学，“合宜”被用于一般哲学，“比例”和“匀称”被用于美学。维特鲁威所做的就是把它们合并在一张列表中。这样的汇编无法避免概念上的不一致，但历史学家与其强调这些不一致，不如把注意力集中于维特鲁威留下的有价值的思想。

(1) 维特鲁威所谓的“秩序”是指“对建筑物的特定部分作出限制安排，并且确定整个作品的比例”。他既指各个部分之间的一种定量的数值关系，也指确保建筑物坚固和功用的安排和比例，尽管他没有把后者说得那么清楚。换言之，他关注的是适合建筑物功用的比例，而不是适合其视觉效果的比例。

(2) 维特鲁威所说的“安排”是指“对建筑物各个部分的恰当

设置，使之具有独特性和品质”。这个概念补充了“秩序”。它涉及对投影图和正视图要素的定性安排，一如秩序涉及定量安排。它也关系到建筑物的功用。

（3）建筑物的“配给”是确保其形状经济合算且成本低的一种手段，其规划应符合当地条件、可用资源和承建要求。此要素必定只与建筑的功用有关，而与美和美学无关。如果说“配给”是美的一种表现，那么它只是在古代使用的合宜的宽泛意义上，而不是在直接感知的美的意义上才是如此。后者乃是维特鲁威提出的其余三个要素的目标。

7. 比例和匀称。（4）古人所说的“比例”是指各个部分的和谐安排，这是他们美学中最基本的概念。它与坚固或功用无关，而是与美有关。正是在这个意义上，维特鲁威使用了这个词。他说，“‘比例’是作品本身各个部分的和谐一致”。首先，它是一种客观的美，来源于建筑物本身，而不是观者的态度。其次，它依赖于严格的数学比例，能够根据“模度”即测量单位来计算。整个神庙的尺寸可以由一根立柱或一个三陇板的厚度计算出来，就像希腊雕塑家由一张脸、一只脚或一根手指的尺寸计算出一个理想身材的人的尺寸一样。

（5）另一方面，古人把“匀称”一词应用于各个部分的一种排列，它虽然不包含客观的“比例”，却可以唤起观者愉悦的感觉。这个词不仅考虑了美的事物的需求，也考虑了观者的需求，比例的选择不仅要考虑它们是否正确，而且要考虑它们能否显得正确和让观者感觉正确。它们不仅必须是理想的，而且必须显得理想。维特鲁威将这个泛美学的概念应用于建筑。他的定义如下：“‘匀称’

依赖于建筑物的美丽(*venusta*)形状(*species*),依赖于通过其个别部分的安排(*compositio*)而获得的恰当(*commodus*)外观(*aspectus*)。"因此,这是一个借助于"形状"(*species*)和"外观"(*aspectus*)作出的定义,它们代表建筑中严格的视觉要素。定义中出现的"美丽"(*venustas*)也是如此。

8. 合宜和配给。(6) 维特鲁威将"合宜"(*decor*)定义为"由经过时间检验且受人尊重的各个部分组成的作品的完美外观"(*emendatus operis aspectus probatis rebus compositi cum auctoritate*)。"*decor*"一词在这里的意思与斯多亚学派使用的其形容词形式"*decorum*"相同,最好翻译成"合宜"。当时,这个词还没有获得其现代含义,与"装饰"(decoration)没有任何关系。维特鲁威认为,在判断一座建筑物是否合宜时,需要考虑三个因素:自然、传统(*statio*)和习俗(*consuetudo*)。例如,自然本身决定了什么样的照明是合宜的,比如它要求卧室应该朝南。但在更多情况下,建筑物的合宜依赖于人的习俗。例如,传统要求雅典娜和阿瑞斯应当有多利克式神庙,阿佛洛狄特和水泽仙女应当有科林斯式神庙,赫拉和狄俄尼索斯应当有爱奥尼亚式神庙,因为只有这些形式才被认为是合宜的。习俗还要求通过装饰性的前厅进入华丽的内室,并且禁止将多利克风格与爱奥尼亚风格混合起来。

因此,我们可以从维特鲁威列举的建筑构造的六个要素中看
274 出一种秩序和更深的含义。前三个要素涉及合宜和功用(但只是间接地涉及美,如果涉及的话),后三个要素则只涉及美。特别是,比例涉及美的客观条件,匀称涉及美的心理条件,合宜涉及美的社会条件。

9. 维特鲁威的概念工具。在很大程度上，维特鲁威对建筑的分析属于希腊化美学的技术领域，而不是当时的哲学家、诗人、修辞学家甚至画家和雕塑家所持的人文主义观点。然而在建筑方面，问题则有所不同。在形式还是内容应当优先的问题上并无争议，而美学的社会问题和视觉问题却很突出。

历史学家不仅对维特鲁威列出的这六个主要概念感兴趣，而且对帮助维特鲁威定义这六个概念的更多的、甚至在某些情况下更一般的概念感兴趣。没有这些概念，我们就无法获得希腊化美学概念工具的全貌。其中最重要的概念表示的是艺术的效力和价值。如果不去关注能力和功用这类技术效力，那么我们仍然剩下三组概念，即视觉的、数学的和社会的。

第一组概念意指那些让眼睛感到愉悦的东西，特别是“外观”（*aspectus*）和“形状”（*species*），这两个概念对于视觉艺术的美学至关重要。表示视觉美的一个更一般的概念是“美丽”（*venustas*）（“比例”[*symmetria*]属于另一组），而“优雅”（*elegantia*）则适用于一种更珍贵的视觉美。在这组概念中，我们还可以包括维特鲁威使用的另一个概念，即“影响”（*effectus*），意指作品对人的影响。

第二组概念表示的是关系、数和尺度，这些概念决定了一件作品的成功与美。其中最重要的概念是“比例”（*proportio*），其他概念则包括“量度”（*commodulatio*，也就是使用单一模度、单一尺度）、“一致”（*consensus membrorum*，各个部分之间的一致性）、“协调”（*convenientia*，各个部分之间的适合）、“组合”（*compositio*）、“安置”（*conlocatio*）和“适当”（*commoditas*）。该系列的所有术语都是相关的，首先是通过共同前缀“con-”（“一起”）。一些术语

(*commodulatio*, *commoditas*)是从 *modus* 派生出来的,"*modus*"的一个含义——也是建筑理论中使用的含义——是"尺度"。正如第一组概念涉及感觉性质,第二组概念则涉及理性性质。这种二元性是很自然的。古代理论家意识到,建筑之所以令人愉悦,要么是因为它能给观者带来直接的、感官和视觉上的满足,要么是因为观者能够从中认识到正确的尺度和成功的解答。

维特鲁威还有第三组概念。它们都具有社会性,指向良好建筑的社会条件。这些概念包括"检验"(*probatio*)和"许可"(*auctoritas*)。正如第一组概念主要是为了定义匀称,第二组概念
275 主要是为了定义比例,第三组概念则主要是为了定义建筑的适当性,在一定程度上也定义了建筑的经济性。

维特鲁威将他的概念用于建筑,但其中大多数概念还有更广泛的应用。经过适当修改,古人将它们用于雕塑和绘画,甚至用于音乐和修辞。维特鲁威本人将建筑风格与修辞风格进行类比。在论和谐的一章中,他比较了建筑和音乐。他不仅寻求建筑与其他艺术的类比,而且寻求建筑与自然的类比。他将建筑作品与人体进行比较,将建筑风格与人的形态进行比较:他认为多利克风格在比例上是男性的(*virilis*),爱奥尼亚风格在比例上是女性的(*muliebris*),科林斯风格在比例上是少女的(*virginalis*)。

10. 建筑与人体。维特鲁威在建筑(和整个艺术)与自然特别是人体之间觉察出的相似性并不仅仅是一种类比。它相当于一种依赖,因为自然是艺术的模型。[3]这不仅适用于绘画或雕塑,也适用于建筑,因为我们在建筑中关注的不是外观的模型,而是比例和结构的模型。他写道,在建筑中,"*symmetria* 和好的比例应当严

格基于一个身材好的人的比例”。他认为“人体的各个部分都有固定的比例”，并强调，“同样，神庙的各个部分也应当有最合适的比例”。“既然自然如此精心设计了人体，使其各个部分与整体结构成比例，那么古人的原则，即建筑也应表现出各个部分与整体之间的关系，就显得很正确了。”

11. 匀称的胜利。在维特鲁威提出的问题中，“比例”与“匀称”的关系[①]在美学上显得尤为重要。不仅是艺术家，所有古代理论家都崇尚“比例”（*symmetria*），即几何形式和算术比例，他们在“比例”中看到了完美、美和对优秀艺术的检验。然而，他们关心的问题是，是否应当允许对“比例”有所偏离，调整形式和比例以适应观者的视觉需要，并且抵消透视所产生的变形。在古典时期，对于建筑师来说，这主要是一个应当如何建造的实际问题。建筑遗迹的证据表明，他们有时会偏离“比例”。[②] 他们这样做符合德谟克利特和苏格拉底等当时某些哲学家的想法，但会让其他一些人特别是柏拉图感到不悦。

我们无法直接得知古典建筑理论家对这些问题的看法，因为他们的作品已经失传。只有在维特鲁威的《建筑十书》中，我们才 276
能看到对古代理论家态度的明确表述，这些内容表明，维特鲁威对数学形式和比例怀有一种毕达哥拉斯-柏拉图式的赞叹。他用数值方式展示了神庙和剧场的比例、整个建筑及其细节的比例，并且展示了绘制示意图的数学方法，无论是绘制整个正面，还是绘制柱

① J. A. Jolles, *Vitruvs Ästhetik*, Diss. (Freiburg, 1906).

② 见上，p. 63 ff.。

头螺旋饰和立柱凹槽的深度。他从建筑师的传统和实践中继承了这些方法和数值。他不仅是他那个时代思想的代言人,而且是一种更古老传统的代言人。历史学家可以从他的著作中收集到有关早期希腊规范的详细资料。

然而,当人类视觉的特殊性要求偏离“比例”时,当“比例”在观者看来像是“比例”的缺乏时,“比例”的这位倡导者也主张偏离“比例”。这里,维特鲁威同样回到了建筑师的做法和传统,他们将外柱向内倾斜,加粗它们,使之排列得更加紧密。他们将不规则性引入建筑物,恰恰是为了使之看起来是规则的。

维特鲁威写道,为了创造出“比例”的印象,必须有时给真正的“比例”增加(*adiectiones*)些东西,有时从中减少(*detractiones*)些东西。要使“比例”看起来像它真正的样子,必须引入某些偏差和调节(*temperaturae*)。[4]通常,当我们能在近距离清晰地看到某个事物时,这种改变是不必要的,然而在其他时候,特别是当观察对象离得又高又远时,这种改变是无法避免的。维特鲁威评论说:“眼睛望得越高,目光就越难穿透致密的空气,因此,眼睛会因这种费力的活动而疲劳,使感官作出不正确的测量。因此,有必要将校正加入对各个部分的比例测量。”在另一处,他写道:“眼睛寻求令人愉悦的景象;为了满足眼睛的要求,我们必须使用适当的比例,并且在似乎缺少什么的地方增加一些东西,对模度作出额外的修正,否则,我们就会让观者看到一种缺乏魅力的令人不悦的景象。”

显然是根据建筑师的个人经验,维特鲁威补充说:“所有必须安装在柱头上方的部件,即下楣、雕带、檐口、门楣、山墙和顶部雕像底座,都应前倾其长度的十二分之一,因为如果我们面对建筑物的正面站立，从眼睛画两条直线，一条通往建筑物的顶点，另一条通往建筑物的最低点，则通向顶点的那条线会显得更长。通往建筑物顶部的线越长，这些部件就显得后退越远。……但如果把这些部件向前倾斜，它们看起来就是笔直的。”

由于维特鲁威认为“比例”和“匀称”都是不可或缺的，所以他在“比例与匀称”的争论中持中间立场。这两个原则他都使用，但 277
他更强调“匀称”。“比例”作为一种数学计算的原则，对他来说是艺术创作不可替代的基础，而他把“匀称”看成修正、改进艺术创作的手段。“匀称”是创作的更高层面。这里，维特鲁威并没有陈述新的观点，因为在他之前已经有人发表过类似的观点，但由于这些早期作品已经失传，他必定是我们最好的资料来源。此外，他在阐述时还使用了一些恰当的措辞，比如“增加”、“减少”和“调节”等。

维特鲁威并不是唯一持这种观点的人。希腊化-罗马时期其他建筑理论家的作品没有流传下来，但我们有公元前 1 世纪的数学家盖米诺斯（Geminus）、机械师费隆在当时的陈述，以及公元 5 世纪的新柏拉图主义哲学家和学者普罗克洛斯（Proclus）关于需要修改“比例”以达到“匀称”的论述。

盖米诺斯[5]写道：“被称为透视学的那部分光学关注的是如何绘制建筑物的图像。由于事物看起来并不是真实的样子，所以透视研究并不旨在查明如何给出实际的比例，而是如何按照看起来的样子来呈现它们。建筑师的目标是赋予他的作品以和谐的外观，并且尽可能地发现抵消视错觉的方法；他所寻求的并非实际的相等与和谐，而是眼睛看起来的相等与和谐。”普罗克洛斯也就绘画表达了类似的观点。[6]他写道，透视法是一种技能，通过这种技能，艺术家可以在其绘画中呈现不会因距离和高度而扭曲的现象。

希罗（Heron）将“比例”——客观（*kata ousian*）或真正（*kat' aletheian*）成比例的东西，与“匀称”——眼睛看起来（*pros ten opsin*）成比例的东西——着重进行了对比。这种对立的思想无疑有更早的起源（我们在前面讨论早期美学时提到过），但希罗第一次用如此精确的方式阐述了它。他站在“匀称”一边，这在他这个时代是很自然的，因此他要求艺术家在雕刻或建造时要考虑视错觉（*apatai*），并努力让他们的作品在观察者看来成比例，即使实际上并非成比例。[7]

尽管古人最初持一种无所不包的客观主义看法，但现在的想法是，艺术是为眼睛或耳朵设计的，因此应当考虑眼睛和耳朵是如何获得感觉的。人们在希腊化时期就此达成了共识，没有像柏拉图那样的人反对这一点。维特鲁威对这个问题的看法是权威性的，在他那个时代很典型。

12. 维特鲁威和希腊化建筑。维特鲁威给出的完美建筑比例与对古代遗迹的测量结果并不完全一致，这一直是历史学家关注的问题。早在15世纪，阿尔贝蒂（L. B. Alberti）就注意到了这种差异。维特鲁威熟悉并且推崇传统，但古典建筑对他来说并不像
278 对我们一样，是某种封闭的、必须怀着敬仰远观的东西。恰恰相反，它是一种非常有生命力的东西。然而，毕竟与之相隔了几个世纪，因此他希望使之现代化，让新旧交融。① 但品味已经发生变

① C. J. Moe, *Numeri di Vitruvio*(1945).

化，这两种曾经并肩发展的秩序之间渐渐产生了对立。维特鲁威喜欢爱奥尼亚风格，认为多利克风格已经过时，希望将它现代化。基于这种考虑，他任意摆弄三柱径式和两径间排柱式。不过，这些始终是未实现的计划。他梦想有一种“正确无误的风格”并且追随它。他的书一方面包含着关于古典建筑的资料，另一方面也包含着一位古典主义者的某些观念。前者为我们提供了早期建筑艺术的情况，后者则为我们提供了更为晚近的建筑艺术的情况，因为他的观念并非原创，而是代表了后来的希腊化风格。这种希腊化风格在公元前2世纪活跃于小亚细亚的建筑师赫莫根尼斯的建筑和作品中得到了更早的完美表达。维特鲁威的思想以赫莫根尼斯的作品为榜样，在很大程度上得益于他的观点。

但希腊化时期的品味并不一致。如果使用后来的术语，我们可以说，它部分是巴洛克式的，部分是古典主义的，尽管不是古典的。维特鲁威支持他那个时代的古典主义运动，反对巴洛克风格。他这样批评巴洛克式建筑：“芦苇取代了立柱，雕花的海螺取代了三角楣，大烛台用来支撑整个建筑。带有人脸和兽面的形状从茎秆后面浮现出来。所有这些都是不存在、不可能存在也从未存在过的事物。芦苇怎能支撑屋顶，烛台怎能支撑整个建筑？完整的形状怎能从脆弱的茎秆中浮现出来？然而，人们看到这些虚假的东西却未加谴责。相反，他们因此而快乐，而不考虑它们是否可能。当然，一幅画如果不像真的，就不值得赞赏。”所有这些批评都源于一种信念：只有符合现实和理性的东西才可能是美的。没有根据(*sine ratione*)和不符合自然的东西不应被认可，也不应在艺术中找到一席之地。这是古典主义运动的理性主义的表现。

13. 维特鲁威的美学原则。维特鲁威的美学立场可以总结如下：(1)他在讨论建筑时使用的一个基本概念是美的概念。美学观点已经进入对艺术的刻画和评价。(2)维特鲁威对美的解释是如此广泛，以至于美不仅包括那些直接通过比例和颜色使眼睛感到愉悦的事物，而且还包括那些通过其目的、合宜和功用使人愉悦的
279 事物。因此，他的建筑理论保持了功能美与纯形式美之间的平衡。(3)维特鲁威的美学思想建立在相信客观美的基础上，这种客观美取决于自然法则，而不是取决于人的态度。他认为完美的神庙是自然法则的产物，而不是个人的作品。个人可以发现这些法则，但不能发明它们。然而他认为，为了满足观者的主观要求，对客观的美的法则进行修正是允许的，甚至是必要的：必须用“匀称”来补充和修正“比例”。这里，维特鲁威再次达成了妥协和平衡。对他来说，美既依赖于客观的尺度，又依赖于主观的感知条件。这是数个世纪美学探索和讨论的自然结果。

* * *

N. 建筑美学的原文

持久、目的、美

[1]建造时应当考虑坚固、功用和美。……当建筑物的外观赏心悦目、优雅大方，各个组分的比例恰当并且体现了匀称时，美就得到了保证。

——VITRUVIUS，De archit. Ⅰ 3，2

建筑的要素

[2]建筑由“秩序”(在希腊语中被称为“taxis”)、“安排”(在希腊语中被称为“diathesis”)、“比例”、“匀称”、“合宜”、“配给”(在希腊语中被称为“oeconomia”)所组成。

“秩序”是对作品的诸细节分别进行均衡的调整,部分与整体的比例安排要达到匀称的效果。“秩序”是通过“量”(在希腊语中被称为“posotes”)来实现的。“量”就是从建筑物的各个部分中所取的模度,整个建筑物的合宜效果是由各个部分的若干细分产生的。

而“安排”是对细节作出恰当的组合,由此产生建筑物的优雅效果以及某种品质或特征……[所有这些]都源于想象和创意。想象建立在细致入微的热情专注之上,以产生迷人的效果。而创意则是对模糊问题的解决,处理由一个活跃的理智所揭示的新任务。280
这就是“安排”的概要。

“匀称”意味着优雅的外观,在其背景中恰当地展示细节。当建筑物细节的高度与其宽度相适应,宽度与其长度相适应,或者说,当每一个事物都有成比例的对应时,就实现了“匀称”。

“比例”也是由建筑物本身的细节所产生的恰当的和谐,每一个给定细节与整个设计形式之间的对应关系。正如在人体中,“匀称”的比例性是由肘、脚、掌、指和其他小部分产生的,在已完成的建筑物中也是如此。首先,在神圣的建筑中,“比例”要么来自立柱的厚度,要么来自三陇板,要么来自模度。……因此,对“比例”的计算……是从细节中发现的。

"合宜"要求建筑物的外观依照先例，由得到认可的细节所构成。它遵循惯例，在希腊语中被称为"thematismos"，即习俗或自然。

而"配给"则是恰当地处理供给和工地，节俭而明智地控制建筑开支。……在城镇里，房屋似乎应该以一种方式来安排；对于收入来自乡村地产的人来说，则应以另一种方式来安排；对于金融家来说又有所不同；对于富裕而有品味的人来说又不一样；而对于用思想统治国家的政治家来说，必须按照他们的习惯进行特殊调整。一般来说，建筑物的配给应当适合业主的愿望。

——VITRUVIUS，De archit. Ⅰ 2，1-9

建筑与人体

[3]神庙的规划依赖于"比例"，建筑师必须认真领会这种方法。它来自希腊语中的"analogia"。"比例"就是在每一种情况下，对建筑的各个部分和整体都取一个固定的模度，使"比例"的方法
281 得以实施。因为如果没有比例，任何神庙都不可能有规则的设计；也就是说，它必须按照完美的人体结构计算出精确的比例。

大自然是这样设计人体的，脸部从下巴到前额和发根的长度是全身的十分之一；手掌从手腕到中指尖也是同样长；从下巴到头顶是全身的八分之一；从胸上部脖子下部到发根是全身的六分之一；从胸中部到头顶是全身的四分之一；从下巴底部到鼻孔底部是脸长的三分之一；从鼻孔底部到眉间线的长度也是脸长的三分之一；从眉间线到发根前额也是脸长的三分之一。脚是身高的六分之一；肘是四分之一，胸也是四分之一。其他肢体也有自己的比例

测量。通过使用这些比例，古代画家和著名雕塑家赢得了盛誉。

同样，神庙各个部分的尺寸也应与整个建筑的尺寸相适应。肚脐自然是身体的中心，因为人若仰卧，手脚张开，将圆心置于肚脐，则他的手指和脚趾必定会触到圆周。就像产生圆形一样，图形内也能产生一个方形。因为我们若从脚底量到头顶，再去测量伸出的手，则会发现宽与高相等，就像用尺子量出的方形区域一样。

因此，如果大自然对人体的设计使各个部分的比例与人体的完整形态相一致，那么古人似乎就有理由决定，为使作品尽善尽美，他们应当对各个部分进行精确调整，使之符合整体外观。由于他们在所有作品中都定下了秩序，而且在建造神庙时尤其如此，所 282
以神庙的优点和缺点往往永世长存。

因此，如果大家一致认为，从对身体的分条缕析中可以发现数，而且身体的各个部分与整体形态之间存在着固定的比例对应，那么我们就应接受那些作者的看法，他们在设计不朽之神的神庙时对建筑物的各个部分作了规定，借助于比例，使其各个部分的安排符合整体安排。

——VITRUVIUS，De archit. Ⅲ 1，1-4，9

视觉校正

[4]角柱也必须比其原有的直径粗五十分之一，因为空气的干扰使它们看起来比实际更细。因此，眼睛欺骗我们的东西，必须通过计算来弥补。正是由于高度的变化，这些调整被添加到直径上，以满足眼睛上升时的视线。因为眼睛寻求令人愉悦的景象；为了

满足眼睛的要求，我们必须使用适当的比例，并且在似乎缺少什么的地方增加一些东西，对模度作出额外的修正，否则，我们就会让观者看到一种缺乏魅力的令人不悦的景象。

眼睛望得越高，目光就越难穿透致密的空气，因此，眼睛会因这种费力的活动而疲劳，使感官作出不正确的测量。因此，有必要将校正加入对各个部分的比例测量，以便那些位置更高或本身更宏伟的建筑物可以有成比例的尺寸。

建筑师最需要注意的是，应当由一个固定单位的比例来决定其建筑的设计。因此，如果已经考虑到设计的“比例”，并且计算出尺寸，那么无论是为了用途还是为了美观，建筑师都要凭借其技能
283 去考虑场地的性质，通过调整、增加或减少设计的“比例”来产生适当的平衡，使建筑物看起来设计得正确，外观不留下缺憾。

在近处看到的东西是一种样子，在高楼上看到的又是另一种样子；在狭窄之地是一种样子，在开阔之地又是另一种样子。在这些情况下决定如何去做，需要良好的判断力。因为眼睛似乎并不总是记录真实的印象，从而常常使心灵在判断时误入歧途。

——VITRUVIUS，De archit.，Ⅲ 3，12 et 13；Ⅲ 5，9；Ⅵ 2，1

进一步的视觉校正

[5]被称为透视学的那部分光学关注的是如何绘制建筑物的像。由于事物看起来并不是真实的样子，所以透视研究并不旨在查明如何给出实际的比例，而是如何按照看起来的样子来呈现它们。建筑师的目标是赋予他的作品以和谐的外观，并且尽可能地发现抵消视错觉的方法；他所寻求的并非实际的相等与和谐，而是

眼睛看起来的相等与和谐。因此，他设计了一种圆柱，因为柱子越到中间显得越细，否则会显得像断了一样。有时他会把圆画成椭圆，把正方形画成长方形，并且根据许多不同长度的圆柱的数量和尺寸而改变比例。同样的考虑也向巨型雕像的雕塑家显示了其作品完成后的比例是什么样子，从而让眼睛和耳朵感到愉悦，他也就不会徒劳地试图制造出客观上完美的比例，因为艺术作品被置于高处时，看上去和实际的样子不一样。

——GEMINUS(?)(Damianus, R. Schöne, 28)

[6]至于光学和规范，则来自于几何学和算术。前者包括严格意义上的光学，为平行线在远处相交或正方形在远处变圆等假象 284
提供了原因；但也包括整个反射研究和成像知识，以及所谓的透视研究。透视研究表明，即使所画的物体又远又高，也可以在不扭曲匀称和形象的情况下呈现于画面中。

——PROCLUS, In Euclidis librum, Prol. Ⅰ(Friedlein, 40)

[7]考虑到作品最终的视觉效果，雄伟雕像的创作者遵循同样的原则，对作品的各个部分做出恰当的安排。它必须看起来很美，不能因为坚持客观比例而被破坏，因为作品从远处看并不符合实际的样子。既然物体在观者看来并不是实际的样子，那么就必须按照相对于观者的视觉计算出的比例来创作，而不是按照它们实际具有的比例来创作。大师的目标是使作品看起来美，并且尽可能地发现导致视错觉的方法；毕竟，他关注的不是客观的适当与和谐，而是视觉的适当与和谐。

——HERON, Definitiones 135, 13(Heiberg)

（三）绘画与雕塑理论

1. 论述造型艺术的希腊化文献。在古代文献中，没有一本讨论绘画和雕塑的书能与亚里士多德或贺拉斯的诗学、昆体良的修辞学、阿里斯托克赛诺斯论和谐的著作或维特鲁威论建筑的著作相提并论。但有许多著作附带或间接地提供了古人对造型艺术美学的看法。[①] 这些资料来自各种技术、历史、旅行、文学和哲学著作。

（1）像色诺克拉底和帕西克勒斯(Pasicles)这样的古代艺术家
285 所写的关于绘画和雕塑的论著是技术性的，类似于维特鲁威的著作。它们都没有流传下来，但在老普林尼（公元 1 世纪）的百科全书巨著《自然志》(*Historia naturalis*)中可以找到它们的踪迹，其中第 34 卷包含着关于青铜雕塑的资料，第 35 卷是关于绘画的，第 36 卷是关于大理石雕塑的。[②]

（2）外行所写的造型艺术书籍与艺术家所写的书籍在性质上有所不同，它们主要集中于艺术家个人，是从历史的角度写的。其中较早的已经失传，比如萨摩斯岛的杜里斯(Duris of Samos)于公元前 4 世纪所写的书。然而，罗马博学多才的普林尼的作品流传了下来，是古代艺术资料的宝库。这些资料主要是历史的和纯粹

① 与希腊化时期的诗学一样，关于希腊化时期绘画和雕塑理论的最全面的材料可见于 W. Madyda，*De pulchritudine imaginum deorum quid auctores Graeci saec.* Ⅱ *p. Chr. n. iudicaverint*，Archiwum Filol.，Polish Academy of Sciences，16(1939).

② A. Kalkmann，*Die Quellen der Kunstgeschichte des Plinius*(1898).

事实的，但也会附带提到一般的美学问题。

（3）关于古代艺术的资料也可见于某些关于地形学和旅行的著作。公元 2 世纪佩里吉特人泡萨尼亚斯（Pausanias the Periegite）所著的《希腊志》（*Guide to Hellas*）现存于世，但其中很少涉及美学。

（4）修辞学家、诗人、评论家、散文家的作品中包含着重要的美学资料。雅典的菲洛斯特拉托斯于公元 217 年写的《阿波罗尼奥斯传》（*The Life of Apollonius of Tyana*）尤其如此。这些作品常常包含着关于绘画、雕塑乃至整个画廊的描述。我们在萨莫萨塔的琉善的著作中发现了这种描述。这个主题在老菲洛斯特拉托斯的侄子和孙子，即大菲洛斯特拉托斯和小菲洛斯特拉托斯所著的《图画》（*Eikones*），以及卡利斯特拉托斯（Callistratus）所著的《描述》（*Ekphraseis*）中得到了特别关注。

（5）希腊化时期的哲学家没有写过一部专门讨论视觉艺术美学的著作，但他们的著作中提到了这一主题。关于诗歌、演说和音乐的美学论著有时会提到视觉艺术，美学理论也扩展到把视觉艺术包括在内。

除了普林尼和菲洛斯特拉托斯，相对而言最详尽的信息可见于迪翁和琉善的著作。普鲁萨的"金口"（Chrysostom）迪翁[1]是生活在公元 1、2 世纪之交的著名演说家和博学的哲学家。特别是公元 105 年，他在其著名的第十二篇"奥林匹亚演说"中阐述了自己

---

① M. Valgimigli, *La critica letteraria di Dione Crisostomo* (1912). H. v. Arnim, *Leben und Werke des Dio von Prusa* (1898).

的美学思想。叙利亚萨莫萨塔的琉善是公元2世纪多才多艺的杰出作家，他在各种讽刺性和描述性作品中触及了美学问题。

就像一堆小石头组成一幅巨大的镶嵌画，这些零散的资料碎片也排列成一幅广阔多彩的希腊化-罗马视觉艺术美学的图画。[①]但应该强调的是，虽然在希腊化时期，人们把绘画和雕塑即平面艺
286 术和三维艺术并列对待，但古代从未发展出一个像现代"视觉艺术"那样广泛的概念。按照古希腊的分类，青铜雕塑与石雕被视为两种不同的艺术，而菲洛斯特拉托斯则用"造型"(*plastike*)一词将泥塑、金属铸造和石头雕凿都包括在内，将其视为同一门艺术。

2. 视觉艺术的普及。在希腊化-罗马时期，人们对视觉艺术的兴趣是惊人的，绘画装饰了市场、宫殿、画廊和神庙。艺术品被船只运往罗马，以天价出售。它们不仅具有货币价值，而且广受尊崇。尼多斯岛拒绝出售普拉克西特列斯的阿佛洛狄特像，尽管买主提供的价钱能够清偿它的国债。斯科帕斯的阿佛洛狄特是宗教祭礼的主题。人们组织参观尼多斯岛的雕塑。人们发现了一种特殊的技术，使颜料能够耐盐、抗风和防晒，因此可以用颜料覆盖船只。绘画和雕塑被大量搜寻和购买。公元58年，马库斯·斯考罗斯(Marcus Scaurus)用3000尊雕像装饰了一个剧场舞台。罗德岛的执政官穆齐亚诺斯(Mucianus)坚称，尽管发生了盗窃，但岛上

---

① B. Schweitzer, "Der bildende Künstler und der Begriff des Künstlerischen in der Antike". *Neue Heidelberger Jahrbücher*, N. F. (1925). "Mimesis und Phantasia", *Philologus*, vol. 89, 1934. E. Birmelin, "Die kunsttheoretischen Grundlagen in Philostrats《Apollonios》", *Philologus*, vol. 88 (1933)——但最重要的是前引 W. Madyda 的著作。

仍有 73000 件雕塑，雅典、奥林匹亚和德尔斐至少也有同样数量的雕塑。征服亚该亚之后，数千件艺术品被当作战利品运往罗马。“谁不爱绘画，谁就冒犯了真理和智慧，”菲洛斯特拉托斯写道。

3. 希腊化时期的品味。在希腊化时期的城邦和罗马受到重视的艺术有某些明确的特征。

(1) 它主要是一种自然主义艺术。普林尼写道：“几代人以来，如实的描绘一直是艺术的最大抱负。”它给自己设定的任务是制造一种生活幻觉。有一则流行的故事，讲述的是宙克西斯与帕拉修斯之间的竞争。宙克西斯画了一个小男孩拿着葡萄，引来鸟儿啄食。但画家本人对这幅画并不满意，他说，如果把这个孩子画得像葡萄一样成功，鸟儿就会受到惊吓而飞走。希腊人和罗马人对于看起来“栩栩如生”、像“真的”一样、仿佛是“有生命的青铜”(*aera quae vivunt*)的雕像表现出千篇一律的崇拜。罗马朱诺神庙中那尊舔舐伤口的狗因其无法分辨的逼真性(*indiscreta similitudo*)而备受珍视，以至于神庙的管理者们要以生命来保证其免受损害。

(2) 与从现代文物博物馆可以做出的推断相反，希腊化时期和罗马时期的雕塑绝非仅限于人形，其主题多样而复杂。绘画更是如此，当题材和形式多种多样和充满变化时，会最受重视。迪翁和普鲁塔克都谴责简单朴素的形式。艺术家不再回避创新，相反，他们显示出对于新奇的特别喜爱。“既然新奇有助于增加愉悦，我们就不应轻视它，而应关注它。”这一观点与早期和古典时期的希 287
腊观点截然不同。在这方面，大胆(*audacia*)的发明尤其受到珍视。

(3) 艺术作品中受到珍视的还有运动、生命和自由。昆体良写道:“在公认的艺术形式中引入某些变化是值得的,事实上,有必要将变化引入绘画和雕塑中描绘的表情、容貌和姿态,因为直立的身体最无魅力。脸部正对前方,手臂下垂,双腿并拢,这个形象看起来很僵硬。弯腰和运动可以使形象变得生动和完善。这就是为什么人并不总是以完全相同的方式塑造手、为什么脸部有上千种表情的原因。……有人批评米隆的《掷铁饼者》雕像不够简单,这恰恰暴露出他对艺术的无知,因为正是其独特性和塑造的难度才尤其值得称赞”。

(4) 作品的技术能力受到重视,这一时期的许多作品都显示出高度的技术造诣。艺术作品因其独特、排他和优雅而受到珍视。“优雅”一词在当时首次出现,维特鲁威用它来形容高质量的作品。

(5) 当时的一些雇主对巨大尺寸、超人规模的巨型雕像有一种强烈的偏好。罗德岛上的太阳神像成为世界七大奇迹之一,其一根手指的尺寸比真人大小的雕像还要大。与维特鲁威同时代的芝诺多罗斯(Zenodorus)等人专门致力于建造巨型雕像。同样,至少有些消费者看重华丽和奢侈。罗马人开始尝试给雕像镀金,尼禄就曾下令给吕西普斯的亚历山大雕像镀金。尽管雕像的价值有所提升,但也因此失去了吸引力,结果只好把黄金移除。

这一时期偏爱的艺术是自然主义的、幻觉的、原创的、自由的、技艺精湛的、优雅的、宏大的和华丽的,这表明人们的品味已经不再是古典的,而是巴洛克式的。然而,这种品味在当时美学的一般原则中并没有表现得很明显。它在艺术理论中不如在艺术本身中突出,因为理论始终比实践更保守,在很大程度上保持着古典主义的原则。

但最引人注目的是，希腊化时期的理论所借鉴的例子和典范并非来自当时的艺术，而是来自古典艺术。亚历山大大帝之后产生的艺术没有被提及，仿佛根本不存在似的。关于早期的艺术，据说“虽然当时的设备比较简陋，但效果却更好，因为我们现在更注重材料的价值而不是艺术家的天赋”。公众推崇新的巴洛克艺术，而历史学家、专家和鉴赏家却偏爱旧的古典艺术。然而，他们在称赞古典艺术时，强调的却是其生命力、多样性和自由，而这些都是新艺术的典型特征。尽管他们公开承认自己的保守倾向，但他们不可能否认自己的时代。总的来说，没有任何单一的、不变的、全面的观点能够概括希腊化时期，因为希腊化时期相当漫长，有各种不同的中心。罗马人没有希腊人的心态，他们的皇帝也不是学者。 288

4. 倾向。希腊化时期艺术观的分歧同样源于相互冲突的哲学学派，它们的不同倾向反映在各自的艺术理论中。

(1) **道德主义**倾向于让艺术服从于道德，其传统可以追溯到柏拉图。在希腊化时期，斯多亚学派保持着它的活力。某些哲学家持有这种观点，但艺术家或更广泛的知识界并不认同。尽管有着完全不同的前提，但**功用主义**倾向也得出了类似的结论，同样否认艺术有任何独立价值。这种倾向认为，艺术的价值与其功用直接相关。昆体良和琉善都通过功用来定义艺术，伊壁鸠鲁学派也接近于这一观点。但还有两种倾向比道德主义和功用主义更为重要。

(2) 怀疑论学派和一些伊壁鸠鲁主义者持一种**形式主义**立场。这得到了两个学派和一部分知识精英的支持，但却与大众格格不入。塞克斯都·恩披里柯在音乐理论中,菲洛德谟斯在诗学理论中,对它进行了成功的辩护。而在视觉艺术理论中,它的支持者要少得多,尽管人们可能认为,对这些艺术作一种感官主义解释或形式主义解释是同样容易的。它几乎没有促进对艺术的理解,但优点是可以与模糊的神秘主义理论进行对抗。

(3) **精神主义**和**理念论**倾向在视觉艺术理论中占有重要地位。[1]它的一个派别从宗教和神秘主义的角度来解释艺术,从艺术中看到神的启示。它和形式主义一样极端,代表当时艺术理论的另一极。它的力量在古代末期逐渐增强,在普鲁塔克的作品中得到体现,在菲隆和普罗克洛斯的作品中表现得更为强烈。

然而,不那么极端的**折中**形式的理念论有更多追随者。它可能最早产生于雅典以安提奥克为首的"中期学园派"。它从其策源地诗学扩展到视觉艺术理论,在罗马和亚历山大里亚得到接受。它包含许多柏拉图主义要素,但其论点的细节在很大程度上来自逍遥学派。它的一些概念,比如"想象",来源于斯多亚学派。这种倾向强调绘画和雕塑中理想的精神要素,而以前这些要素只见于诗歌和音乐。

(4) 最后,一些人在论述视觉艺术时不赞成任何理论,无论是形式主义的还是理想主义的,他们排斥综合与任何哲学,显示出一种**分析**倾向。不过,这些人所起的作用无法与那些极端的作家(无论是形式主义者还是精神主义者)相比。

于是,在希腊化时期的艺术思想中,我们不仅看到了差异,而
289 且看到了最大程度的分歧。精神主义倾向的代表,特别是那些强调其宗教面向的人,把艺术作品看成神的馈赠和某种奇迹,并且用

宗教热忱来描述它，而怀疑论学派和伊壁鸠鲁学派从中只能找到徒劳的放纵和义愤的根源。希腊化时期的艺术分析无疑取得了无可争议的成果，排除了旧有的偏见和狭隘的观点，但与此同时也出现了新的错误观念。一种极端观点是否定的和无果的，另一种观点则是神秘的。

5. 艺术家的新观点。尽管希腊化时期的艺术观中存在着这些巨大的冲突，但仍有一些关于艺术和艺术家的观点为大多数人所认同，其中包括博学的美学家、艺术家和鉴赏家，因此这些观点是整个时代的典型特征。这些极为典型的观点是新的、刚刚形成的，不同于之前流行的观点。① 诚然，过去的两个主要假设，即艺术依赖于规则和对现实的摹仿，并没有被抛弃，因为自然主义艺术极为流行。当维特鲁威写下"一幅画如果不像真的，就不值得赞赏"时，持这种看法的并非只有他一个。但也出现了相反的观点。

(1) **想象**对于任何艺术家的作品都是至关重要的。[2] 它对画家或雕塑家的重要性不亚于对诗人的重要性。菲洛斯特拉托斯写道，"想象是一个比摹仿更聪明的艺术家"。摹仿只展示了它所看到的东西，而想象还展示了没有看到的东西。思想"比工匠的手艺画得和雕刻得更好"。赞美想象绝不是要艺术抛弃真理；恰恰相反，通过自由选择和编织主题，想象可以更加有效地呈现真理。由斯多亚学派引入并迅速普及的"想象"概念开始在艺术理论中取代"摹仿"。然而，只有当"幻想"(phantasy)被看成某种被动的东西

---

① W. Tatarkiewicz, "Die spätantike Kunsttheorie", *Philologische Vorträge*, Wrocław, 1959.

时，比如在柏拉图那里，“摹仿”与“幻想”之间的冲突才会出现；而在亚里士多德那里，“幻想”则包含着希腊化时期所说的“想象”的诸要素。

（2）对于艺术家来说，思想、知识和**智慧**是至关重要的，因为他能够且应该不仅呈现事物的表面，而且呈现事物最深层的特征。迪翁写道，一个优秀的雕塑家在神像中表现了神的全部本性和力量，而菲洛斯特拉托斯则说，菲迪亚斯在雕刻宙斯之前，一定沉浸在对世界的静观之中，“与天空和星辰融为一体”，因为这尊雕像展示了他对世界本性的深刻理解。这种对艺术家的看法使他接近于哲学家。早期希腊人曾把诗人与哲学家联系起来，但从未把画家、雕塑家与哲学家联系起来。然而现在，雕塑家菲迪亚斯被认为是“真理的诠释者”。“诗人的智慧也决定了绘画艺术的价值，因为绘画艺术也包含智慧。”迪翁认为，人关于神的观念不仅来自于对自然的了解和作家，而且也来自于画家和雕塑家的作品。[3]

（3）对于艺术家来说，**观念**是至关重要的。他根据心灵中的观念来创作。[4]西塞罗写道：“在形式和形象中存在着某种完美的东西，这种完美的观念就在我们的心灵之中。”迪翁、阿尔奇诺斯（Alcinous）和西塞罗都认为，菲迪亚斯创造宙斯并非根据自然，而是根据他心灵中的一个观念。对于神的形象如何出现在菲迪亚斯的心灵之中这个问题，迪翁的回答是：“正如菲迪亚斯所说，想象一个神对于艺术家来说是天生和必然的，艺术家拥有这个观念是因为他与神相似。观念先于他而存在，他只是观念的诠释者和教导者”。这是古代艺术观发生的重大变化之一。

“观念”[理念]一词本身及其原义都来自柏拉图，但希腊化时期的作者在保留这个词的同时改变了它的含义。根据柏拉图的说法，观念是一种存在于人和世界之外的实在，是超越感官范围但能在概念上加以把握的永恒不变的实在。正如我们所说，在西塞罗看来，或者在迪翁看来，它从概念的对象变成了概念本身，从超越的概念变成了艺术家心灵中的意象。此外，它还从抽象的概念变成了艺术家使用的那种意象。在西塞罗那里，它甚至失去了以前在柏拉图那里的先天性。西塞罗认为它来自经验，认为艺术家看到的现象将其观念印在他的心灵上。这是斯多亚学派典型的思维方式，而不是柏拉图的。

（4）虽然艺术家了解艺术规则很重要，但仅有这些规则是不够的，因为除此之外，他的个人**天赋**还需要高于一般水平。希腊化时期关于伟大艺术家的观念已经接近于现代的天才观念。

伟大艺术家的天赋和心灵使他异于常人，甚至连他的眼睛和手都不一样。在被问到为什么钦佩宙克西斯的画时，画家尼科马库斯（Nicomachus）回答说："你要是有我的眼睛，就不会问这样的问题了。"迪翁认为雕塑家是"圣贤"和"神人"。对柏拉图来说，"神人"是哲学家、诗人和政治家，而从来不是雕塑家。迪翁还问了一个从未提出过的问题，即荷马和菲迪亚斯谁更优秀。从旧的希腊观点来看，诗人优于雕塑家是不言而喻的，因为诗人优于工匠。

但对希腊化时期的作者来说，仅凭天才还不足以解释伟大的艺术。他们认为艺术家还需要灵感，艺术家是在一种"神灵感应"和**灵感**的状态下进行创作的。泡萨尼亚斯写道，雕塑家的作品和诗人的作品一样，都是灵感的产物。当时许多论述艺术的人都主张，灵感并不像德谟克利特所认为的那样是一种自然状态，而是一

种超自然状态,是对诸神介入的表达。卡利斯特拉托斯认为,“当
291 雕塑家被一种更神圣的灵感攫住时,他们的双手会创作出迷狂的东西”。[5]这位作者还说,当斯科帕斯雕刻狄俄尼索斯时,他被那尊神所充满。被柏拉图用于诗人的“创造性迷狂”的概念,现在被用于画家和雕塑家。在当时的著作中,我们经常会看到关于艺术家在梦中和清醒时被幽灵造访的描述。斯特拉波写道,倘若菲迪亚斯没有看到神的真实形象,从而要么上升于神,要么神降于他,他是不可能创作出其宙斯雕像的。泡萨尼亚斯在菲迪亚斯的雕塑中寻求一种更高的“智慧”,他并不想测量宙斯雕像,因为他确信数无法解释其强大的效力。[6]一些最好的雕像被认为源于神。神秘主义的宗教作家详细论述了神圣灵感和神像,甚至连西塞罗也在驳斥韦雷斯(Verres)的演说中提到了一尊据说来自天界的刻瑞斯(Ceres)雕像。

(5) 在艺术方面,只有艺术家才是**立法者**。伟大的艺术家,尤其是菲迪亚斯,不仅被视为他们自己作品的创造者,而且被视为影响后世作品和思想的立法者(*legum lator*)。西塞罗说,我们通过画家和雕塑家赋予神的形态来了解神。昆体良说,帕拉修斯之所以被称为立法者,是因为其他人摹仿他描绘神和人的方法,仿佛这就是正确的描绘方式。

艺术家也是艺术方面的**评判者**。在艺术家与外行的争论中,艺术家占了上风。小普林尼写道,所有与艺术相关的事情都应完全留给艺术家,[7]另一位作家也认为,“如果让艺术家本人来评判艺术,艺术的状况就会令人满意”。但相反的观点也不乏支持者。哈利卡纳索斯的狄奥尼修斯认为,外行(*idiotes*)和艺术家的观点

都应被倾听，琉善倾向于让受过教育且热爱美的外行有发言权。[8]

与早期只对艺术家的作品感兴趣而完全忽视艺术家不同，后来的希腊人和罗马人也对艺术家的**个性**表现出兴趣。普林尼在一篇典型的文章中写道，某位艺术家最后的未竟之作要比他已完成的作品更受推崇和重视，因为从这些作品中可以更清楚地看出艺术家思想的进展（*ipsae cogitationes artificum spectantur*）。[9]

（6）视觉艺术家的**社会地位**提高了，尽管起初只能说画家的社会地位提高了，因为古人出于根深蒂固的偏见，很难免除雕塑家繁重的体力劳动。这些偏见只是逐渐被部分消除，这便导向了人们对艺术家的看法相互矛盾的一个过渡时期。根据普鲁塔克的说法，在欣赏一件作品的同时鄙视艺术家往往是可能的。[10]他认为，即使在看过菲迪亚斯的奥林匹亚宙斯像或波利克里托斯的阿尔戈斯赫拉神庙这样的杰作之后，也没有一个出身高贵的年轻人愿意 292
成为菲迪亚斯或波利克里托斯；如果一件作品值得赞赏，并不意味着其工匠-生产者也值得赞赏。普鲁塔克并不是唯一持这种观点的人；恰恰相反，他代表了大多数人的观点。希腊化时期的一些作家已经意识到雕塑家不仅仅是一个工匠，但大多数人仍然坚持旧的观点。琉善写道，我们应当跪倒在菲迪亚斯、波利克里托斯和其他伟大的艺术家面前，就像跪倒在他们创作的神祇面前一样，但他又说："假定你成了菲迪亚斯或波利克里托斯，你创造了杰作……你仍然会被认为是一个工匠和手艺人，人们会提醒你，你是靠自己的双手谋生的。"

6. 对艺术作品的新观点。在希腊化时期，人们对艺术作品的态度经历了类似于对艺术家态度的变化。人们不再从摹仿、理智和技术上来看待艺术作品。

古代评判艺术作品有一种模式，或者说有若干种模式，因为不同哲学学派在艺术中看出的要素数量不同。根据塞内卡的详细分析，斯多亚学派区分了两个要素，亚里士多德区分了四个要素，柏拉图区分了五个要素。[11-11a] 和对自然的划分一样，斯多亚学派只区分了艺术的质料和动力因：就雕像而言，青铜是质料，艺术家是原因。除了质料和动力因，亚里士多德又察觉出另外两个因素，即作品的形式和它所服务的目的。柏拉图则察觉出第五个要素：理念或模型。塞内卡告诉我们，柏拉图区分了作品产生于什么，通过什么而完成，变成了什么，依照什么被创作出来，以及要达成什么目的。例如，雕像是由一位**艺术家**用某种**材料**制成的，拥有他所赋予的**形式**，依照某个**模型**制作出来，为了达成某个**目的**。这些模式，特别是亚里士多德和柏拉图更为复杂的模式，使人们有可能用一种新的方法来研究艺术作品，而不再局限于摹仿的、理智的和纯技术的解释。

(1) 根据这种新的解释，艺术品是一种**精神**产物，而不仅仅是手工艺品。琉善指出，在艺术家将其转变为女神之前，尼多斯岛的阿佛洛狄特像只是一块石头。菲洛斯特拉托斯认为，菲迪亚斯在雕刻朱庇特时，“他的心灵比手更聪明”。因此，艺术被认为不仅仅是享受和生活的点缀，而且证明了人的尊严（*argumentum humanitatis*）。迪翁坚称，希腊人正是凭借自己的艺术而优于野蛮人。

(2) 艺术作品是**个人**作品，而不是批量生产的。因此，它既能呈现也能表达个人经验。昆体良认为，绘画能够打动最亲密的情感，在这方面可以比诗歌更深入。早期希腊人用纯粹客观的方式来解释艺术，使其形式完全依赖于它所服务的目的，而希腊化时期 293
的作者则坚持强调艺术的主观要素及其对制作者的依赖。

(3) 艺术作品是不依赖于现实的**自由**作品，[12]是自主的。卡利斯特拉托斯认为，它与自然相抗衡，而不是摹仿自然。琉善写道，诗歌有“无限的自由，只服从一条法则：诗人的想象”。他也会对视觉艺术说同样的话。贺拉斯也说，画家和诗人对自由享有同样的权利。

(4) 艺术作品通过看得见的东西来表现看不见的精神的东西。金口迪翁在他的第十二篇“奥林匹亚演说”中详细讨论了这一点，他说，艺术对身体的呈现使我们可以从中认识到精神的存在。神秘主义作家认为，画家或雕塑家通过人体来表现神灵；伟大艺术作品的形式“配得上神性”，它们的美是超自然的。

(5) 这些伟大的作品不仅赏心悦目，而且能够激发心灵。[13]它们需要一位观察者，他处于静观状态时会用思考代替观看。[14]但为了能够欣赏它们，静观、闲暇和宁静是必需的。[15]

艺术作品具有强大的效力。根据卡利斯特拉托斯的说法，它使人哑口无言，感官受控。迪翁写道，菲迪亚斯的宙斯像等作品使人感到“无与伦比的”愉悦，忘却人生中的一切恐惧和艰辛。与认为艺术能够抚慰和抑制激情的早期作者不同，希腊化时期的作者倾向于认为，艺术的效果是激烈、刺激和令人着迷的。迪翁认为“情感”是艺术之本，卡利斯特拉托斯则谈到艺术的“神奇”效力。琉善常说，面对伟大的作品，眼睛不知餍足，人的行为如同疯子。正如狄奥尼修斯所说，人的艺术经验源于情感和感觉印象，而不是源于推理。在展示艺术的效力和解释艺术何以受人尊重方面，没有人比提尔的马克西莫斯走得更远。

希腊化时期的美学中出现了一种观点，认为艺术必须表达情感。早期希腊人相信舞蹈和歌曲是如此，但他们怀疑舞蹈和歌曲是否是艺术。苏格拉底认为雕塑可以表现被雕塑者的情感，但没有提到它可以表现雕塑家的情感。现在连演说家昆体良都强调，不仅他本人所从事的艺术，而且"无声的"艺术都是有表现力的。[15a]

一个人的价值可以从他对艺术的态度看出来。菲洛斯特拉托斯说："谁藐视绘画，谁就不配得到真理……和智慧。"[16]艺术作品虽然易坏，但却不朽。[17]它们收集和选择了世界上任何美的东西。[18]它们不仅表现身体，也表现灵魂及其音乐。它们不仅悦人眼目，[19]而且教眼睛如何看。[20]它们并非偶然的产物，而是创造美的自觉艺术的产物。[21]

294 古典艺术观最基本的假设发生了改变。主观的"匀称"变得比"比例"更重要。新时代规定，美不仅存在于完整的作品中，而且存在于与整体分离的片段中。[22]长期以来界定希腊艺术的"摹仿"概念失去了重要性，取而代之的是**想象**。

7. 视觉艺术与诗歌。对视觉艺术的所有这些态度变化都使视觉艺术接近于诗歌，并使两者处于同一层面。那么问题来了，视觉艺术与诗歌固然不无相似之处，它们之间的区别是什么呢？过去很少有人问这个问题，因为这两种活动似乎太过不同，甚至无法进行比较。对于这个新问题，最完整的回答来自金口迪翁，他发现视觉艺术与诗歌之间有四个区别：(1)雕塑家创造的形象持续存在，不像诗歌那样在时间中自行消散。(2)与诗人不同，雕塑家不能直接表达所有思想，[23]而必须间接运作并且依靠象征。[24](3)雕塑家必须与材料角力，材料抗拒他并且限制了他的自由。[25](4)雕塑家所服务的眼睛更难说服；[26]眼睛无法相信不可能的事物，而耳朵却可能被语词的魅力所欺骗。迪翁触及了1500年后莱辛所关注的问题。他敏锐地注意到诗歌与雕塑之间的区别，但夸大了它们，因为他没有看到诗歌也有难以驾驭的材料。

迪翁认为，出于他所给出的理由，雕塑家的任务比诗人的任务更艰巨。菲迪亚斯比荷马更难表现神性。之所以更难，也是因为雕塑产生的时间比诗歌晚，必须考虑诗歌所创造的思想。正是诗歌限制了雕塑的自由。尽管如此，迪翁说，菲迪亚斯已经从荷马的权威中解放出来，并且尽一个凡人之所能，完美地表现了神性。他以神圣的威严呈现了宙斯，有人的形态但又不同于任何人。从这些论点中不难觉察到柏拉图理念论哲学的影响，也许还有波西多纽的影响。

8. 视觉艺术与美。古希腊将艺术划分为自由艺术和手工艺的做法仍然有效。菲洛斯特拉托斯就采用了这一划分，尽管他给出的根据略有不同：他说自由艺术需要智慧，而手工艺则只需要技能和勤奋。但主要的变化是，人们开始把视觉艺术归于自由艺术而不是奴性艺术。尽管围绕画家和雕塑家的偏见仍然存在，但这种转变还是发生了。现在，绘画和雕塑已经与哲学、诗歌和音乐属于同一类别。菲洛斯特拉托斯认为这一分组的根据是，所有这些自由艺术都主要关注真理，而手工艺的目的则是功用。

并非只有菲洛斯特拉托斯以这种方式来评价艺术。提尔的马

克西莫斯将手工艺与视觉艺术对立起来,直到不久以前,希腊人还认为视觉艺术不过是手工艺罢了。卡利斯特拉托斯也认为视觉艺
295 术不仅仅是手的产物。塞内卡(尽管他不持这种观点)告诉我们,在他那个时代,视觉艺术被归于自由艺术。

绘画和雕塑之所以能够提升地位,是因为它们所体现的美受到了关注。普鲁塔克说,艺术家通过他们美的艺术(*kallitechnia*)超越了工匠。[27]他用一个词连结了早期希腊人没有连结的东西:艺术与美。因此,他接近了现代的优美艺术概念。斯多亚学派(可能是波西多纽)提出了一种观点,即艺术之外不存在美的东西。琉善把艺术称为"美的微粒"。被归于他的对话《卡里德莫斯》(*Charidemus*)对比了以功用为目的的手工艺品和"以美为目的"的绘画。[28]西塞罗和昆体良则保守一些,说艺术不追求美,但却得到了美。提尔的马克西莫斯等人则坚称"艺术追求最大的美"。在古代早期,艺术的吸引力被认为在于忠实地摹仿现实以及创作的技能。希腊化时期的作者则有不同的看法:对他们来说,艺术的吸引力源于使精神浸透质料,源于想象、理智、艺术性和美。普鲁塔克写道,人天生爱美,[29]正如早期作家所坚持的那样,人天生爱摹仿现实。德米特里乌斯受到批评是因为他更看重逼真而不是更看重美。

希腊化时期的美学家在艺术和自然中寻求美,发现很难判定何者的美更大。他们看到,一方面,艺术的美不如自然的美,因为艺术本身只是自然的一种反映。另一方面,艺术的美又更大,因为艺术家撷取了分散在自然中的美,弥补了它的缺陷。

早期希腊人在广泛而非具体的审美意义上使用的美的概念,

在希腊化时期改变了含义。现在琉善把美等同于魅力和优雅，比例和匀称，[30]提尔的马克西莫斯把美与魅力、吸引力、渴望、惬意的心情和“名字令人愉悦的一切事物”联系起来。[31]马克西莫斯赞扬希腊人是因为他们“认识到，应当用最美的东西来赞美神”，他明白，美是艺术作品受到赞赏的原因之一。[32]他意识到，艺术作品之所以尊敬，不仅因为它们有用，而且因为它们美。[33]

希腊化时期的一些作者甚至扩大了美的感觉范围，将任何让感官愉悦的东西，包括食物和香味，都称为“美的”。[34]

9. 希腊化美学的两极性。古典作家通常处于两个可能的极端之间，而希腊化美学家则处于一个或另一个极端。有些人，主要是怀疑论学派和伊壁鸠鲁学派，采取了一种实证主义或唯物主义的态度，而柏拉图主义者则采取了一种精神主义和宗教的态度。其中包括普鲁塔克、迪翁和马克西莫斯等作家，他们有许多美学著 296
作流传下来。前一种倾向直到现代才重新出现，后一种倾向则预示着中世纪的美学。

这个以宗教为导向的古代末期的一个典型问题和争论不休的主题是，艺术是否应当与宗教相联系，或者更确切地说，艺术是否应当表现神，并且创造雕像来描绘神。[35]瓦罗和塞内卡等一些作家强烈反对把神像塑造成人的形态。而从波西多纽到提尔的马克西莫斯的另一些人则认为，即使这些雕像不能被赞美，至少也应该被容忍，因为人对于神不可能有任何其他态度。普鲁萨的迪翁因神像而充满灵感，普罗提诺在神像中发现了崇拜神的形而上学基础，扬布里柯则认为神像“充满了神性”。古代已经开始了中世纪关于形象崇拜的争论，双方各自的观点已经得到表述，在 8 世纪拜占庭的圣像破坏运动时期开始公开冲突。①

10. 四种变化。视觉艺术理论在希腊化时期所经历的变化有着不同的来源和特点。有些变化是形式上的，使古人从古典立场转向了巴洛克立场。这是一个双重转变，包括从静态形式转向动态形式，以及从促进和谐的形式转向促进表现的形式。

另一些变化是社会和政治上的，即从雅典民主共和时期谦逊、克制和保守的形式转向了罗马帝国丰富而宏伟的形式。

第三种变化是在意识形态上从早期爱奥尼亚哲学家和智者学派的唯物主义或半唯物主义哲学转向了普罗提诺及其同时代人的理念论宗教哲学。这种变化由于寻求艺术家的天赋观念和神圣灵感，所以也对艺术和艺术理论产生了影响。

最后，第四条发展线索是科学性的，它依赖于经验和分析的发展，显示于概念的完善上。通过这种方式，人们纠正了早期有偏见的教条性理论，特别是对美完全依赖于各个部分的安排这一论点提出了质疑。与旧的纯粹客观的美的概念不同，现在强调的是主观的约定要素。

*　*　*

297

O. 造型艺术美学的原文

精神性

[1]肉体之美是灵魂使然，灵魂将自己的美赋予了肉体。一旦

① J. Geffcken, "Der Bilderstreit des heidnischen Altertums", *Archiv für Religionswissenschaft* XIX (1916-1919).

肉体死亡，灵魂就到了别处。……任何令人愉悦的东西都不会留在肉体之中。

——PLUTARCH，Pro pulchritudine 2

对艺术的理念论阐释

按照现实进行创造的人，如果他真的在注视现实，那么他当然不会创造美，因为现实充满了不和谐，并非最高的美。因此，摹仿现实而产生的事物离美更远。菲迪亚斯也不是通过观察现实，而是通过静观荷马的宙斯来塑造宙斯像的，如果他能企及用心灵把握的神本身，他当然会使自己的作品更美。

——PROCLUS，Comm. in Tim. 81 C

如同一个优秀的工匠，他开始建造这个石与木之城，始终注视着样式，使可见的有形之物处处符合无形的理念。

——PHILON，De opif. mundi 4

想象

[2]鉴于视觉遇到的困难、语词表达手段的局限性和思想的模糊性，每个人都尽可能地放飞想象。正是按照最美的模式，画家描绘神，雕塑家塑造神，诗人用比喻表现神，哲学家玄妙深奥地谈论神。

——MAXIMUS OF TYRE，Or. Ⅺ 3（Hobein，130）

艺术中的想象

然而，如果我们仔细思考这个问题，就会发现绘画艺术与诗歌

有某种亲缘关系，两者的共同要素是想象。例如，诗人把神灵搬上
298 他们的舞台，仿佛实际在场一样，结果产生了庄严、宏大和撼人心魄的力量；绘画艺术也是如此，它用线条来表明诗人用语言描述的东西。

——PHILOSTRATUS THE YOUNGER，Imagines，Prooem. 6

摹仿中的想象

想象造就了这些作品，它是比摹仿更聪明、更精妙的艺术家；因为摹仿只能把它所看到的东西当作其手工制品来创造，而想象则可以创造出它所没有看到的东西，因为它会参照现实来构思自己的理想。摹仿常常被恐惧所阻挡，而想象却无所障碍，毫不气馁地朝着自己设定的目标前进。

——PHILOSTRATUS，Vita Apoll. Ⅵ 19

四种来源

[3]既然我们已经把人对神的观念的三种来源摆在面前，即与生俱来的、来自诗人的和来自立法者的，让我们把来自造型艺术和能工巧匠作品的观念称为第四种来源，这些技艺精湛的工匠制作了神的雕像和肖像——我指的是画家、雕塑家和石匠，或者说，自认为适合用艺术来表现神性的任何人。

——DION CHRYSOSTOM，Or. Ⅻ 44

艺术家灵魂中的形象

[4]雕塑家必须在心灵中始终保持同一个形象，直到完成作

品，而这往往需要很多年。

——DION CHRYSOSTOM，Or. Ⅻ 71

模型必须先于[艺术作品]；即使并非每个人都能从外部感受到它，但毫无疑问，每一位艺术家心中都有模型，并将其形式注入质料。

——ALCINOUS，Isagoga Ⅸ（Hermann，163）

灵感 299

[5]不仅诗人和散文家在被神力鼓起舌簧时会迸发出灵感，当雕塑家被一种更神圣的灵感攫住时，他们的双手会创作出迷狂的东西。

——CALLISTRATUS，Descr. 2，1（Schenkl-Reisch，47）

测量和印象

[6]我知道奥林匹亚宙斯神像的高度和宽度是经过测量和记录的，但我不会赞扬那些从事测量的人，因为即使是他们的记录，也远不及亲眼看到神像所留下的印象。

——PAUSANIAS，Ⅴ 11，9

艺术家作为艺术的仲裁者

[7]只有精通绘画、雕塑或造型艺术的人才能对那些艺术的大师做出正确判断，因此，一个人必须在哲学上取得重大进展，才能对一位哲学家形成公正的看法。

——PLINY THE YOUNGER，Epist. Ⅰ 10，4

行家和外行

[8]在所有诉诸眼睛的事情上,普通人和有教养的人并不适用同样的法则。

——LUCIAN,De domo 2

有学问的人理解艺术的意义,无知的人只理解艺术的消遣。

——QUINTILIAN,Institutio oratoria Ⅱ 17,42

未完成的艺术作品

[9]一个极不寻常和令人难忘的事实是,艺术家的晚期作品及其未竟之作……比那些已完成之作更受赞赏,因为在这些作品中,我们可以看到画家留下的最初草图和真实想法,而在心领神会和赞叹不已中,我们又为艺术家在完成作品时撒手人寰而感到痛心。

——PLINY THE ELDER,Historia naturalis XXXV 145

300 ## 艺术家的社会地位

[10]用手从事卑微的工作,在为无用之物而付出的辛劳中,证明了自己对更高的事物漠不关心。没有一个心地高尚的年轻人会因为在比萨看到宙斯像,或者在阿尔戈斯看到赫拉像,而渴望成为菲迪亚斯或波里克利托斯;也不会因为对其诗歌的喜爱而渴望成为阿纳克里翁、菲利塔斯(Philetas)或阿基洛科斯。因为如果作品以其优雅让你感到快乐,并不必然意味着其创作者也值得你尊崇。

——PLUTARCH,Vita Pericl. 153a

艺术作品的要素

[11]我们的斯多亚派兄弟认为,……自然万物都源于两个本原——原因和质料。……以一尊雕像为例:它首先涉及艺术家所要处理的质料,其次涉及赋予质料以形式的艺术家。事实上,就雕像而言,青铜是质料,雕塑家是原因。……亚里士多德认为,"原因"一词有三种用法。他说:"第一种原因是质料本身,因为如果没有质料,什么也做不出来;第二种原因是创作之手;第三种原因是雕像等每一个造物被赋予的形式。"……他接着说:"在这三者的基础上还可以加上第四种原因,即整个作品所要达到的目的。"……除了这四种原因,柏拉图还给这个模型增加了第五种原因——他自己称之为"理念";因为这正是艺术家在实现自己意图时所沉思的东西。但无论这个理念是来自外部,用眼睛看到的,还是来自内部,是在他的心灵中构想和建立的一个观念,都无关紧要。……相应地,柏拉图提出了五种原因:质料因、动力因、形式因、原型因和目的因。……例如,回到……雕像的例子,青铜是质料因,雕塑家是动力因,赋予它的形状是形式因,制作者复制的模型是原型因,制作者所期望实现的目的是目的因,雕像本身则是这几个原因的结果。

——SENECA,Epist. 65,2 sqq

[11a]也许是自然喜欢对立,并且从中演化出和谐。……在这 301
方面,艺术显然也摹仿自然。绘画艺术将黑和白、黄和红等要素融合在画面中,创作出忠实于原物的图像;音乐也将高低长短不同的音混合在一起,由不同的声部实现单一的和谐;而文法则把元音和

辅音混合在一起，组成它的整个艺术。被称为“晦涩者”(the Obscure)的赫拉克利特的那句名言也是同样的意思。

——PSEUDO-ARISTOTLE，De mundo 5

艺术的超人之美

(迪翁借菲迪亚斯之口说出)

[12]至于我的作品，如果从神的美或境界的角度来认真考察，没有人会认为它类似于凡人，即使是疯子也不会。

——DION CHRYSOSTOM，Or. XII 63

艺术作品需要观察和思想

[13]恰恰相反，这座房子的美……需要有教养的人来观看，他不是用眼睛而是用思想来判断。

——LUCIAN，De domo 6

[14]但是，当一个有教养的人观察美的事物时，我敢肯定，他不会满足于仅仅用眼睛去收获它们的魅力，也不会甘愿默不作声地观看它们的美。他会尽可能地保持观察，用语言来取代看到的东西。

——LUCIAN，De domo 2

静观

302 [15]事实上在罗马，艺术作品数量繁多，人们看过之后很难记住，再加上大量公务和商业活动，最终必定使人无法作认真研究，因为欣赏艺术作品需要闲暇和静默的环境。

——PLINY THE ELDER，Historia naturalis XXXVI 27

表现

[15a]舞蹈动作常常充满意义，不借助语言来诉诸情感。从眼神和步态可以推断出心情，甚至连说不出话的动物也会通过眼睛和其他身体暗示来表现愤怒、快乐或取悦的欲望。依赖各种动作的姿态也有这样的力量，当静默无声的图画以这种力量洞穿我们内心深处的情感时，有时似乎比语言本身更有表现力。……姿态和动作也能产生优雅。

——QUINTILIAN，Inst，orat.，Ⅺ，3，66

赞扬绘画

[16]谁藐视绘画，谁就不配得到真理……和智慧。

——PHILOSTRATUS THE ELDER，Imagines，Prooem. 1

艺术作品的不朽

[17]我们决不能否认人的创造有可能不朽，因为它虽然创造了易于毁坏的物体，但却使之不朽。这种创造的名字就是艺术。

——PHILOSTRATUS，Dialexeis(Kayser，366)

艺术汇集了世界之美

[18]画家从每一个人体的每一个细节中收集美，从不同的身体中将它们艺术地汇集成一种表现，从而创造出一种健康、恰当、内在和谐的美。在现实中，你永远也找不到一个和雕像一样的身

体，因为艺术只追求最美的东西。

——MAXIMUS OF TYRE，Or. XVIII 3(Hobein，211)

303 **艺术作为灵魂的表现**

[19]青铜与艺术结合产生了美，通过身体的光彩来表现灵魂的音乐性。

——CALLISTRATUS，Descr. 7，1(Schenkl-Reisch，58)

艺术教人观看

[20]体操艺术使身体优美而有目的地运动和静止，使支配这些动作的感官准确地发挥作用。绘画艺术则教导眼睛如何公正地评价我们所看到的许多事物。

——DIOGENES THE BABYLONIAN(Philodemus，De musica，Keinke，8)

美并非源于偶然

[21]任何美的东西的产生都并非偶然和没有设计，它来自于创造了美的艺术。世界是美的，我们可以由它的形状、颜色和尺寸以及围绕它的各种星辰看出这一点。因为世界是球形的，这种形状胜过了所有其他形状。

——PLUTARCH，De placitis philosophorum 879c

碎片之美

[22]如果仔细观察雕像的头部或其他部分，虽然你无法由此

领悟整个雕像的和谐和比例,但却能判断出那个特定部分的优雅。……有人说,无需观看整体就能看到某些特定部分的美。

——PLINY THE YOUNGER,Epist. Ⅱ 5,11

诗歌与视觉艺术

[23]诗人能够通过诗歌引导人们接受任何一种观念,而我们的艺术作品只有对外形的模仿这一个恰当的比较标准。

——DION CHRYSOSTOM,Or. Ⅻ 57

事实上,人有极大的自由和能力用语言来表达心中产生的任何想法,因此诗人的艺术非常大胆,无可指摘。

——DION CHRYSOSTOM,Or. Ⅻ 65

[24]任何雕塑家或画家都无法表现心灵和理智本身,因为所 304
有人都无法用眼睛看到这些属性,也无法通过探究来了解它们。……我们到它那里寻求庇护,赋予神以人的身体当作容纳理智和理性的容器;由于缺乏更好的例子并且茫然无措,我们试图利用象征功能,通过某种可描绘和可见的东西来表明那个看不见和不可描绘的东西。

——DION CHRYSOSTOM,Or. Ⅻ 59

[25]但另一方面,我们的艺术依赖于工匠的手和艺术家的创造接触,绝不可能达到这样的自由,而是首先需要一种材料。……但我们的艺术实现起来费力而缓慢,每前进一步都很困难,这无疑是因为它必须用岩石般坚硬的材料来制作。

——DION CHRYSOSTOM,Or. Ⅻ 69; 70

[26]事实上,人们常说眼睛比耳朵更可信,这也许是真的,但

眼睛更难被说服,要求更大的清晰性。因为眼睛与它所看到的东西完全一致,而在韵律和声音的迷惑下,用表象来刺激和欺骗耳朵并不是不可能的。此外,对我们艺术的衡量取决于关于数和量的考虑,而诗人则有能力任意增加这些要素。

——DION CHRYSOSTOM,Or. XII 71

美的艺术

[27]于是便出现了这些作品,它们的宏大登峰造极,形态的优雅无与伦比,因为工匠们在美的艺术方面竭力超越自己。

——PLUTARCH,Vita Pericl. 159 d

305

美作为目的

[28]几乎在所有人类事务中,美都像是一个共同的模型。……我为什么要谈论那些以美为目的的事物呢?我们肯定要竭力把为我们服务的必需品变得尽可能美。

但凡希望考察艺术的人,几乎都会得出结论说,艺术皆以美为导向,皆希望全力实现美。

——LUCIAN,Charidemus 25

天生爱美

[29]就这样,天生热爱艺术和美的人,往往也热爱和欣赏与心灵和思想有关的任何人工制品和活动。

——PLUTARCH,Quaest. conviv. 673 E

华贵与美

[30]那座[宫殿]之所以令人惊叹，仅仅是因为它造价昂贵。它没有把工艺、美、魅力、比例或优雅与黄金结合起来。它是野蛮的。……野蛮人不爱美，而爱金钱。

——LUCIAN，De domo 5

美的效力

[31]每一个天然就美的事物必然与魅力、吸引力、渴望、愉悦的气氛以及一切有着美好名称的事物联系在一起。例如，天空不仅是美的，而且呈现出最令人愉悦的景象。同样，人们航行的海洋、生长庄稼的田野、树木覆盖的山脉和鲜花盛开的草地也是如此。

——MAXIMUS OF TYRE，Or. XXV 7(Hobein，305)

希腊人用美来崇拜神

[32]雕像并非受制于单一的规范，也并非只有一种类型、一种艺术风格和一种材料。希腊人已经认识到，应当用尘世间最美的东西来赞美众神：纯净的材料、人的形态和完美的艺术。

——MAXIMUS OF TYRE，Or. II 3(Hobein，20)

为什么雕像受到尊重？ 306

[33]雕像的数量何其多，种类何其丰富！有的是艺术的产物，有的因为各种需要而被接受，有的因为功用而受到尊崇，有的因为

尺寸而受到赞叹，还有的因为美而受到赞扬。

——MAXIMUS OF TYRE，Or. Ⅱ 9（Hobein，27）

美的范围

[34]另一方面，我并不完全同意阿里斯托克赛诺斯的说法，即"美"这个词仅仅适用于这些感官[即听觉和视觉]的愉悦；因为人们把食物和香味都称为"美的"，并说享受一顿令人愉悦的丰盛晚餐是"美的"。

——PLUTARCH，Quaest. conviv. 704 e

应当有神像吗？

[35]从本质上看，神似乎并不需要雕像和象征。但人过于软弱，与神相距有"天地之遥"，因此发明了这些标记，以便将神的名号和对神的认识寄托其中。

但那些记忆力非凡、灵魂升至天界的人也许会接近神——这些人也许根本不需要雕像，但他们寥寥无几……

因此，神……超越于时间、永恒和整个变动不居的自然，无法被立法者命名、用语言表达或者用眼睛观看。我们无法把握他的本质，而只能求助于文字、名称、动物、用金银象牙制成的像、植物、河流、山峰和江河之源。我们希望想象他，但由于自己的弱点，我们只能用对我们来说美的东西来描述他的本性。我们就像情人一样，没有什么比看到所爱之人的形象更让我们愉悦了。

——MAXIMUS OF TYRE，Or. Ⅱ 2 et 10（Hobein，20 et 28）

第十一章　艺术的分类

1. 艺术与美。希腊化时期从古典时期继承下来的美学概念工具只适合满足哲学的一般需要，而不适合满足美学的特殊需要，因此是希腊化时期的作者试图摆脱的负担。这尤其适用于我们已经讨论多次的四个概念。

(1) 美的概念非常广泛，它不仅包括形状、颜色和声音的美，而且还包括思想、德性和行为的美。它既包括审美美，也包括道德美。希腊化时期的作者试图缩小它的范围，只论述审美美。当斯多亚学派把美定义为“对各个部分和悦人色彩的恰当安排”时，他们想到的是这种狭义的美的概念。

(2) 艺术的概念非常广泛，它包括“按照规则进行的有技能的一切生产”，无论是优美艺术还是手工艺品。古典时期已经有人试图将艺术局限于音乐和绘画等“摹仿”艺术，希腊化时期则朝这个方向走得更远。

(3) 美的概念与艺术的概念并无联系。在美的定义中不会提及艺术，在艺术的定义中也不会提及美。希腊化时期的作者开始把这些概念更紧密地联系在一起，直到得出结论说，对某些艺术而言，“美是目的”。

(4) 艺术概念与诗歌概念并无联系。艺术受制于规则，而诗歌则被视为灵感的主题，因此不能归入艺术范畴。希腊化时期的作者认识到，诗歌也受制于规则，灵感在其他艺术中也不可或缺，从而把这些概念更紧密地联系在一起。

自从开始思考艺术概念，古人一直认为艺术是一种依靠一般规则和具有理性特征的技能。无论这个概念发生了什么变化，这一点一直如此。对他们来说，非理性的艺术，无论基于直觉还是基于想象，都不是艺术。柏拉图在这方面的经典陈述是："我不把任何非理性的活动称为艺术。"[1]但另一方面，古人知道只有艺术的原则是一般的，其产物则是具体的。后来的一位作者简洁地表达了这种观点："在每一种艺术中，规则是普遍的，而产物是个体的。"[2]

与这些概念转变相关联，人们试图对美甚至艺术进行分类。这在智者学派、柏拉图和亚里士多德那里已经开始了。希腊化时期的作者力图提供令人满意的分类。鉴于艺术概念和有待分类的
308 艺术领域的广泛性，这件事情非常重要。其中特别重要的问题是，这种分类是否接近于把"优美艺术"区分出来，以及这些艺术是否有别于手工艺。①

2. 智者学派的分类。智者学派把艺术分为**有用的**艺术和**令人愉悦的**艺术，[3]换句话说，分为**生活所必需的**艺术和**娱乐性的**艺术。在希腊化时期，这种观点变得流行起来，而且或多或少是不言

① W. Tatarkiewicz, "Art and Poetry, a Contribution to the History of Ancient Aesthetics", *Studia Philosophica* Ⅱ (Lwów, 1938) and "Classification of Arts in Antiquity", *Journal of the History of Ideas* (1963). P. O. Kristeller, "The Modern System of Arts", *Journal of the History of Ideas* (1951).

自明的。但对于解决如何将那些对美学有特殊意义的艺术分离出来这个问题，它几乎毫无帮助。即使是亚里士多德所提出、普鲁塔克所表述的更为复杂的分类，情况也是如此。除了有用的和令人愉悦的艺术，普鲁塔克又增加了因其**卓越**而受到追求的艺术。也许有人认为，普鲁塔克的想法可以用作基础，以把“优美艺术”界定为那些追求卓越的艺术。然而，普鲁塔克给出的例子表明，他并没有想到优美艺术。他提到了数学和天文学，但没有提到雕塑或音乐。

3. 柏拉图和亚里士多德的分类。柏拉图以各种方式划分艺术。他的一些观点总体上被忽视了，例如艺术应当被分为基于计算的（如音乐）和基于简单经验的。但他有两个观点被接受了。一个是，艺术之间的差异取决于艺术与对象的关系，艺术要么利用对象（如狩猎），要么摹仿对象（如绘画），要么产生对象（如建筑）。[4]这种区分①是艺术的三重划分的基础，在古人的艺术讨论中起着重要的作用。柏拉图划分艺术的另一种尝试也是如此，在这种尝试中，生产的艺术（建筑）不同于只产生事物形象的艺术（绘画）。就柏拉图而言，这两种划分是相似的：艺术要么生产，要么通过产生形象来摹仿事物。

亚里士多德继承了柏拉图的思想，他以类似的方式将艺术分为完善自然的艺术和摹仿自然的艺术。[5]这种划分使他能够将一些（如果不是全部）艺术归入“摹仿的”范畴，这些艺术在现代被称为“优美”艺术。但他所作的假设与现代的不同。他的划分并非基

① 柏拉图的这种分类亦见于 Laertius Diogenes，Ⅲ 100。

于这些艺术追求美，而是基于它们“摹仿”美，因此，他赋予美学思想的指向不同于现代。

4. 盖伦的分类。把艺术分为奴性艺术和自由艺术在希腊早期和希腊化时期都很流行。这种划分是典型希腊式的，但以拉丁文术语“*artes vulgares*”[普通艺术]和“*artes liberales*”[自由艺术]最为人所知。[6]在这种情况下，划分的基础是有些艺术需要、有
309 些艺术不需要的体力劳动。对古人来说，这种差异似乎非常重要。在对艺术的所有古代划分中，这一划分最明显地依赖于历史条件和社会关系。它表现了古代贵族的社会制度和与之伴随的对体力劳动的蔑视。“*artes vulgares*”[普通艺术]一词表达了这种蔑视，西塞罗甚至把需要体力劳动的艺术称为“肮脏的”(*sordidae*)。这种划分是由希腊人对知识追求的热爱和古人对体力劳动的厌恶所决定的。

我们很难追溯最早提出这种古老划分的是谁，但可以列举出使用和发展它的那些人的名字。公元 2 世纪，盖伦等人使用了这种划分，[7]并把一些艺术称为**手工艺**，而把另一些艺术称为**理智的**和**可敬的**。他当然认为前者不如后者。只有修辞、几何、算术、辩证法、天文和文法，也就是所有学术学科，才被他毫无保留地归入更高的艺术，这些学科今天无一被视为艺术。他把音乐也包括在这一组中，但他所说的音乐是指基于数学的音乐理论。他不确定绘画和雕塑是否应该包括在内，他写道，“如果愿意”，可以将其归入自由艺术。盖伦的这种分类再次表明了古代和现代对艺术理解的差异。

在希腊化时期，对于哪些艺术应被视为自由艺术，人们怀有一

些疑虑。例如，瓦罗试图将建筑归入自由艺术，但建筑无法保有这一地位，因为公众舆论继续将其归于手工艺。

希腊人还以一种不同形式表达了这一划分，即“手工艺”保留其名称和含义，而“自由”艺术或“理智”艺术则获得了新的名称和新的特征。它们被称为“普全”(*encyclical*)艺术，其字面意思是这些艺术形成了一个封闭的圆。希腊作者解释说，这个词之所以被选中，是“因为艺术家必须掌握所有这些艺术，以便挑选出对他那门艺术有用的东西”。换句话说，他们视之为“属于通识教育的艺术”。这些通常包括科学以及音乐艺术和修辞艺术，但不包括视觉艺术。

这种划分产生了若干变种和扩展。最突出的例子是塞内卡提出的四重划分，他的这个想法可能来自波西多纽。[8]他所谓的手工艺与他所谓的奴性艺术并无区别，“服务于德性”的那些艺术与自由艺术也并非不同。此外，他还提到了“为教育而设的”(*pueriles*)艺术和“为娱乐而设的”(*ludicrae*)“悦人耳目”的艺术。这两种新的划分近似于智者学派所作的那些区分。现在，二重划分变成了四重，这在某种意义上是两大划分的结合。由于这种补充，盖伦的划分已经不再像以前那样片面，但其最初的意图和连贯性也因此而消失了。

5. 昆体良的分类。另一种分类是公元1世纪的罗马修辞学家昆体良提出的。[9]他借用亚里士多德在另一种语境下使用的概 310
念，将艺术分为三组：(1)第一组是依赖于考察(*inspectio*)的艺术，或者说，依赖于认识事物和评价事物(*cognitio et aestimatio rerum*)的艺术。然而，这些艺术并不需要采取任何行动。昆体良用希腊词“理论的[静观的]”(*theoretical*)来表示它们,并以天文学为例。(2)除这些艺术之外,还有一些艺术在于行动(*actus*)并且在行动中耗尽自己,什么也不留下(*ipso actu perficitur nihilque post actum operis relinquit*)。这些艺术被赋予了希腊名称“实践的”(*practical*),并以舞蹈为例。(3)最后是那些留下产物的(*effectus*)艺术。它们是创制(*poietic*)艺术,并以绘画为例。

如果我们把艺术中的三个要素,即技能、活动和产物区分开来,则可以说昆体良对艺术的划分是这样的:第一组只包含第一个要素,第二组包含第一和第二个要素,最后一组则包含所有三个要素。第一个要素为一切艺术所共有,古人认为它是必不可少的。因此,对技能的强调使他们把理论艺术(即科学)归于完全意义上的艺术,而在现代思想中,生产和产物是必不可少的,因此“理论艺术”根本不算艺术。昆体良的划分没有将“优美艺术”与其他艺术分开。有些“优美艺术”出现在他的第二组中,有些出现在第三组中。

我们经由昆体良得知的这种分类,被第欧根尼·拉尔修归于柏拉图。这很奇怪,有两个原因。首先,他说柏拉图的分类是对科学的分类,而不是对艺术的分类,但与此同时,他却把石工技术当作“创制”科学的例子,而把吹笛当作实践科学的例子。这只能解释为,在古代思想中,艺术与科学之间的划分并不是固定的。其次,第欧根尼·拉尔修将这种分类归于柏拉图,但它未见于柏拉图的任何著作。这也许是因为这种分类被用于柏拉图的学园,因此意见汇编者将它与学园的这位创始人联系起来。

然而,这种三分法可见于亚里士多德的著作。但它的应用不同（被用于生活方式），意图也不同。亚里士多德所谓的“实践”活动与其说是指缺乏产物的活动，不如说是指不注重产物而注重道德意图的活动。

色雷斯的狄奥尼修斯（Dionysius Thrax）提出，艺术可以分为“实践的”和“完成的”（*apotelestic*）。然而，这与昆体良的划分是相同的，只有一个区别：它把理论艺术排除在外，并且赋予创制艺术一个不同的名称。一百年前，音乐史家韦斯特法尔（R. Westphal）第一次提请人们注意狄奥尼修斯的分类，并对其作了不同的解释，声称“完成的”艺术是那些完全从创作活动中产生的艺术（比如视觉艺术），而“实践的”艺术则需要一个诠释者（比如音乐）。韦斯特法尔认为这是古代产生的最重要的分类，因为它实现了其他分类 311
未能实现的目标：它从（广义的）艺术中区分出优美艺术，又把优美艺术分为视觉艺术和音乐艺术。然而，这种解释并不可靠，因为它把一种现代理解强加于古代思想。（可以补充一句，色雷斯的狄奥尼修斯的划分是四重的。它还包括“理论的”艺术和“获得的”［peripoietic］艺术，后者指那些直接利用自然的艺术，比如捕鱼和狩猎。）[10]

文法学家塔拉哈的卢齐路斯（Lucius Tarrhaeus）（根据狄奥尼修斯的引用）提出了这种分类的另一个变种。除了“理论的”艺术、“实践的”艺术和“完成的”艺术之外，他还增加了“工具的”（*organic*）艺术。这些艺术都依靠**工具**或乐器，例如长笛演奏的艺术。[11]因此，他把昆体良的“实践”艺术分为两种：一种是需要工具的艺术（他称之为“工具的”），另一种是像舞蹈一样不需要工具的艺术（他称之为“实践的”）。

6. 西塞罗的分类。西塞罗通常依赖于传统的艺术分类：自由的和奴性的，或者有用的和令人愉悦的。不过，他偶尔也会提到其他分类。例如，他把艺术的价值当作分类的基础，将艺术分为最高的艺术(*artes maximae*)、中等的艺术(*artes mediocres*)和较低的艺术(*artes minores*)。他将政治艺术和军事艺术列为最高的艺术；将以哲学为顶端的理智艺术(*procreatrix et quasi parens omnium laudatarum artium*)，包括诗歌和演说术，列为中等的艺术；而将其余的艺术，即绘画、雕塑、音乐、表演和体育，列为最低的艺术。因此，大多数"优美艺术"都处于最低的类别，这进一步证明古人对他们擅长的艺术评价不高。

西塞罗还概述了另一种艺术分类，即有声艺术和无声艺术(*artes mutae*)。[12]诗歌、演说术和音乐属于第一类，绘画和雕塑属于第二类。不过，他只是顺便提到这种划分，它在古代既没有被接受，也没有产生任何影响。然而，它在现代艺术理论中具有重要意义。这种划分是就摹仿艺术或娱乐艺术而提出的，它将两组重要的艺术区分开来：有声艺术和视觉艺术。

7. 普罗提诺的分类。在古代晚期，普罗提诺再次尝试对艺术进行分类。他同样根据"艺术"一词广泛的希腊含义对艺术进行了分类。我们将在下一章专门讨论他的美学时谈论他的分类，不过这里要预先指出，在《九章集》(*Ennead*)第四卷(Ⅳ,4,31)中，他按照工具将艺术分为依靠**自然力**的艺术和依靠自身**工具**的艺术。除此之外，他还增加了第三类艺术，即利用**心灵工具**的心灵引导(psychagogic)艺术。[13]普罗提诺的这种分类重复了柏拉图和亚里士多德的想法，但也包含着独立的思想。

另一种分类可见于《九章集》第五卷(V,9,11)。它也许是古代提出的最完整的分类,代表着艺术分类问题上的定论。[14]普罗 312
提诺把艺术分为“生产的”艺术,比如建筑;“摹仿的”艺术,比如绘画、雕塑、舞蹈、拟剧和音乐;“辅助自然的”艺术,比如农业和医学;“改善人类活动的”艺术,比如修辞、战略、经济和统治术;以及纯“理智的”艺术,比如几何学。虽然美在普罗提诺的哲学中起着重要作用,但他并没有将“优美艺术”作为一种特殊的艺术类型区分出来;“优美艺术”可见于他所承认的五种艺术中的三种。

8. 六种分类。因此可以说,希腊罗马时期的古代至少产生了六种艺术分类。第一种源于智者学派,它基于艺术的目的区分了“有用的”艺术和“娱乐的”艺术,或者用稍微不同的术语来表述,区分了“生活中必需的”艺术和“令人愉悦的”艺术。

柏拉图和亚里士多德提出的第二种分类以**艺术与现实的关系**为基础,把艺术分为“创造事物”的艺术和“创造形象”的艺术,在另一个版本中则分为“完善自然”的艺术和“摹仿自然”的艺术。

第三种分类是按照实践者所需的心灵**活动**或身体**活动**来划分艺术。只需要心灵活动的艺术被称为“自由的”,而需要体力劳动的艺术则被称为“奴性的”。盖伦称前者为“理智”艺术,后者为“手工艺”。这些划分的真正意图是将较高的艺术与的较低的艺术分开,因此,西塞罗将艺术分为“最高的”“中等的”和“较低的”可被认为与之相关。

第四种分类由昆体良所记载,它以每一种艺术所能达到的**实现程度**为基础,把艺术分为“理论的”“实践的”和“创制的”。这种分类的优点是把科学分离开来,没有使之与生产的艺术混在一起。

第五种分类源于西塞罗，按照艺术使用的**物质材料**把艺术分为“有声的”和“无声的”。

第六种分类源于普罗提诺，按照艺术使用的**工具**来划分艺术。

波西多纽和塞内卡的分类是第三种与第一种的结合，区分了四种类型的艺术：“普通的”“娱乐的”“教育的”和“自由的”。这是一种折中的分类，没有任何统一的原则。普罗提诺的五重分类也是如此，它是第一、第二和第四种分类的结合。它与其说是真正的分类，不如说是最重要的艺术类型的集合。

尽管希腊化时期的作者对艺术分类有浓厚兴趣，但最有价值
313 的是较早提出的那些分类，即主要是前三种分类。普鲁塔克的分
类源于亚里士多德，第四种分类也是如此。

这些分类的历史意义以及在古代世界的传播和认可，在不同情况下非常不同。其中只有第一种（按照艺术的目的进行划分）和第三种（按照艺术家的活动进行划分）成了普遍的，第二种（按照艺术与现实的关系进行划分）在学术界得到了认可，但从未超越学术界。

值得注意的是，从很早的时候起，希腊艺术就分为两大类：表现的艺术，包括诗歌、音乐和舞蹈；静观的艺术，包括雕塑和建筑。然而，在任何一位古代作者那里，我们都找不到将艺术分为这两类。原因在于，古人并不把表现的艺术视为艺术，这些艺术以“诗歌”之名出现在他们的作品中。希腊艺术的基本二元性表现在艺术与诗歌的对立中。

9. “优美”艺术。所有这些分类都无助于区分出对美学有特殊意义的“优美”艺术。“自由的”“娱乐的”或“创制的”艺术概念既

过于宽泛，又过于狭窄。在优美艺术中，有些是自由的，有些是奴性的，有些是实践的，有些是创制的。因此，这一划分不能作为使“优美艺术”区别于其他艺术的根据。在这方面，把艺术分为生产的和摹仿的也许会更有成效，但“摹仿”概念所固有的不确定性和模糊性使这一区分变得含混不清。

审美艺术之所以能被区分出来，要么因为它们包含着美，要么因为它们包含着对人类经验的表达。第一种观念是古典时期的希腊人闻所未闻的，第二种观念是熟悉的，但他们并没有借此对艺术进行分类。然而，希腊化时期的作者还提出了另外两种想法：某些艺术受想象的指导，某些艺术受观念的指导。这两种想法都可以用作区分出审美艺术的依据，但这在古代并没有发生。

在区分出“优美”艺术方面，相对而言最大的进展是菲洛斯特拉托斯在古代晚期做出的。[15]他在《论体操》(*On Gymnastics*)中提出的想法是，存在两种类型的艺术：有些艺术是手工艺，另一些则不然，他把后者称为“*sophia*”。这个词最初被希腊人用来指圣贤、诗人和艺术家的天赋，后来才仅限于圣贤。然而，菲洛斯特拉托斯再次拓宽了这个术语的含义，把艺术家也包含在内。没有一个现代术语能够对应于这个古代观念，最接近的词也许是“艺术技能”。在这个概念中，菲洛斯特拉托斯包括了科学和我们所谓的“优美艺术”。可以想象，他对普通艺术与更高的艺术技能的划分在含义上等同于普通艺术与自由艺术的划分。但他的区分有所不同，因为能被纳入更高艺术的检验标准并不在于缺乏体力劳动。314
他承认，雕塑以及用石头和金属来塑造艺术对象是更高的艺术。检验标准在于一种更崇高、更自由的精神努力。在菲洛斯特拉托斯那里,“优美”艺术仍然不能用同一个词来涵盖,因为它们仍然与技能一起进行分类,但这是古代第一次(如果资料来源可信的话,事实上也是唯一一次)把“优美”艺术全部列举出来,包含在同一概念内。

10. 艺术理论。在古代,音乐、诗歌、演说、绘画、雕塑和建筑是单独实践的,各自有各自的理论。

这些专门理论中的每一种都提出了不同的问题,但有些理论普遍适用于所有艺术。音乐理论关注的是主观的审美经验如何依赖于客观的数学比例,它也关注音乐的教育效果。建筑理论强调艺术创作和艺术规范的问题。绘画和雕塑理论关注艺术家的心理,以及艺术家对世界的创造性态度。修辞学家成功地区分了艺术表现的各种风格和形式。但问题最广泛的是诗学,涉及艺术真理、形式与内容的关系、灵感与技能的关系、直觉与规则的关系等问题。在后来的数个世纪里,诗学关注的大量问题成为美学的主题。这些专门的艺术理论累积起来,代表一种尚不存在的一般理论。

*　*　*

P. 艺术分类的原文

[1]我不把任何非理性活动称为艺术。

——PLATO,Gorg. 465 A

[2]在每一种艺术中,规则都是普遍的,而产物是个别的。

——JOANNES DOXAPATRES,In Aphthoni Progymnasmata

(H. Rabe,Prolegomenon Sylloge,113)

按照功用和愉悦来划分艺术

[3][任何艺术]都有三个目的[之一]:要么是愉悦,比如绘画
艺术,要么是功用,比如农业,要么是两者兼而有之,比如音乐。因 315
为它驯服了野性的精神,唤醒了堕落的人。

——JANON,In Hermogenis De statibus(H. Rabe ib. 321)

按照生产功能和摹仿功能来划分艺术

[4]见上:Plato,F 22 and 23。

——PLATO,Respublica 601 D

把艺术分为完善自然的艺术和摹仿自然的艺术

[5]见上:Aristotle,G 6。

——ARISTOTLE,Physica 199 a 15

把艺术分为手工艺和普全艺术

[6]在艺术中,有些是工艺,另一些则是"普全的",即它构成了通识教育的一部分。工艺也被称为"手工艺",是指金属加工和建筑之类的活动。……构成通识教育一部分的艺术也被一些人称为"理智的",包括天文、几何、音乐、哲学、医学、文法和演说等艺术。之所以这样称呼它们,是因为艺术家必须掌握所有这些艺术,以挑选出对他那门艺术有用的东西。

(注:被希腊人视为通识教育一部分的那些艺术,他们称之为"普全的",即"形成了一个圆",每一个受过教育的人都必须经过这

个知识之圆。)

——SCHOLIA to DIONYSIUS THRAX

(Bekker,An. Gr. Ⅱ 654)

理智艺术与手工艺

[7]艺术可以分为两种,一种是理智的和高贵的,另一种则是
被鄙视的,是体力劳动的产物,我们把后者称为工艺或手工艺。因
此,如果每个人都致力于第一种艺术,那样会更好,因为随着年龄
316 的增长,艺术家们不得不放弃第二种艺术。第一种艺术包括医学、
演说、音乐、几何、算术、逻辑、天文、文法和法律。如果愿意,你还
可以加上雕塑和绘画,因为这两种艺术虽然要用手,但并不需要年
轻人的力量。

——GALEN,Protrepticus 14(Marquardt,129)

斯多亚学派的四重划分

[8]见上:J 23。

——POSIDONIUS(Seneca,Epist. 88,21)

把艺术分成理论的、实践的和“创制的”

[9]然而,有些艺术要基于考察,也就是基于对事物的认识和恰当的理解,比如天文学,它不需要行动,而是满足于理解其研究的主题;我们把这种艺术称为“理论的”。另一些艺术基于行动,行动就是它的目的,一旦行动完成,什么也不会留下:我们把这些艺术称为“实践的”,比如舞蹈。还有一些艺术则基于产生某个结果,

完成某种可见的任务就实现了它的目的；我们把这种艺术称为“创制的”，比如绘画。

——QUINTILIAN，Inst. orat. Ⅱ 18，1

“获得的艺术”

[10]艺术有四种类型：一种叫做理论的，另一种叫做实践的，第三种叫做完成的，第四种叫做获得的。所谓理论的艺术，是那些以理性考察为唯一目的的艺术，比如天文学和算术：天文学考察星辰的本质和轨道，算术考察数的分析和综合。实践的艺术是活动一结束它们就停止的那些艺术，比如里拉琴演奏和舞蹈：当演奏者停止演奏或舞者停止舞蹈时，没有什么东西留下来。完成的艺术是当活动停止时我们能看到其产物的那些艺术，比如雕塑和建筑，因为当雕塑家完成了雕像，建筑家建成了房子时，雕像和建筑留了 317
下来。最后，获得的艺术是获得某种东西从而增加我们所有物的那些艺术，比如钓鱼和狩猎。

——SCHOLIA to DIONYSIUS THRAX

（Bekker，An. Gr. Ⅱ 670）

工具的艺术

[11]据说有四种不同的艺术，有些是完成的，有些是理论的，有些是实践的，有些是混合的。

……塔拉哈的卢齐路斯说，艺术有四种类型：完成的、实践的、工具的和理论的。完成的艺术是产生有用事物、并使产物达到完成状态的那些艺术。……工具的艺术是通过使用工具而产生的那些艺术。

——SCHOLIA to DIONYSIUS THRAX

(Bekker, An. Gr. Ⅱ 652)

分为有声艺术和无声艺术

[12]见上:Cicero, K 11。

——CICERO, De Oratore Ⅲ 7,26

普罗提诺的第一种划分

[13]见下:Plotinus, R 21

——PLOTINUS Ⅳ 4,31

普罗提诺的第二种划分

[14]见下:Plotinus, R 22。

——PLOTINUS Ⅴ 9,11

艺术作为工艺和手工艺

[15]一方面,我们把哲学思考、艺术演说、诗歌、音乐、几何、天文(如果它未超出实践需要)等活动当作艺术;另一方面,我们也把排兵布阵和类似的活动,以及整个医学、绘画、造型及各类雕塑、石头和金属制品当作艺术。再有,我们把那些能够制造工具或器具的艺术当作手工艺;但只有最前面列出的那些才是真正的艺术。

——PHILOSTRATUS, De gymnastica 1(261 k)

第十二章　普罗提诺的美学 318

1. 普罗提诺和柏拉图。希腊化时期的美学产生了许多有价值的思想，但它们关注的是细节而不是一般理论。然而在这一时期行将结束时，普罗提诺于公元 3 世纪末提出了一种新的美学。[1]它的形而上学基础和对美的经验分析都是新的。

普罗提诺提出了自古典时期以来从未提出过的最基本的美学问题。他与希腊化时期的美学家几乎毫无共同之处；事实上，他的思想在很大程度上来源于柏拉图，因此他被正确地视为柏拉图的继承者。他的哲学被称为新柏拉图主义。但柏拉图生活在古典时期的开端，而普罗提诺则生活在希腊化时期的末尾。他们之间的六个世纪留下了不可磨灭的印记，尽管普罗提诺赞同柏拉图的观点，但其哲学之间有相当大的差异。

普罗提诺（约 203—270）既是一位极具原创性的哲学家，也是一位博学的学者。他生于埃及，在亚历山大里亚度过了青年时代，40 岁时移居罗马。他的哲学在这里找到了支持者。它是一种完全个人的哲学，但其精神主义和超验主义与时代精神合拍。

普罗提诺 50 岁开始写作。他留下了 54 篇论文，后来被人编

---

① E. Krakowski, *Une philosophie de l'amour et de la beauté* (Paris, 1929).

成六卷的《九章集》，并因这一标题而广为人知。这些论文涉及许多主题，其编写并不系统，而是有着共同的基本思想，阐述了一个统一的体系。这个体系是理念论的、精神主义的和超验的。美学问题在其中占有重要地位，[1]比以前的希腊哲学体系更突出。《九章集》第一卷第六章（“论美”）和第五卷第八章（“论理智的美”）特别关注美学。《九章集》揭示了普罗提诺的思想如何从一种相对接近传统观点的立场发展到一种独立的立场。他关于美的两篇主要论文属于其早期思想。

这样一个极为抽象和超验的哲学家竟然在美学史上扮演了如此重要的角色，对感官美投入了如此多的思考，似乎是一个悖谬。然而他认为，这种形状和颜色之美反映了一种不同的、更完美的超世间的美。

普罗提诺和柏拉图都把两个世界作了对比：普罗提诺称之为“此岸”世界和“彼岸”世界，换句话说，就是我们生活于其中的不完美的感官物质世界与独立于我们感官的、只能通过思想才能企及的完美的精神世界。这两位哲学家的美学的不同之处在于，尽管
319 普罗提诺有着超感官的愿望，但他非常欣赏感官美。他认为感官美是感官世界最完美的属性，甚至是它唯一完美的属性，因为他认为感官美直接来自于理念世界。

2. 美的定义。希腊普遍接受的传统观念把美定义为“比例”，

---

① E. de Keyser, *La signification de l'art dans les "Ennéades" de Plotin*, (Louvain, 1955). F. Bourbon di Petrella, *Il problema dell'arte e delta bellezza in Plotino*, 1956. A. Plebe, "Origini e problemi dell'estetica antica", *Momenti e problemi di storia dell'estetica*, vol. Ⅰ(1959), pp. 1-80.

从而表达了一种信念，即美依赖于关系、尺度、数学比例和各个部分的协调一致。这个由毕达哥拉斯学派提出的美的概念为柏拉图和亚里士多德所采纳，几个世纪后仍然为西塞罗和琉善所坚持。西塞罗把美称为“各个部分的恰当形式”(*apta figura membrorum*)，琉善则把美解释为“部分与整体的统一与和谐”。

普罗提诺出于几个理由拒绝接受这个定义。[1]首先，他指出，倘若美依赖于“比例”，那么美只会出现在复杂的物体中，而不会出现在特定的颜色或声音中，也不会出现在太阳、光、黄金或闪电中。这些东西既不复杂也不多样，但都属于最美的事物。其次，他认为，同一张脸看起来有多美依赖于脸部的表情。倘若美完全依赖于“比例”，这是不可能的，因为尽管表情变了，但脸的比例依然保持不变。第三，他认为，美不可能在于一致(accordance)，因为邪恶中也可能有一致，而邪恶中的一致永远不是美的。他的第四个论证是，“比例”概念确实可以适用于物质对象，但不适用于精神对象，比如德性、知识或美的社会制度。因此，传统的美的定义充其量只能适用于一些美的对象，而不能适用于所有美的对象。

普罗提诺用这些论证抨击了古代美学的基本信条，即美依赖于关系和各个部分的安排。一些美的对象是简单的，没有任何部分，他认为这是一条公理。由此他推断，美不可能是关系；因此，美必须是一种**性质**。这是普罗提诺美学的第一个基本论题。

3. 内在形式。普罗提诺认为，有些对象的美可能依赖于“比例”，即关系和比例，但这些仅仅是美的外在表现，而不是美的本质。美的本质和来源不是“比例”，而是“比例”中显现出来的东西，或者用普罗提诺的话说，是“照亮”[2]了“比例”的东西。美在于统一性，他认为物质中没有统一性，因此物质不可能是美的来源，美的来源只可能是精神。在普罗提诺那里，“美的来源是精神”这一论题取代了“美的来源是‘比例’”这一古老论题。正如他所说，美最终不是形式、颜色或尺寸，而是灵魂。[3]对于像普罗提诺这样的超验哲学家来说，认为一个灵魂只可能取悦另一个灵魂是很自然的。如果说颜色和形状等感官现象也让我们觉得美，那是因为灵魂也在其中表达了自己。对感官美的分析表明，它不是纯感官的，而是包含着理智要素。[4]

320 希腊常见的美的概念既包括感官美又包括理智美。柏拉图只对理智美感兴趣，希腊化时期的美学家则对感官美感兴趣。普罗提诺的立场与两者都不同。他认为美是感官世界的一种属性，而这种属性揭示了理智世界。[5]物体是美的，但它们是依靠精神而美的。[6]换句话说，感官世界是美的，但它是依靠美的理想原型(*archetypon*)而美的。[7]或者说，外在形式是美的，但它们美的来源在于其内在形式(*to endon eidos*)。如果一座建筑不是出自于建筑师的心灵，它就不会有美的外形。新柏拉图主义美学认为，外在形状、“比例”、和谐具有美，但它是一种借来的美，“分有”了内在的、精神的、理智的、理想的形式。

在普罗提诺的美的概念中很容易发现某种模糊性：一方面它指一种**心灵**意象(“内在形式”)，另一方面它又指一种**理想**形象(“模型”)。但普罗提诺故意不区分两者。他既保留了旧的“美”的概念，认为美是令人赞叹的东西，又创造了新的“美”的概念，认为美是精神在物质中的显现。

尽管有这种模糊性，但这个新柏拉图主义概念的某些特征是明确的。首先，美不仅存在于“比例”中，也就是说，不仅存在于各个部分的安排中，而且存在于各个部分本身之中。其次，即使美的确存在于“比例”中，“比例”也不是它的来源，而只是它的外在表现。物质本身并不美，在物质中显现出来的精神才美，只有精神才具有统一性、理性和形式。[8]

只有精神才能认识精神；因此，只有精神才能把握美。“只有变得美的灵魂才能看到美”，“它第一眼就会发现美”。眼睛必须先变得与被静观的对象相似，然后才能静观它。眼睛如果没有变得像太阳，就永远也看不到太阳。因此，一个人要想看到善和美，就应当变得神圣而美。[9]

普罗提诺的美学是精神主义的，但并不是人类中心论的。自然比人具有更多的精神力和创造力。只有完全掌握了自己艺术的艺术家才能像自然一样创造。自然之美与艺术之美具有相同的来源：自然之所以美，是因为理念照耀着它；同样，艺术之所以美，是因为艺术家赋予了它理念。但自然比艺术更美：“一个活物即使是丑的，也比一尊美的雕像更美”。普罗提诺固然使美学发生了变化，但古希腊关于自然高于艺术的信念仍然保持着力量，尽管此时对它的辩护有所不同。[10]

4. 美与艺术。普罗提诺的总体立场对他的艺术理论产生了深远的影响：

(1) 当艺术表现感官世界时，其主题充满了缺陷和不完善。
但艺术可以有不同的主题。艺术所雕刻的雕像或建造的神庙也可 321
以是**精神的反映**，只有这样它才有真正的价值。普罗提诺说，人们最珍视的雕像和神庙都是如此。[11]尽管普罗提诺对绘画和雕塑特别感兴趣，但他对音乐的评价更高。之所以如此，是因为音乐不以物体为模型，而只关注和谐和节奏。

(2) 关于艺术的功能，在普罗提诺那里发展出一种不同的看法。迄今为止，大多数希腊人和罗马人都认为，视觉艺术和文学艺术的功能是再现。这种摹仿学说在普罗提诺的精神主义哲学中遭到拒斥。他写道："艺术并非单纯地摹仿可见之物，而是要回到自然的本原；此外，艺术自身也能提供许多东西，因为艺术本身包含美，能够弥补事物的缺陷。"[12,13]

(3) 普罗提诺写道，菲迪亚斯并不是按照他所看到的样子来塑造宙斯像的，而是按照宙斯若想向我们显示会是什么样子来塑造宙斯像的。[14]

普罗提诺比较了两块石头，一块处于天然状态，另一块被艺术家刻成了雕像。[15]后者起初并不具有这个形状，是艺术家拥有这个形状并把它转移到石头。石头的这个形状并非源于对自然的摹仿，而是源于艺术家的理念。石头在多大程度上服从于艺术，内在形状的美就在多大程度上进入了石头。

因此，艺术是凭借艺术家的**理念**而产生的。然而，普罗提诺对理念的理解不同于柏拉图等希腊罗马前辈。对于柏拉图来说，理念是永恒不变的，而对于普罗提诺来说，理念是艺术家的活生生的观念。西塞罗认为艺术家心中的理念是一种心理现象，而普罗提诺则认为它是形而上学的，是超验模型的反映。

在普罗提诺那里，艺术家在某种意义上是创造者，在另一种意义上则不是。就艺术家没有再现现实，而是再现了他心中的"内在形式"而言，艺术家具有创造性。然而，内在形式并非他的创造，而是一种永恒模型的反映。

普罗提诺承认艺术家的作品是独特的,艺术家以自己的方式来诠释事物。[16]另一方面,与传统观点相一致,他认为这种工作在某种程度上是自动的。他确信,艺术家是通过技能而获得成功的,只有遇到困难时才进行推理。[17]

普罗提诺将艺术置于此岸世界与彼岸世界之间。艺术属于此岸世界,因为它再现了真实的事物和可见的形式;但它也属于彼岸世界,因为它来自于艺术家的心灵。[18]普罗提诺说,画家的作品常常因其迷人的"比例"和秩序而成为静观的对象,但有时也会让观者深受震动,因为它们让人想起了所描绘事物遥远的永恒模型。[19]

(4) 艺术是**知识**。科学知识由断言组成,基于观察和推理。322
知识有两种:要么存在于断言中,通过推理来达到;要么存在于图像中,通过直接感知来达到。形象而直接的知识属于艺术的领域;"诸神和圣徒的智慧不是用语言表达的,而是用美的图像表达的"。通过这些图像,人们可以理智直观到世界,把握世界的秩序;通过这些图像,"世界变得对心灵透明"。

(5) 不同的艺术有不同的目标:有些再现现实,有些对人有用。然而,对于视觉艺术、音乐和诗歌来说,这些都是次要目标,因为它们的固有功能是赋予事物以精神形态,从而**创造美**。因此,普罗提诺的理论暗示了艺术与美的一种亲缘关系。[20]与早期的美学理论相比,它更强调美是艺术的首要任务、价值和衡量标准。这被称为"普罗提诺无与伦比的成就"。今天,这样一种对艺术的解释似乎很自然,但美学史告诉我们,古代几乎没有人会接受它。值得注意的是,这种解释是由一位形而上学家和精神主义者构想出来的。

(6) 普罗提诺概述了艺术的两种分类。第一种是按照艺术使用自己的工具还是利用自然力来划分艺术,[21]第二种是按照艺术与“更高的”精神世界的接近程度来分类。[22]它区分了五种艺术:①生产物理对象的艺术,比如建筑;②完善自然的艺术,比如医学;两者都与“彼岸”的精神世界没有联系;③摹仿艺术一般也缺乏这种联系,但如果像音乐一样注重节奏与和谐,则可能有这种联系;这种联系更有可能发生于④将美引入人类活动的艺术,比如修辞学或政治,尤其是那些⑤只关注理智问题的艺术,比如几何学。

虽然普罗提诺专注于彼岸世界,但他的思辨和观察是结合在一起的。他对艺术的划分也是如此,这种划分虽然出自一种超验的观点,但却是我们已知最详细的古代划分。

普罗提诺的哲学建立在**绝对者**和**流溢**这两个概念之上。绝对者像光一样辐射,现实的所有形态都从它那里流溢出来:首先是理念世界,然后是灵魂世界,最后是物质世界。世界距离绝对者越远,就越不完美;但即使是距离绝对者最远的物质世界,也是绝对者的流溢,它的美是绝对者的反映。

生活在这个不完美世界中的人,希望回到他所来自的更高的世界。艺术便是通往那里的一条道路。出于这种信念,普罗提诺将美和艺术置于哲学的核心,使之成为其哲学体系的基本要素。

5. 普罗提诺美学的优缺点。在普罗提诺的美学中,必须区分
323 两个方面:一方面是他的形而上学观念,一种包含了美和艺术的令人眩晕的、抽象的、超验的流溢理论;另一方面是独立于其形而上

学的美学思想。将美视为一种性质（而不是各个部分之间的关系），认识到感官美中的理智要素，承认美是艺术的固有目标，认识到艺术的想象性及其直接的情感作用，[23]这些都是普罗提诺独立于其形而上学的美学发现。

这些思想在美学史上无疑占据着重要地位，而他的形而上学观念却招致了批评。普罗提诺写道："观看形体美的人不应迷失其中，而应意识到，形体美仅仅是一个意象、暗示和影子，应当**逃到**它所反映的东西上去。"用他自己的话说，他的美学是一种**飞翔美学**；飞自何处？飞自我们直接知道的唯一的美，但对普罗提诺来说，这种美只不过是一个影子。飞向何方？在敌视形而上学美学的历史学家看来，飞向纯粹的虚构。一位历史学家甚至坚持认为，普罗提诺只不过是复制了现存的美，并将它的复制品转移到了彼岸世界。但赞成普罗提诺的历史学家却强调，他将美融入形而上学体系的尝试显示出极大的勇气，而且几乎是唯一一次这样的尝试。

6. 一种艺术方案。普罗提诺美学的实际结果是创造了一个与以往有本质不同的艺术方案。在最适合他的改革的绘画方面，他详细制订了这个方案。

他的方案中最重要的是：(1)必须避免视觉缺陷所导致的一切结果，即尺寸缩小和颜色减退（这是从远处看的结果），变形（由于透视），以及事物外观的变化（由光和影产生）。因此，事物看起来必须像观者在近处看到它们的样子，全都处于前景，有同样的全光照明，显示出各自的局部色彩，所有细节都清晰可见。(2)根据普罗提诺的理论，物质是粗重黑暗的，而精神则是光明的，所以为了超越物质而达到精神，绘画必须避开深处和阴影，只表现事物的光亮表面。他写道，至关重要的是，“为了感知其真实尺寸，我们必须让物体近在眼前”。[24]所有深处都是物质，因此是黑暗的。只有照亮物质的光才是形式，可以被心灵所感知。这本质上是一个柏拉图主义方案，但要更彻底、更详细。

这种在逻辑上遵循普罗提诺美学的绘画在当时非常盛行。杜拉欧罗波斯城的发掘表明，它早在公元1世纪就已存在。(1)在描绘物体时，画家试图消除观者及其附带影响，以使物体只显示出自
324 身的永久特征。因此，每一个物体都以其真实的尺寸、颜色和形状被描绘出来，都处于没有阴影的均匀的全光中，都在一个没有透视的平面上。(2)这样描绘的物体与周围没有联系，它甚至没有触及地面，似乎悬浮在空中。(3)然而，它得到了精心的描绘，每一个细节都被描绘成当注意力完全集中于它时所看到的样子。(4)这种对单一平面的专注导致了深度的消失。物体失去了质量和重量。而且，尽管绘画描绘的是真实物体，但它们并没有再现现实世界的模式和特征，而是将现实世界变成了精神世界的透明外壳。(5)此外，真实形式被图示形式所取代，有机形式被几何形式所取代。艺术家会竭尽全力忠实地呈现现实的每一个细节，但事实上他会改变现实，将不同的秩序和节奏引入其中。因此，本着普罗提诺的精神，他会试图超越物质现象，获得“一种内在的视觉，一种不是与雕塑而是与被雕塑的神性的深层结合”。因此，“静观不是一种场景，而是另一种视觉形式，即出神”。[25]

奇怪的是，普罗提诺及其弟子并不支持与他们的美学相一致的艺术。他们支持完全不同的传统古典艺术，认为这是一种加强异教和反对基督教的手段。而基督徒虽然对普罗提诺怀有敌意，

但却发展出一种与他类似的艺术。他们并没有从理论上证明他们的精神艺术是正当的，但普罗提诺的著作已经给出了这种正当性。这是美学理论和艺术实践之间历史平行性的一个例子，但这种平行只是局部的。

普罗提诺的艺术理论特别是绘画理论流传了几个世纪，成为中世纪美学的一个重要组成部分。它的回响在早期教父那里即可看到，普罗提诺与中世纪之间的主要联系是公元 5 世纪的无名氏作者伪狄奥尼修斯（Pseudo-Dionysius）。数个世纪以来，与普罗提诺的理论相一致的艺术成为欧洲的主流，它是对古典纯再现艺术的否定。尤其是拜占庭艺术实现了普罗提诺的方案，但西方艺术也有类似的基础。

普罗提诺的美学比其哲学的其他部分更清楚地表明，他跨越了两个时代：他出生的古代和他所影响的中世纪。很难判定他更适合哪个时代。如果把他放在中世纪，他就成了无本之木；但若把他放在古代，他与其成果之间的联系又会被割断。他继承了柏拉图，而他自己又被伪狄奥尼修斯和经院美学中的新柏拉图主义思潮所继承。

* * *

R. 普罗提诺的原文 325

美的种类及其起源

[1]美主要表现在视觉上；但听觉也有美，比如语词的某些组

合和各种音乐，因为旋律和节奏是美的；对于那些超越了感觉领域的人来说，从生活方式、行为举止、性格品质和理智活动中都可以察觉到美，因此有一种德性之美。如果除此之外还有更高尚的美，我们的讨论必定会揭示出来。

那么，是什么使我们认为那些事物是美的，并吸引我们的耳朵去聆听呢？从灵魂中衍生出来的一切事物为何就是美的呢？

是否存在着一个本原，一切事物的美都来自它？抑或有一种美专属于有形体的东西，另一种美专属于无形体的东西？最后，这样一个本原是一还是多？

有些事物，比如物体，它们的美并非出于物体本身，而是因为分有了美；而另一些事物本身就是美的，比如德性就是如此。同样的物体有时显得美，有时又显得不美；因此，它们是物体是一回事，是美的物体又是另一回事。

那么，这个以某种物质形式显示出来的东西是什么呢？我们首先就要思考这个问题。在一个物体中，究竟是什么在吸引人的目光，使人走近它、凝视它，并且感到赏心悦目呢？如果能够找到这个答案，我们立刻就有了进行更深入考察的立足点。

几乎每个人都宣称，各个部分彼此之间以及与整体之间恰如其分的比例，再加上色彩的某种魅力，就构成了看得见的美。在可见事物中，正如在所有其他事物中一样，普遍而言，美的事物本质上是匀称和成比例的。但这就意味着，只有复合物才可能是美的，任何缺少部分的单纯之物都不可能是美的；此外，美的事物应该是
326 整体，各个部分本身并没有美的属性，而只是有利于整体的美。但如果整体是美的，那么部分也必须是美的；一个美的整体当然不能

由丑的部分所构成，所有部分必然都包含着美。

——PLOTINUS Ⅰ 6，1

比例与光辉

[2]美，即召唤我们去爱的东西，是照亮好的比例的光辉，而不是好的比例本身。……我们岂不知越是栩栩如生的雕像就越是美的，再好的比例都无济于事吗？一个活物即使是丑的，也比一尊美的雕像更美。的确如此，因为生命更令人向往；它之所以更令人向往，是因为它有灵魂；而它之所以有灵魂，是因为它有更多善的形式。

——PLOTINUS Ⅵ 7，22

灵魂使身体美

[3]毕竟，灵魂是使我们认为美的身体成为美的东西。因为灵魂是某种神圣的东西，是美的微粒。因此，凡是灵魂所接触并且支配的东西，只要能够分有美，都会变得美。

——PLOTINUS Ⅰ 6，6

[4]内在于身体中的美同样是没有身体的。但它可以被感知，因此我们把它归于与身体相结合的事物的秩序。

——PLOTINUS Ⅵ 3，16

理念使身体美

[5]那么，身体中的美是什么呢？这种美一看就可以感知；灵魂在认出它并且屈从于它时，就欣然接受它和表达它。但是当灵魂的目光落在丑的东西上时，就会转身离去；灵魂之所以颤抖着远

离它，是因为丑不适合灵魂，与灵魂是格格不入的。……但这里的
327 美的对象和那里的美的对象之间怎么可能有相似之处呢？……如果有相似之处，这里的对象和那里的对象怎么可能同时是美的呢？因此我们坚持认为，这种情况是通过对理念的分有而发生的。

——PLOTINUS Ⅰ 6,2

[6]当理念遇到一个由相似部分组成的事物时，它把美赋予整体；正如有时艺术把美赋予整座房子及其各个部分，有时自然也把美赋予一块石头。

——PLOTINUS Ⅰ 6,2

内在形式

[7]建筑师如何使外在的房子适合内在的房子理念，并声称它是美的呢？这仅仅是因为，外在的房子一旦抽去它的砖石，正是内在的理念。

——PLOTINUS Ⅰ 6,3

丑

[8]只要未分有逻各斯和形式，任何能够天然获得形状和形式的无形之物都是丑的，都在神圣的逻各斯之外。

——PLOTINUS Ⅰ 6,2

只有美的灵魂才能看到美

[9]能见必须与所见相适合，并且有某种相似之处，人才能看到东西。眼睛如果没有变得像太阳，就永远也看不到太阳；除非灵

魂本身是美的，否则灵魂永远也看不到美。因此，首先要让每个人变得像神一样，变得美，他才能看到神和美。

——PLOTINUS Ⅰ 6,9

艺术低于自然

[10]但艺术的起源晚于灵魂；它是一个摹仿者，产生模糊而虚弱的复制品——玩物，无甚价值的东西——它依赖于各种花招，仅凭这些花招就可以产生它的像。

——PLOTINUS Ⅳ 3,10

艺术作为理念之镜 328

[11]因此我认为，那些试图通过建造神龛和雕像来确保神灵在场的古代圣贤，显示了对万物本质的洞察。……艺术复制或再现它，像镜子一样捕捉它的像。

——PLOTINUS Ⅳ 3,11

艺术中的摹仿

[12]如果有人因为艺术通过摹仿自然来创造作品而鄙视艺术，那么我们首先要告诉他，首先，自然的事物也是仿制品，然后让他知道，艺术并非单纯地摹仿可见之物，而是要回到自然的本原；此外，艺术自身也能提供许多东西，因为艺术本身包含美，能够弥补事物的缺陷。

——PLOTINUS Ⅴ 8,1

艺术中的创造

[13]如果我们回想起一位艺术家的画，我们会注意到，这里产生形象的是艺术家，而不是原物。

——PLOTINUS Ⅵ 4,10

[14]菲迪亚斯并不是按照他所看到的样子来塑造宙斯像的，而是按照宙斯若想向我们显示会是什么样子来塑造宙斯像的。

——PLOTINUS Ⅴ 8,1

两块石头

[15]如果你愿意，让我们假设有两块大石头并排放在一起，一块没有形状，未被艺术加工，另一块已经被艺术处理，成为一尊神像或人像。若是神像，则它必定是一位美丽的女神或缪斯。若是人像，则它必定不只是某个人的雕像，而是艺术用各种各样的美创造出来的人的雕像。被艺术赋予了美的形式的石头之所以显得美，并非因为它是一块石头（否则另一块石头也会同样美），而是因为艺术赋予了它形式。材料本来并无这种形式，形式在人的心中，
329 在它进入石头之前，人的心中就已具备这种形式。它在工匠心中，不是因为他有手有眼，而是因为他有某种艺术。因此，这种美在艺术中，并且处于一种更高的状态。因为艺术中的美并未进入石头，而是始终存在于艺术中，进入石头的乃是由它派生出来的比它低的美。它并不纯粹，因为它想在石头里，而这只有在石头服从于艺术时才有可能。

——PLOTINUS Ⅴ 8,1

艺术作品的独特性

[16]工匠即使是在制造一个与模型完全相同的物体，也必须通过一种逻辑上的分别来领会这种同一性，由此他就要给它的同一性带来一些差异性，这样才能制造出另一个事物。

——PLOTINUS Ⅴ 7,3

艺术与反思

[17]工匠遇到困难就停下来思考；如果没有困难，他们的艺术就继续自行工作。

——PLOTINUS Ⅳ 3,18

艺术属于此岸世界

[18]绘画、雕塑、舞蹈、拟剧等摹仿艺术大多以此岸世界为基础；它们遵循感性模型，复制形式和运动，再现看到的比例；因此，除非间接通过人的理性原则，否则不可能将它们追溯到那个更高的世界。

——PLOTINUS Ⅴ 9,11

艺术的双重效果

[19]一个在努斯的领域中看到旋律的音乐家，当他听到可感声音的旋律时，怎么可能不为所动呢？一个精通几何学和数的科学的人，如果亲眼看到正确的关系、比例和秩序，怎么可能不感到愉悦呢？当然，人们看待同一事物的方式有所不同；有些人在看画

330 时，虽然是用眼睛观看艺术作品，但却认识到这是在感觉世界中对存在于努斯中的实在的一种摹仿，就会激动，从而渐渐回忆起真理：炽热的爱正是从这样的经验中产生的。

——PLOTINUS Ⅱ 9,16

艺术与美

[20]拙劣的工匠就是制造出丑陋形式的人。

——PLOTINUS Ⅲ 8,7

艺术的分类

[21]至于艺术，诸如建造房屋那样的艺术，目标一旦实现，艺术就终止了；还有一些艺术，比如医学、农业以及诸如此类的艺术，都是辅助性的，帮助自然生产，力求使之卓有成效；而修辞、音乐等能够左右心灵或灵魂的艺术则能使人从善或从恶。

——PLOTINUS Ⅳ 4,31

[22]摹仿的艺术，比如绘画、雕塑、舞蹈、拟剧……还有音乐，因为它的思想基于旋律与和谐……，像建筑和木工这样的工艺，使材料具有加工的形式；……农业帮助作物生长；医学关注身体健康，还有一些艺术以增强体力和幸福为目标……；演说、领导、管理和统治，这些活动以各种形式与善相关联……；几何学研究的是理智的东西。

——PLOTINUS Ⅴ 9,11

美的体验

[23]正如就物质世界的美而言，那些从未见过或认识它们的

美的人(比如天生失明的人)是不可能谈论它们的;同样,那些从未关心过高尚的行为的美、学问的美以及诸如此类的美的人,必须对这些事物保持沉默;那些从未想象过正义之脸和道德智慧有多美的人,也不可能谈论德性之美:"晨星和昏星都没有这么美。" 331

只有那些用灵魂的视觉去看的人才能看到这种美。一旦看到这种美,他们就会比看到上述那些美更加欢喜、敬畏和入迷,因为现在他们看到的乃是真正的美。那种美必定会引起惊异、惊喜、渴望、爱和激动的战栗。

——PLOTINUS Ⅰ 6,4

给画家的建议

[24]要想知觉它的真实尺寸,我们必须把它放到近处。……尺寸通常会缩小,颜色也会模糊起来;随着颜色的模糊,其尺寸也会成比例地缩小。

——PLOTINUS Ⅱ 8,1

静观

[25]在神殿内部的静观和合一不是与雕像,而是与神本身。……静观不是看,而是另一种视觉形式,即出神。

——PLOTINUS Ⅵ 9,11

为了静观那个神,我们必须专注于内心,仿佛置身于神殿内部,对此岸世界的所有事物保持沉默,仿佛正在凝视雕像。

——PLOTINUS Ⅴ 1,6

第十三章　对古代美学的评价

1. 发展期和停滞期。古代美学的历史跨越近千年，盛衰无常，既经历了充满新发现和新思想的激动人心的时期，也经历了单纯重复前人思想的停滞时期。

（1）在公元前 5 世纪的雅典，人们对美学做出了最早的深入
332 思考。毕达哥拉斯学派、智者学派、苏格拉底和柏拉图确立了美学的主要概念及其进一步发展的基础。从公元前 4 世纪到公元前 3 世纪初，重要的美学概念继续发展。公元前 4 世纪产生了亚里士多德的艺术理论。公元前 4 世纪末出现了希腊化时期最早的一些理论，比如泰奥弗拉斯特和阿里斯托克赛诺斯的音乐学，以及尼奥普托列墨斯的诗学。

（2）公元前 2、3 世纪主要反映了前两个伟大世纪的思想。直到公元前 1 世纪，雅典才再次出现了对美学的深入研究。在一般美学特别是专门的艺术领域中，都出现了新的思想。帕奈提乌和波西多纽所领导的斯多亚学派，以及菲隆和阿斯卡隆的安提奥克所领导的学园派，为美学问题提供了一些新的折中主义的解决方案。

希腊人和罗马人从那些著名的雅典学派中获得了美学知识，在此后的两个世纪里，希腊罗马的许多作者都致力于美学，并且大

获成功，比如希腊的菲洛德谟斯、伪朗吉努斯、赫莫根尼斯和迪翁；罗马的西塞罗、昆体良、维特鲁威、普林尼和塞内卡。

（3）直到公元3世纪，即古代结束时，美学才再次有了实质性的发展。现在重心已经从专门化转向了形而上学关切，从科学上的审慎转向了宗教上的精神主义，从折中主义思想家的妥协转向了普罗提诺的极端美学。就这样，古代美学的发展以一种形而上学的宗教观念而告终。但这并不是说古代美学的整个发展都趋向于这样一个结局。毋宁说，它是古代最后阶段的趋势造成的。古代美学虽以普罗提诺的体系而告终，但并不能说这是某个长期方案的实现。恰恰相反，从亚里士多德到普罗提诺的五个世纪里根本没有产生任何体系，而只有一些专门研究。

2. 古代美学的多样性。若与其他地方和时代的美学概念相比较，希腊的美和艺术概念可能显得难以改变。它是一个古典概念：摹仿真实的、可感知的世界，而没有在其他时代和地方支配着美和艺术概念的象征或超越性。然而，尽管有这种基本的统一性，古人的美学态度依然显示出很大的多样性。

（1）古代美学既有**自己的形式**，也有**借鉴的形式**。最早的希腊文化借鉴了已有的东方文化。西西里的狄奥多罗斯写道，与埃及人相似，早期希腊雕塑家也将自己的艺术看成"*kataskeue*"，即按照既定规则把各个部分组合成艺术品。后来希腊人提出了自己的古典艺术概念。但他们保留的继承下来的观念使其艺术概念具有两个面向。

（2）**表现的形式和静观的形式**。希腊人区分了两种艺术：他们认为一些艺术是表现的，比如音乐；另一些艺术是静观的，比如 333

雕塑。他们认为这两者之间差别巨大,以至于找不到一种共同的理论来包含它们。直到后来,他们才发展出这样一种观念:每一种艺术都可以既服务于表现,又服务于静观,每一种艺术都可以——用尼采的比喻来说——既是狄奥尼索斯式的(酒神的),又是阿波罗式的(日神的)。

(3) **多利克式和爱奥尼亚式**。通过把两种不同的艺术形式称为"多利克式"和"爱奥尼亚式",希腊人表明它们与两个地区部族有关。多利克式与爱奥尼亚式的区别主要反映在建筑上;这两个词指两种柱式、两种比例,一个较为庄重,一个较为轻巧。但这种二元性也存在于整个希腊艺术和文化中。多利克式代表他们美学的客观倾向,而爱奥尼亚式则代表其主观倾向。多利克人认为尺度是衡量优秀艺术的标准,而爱奥尼亚人则认为观者的愉悦才是标准。多里安人继续遵守规范,而爱奥尼亚人则迅速发展出印象主义倾向。前者依赖于"比例",后者则依赖于"匀称"。前者倾向于绝对主义和理性主义,后者则倾向于相对主义和经验主义。起初,这些不同观点代表了两个部族的不同品味、倾向、偏好,但随着时间的推移,它们都成了一般希腊文化的一部分,作为它的两个变体一并出现。这两种潮流使希腊的文化、艺术和美学两极分化。

(4) **希腊形式和希腊化形式**。这种二元论是年代上的,标志着早期和晚期古人对待美和艺术的态度。希腊艺术是最严格意义上的古典艺术,而希腊化艺术则部分偏离了古典主义,要么走向所谓的巴洛克风格,要么走向浪漫主义;也就是说,要么走向更大的丰富和活力,要么走向情感和超验主义。希腊化美学沿着这两个方向继续发展,但并没有立即摆脱希腊古典主义。结果,希腊形式和希腊化形式在古代后来的几个世纪里同时存在。

3. 公认的真理。古代的美学理论并没有被全盘接受。有些理论被普遍接受，比如美依赖于各个部分之间的关系；另一些理论则引起了广泛争议，比如关于艺术价值的理论；还有一些理论经历了逐渐的发展，比如关于艺术自主性的理论。此外，某些美学问题，比如对审美经验的描述，并未引起古人的兴趣，也从未有人提出关于这些问题的理论。

在普罗提诺的时代以前，美依赖于各个部分之间的关系这一命题一直是一种美学公理。但其他一些命题也是如此：美依赖于数和尺度；美是事物的客观属性，而不是主观经验的投射；美的本质是统一；美与善和真相联系；美的整体由相似的要素和相反的要素所构成；自然中的美多于艺术中的美；理智美优于感官美，等等。334
关于艺术理论，有许多公认的命题：所有艺术都以知识为基础；任何艺术都不是单纯的手工艺；艺术都需要心智能力；艺术都要服从一般法则；绘画或音乐等艺术的作品表现了现实世界，但属于虚构世界，等等。

4. 激烈的争论。对于某些美学问题，古人只接受单一的解决方案，不承认其他方案，而对于另一些问题，则给出了不同的解决方案，彼此之间意见不一。这里与其说是从一种解决方案演变成另一种解决方案，不如说是在几种解决方案之间摇摆不定。在古代美学中，这种情况表现于(1)虚构与真理，(2)创造与摹仿，(3)美与合宜，(4)艺术的目的。

(1) **虚构与真理。**希腊人把他们的美学建立在两个容易冲突的公理之上。一方面，他们认为，既然真理是一切人类活动所必需的，那么它也必定存在于摹仿艺术中。另一方面，他们又认为，这些艺术的本质特征是使用虚构和创造幻觉。高尔吉亚欣赏这些艺术，因为它们能产生强大的效力，虽然那些只是虚构。而柏拉图则相反地认为，艺术的虚构是对真理的背叛和耻辱。

如果说在某些时期和某些学派中，真理与虚构之间的紧张关系有所缓和，那是因为古人对真理有特定的理解。对他们来说，真理并非对事实的忠实重复，而是对事实本质的把握。因此，他们可以坚称，艺术即使依赖于虚构，也能把握真理。亚里士多德甚至认为诗歌比历史更真实，因为历史描述了个别人类特征，而诗歌则概括了人类特征。

(2) **摹仿与创造。**古人相信，人的心灵是被动的，所以自然会认为，艺术家的作品并非来自他自己，而是来自外部世界。但由于这一想法被普遍接受，因此很少有人谈论它。人们强调的是艺术不太明显的特性，比如对虚构的创造或者对灵魂的表达。在大多数希腊人看来，摹仿艺术的主要功能是摹仿现实，但也表现灵魂的状态。前一功能是再现的，后一功能是创造的。柏拉图第一次认为艺术只有一个功能，那就是"摹仿"；亚里士多德很快便偏离了这种立场。

在希腊化时期，"摹仿"这一古典美学的基本概念被使用得越来越少。艺术的再现要素不再被认为是重要的。此时艺术更被视为观念的投射、灵魂的表达、幻觉的创造。希腊化时期的作者提出，"想象"(例如菲洛斯特拉托斯)、"激情"或"魅力"(例如哈利卡纳索斯的狄奥尼修斯)是艺术更本质的属性。

335 在古代，对现实的再现是艺术的必要条件，这一点从未遭到怀疑。然而，人们对这一不可或缺的要素的重要性的看法发生了变化。它在古典时期变得重要，但在希腊化时期则不再重要。柏拉图创立了自然主义的艺术理论，但其他希腊人通过强调艺术中的尺度和想象，开创了与这一理论直接对立的倾向。甚至可以说，柏拉图本人一方面通过他的艺术理论（基于摹仿的概念）激励了自然主义，另一方面又通过美的理论（基于美和尺度的概念）鼓励他的追随者采取一种敌视自然主义的态度。

（3）**美与合宜。**希腊人认为美是一种普遍属性。他们相信，在一个事物上美的东西，在另一个事物上也是美的；在一个人看来美的东西，在其他人看来也是美的。他们正是从这个角度来理解"和谐"与"比例"的。由毕达哥拉斯学派哲学家创造的这种普遍主义美学为柏拉图所继承，并因为符合希腊人的心态而广为传播。

另一方面，希腊思想的一个典型特征是相信每一个事物都有其合适的形状，在不同事物中，这种形状是不同的。任何活动都有其合适的时刻，希腊人称之为"kairos"，赫西俄德和塞奥格尼斯等早期诗人甚至称之为"最佳时刻"。古人特别关注"合宜"，认为这既是一种伦理规范，也是一种美学规范；他们在艺术理论、诗学理论和演说理论中都强调了这一点。因此，他们既重视美，又重视合宜，既重视普遍的美，又重视个体的合宜。或者说，他们重视两种美：普遍的"比例"美和个体的"合宜"美。高尔吉亚会说，不存在普遍的美，柏拉图会说，所谓的个体美根本不是美。但在普通希腊人看来，这两种美的概念是可以共存的。

希腊艺术的发展从普遍形式转向了个体形式，这在造型艺术中表现得很清楚。但是，从埃斯库罗斯到欧里庇得斯的转变也可以被视为从普遍概念到个体概念的转变。艺术理论与艺术的发展是平行的。合宜概念渐渐占据主导地位；特别是，帕奈提乌领导下的斯多亚学派将它在雅典发展起来，西塞罗则以“*decorum*”之名将它在罗马推广。个体美这个概念成了希腊化-罗马时期的典型概念，尽管“比例”概念、万物皆美的概念在古代从未消失。这两个概念被分别使用，直到圣奥古斯丁才将它们对立起来。

（4）**功用与愉悦。**艺术的目的是一个既重要又富有争议的议题。智者学派提出的另一种看法是，艺术的目的要么是愉悦，要么是功用。在此之前，正如我们从诗人那里得知的，早期希腊人非常
336 确信，功用和愉悦都是艺术的目的。他们认为艺术之所以有用，主要是因为艺术保存了对人类事迹的记忆，否则这些事迹会被遗忘。

但智者学派用一种实用的唯物主义方式来解释功用，断言艺术没有用处；因此，艺术的唯一目的就是愉悦。这是对艺术的目的进行解释的第一个转折点。第二个转折点由犬儒学派完成。他们采纳了智者学派的观点，但对愉悦漠不关心，认为功用才是最重要的。于是他们断言，艺术既然没有用处，那么就没有任何目的。这个结论不乏拥护者：柏拉图要求将艺术家和诗人逐出理想国，根据即在于此。它在斯多亚学派的一个分支中保存下来，在伊壁鸠鲁学派那里则得到了最清晰的表达。伊壁鸠鲁学派并未面临愉悦与功用之间的选择，因为他们认为功用只在于愉悦，同时否认艺术真的提供了愉悦。犬儒学派认为，艺术之所以没有目的，是因为艺术不提供愉悦。就在希腊艺术家创造伟大艺术的同时，一些希腊哲学家却否认艺术有任何目的或价值。

但另一些哲学家意识到，智者学派的推理中有一个漏洞。在

他们看来,艺术的固有目的既不是普通的愉悦,也不是日常的功用,而是满足人对和谐、比例、完满和美的特殊需要。他们还认为,这种满足既有用又令人愉悦。美学的发展主要得益于这些哲学家,而不是得益于犬儒学派或伊壁鸠鲁学派。

还有一些思想家则坚持认为,艺术、特别是音乐,关注的并非愉悦或功用,甚至不是其产物的完美性,而是一种特殊的心理效果,是灵魂的净化。这种观点源于毕达哥拉斯学派,他们赋予它一种宗教神秘色彩。后来的哲学家,特别是亚里士多德,则以一种更积极的、心理学的和医学的方式来讨论这种观点。然而,普罗提诺又回到了一种形而上学解释。

5. 古代美学的发展。在整个古代,若干美学问题逐渐演化,变得更加丰富。

(1) 从早期认为艺术必须符合道德法则和真理,到逐渐形成相反的观点,强调艺术和美的**自主性**。这一观点的经典代表是诗歌领域的阿里斯托芬、音乐领域的达蒙和哲学领域的柏拉图。这种新观点最先由亚里士多德所提出,后来又为希腊化时期的美学家所强调,尽管伊壁鸠鲁学派和斯多亚学派在某种程度上都坚持艺术的非自主观点。

(2) 从早期认为艺术服从于一般法则,到逐渐认为艺术是**个体**创造。柏拉图持早期的观点,而亚里士多德和希腊化时期的作者则持后来的观点。然而在其音乐理论或建筑理论中,他们从不怀疑艺术中存在着普遍法则。

(3) 从早期认为存在着一种完满的美和一种完美的艺术形式,到逐渐承认艺术有各种形式和风格。这是一场趋向**多元主义**

337 的运动。无论建筑还是演说都同时采用了各种风格，希腊化时期的美学理论为这种多样性作了辩护。艺术及其理论从最初被认为高于一切的单纯性，逐渐走向了更大的多样性、丰富性和装饰性。

（4）从早期认为艺术的来源和标准在于心灵，到逐渐认为感官与心灵同等重要甚至更加重要。这种观点与柏拉图格格不入，却为亚里士多德所接受。然而，斯多亚学派迈出了决定性的一步，他们得出结论说，人不仅拥有普通的感觉印象，还拥有“习得的”感觉印象，它们不仅能把握音乐的声音，还能领会声音的和谐与不和谐。早期诗学认为诗歌会作用于理智，后来的理论则强调诗歌对感官的作用，认为诗歌的美主要依赖于“悦耳的声音”，即依赖于不是由心灵而是由耳朵来判断的美妙声音。

（5）从认为艺术的模型来自于外在世界，到逐渐认为艺术的模型主要来自于艺术家心灵中的**观念**。后一观点尤其可见于西塞罗。经由菲洛斯特拉托斯，我们发现，**想象**渐渐被视为艺术的基本要素。

（6）从认为思想家和哲学家在艺术问题上拥有最终的决定权，到认为这一权利主要属于艺术家本人。这一观点伴随着一种信念：是“灵感”而不是哲学催生了最有价值的作品，尽管西塞罗仍然认为静观是优秀艺术的一个条件，贺拉斯也把智慧看成优秀文学的开端和来源。

（7）从认为艺术的最高要素是真理，到认为艺术中“美是至高无上的”。然而，这种观点直到普鲁塔克、琉善和普罗提诺的时代才出现。

（8）早期希腊人意识到艺术之间的差异，而没有意识到它们的共同属性。诗歌和造型艺术这两个极端尤其如此。诗人西蒙尼德斯将二者对立起来,但也将它们紧密地联系在一起,他坚持认为,诗是有声画,画是无声诗。希腊化时期的艺术观念使两者进一步接近。

(9) 古代美学的演变导致其概念进一步分化。从笼统而模糊的美的概念中衍生出了更为狭窄的“合宜”“崇高”“魅力”和“感官美”等概念。同样,笼统而模糊的艺术概念所涵盖的领域也以各种方式被分解和分类。数个世纪的发展改进了美学概念,完善了它们的定义。柏拉图、亚里士多德和斯多亚学派陆续对美的概念进 338
行定义,并且提出了更为详细的概念,其中包括高尔吉亚、亚里士多德和波西多纽依次试图定义的诗歌概念。

6. 美学概念。古代的美学概念史与美学理论史是类似的。有些概念很早就形成了,并且在整个古代留存下来。作为基于规则的产物的“艺术”概念就是如此。另一些概念则是在数个世纪的过程中发展起来的,例如“合宜”或“想象”。还有一些概念,例如“品味”,即使到了古代末期也没有固定下来,尚未获得它们在现代所获得的地位。

古人的美学概念,特别是最基本、最常用的美学概念,或许看起来与现代观念相似。这是错误的。现代语言采用了旧的术语,但这些术语现在有了不同的含义。这一点尤其适用于“美”和“艺术”这两个主要术语,它们在古代以一种更广泛的、并非纯粹审美的意义被使用。“摹仿”和“净化”等其他基本术语也是如此。

另一方面,其他许多概念,特别是古代晚期出现的概念,与现代美学的那些概念相似。其中包括“幻想”、“观念”、“象征”、“和谐”、“静观”(希腊语是“*thea*”,“*theoria*”)、“直觉”、“合成”(希腊语是“*synthesis*”)和“虚构”等,甚至连古代语词本身也在现代语言中保留下来。但即使实际术语不同,其含义也是相似的。希腊词“*ergon*”和“*poiema*”(字面意思是“作品”)意指艺术作品;“*deinotes*”(字面意思是“勇敢”)意指艺术技巧;“*lexis*”(字面意思是“表达方式”)意指风格;“*thema*”(字面意思是“建立”)意指文学惯例;“*apate*”(字面意思是“错误”)意指幻觉艺术;“*plasma*”(字面意思是“被塑造的东西”)意指艺术作品;“*krisis*”(“批评”一词便源于此)意指艺术判断;“*aisthesis*”(“美学”一词便源于此)意指直接的感觉:“*hyle*”意指艺术作品的材料,“*mythos*”意指情节。“*pragma*”(字面意思是“事物”)的一个含义是艺术作品的内容。“*Epinoia*”在希腊语中是灵感的意思,“*ekplexis*”(字面意思是“眩晕”)意指情感。希腊的美学范畴与现代的类似,例如“*hypsos*”(崇高)和“*charis*”(魅力)。希腊人强调的艺术优点也与现代的类似,例如“*enargeia*”(感觉证据)、“*sapheneia*”(清晰)和“*poikilia*”(多样)。最终,希腊人也发展出了艺术中的原创性和创造性概念:“*autophues*”意指原创作品。“*technites*”和“*demiourgos*”适用于任何生产者,而“*sophos*”“*architekton*”和“*poietes*”则意指创造者。希腊词汇非常精确,足以区分一个好诗人(*agathos poietes*)和一个善于写韵文的诗人(*eu poion*)。有单独的术语表示再现(*homoiosis*)、摹仿(*mimesis*)和描绘(*apeikasia*)。也有一些精确的术语可以表示相对性和主观性。希腊人甚至有一些术语很难找到现代的对应词,比如柏拉图所说的“*orthotes*”(艺术作品的确
339 当)、“*psychagogia*”(作用于灵魂并引导灵魂),维特鲁威所说的

“*temperantiae*”（艺术中必要的视觉调整），以及“*aesthesis autopkues*”（自然的感觉）与“*aesthesis epistemonike*”（习得的感觉）之间的区别。也许古代唯一缺少的重要美学术语就是“美学”一词。希腊人并未使用“审美经验”或“审美判断”这些术语，它们都是带有希腊词源的现代术语。希腊人之所以缺少“美学”一词，是因为他们缺少与之相应的概念。他们接近了这个概念，但没有达到。

7. 古代美学的主要学说。（1）古代美学的主要学说首先是**比例**（美在于各个部分的安排）和**尺度**（美在于尺度和数）学说。它由毕达哥拉斯学派提出，后来成为大多数希腊美学家的公理。然而，从公元前4世纪开始，它有了一个竞争者，那就是“**匀称**”，即“主观和谐”（美依赖于人对和谐的感知）的学说。这两种对立的学说后来都遭到了普罗提诺的反对，普罗提诺认为美并非各个部分的安排，而是一种性质。然而，这种观点直到古代结束时才出现。直到公元3世纪，古代美学仍然在比例和尺度以及匀称这两种学说之间摇摆不定。

早在希腊美学初期就形成了两种互补的学说：一个是美依赖于统一性，另一个是赫拉克利特提出的美源于对立要素。后来则出现了两种对立的学说：一个是美学的感官主义和享乐主义（美有感觉基础），另一个是美学的精神主义（美有心灵基础）。前者从智者时代为人所知，后者则从柏拉图时代为人所知。由智者学派和柏拉图分别开创的两种对应学说是相对主义学说（美是相对的）和理念论学说（存在着绝对的美）。

苏格拉底提出的功能主义学说（美依赖于目的性和合宜性），

后来以一种更加审慎的表述重新出现，即“合宜”(*decorum*)学说(美的一个方面是合宜)。

在讨论美的价值时，有三种学说相互抗争：伊壁鸠鲁主义的学说(美是无用的)、柏拉图主义和斯多亚主义的道德主义学说(美如果有价值，那么只能是道德上的)，以及美的自主性学说(美的价值在于它本身)。最后一种学说可见于亚里士多德和许多希腊化作者的美学。

(2) 同样的学说在某种程度上也存在于古代的**艺术**理论中。在那里，尺度学说也占据统治地位，“比例”学说与“匀称”学说相对立，自主性学说与道德主义学说相抗衡。但除此之外，艺术理论还有自己的一些学说。关于艺术起源的讨论使用了灵感学说，这种学说见于早期诗人，后来也见于德谟克利特和柏拉图，但主要见于
340 希腊化时期的作者。在讨论艺术的功能时，高尔吉亚的学说(艺术的产物是与现实无关的纯粹幻觉)后来让位于极具影响的通过艺术摹仿现实的学说。艺术与现实的关系的另一个方面包含在苏格拉底的学说中(通过从自然中选择要素，艺术家造就了比存在于自然中的要素更完美的整体)。

在对艺术的理解中，希腊人很早就提出了“净化”概念，这种“俄耳甫斯教义”宣称，艺术的效果在于使人净化和愉悦。他们认为好艺术的标准在于成功的幻觉、成功的摹仿和理想化。但“确当”(*orthotes*)学说，即通过与普遍法则的相容来保证艺术作品的卓越，是最为深刻和持久的。我们对这一学说的了解主要来自于柏拉图。同样的学说也以“规范”之名出现在音乐和造型艺术中，在音乐中被称为“*nomos*”，在造型艺术中被称为“*canon*”。这两个

术语都表达了一种信念，即任何艺术主题都存在一种普遍的、有绝对约束力的规则。

最后，如果要问，在古代重要的美学概念中，哪些是最重要的，同时又最具希腊特色、最不像今天的流行概念，那么我们必须列出“比例”“摹仿”和“净化”。“比例”概念体现了古人对美的理解，“摹仿”概念体现了古人对艺术的理解，而“净化”概念则体现了古人对美和艺术对人的作用的看法。

8. 优点和缺点。我们不必对古代美学中出现的分歧感到惊讶。这些问题太过复杂，提出的任何解决方案都无法被普遍接受。令人惊讶的倒是主要学说的一贯和持久。事实上，其中许多学说并非由严格的美学思考所规定，而是由宗教信念、社会因素和哲学理论所规定。希腊美学在古典艺术的影响下崇尚“确当”(*orthotes*)，后来则在巴洛克艺术的影响下崇尚幻想。美学在宗教的影响下承认艺术中的神圣灵感。它谴责造型艺术是因为希腊社会制度的特殊性。它提倡怀疑论或理念论并非出于任何内在的美学根据，而是因为某些哲学思潮和哲学学派。

如果说古代美学中存在着否定性的、限制性的观念，那么这些观念乃是源于与美学观点相异的观念。柏拉图对艺术所作的道德主义解释是如此，伊壁鸠鲁学派基于纯粹功用主义原则所作的判断是如此，古代晚期美学中的神秘要素也是如此。然而，在所有这些情况下，否定性要素都得到了肯定性要素的补偿：在柏拉图那里是通过他的审美直觉和关于美与艺术的无数新观点；在伊壁鸠鲁那里是通过对诗歌和音乐的冷静分析；在普罗提诺那里则是通过对传统美学理论的批判。后世接受和保留了古代美学的许多内容,保留了关于美和艺术的主要问题以及其他主要概念和理论。艺术作品的"统一"论和对现实的"摹仿"论即使在晚近的时代也很突出。有人说,我们对古代遗产的利用还不够,应当更多地借鉴它的成果。

人名索引[1]

（页码为原著页码，即本书边码）

Aeschylus，埃斯库罗斯（前525—前456），悲剧诗人，18，45，46，48，94，126，335

Aglaophon，阿格劳芬（约公元前5世纪），画家，205，214

Agatharchus of Samos，萨摩斯岛的阿伽塔尔科斯（约公元前5世纪），画家，48，94，111

Alcaeus of Mytilene，米蒂利尼的阿尔凯奥斯（约前620—约前580），抒情诗人，21

Alcidamas，阿尔西达马斯（约公元前4世纪），修辞学家和智者，97，99，104

Alcinous，阿尔奇诺斯，柏拉图主义者，以前被视为 *Exposition of Platonism* 的作者，现在该书被归于 Albinus，290，298

Alexander of Aphrodisias，阿弗洛迪西亚的亚历山大（约公元3世纪初），亚里士多德评注家，197

Alexis of Thurii，图里的亚历克西斯（约前372—前270），喜剧作家，47

Anacreon of Teos，提奥的阿纳克里翁（约前582—约前485），抒情诗人，20，30，32，300

Anaxagoras of Clazomenae，克拉左美奈的阿那克萨戈拉（约前500—约前428），哲学家，43，94，100，111

Anaxenous，阿纳克赛诺斯（约公元前2世纪），音乐家，217

Andromenides，安德洛梅尼德斯（约公元前3世纪），文学理论家，246

[1] 原书索引中的现代译者、编者、评注者的名字因在正文中未译出中译名，故不列入。——译者

主题索引[①]

AESTHETICS,美学:subject,～的主题,method,～的方法,difficulties,～的困难,**1-7**;turning points in its history,～史中的转折点,7-9,11,139,331,332;and philosophy,～与哲学,78-80;characteristics of ancient ae.,古代～的特征,74,75,166,167,331-340;characteristics of Hellenistic ae.,希腊化时期～的特征,171-174,268,269,295,296,331-340;objectivism in,～中的客观主义,81,112,116,126,150,188-191,194,195,240(另见 SYMMETRIA);subjectivism in,～中的主观主义,99,100,112,175,240,275-277(另见 EURHYTHMY);relativism in,～中的相对主义,96-98,105,110,112;moralism in,～中的道德主义,113,119,124,127,172,187,188,288;hedonism in,～中的享乐主义,90,97,115,116,172,175,339;functionalism in,～中的功能主义,102,103,109,110,112,115,116,272-274,279,280,288,339;formalism in,～中的形式主义,177,178,245,246,288;pluralism in,～中的多元主义,154,205,206,241,336,337;principal concepts,～的主要概念,**338,339**

APATE,"欺骗":参见 ILLUSION IN ART

ARCHITECTURE,建筑:term,～术语,27;Greek,希腊～,22,23,49-54,63-69;canon in Greek,希腊～中的规范,**49-54**,62,63,68;Hellenistic and Roman,希腊化时期和罗马时期的～,265-268,277,278;theory,～理论,48,270-279;optical illusions,视错觉,**63-71**,78,**282-284**;place in the classifi-

① 粗体页码指所标示的页码对此问题做了更专门的探讨。

附录　德文版序言*

19世纪，人们对过往美学原始文献的掌握尚不充分，但齐默尔曼[①]、费舍尔[②]、沙斯勒[③]、鲍桑葵、米勒[④]、瓦尔特[⑤]等学者却无所顾虑地撰写了关于美学史的综合性著作，涉及该主题的绝大多数书目均是在那时诞生的。而在20世纪，随着原始材料的激增和相关专著的大量涌现，处理整个美学史或至少是其中主要阶段的著作却变得十分罕见，甚至几近从学术生产中绝迹。在20世纪，作为整体的欧洲美学史仅在吉尔伯特与库恩的著作中得到过讨论[⑥]，而且这部著作更加接近通俗读物而非学术作品。作为对此

---

* 本文为塔塔尔凯维奇为本书1979年出版的德译本所作序言。本文注释皆为中文译者注。

① 即罗伯特·冯·齐默尔曼(Robert von Zimmermann)，德国美学家。

② 即弗里德里希·特奥多·费舍尔(Friedrich Theodor Vischer)，德国美学家，著有六卷本的《美学》。

③ 即马克思·沙斯勒(Max Schasler)，德国美学家，著有《美学批评史》(*Kritische Geschichte der Ästhetik*)。

④ 即爱德华·米勒(Eduard Müller)，著有《古代艺术理论史》(*Geschichte der Theorie der Kunst bei den Alten*)。

⑤ 即尤利乌斯·瓦尔特(Julius Walter)，著有《古代美学史》(*Geschichte der Äesthetik im Altertum*)。

⑥ 即凯瑟琳·吉尔伯特(Katherine Gilbert)与赫尔穆特·库恩合著的(Helmut Kuhn)《美学史》(*A History of Aesthetics*)。

问题的另一回应，阿尔弗雷德·博伊姆勒(Alfred Baeumler)的著作[①]尚未完成。埃德加·德·布吕纳(Edgar de Bruyne)的综合性著作同样并未计划处理全部阶段的美学史问题(其范围止于文艺复兴阶段)[②]，而且该著作用弗莱芒语写成，颇为难解。关于古代美学史，虽然人们已经搜集了众多材料，也做了最充分的准备工作，但在20世纪，除了卡雷尔·斯沃博达(Karel Svoboda)的著作[③]，也未曾有其他作品对该问题进行完整的阐释，而且遗憾的是，这是一部优秀但却非常笼统的小册子；对古代美学最后且最丰富的阐释可以追溯到19世纪。而由于德·布吕纳的贡献，中世纪的美学情况则要稍好一些。

本书试图承担起通常被研究者忽视的任务：阐明整体性的欧洲美学。本书对这项工作的难度有着更为清晰的认识，力图系统性地阐释美学领域**各个时代的核心观点**及其本质、发展与相互关系。目前只出版了计划中全集的一部分，即前两卷——涵盖古代美学与中世纪美学。前两卷共同构成了全集的半壁江山，我们可以称之为“旧美学”，而将随后的内容称之为“新美学”。

本书对其任务的理解与早期的美学史著作略有不同，至少体现在两个方面。首先，它扩大了主题范围：不仅局限于哲学家的一般性美学，还涉及艺术理论家的具体性美学——关于诗歌、音乐、视觉艺术理论——也包括艺术家自身的美学；不仅见诸艺术家用

① 即《美学》(见《哲学手册》)(*Ästhetik* in: *Handbuch der Philosophie*)。

② 即《美学史》(*Geschiedenis van de Aesthetics*)。

③ 即《古代美学的发展》(*Vývoj Antické estetika*)。

语词陈述其美学观点，还见诸艺术家的作品——至少是那些处于艺术史高峰的作品——人们可以从中揣度其观点。

其次，本著作旨在将美学史的阐释与构建美学史所依据的新近发现的原始文献相结合。除了极少数例外，迄今为止的美学史汇编几乎全都放弃了这种做法，因此我们无法在其中找到原始文本。曾有一些关于古代艺术史的文本集（例如奥夫贝克的著作[①]），但它对美学史问题无所助益，且与我们所需的文本大相径庭。反倒是中世纪研究者莫尔泰-德尚（Mortet-Deschamps）、吉尔摩·霍尔特（Gilmore Holt）为中世纪艺术史编撰的一些文本值得关注。关于古代、中世纪美学史的特定文本，意大利的《哲学大选集》（*Grande Antologia Filosofica*）一书有所涉及，但该书仍只是一个不充分的选集，且仅有意大利语版本。唯一广泛涉及古代美学史的文选来自阿斯穆斯（W. F. Asmus）所编纂的俄语文集，后者提供了主要古代美学家几乎全部相关内容的俄文译本。未来另一本关于古代美学的文选也将以德语出版；根据编辑克吕格（J. Krüger）博士提供的信息，它将在内容和范围上与上述俄语文选相对应。至于中世纪美学，其最佳鉴赏者德·布吕纳也曾计划出版一部原始文本集，但正如他在其作品序言中所写，他最终放弃了这一计划。

本书所附原始文献的特别之处在于，其涵盖范围扩展至一些在美学思想史上不太知名但仍有一席之地的作者。正因如此，本

---

① 可能是指约翰内斯·阿道夫·奥弗贝克（Johannes Adolph Overbeck）于1868年所著的《希腊造型艺术史古代手稿》（*Die antiken Schriftquellen zur Geschichte der bildenden Künste bei den Griechen*）。

书收集的文本数量已达百计。此外,我们的文集并未全文刊载这些美学论著,而只是转录了其核心语句。

笔者力图提供一个尽可能完整的原始文本汇编,当然这也意味着毋需包含不必要的文本。考虑到在古代乃至中世纪,特别是某些被认为异常重要的思想,会被许多作家反复重申。因此,如若引用所有文本,即使其内容十分重要,也会显得乏味且无用。有鉴于此,笔者的任务就不仅在于寻找原始文献,还在于对这些文献进行遴选:既要就思想(根据其重要性观点),还要就作家(根据其提出观点的优先性与恰当性)进行选择。这并非轻而易举之事,如果能为后来更好的美学史文献的收集与整理工作奠定基础,笔者便足以感到欣慰。

在转录所搜集的文本时,我们均选用了现有的、业已得到检验的译本:在现有译本阙如时,则由译者从原文翻译为德语。

在撰写此书时,笔者所考虑的目标并非为那些热爱美学之人提供一个封闭的理论,而是为其提供尽可能多的古代美学信息,以便他们从中找到熟悉的问题和可行的解决方案。由于这些信息数量十分庞大,笔者努力使所需信息在所有情况下都能被轻易找到和使用。笔者将阐释性文本分成小部分,并为其添加了标题,原始文本也被赋予了这样的小标题。除人物索引外,每卷还涉及一个主题索引。而当本书完成后,它还将包含一个问题清单,这将使任何对美与艺术问题感兴趣之人都能找到人们对这些问题的早期看法。

瓦迪斯瓦夫·塔塔尔凯维奇
华沙,1962 年

译后记

瓦迪斯瓦夫·塔塔尔凯维奇(1886—1980)是20世纪波兰最杰出的哲学史家、艺术史家、美学家和伦理学家,在艺术批评、艺术史和古典学术等领域享有国际盛誉。他的主要著作包括《美学史》(*Historia estetyki*,三卷)、《哲学史》(*Historia filozofii*,三卷)、《六大美学观念史》(*Dzieje sześciu pojęć*)、《论幸福》(*O Szczęściu*),等等。三卷本的《美学史》是塔塔尔凯维奇最著名的著作,最初于1962—1967年以波兰语出版(*Historia estetyki*,vols. 1-2,1962;vol. 3,1967),1970—1974年,英译本《美学史》(*History of Aesthetics*)各卷相继问世(vol. 1-2,1970;vol. 3,1974)。《美学史》包括第一卷《古代美学》、第二卷《中世纪美学》和第三卷《近代美学》,讨论了各个时代关于美和艺术的重要观点,并且摘录大量原始文本来论证这些观点。它以极为广博的学识和水晶般清晰的语言,全面客观地论述了欧洲美学从古希腊到18世纪的发展,包括古风时期的美学,古典时期的美学,希腊化时期的美学,中世纪早期的东欧、西欧美学,中世纪盛期的美学,文艺复兴时期的美学,16世纪的视觉艺术、诗歌和音乐,16世纪意大利、英国、西班牙和波兰的美学,巴洛克时期的美学,以及17世纪的绘画和建筑理论等,堪称世界上最好的美学史。

这里读者看到的是《美学史》第一卷《古代美学》的最新中译本(后两卷《中世纪美学》和《近代美学》也将陆续推出)。1981 年,台湾联经出版公司曾出版过它的一个节译本(《西洋古代美学》,刘文潭译),但该译本只译出了部分章节的正文,所有古代原文全部略去,而且包含着大量误译,令人无法卒读。1990 年,中国社会科学出版社也曾出版该书的一个译本(《古代美学》,杨力、耿幼壮、龚见明、高潮译,杨照明校),并列入李泽厚主编的"美学译文丛书",在国内产生了不小的影响,但书中同样多有疏漏和误译,参考价值亦很有限。鉴于这部著作的重大学术价值以及对艺术界、哲学界的广泛影响,我不揣冒昧按照英译本作了重译,在许多地方也参考了德译本(两个版本在细节上多有出入,且都包含不少小错误)。书前还加入了塔塔尔凯维奇本人为德文版所写的序言,由乔泓凯同学译出,我做了校对。由于我并非美学专业出身,对艺术的兴趣也纯属业余,书中必定包含许多翻译不当之处,恳请各位专家学者不吝指正。

张卜天
清华大学科学史系
2023 年 4 月 24 日

图书在版编目(CIP)数据

古代美学:美学史.第1卷/(波)塔塔尔凯维奇著;张卜天译.—北京:商务印书馆,2023
ISBN 978-7-100-22550-2

Ⅰ.①古… Ⅱ.①塔… ②张… Ⅲ.①美学史—中国—古代 Ⅳ.①B83-092

中国国家版本馆CIP数据核字(2023)第100379号

古代美学
美学史 第一卷
〔波兰〕塔塔尔凯维奇 著
张卜天 译

商 务 印 书 馆 出 版
(北京王府井大街36号 邮政编码100710)
商 务 印 书 馆 发 行
北京市十月印刷有限公司印刷
ISBN 978-7-100-22550-2

2023年8月第1版 开本850×1168 1/32
2023年8月北京第1次印刷 印张16⅜
定价:82.00元